Heribert Köckinger

Die Horn- und Lebermoose Österreichs (*Anthocerotophyta* und *Marchantiophyta*)

Catalogus Florae Austriae, II. Teil, Heft 2

Herausgegeben von Friedrich Ehrendorfer

Serienherausgeber
Peter Schönswetter, Tod Stuessy, Christian Sturmbauer & Hans Winkler

Titelbild: *Anthoceros neesii* (links oben; Foto: S. Koval), *Scapania verrucosa* (rechts oben; Foto: H. Köckinger), *Mylia taylorii* (links unten; Foto: M. Lüth), *Mannia triandra* (rechts unten; Foto: C. Schröck).

Layout & technische Bearbeitung: Karin WINDSTEIG

Heribert KÖCKINGER: The Horn- and Liverworts of Austria (*Anthocerotophyta* and *Marchantiophyta*). Catalogus Florae Austriae, part II, no. 2.

ISBN 978-3-7001-8153-8, Biosystematics and Ecology Series No. 32, Austrian Academy of Sciences Press; volume editor: Friedrich EHRENDORFER, Department of Botany and Biodiversity Research, Rennweg 14, A-1030 Vienna, Austria; series editors: Peter SCHÖNSWETTER, Institute of Botany, University of Innsbruck, Sternwartestrasse 15, A-6020 Innsbruck, Austria, Tod STUESSY, Herbarium, Museum of Biological Diversity, The Ohio State University, 1315 Kinnear Road, Columbus, Ohio 43212, U.S.A., Chrsitian STURMBAUER, Institute of Zoology, Karl-Franzens-University Graz, Universitätsplatz 2, A-8010 Graz, Austria & Hans WINKLER, Austrian Academy of Sciences, Dr. Ignaz Seipel-Platz 2, A-1010 Vienna, Austria.

A publication of the Commission for Interdisciplinary Ecological Studies (KIÖS)

Heribert KÖCKINGER: Die Horn- und Lebermoose Österreichs (*Anthocerotophyta* und *Marchantiophyta*), Catalogus Florae Austriae, II Teil, Heft 2.

ISBN 978-3-7001-8153-8, Biosystematics and Ecology Series No. 32, Verlag der Österreichischen Akademie der Wissenschaften; Bandherausgeber: Friedrich EHRENDORFER, Department für Botanik und Biodiversitätsforschung, Rennweg 14, A-1030 Wien, Österreich; Serienherausgeber: Peter SCHÖNSWETTER, Institut für Botanik, Universität Innsbruck, Sternwartestrasse 15, A-6020 Innsbruck, Österreich, Tod STUESSY, Herbarium, Museum of Biological Diversity, The Ohio State University, 1315 Kinnear Road, Columbus, Ohio 43212, U.S.A., Chrsitian STURMBAUER, Institut für Zoologie, Karl-Franzens-Universität Graz, Universitätsplatz 2, A-8010 Graz, Österreich & Hans WINKLER, Austrian Academy of Sciences, Dr. Ignaz Seipel-Platz 2, A-1010 Vienna, Austria.

Eine Publikation der Kommission für Interdisziplinäre Ökologische Studien (KIÖS)

Adresse des Autors:
Mag. Heribert KÖCKINGER, Roseggergasse 12, A-8741 Weisskirchen, Österreich.

Druck und Bindung: Prime Rate kft., Budapest

Vorwort

Die Publikation eines neuen Bandes des „Catalogus Florae Austriae", betreffend die Horn- und Lebermoose unseres Landes, nötigt zu einem historischen Rückblick auf die bisher publizierten Beiträge, also zurück bis in die Mitte des vorigen Jahrhunderts. Begründet wurde das Catalogus-Projekt von Erwin Janchen mit einer kritischen Übersicht aller Farn- und Blütenpflanzen (Pterido- und Anthophyten) Österreichs als Band I (in vier Teilen), gefolgt von vier Ergänzungsheften von 1956–1967. Zusammen bilden diese Beiträge eine selbstständige Publikationsserie der Österreichischen Akademie der Wissenschaften. Darüber hinaus war schon damals eine entsprechende Dokumentation für alle Arten eukaryotischer Gewächse Österreichs geplant. Damit konnte 1985 auf Betreiben des Unterfertigten mit der Veröffentlichung eines ersten Bandes über die Rostpilze begonnen werden. In weiteren Bänden des „Catalogus Florae Austriae" wurden dann Bryophyten (Moose: Band II) und Thallophyten (Algen, Pilze und Flechten: Band III) bearbeitet. Alle diese neuen Beiträge werden nunmehr als nummerierte Teil- bzw. Einzelbände des „Catalogus Florae Austriae" innerhalb der Publikationsreihe „Biosystematics and Ecology Series" (B&E) der Österreichischen Akademie der Wisssenschaften publiziert.

Innerhalb der Bryophyten (Moose) haben Franz Grims und Mitarbeiter im Band II, Heft 1 des Catalogus (1999) die Musci, also die Laubmoose Österreichs zusammenfassend behandelt (B&E 15). Mit dem vorliegenden Band II/Heft 2 über die Horn- und Lebermoose (B&E 32) wird die erstmalige Darstellung aller im Gesamtbereich Österreichs gefundenen Taxa der Bryophyten also vorläufig abgeschlossen.

Für die Thallophyten (Algen, Pilze und Flechten) hat Josef Poelt bereits im ersten Catalogus Band III/Heft 1 (1985) die parasitären Uredinales (Rostpilze) Österreichs behandelt und dafür 1997 eine erweiterte 2. Auflage (B&E 12) und 2000 ein Supplement (B&E 16) vorgelegt. Im Band III/Heft 2 (B&E 19) haben dann Gerwin Keller & Meinhard M. Moser (2001) eine artenreiche Familie der höheren Basidienpilze (Agaricales) bearbeitet, die Cortinariaceae Österreichs (B&E 19). Schließlich wurden von Peter Zwetko & Paul Blanz (2004, B&E 19) auch die parasitären Brandpilze (Ustilaginales etc.) Österreichs in Band III/Heft 3 (2004, B&E 21) dargestellt. Eine Checkliste der lichenisierten Pilze bzw. Flechten Österreichs verdanken wir Josef Hafellner & Roman Türk (2001), eine weiterführende Bibliographie der Flechten und flechtenbewohnenden Pilze in Österreich haben Roman Türk & Josef Poelt (1993, B&E 3), einen Nachtrag dazu Roman Türk & Josef Hafellner (2010, B&E 27) verfasst. Trotz dieser erfreulichen Beiträge bleibt aber hinsichtlich einer übersichtlichen Darstellung der Algen, Pilze und Flechten Österreichs im Rahmen des „Catalogus Florae Austriae" noch sehr viel zu tun.

Nach diesem historischen Rückblick noch einige allgemeine Hinweise zum vorliegenden jüngsten Band des „Catalogus Florae Austriae" von Heribert Köckinger. Die Horn- und Lebermoose mit derzeit 4 bzw. 260 Arten werden hier für Österreich erstmals zusammenfassend dokumentiert. Nach allgemeinen Hinweisen zur Erforschungsgeschichte, einer „Hepatikogeographie" und einer Liste allgemeiner Konzepte folgt der Katalogteil. Die nach Familien, Gattungen und Arten gegliederte Darstellung umfasst vielfach neue und detaillierte Hinweise betreffend Ökologie, Soziologie, allgemeine und spezielle Verbreitung (mit Fundorten und Verweisen auf Sammler) und Gefährdung sowie zahlreiche spezielle kritisch-taxonomische Anmerkungen. Darüber hinaus werden zahlreiche Arten mit Farbfotos hervorragend illustriert. Insgesamt verdanken wir damit dem Autor ganz wesentliche Fortschritte unseres Wissens über die Horn- und Lebermoose Österreichs!

Wien, Februar 2017

Friedrich Ehrendorfer
Bandherausgeber

Inhalt

Die Horn- und Lebermoose Österreichs *(Anthocerotophyta* und *Marchantiophyta)*

Catalogus Florae Austriae, II. Teil, Heft 2

Summary: The present catalogue of hornworts (*Anthocerotophyta*) and liverworts (*Marchantiophyta*) is the first synopsis for these two plant kingdom phyla in Austria. In spite of their rather distant phylogenetic affinity, horn- and liverworts are treated here together in view of tradition and the few hornwort species involved. In the general part of this catalogue a historical survey and our present state of knowledge of horn- and liverworts in the federal states of the country is presented. A short „hepaticogeography" of Austria highlights the hepaticofloristic characteristics of its climatologically and geomorphologically very different landscapes. As in other volumes of the „Catalogus Florae Austriae" there are no keys and no descriptions of genera and species. Principally, nomenclature and systematics follow the new „World Checklist of Hornworts and Liverworts" (Söderström et al. 2016). The only exceptions are necessary in a few critical groups (e. g., *Lophozia* and *Scapania*) and, furthermore, a new combination (*Lophoziopsis latifolia*) is provided. No taxonomic ranks above families are considered. The sequence of families is systematical, that of genera alphabetical. Particular attention is given to species distribution, using data obtained from the extensive literature and the collections in public herbaria. In addition, an enormous number of unpublished records were included and many specimens critically revised. Detailed information on ecology and phytosociology rest primarily upon observations in Austria. The general decline of species diversity also affects Austria and its horn- and liverworts. Thus, the growing threats to species and their habitats are evaluated. Optional notes concern taxonomy and other topics. About 140 colour photos illustrate the treatments of selected species of horn- and liverworts.

Up to now 4 species of hornworts and 260 species of liverworts (+ 5 additional subspecies and several varieties) have been documented for Austria. For the individual federal states the following numbers of horn- and liverwort species have been found: Burgenland (2 + 82), Carinthia (3 + 211), Lower Austria (2 + 166), Upper Austria (4 + 184), Salzburg (2 + 207), Styria (4 + 226), Tyrol (3 + 207), Vorarlberg (2 + 202) and Vienna (1 + 59). After considerable progress during the last years, the state of knowledge for horn- and liverworts within the country can be regarded as satisfactory. This is particularly true for Carinthia, Upper Austria and Vorarlberg, whereas considerable regional floristic research is still necessary for the other federal states.

Zusammenfassung: Der vorliegende Katalog der Hornmoose (*Anthocerotophyta*) und Lebermoose (*Marchantiophyta*) ist die erste Synopsis dieser beiden Abteilungen des Pflanzenreichs für Österreich. Trotz geringer verwandtschaftlicher Nähe werden sie hier aus Tradition und wegen der geringen Artenzahl der Hornmoose gemeinsam präsentiert. Im Allgemeinen Teil des Werks wird über die Erforschungsgeschichte und den aktuellen Kenntnisstand in den einzelnen Bundesländern informiert. Eine kurze „Hepatikogeographie" Österreichs charakterisiert die aus klimatischen und geomorphologischen Gründen sehr unterschiedlichen Landschaften Österreichs anhand ihrer floristischen Besonderheiten. Traditionsgemäß ist die Catalogus-Reihe kein Florenwerk; daher fehlen im Speziellen Teil, in dem alle Arten in systematischer Ordnung behandelt werden, Bestimmungsschlüssel und Artbeschreibungen. Die Nomenklatur und das System richten sich weitgehend nach der neuen „World Checklist of Hornworts and Liverworts“ (SÖDERSTRÖM et al. 2016), abgesehen von wenigen Abweichungen in kritischen Formenkreisen (u. a. bei *Lophozia* und *Scapania*) und einer Neukombination (*Lophoziopsis latifolia*). Innerhalb der Horn- und Lebermoose werden die Rangstufen oberhalb der Familien ignoriert. Die Reihung der Familien erfolgt systematisch, jene der Gattungen und Arten hingegen alphabetisch. Der Verbreitung der Arten wird im Katalog breiter Raum gewährt. Grundlage ist die Auswertung der gesamten Literatur und der öffentlichen Sammlungen. Der Katalog stellt aber keineswegs nur eine Zusammenstellung bekannter Daten dar: Eine enorme Zahl unveröffentlichter Funde konnte inkludiert werden und viele Herbarbelege zu problematischen Fundmeldungen wurden einer Revision unterzogen. Die detaillierten Angaben zur Ökologie der Arten und ihrer phytosoziologischen Zugehörigkeit basieren primär auf Beobachtungen im Lande. Für die Ellenberg-Zeigerwerte der Arten liegt eine völlig neue Bearbeitung vor. Da der zunehmende Artenschwund in Österreich auch vor den Horn- und Lebermoosen nicht Halt macht, wird jede Art auch hinsichtlich ihrer Gefährdung im Lebensraum beurteilt. Fakultativ finden sich zudem Anmerkungen zur Taxonomie kritischer Formenkreise und zu anderen Themen. Etwa 140 Farbfotos ausgewählter Arten illustrieren diesen Katalog.

Bislang wurden aus Österreich 4 Hornmoos- und 260 Lebermoosarten (+ 5 zusätzliche Unterarten und eine Reihe von Varietäten) nachgewiesen. Für die einzelnen Bundesländer wurden folgende Artenzahlen ermittelt: Burgenland (2 + 82), Kärnten (3 + 211), Niederösterreich (2 + 166), Oberösterreich (4 + 184), Salzburg (2 + 207), Steiermark (4 + 226), Tirol (3 + 207), Vorarlberg (2 + 202) und Wien (1 + 59). Die Kenntnis der Horn- und Lebermoosflora des Landes ist insgesamt, nach erheblichen Fortschritten in jüngster Vergangenheit, als gut zu beurteilen. Flächendeckende floristische Bearbeitungen liegen aber nur für Kärnten, Oberösterreich und Vorarlberg vor, in anderen Bundesländern gibt es regional noch erheblichen Forschungsbedarf.

I. Einleitung

Als Herausgeber der „Niederen Pflanzen“ in der Catalogus-Reihe hatte Univ.-Prof. Dr. F. Ehrendorfer zuerst Univ.-Prof. Dr. Johannes Saukel mit der Erstellung des Bandes über die Horn- und Lebermoose betraut. Nach einer ersten Literaturzusammenstellung musste dieser aus beruflichen Gründen die Bearbeitung aber wieder abgeben. Kurz vor dem Jahrtausendwechsel übernahmen Dr. Michael Suanjak und der Autor, beide zuvor bereits Mitarbeiter bei der Erstellung des Laubmoosbandes (Grims 1999), als Team das ruhende Projekt. In einer ersten Arbeitsphase wurden die wichtigsten österreichischen Herbarien (GJO, GZU, KL, LI, SZU, W, WU) ausgewertet und viele Belege einer Revision unterzogen. Suanjak erstellte zudem eine Literatur- und Herbardatenbank. Leider musste auch er sich aus familiären und beruflichen Gründen aus dem Projekt zurückziehen. Jahre vergingen und die Fortschritte waren bescheiden.

Wenn nun also der Horn- und Lebermoosband mit großer Verspätung erscheint, so muss das aber nicht zwangsläufig als bedauerlich angesehen werden. Die ersten eineinhalb Jahrzehnte dieses Jahrtausends gehörten zweifellos zu den fruchtbarsten in der bryologischen und hepatikologischen Erforschungsgeschichte Österreich. In fast allen Bundesländern wurde der floristische Kenntnisstand wesentlich erweitert. Außerdem machte auch die taxonomische Forschung, unterstützt durch moderne molekulare Methoden, massive Fortschritte. Ein ursprünglich für die Veröffentlichung um das Jahr 2000 vorgesehener Katalog wäre daher heute bereits hochgradig überholt.

Zum Gelingen des nunmehr fertiggestellten Werkes haben zahlreiche Personen beigetragen. Mein Dank gilt an erster Stelle Herrn Univ.-Prof. Dr. F. Ehrendorfer für seine unendliche Geduld. Dr. M. Suanjak danke ich für die Zusammenarbeit in den ersten Jahren, Univ.-Prof. Dr. J. Saukel für geleistete Vorarbeiten. Ein herzliches Dankeschön geht an C. Schröck, Prof. Mag. G. Schlüsslmayr und Univ.-Doz. Dr. H. Zechmeister, die das Projekt in den letzten Jahren in vielfältiger Weise unterstützten. Für die Überlassung unveröffentlichter Funde danke ich (in alphabetischer Reihenfolge) Mag. G. Amann, F. Biedermann, Univ.-Prof. Dr. R. Düll (†), Prof. F. Grims (†), Dr. H. Hagel, Univ.-Prof. Dr. R. Krisai, Dr. J. Kučera, Mag. P. Pilsl, M. Reimann, Univ.-Prof. Dr. J. Saukel und G. Schwab. Dr. A. Schriebl und H. van Melick bin ich für ihre überaus wertvolle Begleitung auf zahlreichen Exkursionen dankbar.

Der Hauptteil des Bildmaterials wurde von M. Lüth zur Verfügung gestellt; größere Bildspenden stammen ferner von S. Koval, M. Reimann und C. Schröck, einzelne Bilder schließlich von G. Amann, W. Franz, T. Hallingbäck, H. Hofmann, J. Kučera, B. Ocepek (†), G. Rothero, G. Schlüsslmayr und H. Zechmeister. Ihnen allen sei herzlich dafür gedankt. Für fachlichen Rat danke ich L. Söderström und J. Váňa. Frau K. Windsteig bin ich für die gute Zusammenarbeit bei der Druckvorbereitung sehr verbunden.

II. Allgemeiner Teil

1. Erforschungsgeschichte und Kenntnisstand

Die frühen Bryofloristen haben den Lebermoosen zumeist wenig Beachtung geschenkt. Manche Aufsammlung vom Beginn des 19. Jahrhunderts wurde wohl auch irrtümlich getätigt, im Glauben es handle sich um ein Laubmoos. Das änderte sich erst, nachdem mit Nees von Esenbeck (1833–1838) und Gottsche et al. (1844) die ersten Standardwerke über die europäischen (und außereuropäischen) Lebermoose erschienen waren. Lebermoosaufsammlungen aus Österreich spielten zwar eine geringere Rolle bei der Beschreibung neuer Arten als bei den Laubmoosen, aber immerhin basieren 20 der hier behandelten Arten auf österreichischen Typusbelegen (exkl. Synonyme). Österreicher, u. a. A. E. Sauter, M. Heeg, J. Breidler oder V. Schiffner, waren auch unter jenen, die neue Arten beschrieben.

Bisher sind für Österreich 4 Hornmoos- und 260 Lebermoosarten nachgewiesen, außerdem bei den Lebermoosen noch 5 zusätzliche Unterarten und eine geringe Zahl von Varietäten. Die Anzahl der Varietäten wird hier bewusst nicht angegeben, zumal ein Teil von ihnen nur unter den Anmerkungen genannt und vermutlich ohne taxonomischen Wert ist oder sich einheimische Formen lediglich einer bestimmten Varietät annähern.

Getrennt nach Bundesländern wird in der Folge in kurzer Form über die jeweilige Erforschungsgeschichte und den Status quo berichtet. Wer tiefer in die Historie eintauchen will, sollte im Laubmoosband (Grims 1999: 4–24) nachlesen. Neben dem Namen des Bundeslandes finden sich die Zahlen der bislang nachgewiesenen Horn- und Lebermoose.

a) Burgenland: 2 + 82 Arten

Das östlichste Bundesland kam erst 1921 zu Österreich und auch eine ernsthafte bryofloristische Forschung setzte erst sehr spät ein. Latzel (1930, 1941) berichtete über die Moose des Mittelburgenlands. Eine Reihe seiner Angaben ist allerdings kritisch zu sehen und seine eigenen Korrekturen in der zweiten Publikation erscheinen nicht ausreichend. Die Moose des Südburgenlandes wurden von Maurer (1965) hingegen recht gründlich behandelt. Schlüsslmayr (2001) nahm sich des bis dato praktisch unerforschten Leithagebirges an. Zechmeister (2004, 2005) berichtete über die Moose des Neusiedler Sees (inkl. Seewinkels) und der Serpentintrockenrasen um Bernstein, Scücs & Zechmeister (2016) über jene des Ödenburger Gebirges.

Aufgrund des Fehlens von Hochgebirgen kann man von real kaum von mehr als 120 Arten ausgehen. Die geringe Artenzahl ist also nicht Ausdruck einer mangelnden Erfassung. Trotzdem gibt es natürlich auch noch hepatikofloristisch nicht begangene Gebiete und insbesondere bei wärmeliebenden, ephemeren Arten sind auch bemerkenswerte Neufunde denkbar.

b) Kärnten: 3 + 211 Arten

Aus Deutschland kamen die ersten Mooskundler in das durch D.H. Hoppe berühmt gemachte Glocknergebiet mit dem Zentrum Heiligenblut. Für Lebermoose interessierten sich aber die wenigsten, zumal sie lange Zeit noch zu den Algen gerechnet wurden. Erste Lebermoosaufsammlungen stammen von H.G. Floerke und H.C. Funck. In der Mitte des 19. Jahrhunderts berichtete der Wiener Professor H.W. Reichardt u. a. über die Lebermoose des Maltatales. Bedeutende Funde machte ab 1875 der Steirer J. Breidler, die er in seinen „Lebermoosen Steiermarks“ (Breidler 1894) präsentierte. Sein Landsmann J. Głowacki besuchte ebenfalls mehrfach das Land, berücksichtigte Lebermoose aber nur in einer späten Arbeit, die sich mit einem Teil Unterkärntens befasst (Głowacki 1910). Kurz nach dem 1. Weltkrieg sammelte F. Pehr zahlreiche Moose, die durchwegs von A. Latzel bestimmt wurden. Bedeutend ist aber nur die Arbeit über das Lavanttal und seiner Gebirgsumrahmung (Latzel 1926). In den ersten Jahrzehnten nach dem 2. Weltkrieg wurden die Kenntnisse nur mehr geringfügig erweitert. Lebermoosfunde aus Kärnten (und anderen Teilen der österreichischen Alpen) wurden etwa in Koppe & Koppe (1969) publiziert. Hafellner et al. (1995) nennen Neufunde, die im Rahmen einer Exkursion der Bryologisch-lichenologischen Arbeitsgemeinschaft für Mitteleuropa (BLAM) getätigt wurden und Van Dort et al. (1996) berichten über die Ergebnisse einer Feldtagung der niederländischen Bryologen. In den letzten Jahrzehnten des 20. Jahrhunderts wurden Moose in Kärnten vor allem in Mooren gesammelt, u. a. durch R. Krisai, W. Franz und G. Leute. Zu Beginn des 3. Jahrtausends beauftragte das Land Kärnten über den Naturwissenschaftlichen Verein H. Köckinger, A. Schriebl und M. Suanjak mit einer landesweiten Quadrantenkartierung der Moose (2000 bis 2005). Mehr als 50.000 Kartierungsdaten in rund 300 Quadranten wurden erhoben und unter den 84 für das Land neuen Moosarten sind vor allem viele Lebermoose, die zuvor lange vernachlässigt wurden. „Die Moose Kärntens“ (Köckinger et al. 2008) bringen Verbreitungskarten zu allen Arten.

Kärnten kann nun zweifellos als bryologisch und hepatikologisch gut durchforscht gelten. Da die Kartierungsjahre durchwegs trocken waren, gibt es vermutlich gerade bei annuellen, ephemeren Moosen weiterhin die Möglichkeit, zusätzliche Arten zu entdecken.

c) Niederösterreich: 2 + 166 Arten

Pokorny (1854) fasste die damaligen Kenntnisse über die Lebermoose in einer ersten umfassenden Kryptogamenflora des Landes zusammen. Ein bedeutender Bryologe der Folgezeit war J. Juratzka, der vor allem vorhandenes Belegmaterial revidierte und auch selbst (etwa im Wechselgebiet) wichtige Neufunde tätigte, ohne aber floristische Publikationen vorzulegen. Gegen Ende des Jahrhunderts beschäftigte sich M. Heeg als erster ausschließlich und wissenschaftlich exakt mit Lebermoosen. Seine Landesflora (Heeg 1894) enthält auch detaillierte Artbeschreibungen. J. Baumgartner beschäftigte sich in jungen Jahren primär mit den Moosen von Trockenstandorten (Baumgartner 1893). V. Schiffner ehrte ihn mit der Beschreibung einer *Riccia baumgartneri*, die heute als Synonym von *R. subbifurca* geführt wird. Baumgartner blieb auch später den Moosen treu. Seine zahlreichen Lebermoosbelege aus Niederösterreich (in W) harren noch einer wissenschaftlichen Auswertung. Nach dem 1. Weltkrieg versiegte das Interesse an den Moosen des Landes. Erst Ricek (1982) präsentierte wieder eine Lokalflora der Umgebung von Gmünd im Waldviertel. Die xerotherme Moosvegetation und -flora der Hainburger Berge wurden von Schlüsslmayr (2002a) untersucht. Seit dem Jahr 2000 erbringen H.G. Zechmeister und seine Mitarbeiter sukzessive neue Funddaten im Rahmen der Kulturlandschaftsforschung des Landes. Als Vorarbeiten zur Erstellung einer Roten Liste der Moose des Landes (Zechmeister et al. 2013) wurden auch Mooskartierungen in den Natura 2000-Gebieten des Landes durchgeführt. 16 Lebermoosarten (und 3 Unterarten) konnten dabei als neu für Niederösterreich nachgewiesen werden.

Obwohl es sich bei Niederösterreich um das größte Bundesland handelt, liegt die Gesamtartenzahl deutlich unter dem Durchschnittswert aller Bundesländer. Dafür gibt es zwei Gründe: einerseits das kontinentale Klima, andererseits und primär das Fehlen eines Silikat-Hochgebirges. Das Wechselgebiet an der Grenze zur Steiermark verfügt zwar über eine pseudo-alpine Stufe; das alpine Element unter den Lebermoosen fehlt aber weitgehend. Möglicherweise könnte eine gründlichere Begehung des zuletzt vernachlässigten Gebietes aber die eine oder andere floristische Bereicherung erbringen. Mangelhaft erforscht sind vor allem die gesamte Bucklige Welt, die Voralpen und die Grenzregion zu Oberösterreich bzw. der Westen der Kalkalpen. Das Waldviertel ist lückenhaft bearbeitet; ebenso auch weite Teile des wenig versprechenden Nordostens.

d) **Oberösterreich**: 4 + 184 Arten

Erste Lebermoosmeldungen aus Oberösterreich stammen von A.E. Sauter, der von Steyr aus Exkursionen unternahm. 1845 beschrieb er vom Pyhrgas in den Haller Mauern sogar eine neue Art, *Riccia lindenbergiana*, die aus standörtlichen Gründen wohl mit *R. sorocarpa* subsp. *arctica* identisch sein dürfte. Poetsch & Schiedermayr (1872) fassten den damaligen Kenntnisstand in einer ersten Landesmoosflora zusammen und mit Schiedermayr (1894) folgte schließlich ein Nachtrag. J. Baumgartner besuchte Anfang des 20. Jahrhunderts mehrfach Teile des Landes. Seine bedeutenden Funde wurden aber erst viel später durch Fitz (1957) publiziert. Seiner Heimatregion, dem Attergau und des weiteren Umlandes widmete Ricek (1977) eine Moosflora, die durch die treffsicheren ökologischen Angaben besticht. F. Grims beschäftigte sich intensiv mit der Flora des Sauwaldes und des Oberen Donautals (inkl. Rannatal), mied aber auch die Kalkalpen nicht (u. a. Grims 1977, 1985, 2004). Zechmeister et al. (2002) präsentierten eine Moosflora von Linz. R. Krisai kümmerte sich zeitlebens vorwiegend um die Erforschung der Moore im Westen des Landes. Vor einigen Jahren präsentierte er aber auch eine Moosflora des Oberen Innviertels (Krisai 2011). In den letzten Jahren haben sich auch S. Biedermann und H. Göding um die Erforschung der Moose des Landes verdient gemacht. Seit 1996 beschäftigte sich G. Schlüsslmayr mit der Erforschung der Moose des Landes, die in einer ganzen Reihe von Publikationen mündete. Hervorzuheben sind vor allem die beiden Gebietsmonographien über das südöstliche Oberösterreich (Schlüsslmayr 2005) und das Mühlviertel (Schlüsslmayr 2011). Seine Studie über das Dachsteingebiet steht kurz vor der Druckreife. Frühe Funde dieser Gebietsbearbeitung wurden noch in den Catalogus integriert. Ein Moos-Artenschutzprojekt des Landes im Zusammenhang mit den Vorarbeiten zu einer Roten Liste der Moose Oberösterreichs (Schröck et al. 2014) brachte ebenfalls zahlreiche Neufunde seltener Arten (Schlüsslmayr & Schröck, 2013).

Oberösterreich gehört nun zweifellos zu den am besten erforschten Bundesländern. Dennoch gibt es auch weiterhin die Möglichkeit, für das Land unbekannte Arten nachzuweisen.

e) **Salzburg**: 2 + 207 Arten

In seinen „Primitiae florae Salisburgensis“ brachte Schrank (1792) eine erste Liste Salzburger Lebermoose, die von J. Irasek, einem Forstmann, in der Umgebung von Hintersee gesammelt wurden. Darunter ist mit *Jungermannia pubescens* (= *Metzgeria pubescens*) auch die Neubeschreibung einer Art. Zu den ersten Bryologen, die das Gebiet besuchten und auch Lebermoose sammelten, gehören H.C. Funck, H.G. Floerke und K. von Martius. Sauter (1858) und Schwarz (1858) berichteten zeitgleich über die reiche Moosflora des Untersberges. Leider um gut zwei Jahrzehnte zu früh erschien mit Sauter (1871) eine Lebermoosflora des Landes. Wichtige, aber auch schwierige Gattungen wie *Marsupella*, *Scapania*, *Calypogeia* etc. waren zu diesem Zeitpunkt noch nicht ausreichend taxonomisch erforscht und auch die Zahl der angegebenen Fundorte war bescheiden. In der zweiten Hälfte des 19. Jahrhunderts besuchte J. Breidler mehrfach die Zentralalpen, wo ihm mehrere Neufunde gelangen. Die wichtigsten dieser Funde integrierte er in seinen „Lebermoosen Steiermarks“ (Breidler 1894). Anfangs des 20. Jahrhunderts besuchte Kern (1907, 1915) Teile der Hohen Tauern und der westlichen Nordalpen. Im Anschluss passierte lange Zeit nichts mehr. Seit 1960 widmet sich R. Krisai der Erforschung der Salzburger Moore (u. a. Krisai 1966, 1975). Zwei BLAM-Feldtagungen brachten Verbesserungen in der Kenntnis der Lebermoose der mittleren Nordalpen und des Lungaues (Heiselmayer & Türk 1979, Krisai 1985). Aus diesem Zeitraum hat G. Schwab für den Katalog zahlreiche unveröffentlichte Funde aus den Radstädter Tauern und den östlichen Hohen

Tauern zur Verfügung gestellt. Deutliche bryofloristische Fortschritte gab es am Ende des 2. und zu Beginn des 3. Jahrtausends. Einerseits wurde eine Salzburger (und Österreichische) Mooskartierung ins Leben gerufen; andererseits entstanden Gebietsmonographien über die Stadt Salzburg (Gruber 2001), die Krimmler Fälle (Gruber et al. 2001) und das Wildgerlostal (Schröck et al. 2004). Wichtige, unveröffentlichte Daten steuerte J. Kučera aus der Glocknergruppe und den Schladminger Tauern bei.

Die Lebermoose der Moore des Landes sind durch die Forschungstätigkeit von R. Krisai und C. Schröck ausgezeichnet erfasst. Das Land scheint insgesamt, betrachtet man die Quadrantenzahlen aus der Kartierung (Pilsl 1999), auch flächendeckend gut erforscht zu sein und die meisten Arten sind wohl bereits nachgewiesen. Dennoch gilt es anzumerken, dass es erhebliche Defizite in den Lagen oberhalb der Waldgrenze gibt. In den Nordalpen sind es ganze Gebirgszüge, für die keinerlei Daten vorliegen.

f) **Steiermark**: 4 + 226 Arten

Das Land war lange Zeit hepatikologisch schlecht erforscht. Das änderte sich plötzlich, als Breidler (1894), kurz nach seiner Laubmoosflora, auch eine Bearbeitung der Horn- und Lebermoose als Resultat jahrzehntelanger intensiver Exkursionstätigkeit vorlegte. Sie enthält nicht weniger als 177 Arten, oftmals mit zahlreichen Fundorten und genauen Angaben zu Habitaten und Höhenverbreitung. Einzelne Ergänzungen zu Breidlers Flora lieferte Głowacki (1914). Danach gab es lange Zeit keine Fortschritte mehr; vielleicht schreckte auch die gute Datenlage mögliche Nachfolger ab, sich mit den Moosen zu beschäftigen. Ab den 1960er-Jahren lieferte W. Maurer eine Reihe von Aufsätzen und Monographien kleiner Gebiete. Wichtig ist vor allem seine Bearbeitung der Moose in einer Flora des Schöckls (Maurer et al. 1983). Der Autor hat sich ab 1985 mit Unterbrechungen der bryologischen Erforschung der Steiermark gewidmet. Der Großteil der Neufunde von Horn- und Lebermoosen ist bisher nicht publiziert; sie werden in diesem Rahmen präsentiert. Neuere unveröffentlichte Daten stellten J. Kučera, G. Schlüsslmayr und C. Schröck zur Verfügung.

Die Steiermark weist die höchste Artenzahl aller Bundesländer auf und der Großteil der real vorkommenden Arten dürfte bereits nachgewiesen sein. Trotzdem gibt es schlecht erforschte Landesteile, etwa die östlichen Teile der Kalkgebirge nördlich von Enns und Salza und insbesondere die rand- und außeralpinen Gebiete der West-, Ost- und Südsteiermark.

g) **Tirol**: 3 + 207 Arten

H.G. Floerke war vermutlich der erste, der 1798 anlässlich seines Besuchs in Finkenberg im Zillertal gezielt Lebermoose sammelte. In einer dieser Proben erkannten Weber & Mohr eine neue Art und benannten sie nach dem

Sammler (*Jungermannia floerkei* = *Neoorthocaulis floerkei*). Der junge O. Sendtner bestieg 1832 den prominenten Roßkogel in den nördlichen Stubaier Alpen und entdeckte dort die einzige *Herbertus*-Art des Alpenraums, die Nees von Esenbeck dann Sendtner widmete. Eine wegweisende und vielschichtige, geobotanische Abhandlung über die Region um Kitzbühel stammt von Unger (1836). Sie enthält auch eine Lebermoosliste. Juratzka (1862) schrieb einen kleinen Aufsatz über die Laub- und Lebermoose der Umgebung von Kufstein. Leithe (1885) berichtete primär über seine Moosfunde in der Nähe der Landeshauptstadt. J. Breidler besuchte die Grenzregion zu Vorarlberg und die Osttiroler Tauern. Wichtige Funde veröffentlichte er in seinen „Lebermoosen Steiermarks" (Breidler 1894). F. Sauter, ein Neffe von A.E. Sauter, berichtete über die Lebermoose der Umgebungen von Steinach und Lienz (Sauter 1894); darunter sind leider einige Fehlmeldungen. Jack (1898) publizierte neben eigenen Funden hauptsächlich seine Bestimmungsergebnisse der reichen Aufsammlungen von F. Stolz, der leider allzu früh den Bergtod fand. In ihrer Landesflora stellten Dalla Torre & Sarnthein (1904) alle bisher publizierten Daten zusammen. Der junge, später durch seine China-Reise berühmt gewordene H. Handel-Mazzetti berichtete zu dieser Zeit über seinen Moosfunde aus den Stubaier und Tuxer Alpen (Handel-Mazzetti 1904). Auch der angesehene Bryologe L. Loeske besuchte die Tiroler Alpen, zuerst St. Anton am Arlberg (Loeske 1908) und ein Jahr danach das Zillertal (Loeske 1909). Einen Bergsommer während des 2. Weltkriegs verbrachte T. Herzog in Kals, wo er eine Gebietsmonographie des Ködnitztales erarbeitete (Herzog 1944). Bemerkenswert ist aus der Nachkriegszeit vor allem die Studie über die Moose auf den Hochgipfeln der Ötztaler Alpen durch Pitschmann & Reisigl (1954). In den 1980er-Jahren besuchte R. Düll mehrere Sommer hindurch das Pitztal (gelegentlich auch das nahe Ötztal) und präsentierte seine Funde im größeren Rahmen einer neuen Landesflora von Tirol (inkl. Südtirol), seinen „Moosen Tirols" (Düll 1991). Verbesserungen in der Kenntnis der Lebermoose brachten in der Folge drei BLAM-Exkursionen in verschiedenen Teilen des Landes und zuletzt ein GEO-Tag in Kals. Die bisher überwiegend unpublizierten Funde sind hier integriert worden. Seit mehreren Jahren arbeitet M. Reimann an einer Gebietsmonographie der Allgäuer Alpen, die den Tiroler Anteil einschließt. Wichtige Funde hat er dankenswerterweise zur Verfügung gestellt. In den letzten Jahren versuchte R. Düll noch einmal, eine Mooskartierung von Tirol ins Leben zu rufen. Das Projekt erlosch mit seinem plötzlichen Tode. Auch der Autor hatte sich daran beteiligt und präsentiert hier die wichtigsten Funde aus wenigen Exkursionen.

In diesem sehr gebirgigen Land ist eine flächendeckende Durchforschung natürlich schwierig. Auch wenn ein Großteil der real vorhandenen Arten nachgewiesen sein dürfte, so sind doch große Teile des Landes nach wie vor kaum begangen. Das gilt für die meisten Gebirge der Nordalpen, aber auch für die Samnaungruppe oder die Kitzbühler und Zillertaler Alpen.

h) Vorarlberg: 2 + 202 Arten

Erste Nachweise von Lebermoosen erbrachte, wie auch in Oberösterreich, A.E. Sauter. Er fand um 1830 z. B. *Ricciocarpos natans* nahe Bregenz, ein seither nie wieder für das Land genanntes Lebermoos. In der zweiten Hälfte des 19. Jahrhunderts besuchten die bedeutenden Bryologen J. Breidler und J.B. Jack das Land. Ihre Funde wurden in Publikationen präsentiert, die primär anderen Ländern gewidmet waren (Breidler 1894, Jack 1898). Verlässliche Funddaten aus dem Süden des Landes veröffentlichte Loitlesberger (1894), als dieser als Lehrer in Feldkirch weilte. Von großer Bedeutung für die Kenntnis der Lebermoose des Landes war die Tätigkeit von J. Blumrich, der seine langjährigen Moosstudien in der Umgebung von Bregenz als Gebietsmonographie vorlegte (Blumrich 1913, Nachträge in Blumrich 1923). Unsichere Belege ließ er von Experten, jene der Lebermoose insbesondere von V. Schiffner überprüfen. J. Murr präsentierte eine Laubmoosflora von Feldkirch, kümmerte sich aber nur wenig um Lebermoose. Von F. Gradl stammen hingegen zahlreiche Lebermoosbelege (in BREG), die er aber nicht publizierte. Nach dem 1. Weltkrieg erlahmte das Interesse an Moosen im Land weitgehend. Erst in den 1990er-Jahren gab es zaghafte Versuche, der Moosforschung neues Leben einzuhauchen. Volk & Muhle (1994) veröffentlichten eine Studie über die Moose der Quellfluren im Montafon. E. Ritter beschäftigte sich in einer Diplomarbeit mit den Moosen eines Naturwaldreservats im Norden des Landes (Ritter 1999). Im Jahr 2009 erteilte das Land Vorarlberg H.G. Zechmeister den Auftrag eine Rote Liste der Moose des Landes zu erstellen. Wegen der unzureichenden Datenlage wurde als entscheidende Vorleistung zuerst eine landesweite Quadrantenkartierung der Moose durchgeführt. Das Kartierungsteam bestand aus G. Amann, H. Köckinger, C. Schröck und H.G. Zechmeister, denen unterschiedliche Teile des Landes zur Bearbeitung übertragen wurden. Außerdem war es möglich, noch nicht veröffentlichte Fundortsangaben von M. Reimann aus seiner monographischen Bearbeitung der Allgäuer Alpen zu integrieren. In der „Roten Liste" (Schröck et al. 2013) findet sich ein vollständiger Satz von Verbreitungskarten. Bedeutende Moosfunde wurden separat publiziert (Amann et al. 2013).

Das Land Vorarlberg gehört nun zweifellos zu den am besten untersuchten Bundesländern Österreichs. Neunachweise von Lebermoosen scheinen am ehesten in den Hochlagen der Silikatgebirge und in wärmebegünstigten Pionierfluren möglich.

i) Wien: 1 + 59 Arten

Nach Vorleistungen durch F. Welwitsch und anderen findet sich die erste floristisch auswertbare Zusammenstellung der Wiener Horn- und Lebermoose in Pokorny (1854) und später bei Heeg (1894), dort bereits mit einer wissenschaftlichen Genauigkeit, die dem heutigen Standard entspricht. Da Wien lange Zeit zwar Hauptstadt, aber nur Teil Niederösterreichs war, mussten die Wiener Funddaten erst aus diesen Werken isoliert werden (ZECHMEISTER et al. 1998). H.G. Zechmeister und seine Schüler haben sich in den letzten Jahrzehnten um die Verbesserung des Kenntnisstandes der Wiener Moosflora verdient gemacht. Bislang unveröffentlichte Funde wurden zur Verfügung gestellt.

Wegen der geringen Größe des Gebiets, der stark reduzierten Habitatvielfalt und des naturgemäß starken menschlichen Einflusses sind 60 Arten bereits als guter Erforschungsstand zu bezeichnen. Allerdings sind darunter auch einige verschollene Arten.

2. Eine kleine Hepatikogeographie Österreichs

Österreich hat optimale geomorphologische und klimatische Voraussetzungen für eine artenreiche Lebermoosflora. Seine Höhenamplitude erstreckt sich von 114 m (Apetlon im Burgenland) bis 3798 m (Gipfel des Großglockners). Im hinteren Bregenzerwald gibt es Dörfer mit einer durchschnittlichen Jahresniederschlagsmenge von über 2000 mm; im pannonischen Osten Österreichs sind es mitunter weniger als 500 mm. Die inneralpinen Täler weisen, trotz erheblich größerer Seehöhen, ebenfalls ein sehr niederschlagsarmes, kontinentales Klima mit Durchschnittswerten von 600 bis 800 mm auf. Auch aus geologischer und geomorphologischer Sicht findet sich in Österreich beinahe alles, was im Zentrum Mitteleuropas vorhanden ist. Denken wir an die geologische Mannigfaltigkeit der Alpen, das Granit- und Gneishochland der Böhmischen Masse, den Moorreichtum des Nordalpenrandes, die vulkanischen Hügel in der Südoststeiermark, die Lössvorkommen im pannonischen Niederösterreich oder an die Salzsteppen im Burgenland. Letztere dürften aber weitgehend lebermoosfrei sein.

Das Granit- und Gneishochland der **Böhmischen Masse**, vorwiegend nördlich der Donau gelegen, weist ein subozeanisch-subkontinentales Übergangsklima auf. Auf den Höhen des Böhmerwaldes treffen wir noch einige Hochgebirgselemente: an Sili-

Plöckenstein, Mühlviertel; Foto: G. Schlüsslmayr

katfelsen *Anastrepta orcadensis* oder *Diplophyllum taxifolium*, in kalten Quellfluren *Marsupella aquatica, M. sphacelata* und sehr selten auch *Harpanthus flotovianus*. Das zunehmend wärmer werdende Klima bedroht diese Restvorkommen. Basierend auf einer Reihe verschollener, kryophiler Laubmoosarten lässt sich mutmaßen, dass auch die eine oder andere Lebermoosart bereits verschwand, noch ehe sie unter hepatikophile Augen trat. Definitiv ausgestorben ist der boreale *Sphenolobus saxicola*, der bereits vor rund 150 Jahren in einer kleinen Schlucht am Südrand des Mühlviertels entdeckt wurde. Auch wenn der Bestand im 19. Jahrhundert massiv besammelt wurde, dürfte die Population letztlich der Klimaerwärmung erlegen sein. Möglicherweise handelte es sich um das einzige österreichische Vorkommen, zumal Angaben für die Alpen sehr zweifelhaft sind. Auch der einzige Nachweis der subozeanischen thallösen *Pallavicinia lyellii* liegt am äußersten Südrand des Areals der Art. Sie wurde einst von V. Schiffner in einem Moorgebiet des nördlichen Waldviertels entdeckt und ist seit langem verschollen. Den subozeanischen Klimacharakter des Gebietes unterstützen auch die einzigen österreichischen Vorkommen der subatlantischen Lebermoose *Heterogemma capitata* und *Scapania lingulata*. Sie sind ebenfalls sehr selten; bei einer gezielten Suche wäre aber die Zahl der Fundorte vermutlich vermehrbar. Bemerkenswert ist ferner die Auffindung der kleinen Hornmoose *Anthoceros neesii* und *Notothylas orbicularis* auf einem Stoppelfeld im westlichen Mühlviertel. Beide weisen eine subkontinentale Verbreitung in Europa auf und erstere ist sogar im östlichen Zentraleuropa endemisch (weitere Rezentnachweise beider im Oberen Murtal). Deutlich wärmebegünstigt ist hingegen das Durchbruchstal der oberen Donau in Oberösterreich. Dazu passt die Entdeckung der submediterranen *Frullania inflata* in der Schlögener Schlinge. Dieses Vorkommen nimmt eine Brückenposition zwischen den nördlichsten Populationen in Süd-Tschechien und jenen in der Steiermark und Kärnten ein. Vom selben Fundgebiet stammen auch isolierte Nachweise von *Microlejeunea ulicina* und *Metzgeria consanguinea*, die wiederum den ozeanischen Klimaeinfluss bezeugen.

Wachau; Foto: H. Zechmeister

Folgen wir dem Lauf der Donau flussabwärts, so wird das Klima zunehmend trockener. Mit Erreichen der Wachau befinden wir uns bereits im **Pannonikum** mit seiner eigenständigen Pannonischen Flora. Auch die Lebermoose haben ihren Anteil daran. Bezeichnenderweise sind es durchwegs thallöse und besonders trockenheitsresistente Arten. Zu ihnen zählen *Asterella saccata*, *Mannia fragrans*, *Oxymitra incrassata*, *Riccia ciliifera*, *R. crinita*, *R. papillosa* und *R. subbifurca*, die an extreme Xerothermhabitate, insbesondere felsige Trockenrasen, gebunden sind. Leider sind fast alle dieser Arten stark gefährdet, partiell auch bereits verschollen.

Selbst die Metropole Wien und ihre Umgebung haben bemerkenswerte Lebermoose zu bieten. Von den Hügeln im Westen der Stadt stammen die beiden einzigen österreichischen Nachweise von *Cephaloziella stellulifera* und in den Donauauen wächst selten die mediterrane *Mesoptychia turbinata*, für die nur noch ein weiterer Fund aus Kärnten vorliegt. In der Mitte des 19. Jahrhunderts sammelte A. Pokorny auf Uferschlamm des Wienflusses nahe des Stadtzentrums die kontinental verbreitete *Riccia frostii*. Die Fundstelle war bereits zur Zeit Schiffners verbaut und die Art ist seither für Österreich verschollen. Da es aber etliche Rezentnachweise an der oberen ungarischen Donau gibt, sollte sie in günstigen Jahren auch hierzulande östlich von Wien nachweisbar sein. In den Stillgewässern entlang von Donau und March findet sich auch die Mehrzahl der aus Österreich nachgewiesenen Populationen des Wasserschwebers *Ricciocarpos natans*.

Hohe Wand und Wiener Becken; Foto: H. Köckinger

Die westlichen **Nordalpen** stehen unter ozeanischem Klimaeinfluss, was sich auch im Auftreten subatlantischer Lebermoosarten manifestiert. *Calypogeia arguta* wurde für Österreich bislang nur aus dem Nordwesten Vorarlbergs nachgewiesen. Da alle Funde dieser wärmeliebenden Art aus neuerer Zeit stammen, ist es durchaus denkbar, dass es sich um eine klimatisch bedingte Neueinwanderung handelt. Auch die ehemals hierzulande nur aus Gewächshäusern bekannte *Lunularia cruciata* beginnt allmählich auch natürliche Lebensräume zu erobern. Die Moore am westlichen Nordalpenrand, vor allem jene des Bregenzerwaldes und des Salzkammerguts, beherbergen mit *Odontoschisma sphagni* und *Fuscocephaloziopsis macrostachya* zwei subozeanisch verbreitete Lebermoosarten, die südlich des Alpenhauptkammes gänzlich fehlen. Aber auch *F. connivens* oder *Kurzia pauciflora* haben hier ihren Verbreitungsschwerpunkt. Ausgestorben ist das europaweit gefährdete *Biantheridion undulifolium*, von dem ein einziger historischer Nachweis aus einem Moor im mittleren Bregenzerwald vorliegt. Die Mischwälder der Nordalpen sind betont epiphytenreich, enthalten aber nur wenige kennzeichnende Lebermoosarten. Am westlichen Nordrand begegnen wir an ihrem Arealrand noch der ozeanisch verbreiteten *Metzgeria consanguinea* (oft zusammen mit *Microlejeunea ulicina*), während die Schwesterart *M. violacea* tief in das Kalkgebirge eindringt und auch noch die Zentralalpen erreicht, aber nach Osten allmählich seltener wird. In den Nordalpenwäldern treffen wir außerdem vitale epiphytische Bestände von *Frullania tamarisci*, daneben auch reichlich *F. fragilifolia*. Noch deutlich reicher ist die Totholzflora. Besonderheiten in luftfeuchten Wäldern sind *Harpanthus scutatus*, *Geocalyx graveolens* oder als Endglied der Totholzsukzession, meist in Begleitung von *Mylia taylorii*, das kontinental verbreitete *Anastrophyllum michauxii*. Diese Art liebt ständig humide, kühle Habitate. Der Grund, weshalb sie in Westeuropa fehlt, ist also nicht das Klima sondern ihre pleistozäne Überdauerung an einem eisfreien Ort im Südosten Europas. Postglazial hat sie zwar noch die Ostalpen und sogar Südskandinavien erreicht, aber nicht die Westalpen, die Pyrenäen und die Britischen Inseln. Rar ist die Gruppe der „Scapaniellen“: *S. carinthiaca* (inkl. *S. massalongi*), *S. scapanioides* und *S. apiculata*. Ihr Geheimnis ist die

Miesbodensee, Dachsteinmassiv; Foto: C. Schröck

Schwarzatal bei Reichenau/Rax; Foto: H. Köckinger

Vorliebe für periodisch überflutetes und daher nicht betont saures Totholz. Ein Teilareal der hochgradig disjunkt verbreiteten *Cephalozia lacinulata* liegt im Bodenseeraum, woher auch der einzig gesicherte, leider historische Nachweis für Österreich stammt. Charakteristisch für die kalkalpinen Vor- und Randalpen ist *Mannia triandra*; ihre größte Häufigkeit erreicht sie in den Nagelfluhschluchten Oberösterreichs und den Thermenalpen Niederösterreichs. Noch deutlich anspruchsvoller verhält sich die submediterrane *Cololejeunea rossettiana*. Ihre Habitate sollten humid, aber gleichzeitig warm und frostarm sein; eine seltene Kombination in den Alpen. Dass es lediglich drei Nachweise aus den östlichen Nordalpen und einen aus dem Grazer Bergland gibt, sollte nicht verwundern. Über hochmontanen Blockhalden der Nordflanken der Kalkberge haben sich durch sommerlichen Austritt von Kaltluft lokal Kondenswassermoore gebildet. An den Ausströmöffnungen finden wir eine bemerkenswerte Moosartenkombination, unter den Lebermoosen vor allem drei arktisch-alpine Elemente, *Odontoschisma macounii*, *Schistochilopsis grandiretis* und *Protolophozia elongata*; letztere kommt in Zentraleuropa nur in den Ostalpen vor. Die erst spät beschriebene *Plagiochila britannica* galt lange als Endemit der Britischen Inseln. Sie kommt aber auch in den Alpen vor und ist in den Kalkgebirgen Vorarlbergs, insbesondere in feuchten, subalpinen Gebüschen, recht verbreitet; einzelne Vorposten existieren in Salzburg und Oberösterreich. Charakteristisch für die alpinen Lagen der Kalkalpen, im Gegensatz zu den Gebirgen West- und Nordeuropas, ist der Reichtum an Marchantialen, u. a. *Asterella lindenbergiana*, *Sauteria alpina*, *Clevea hyalina* oder *Peltolepis quadrata*, die die nordseitigen Felsnischen und blockigen Schneeböden besiedeln. *Mannia pilosa* bevorzugt hingegen schneeärmere, exponiertere Standorte; sie ist einigermaßen gleichmäßig über Nord-, Zentral- und Südalpen verteilt.

Haindlkar, Ennstaler Alpen; Foto: H. Köckinger

Die artenreichste und phytogeographisch interessanteste Großregion sind zweifellos die **Zentralalpen**. Neben reinen Gneis- und Glimmerschiefergebieten existieren auch Kalkenklaven (etwa in den Radstädter Tauern und Stubaier Alpen) und speziell in den Hohen Tauern, im so genannten „Tauernfenster“, eine enorme Vielfalt von Kalk- und basenreichen Schiefern. Die

Nordabdachung der Zentralalpen erhält noch einen erheblichen Teil der Niederschläge in Westwetterperioden; besonders niederschlagsreich sind etwa der Verwall, die Kitzbühler Alpen und der Nordwesten der Hohen Tauern. Im Windschatten des Hauptkamms gehen die Niederschlagssummen aber rasch zurück und Trockentäler, vom Oberinntal über das Virgental bis ins Obere Murtal, sind die Folge. Charakteristisch für die westlichsten Ketten sind zwei primär westeuropäische Gebirgsarten, *Gymnomitrion alpinum* und *Jungermannia exsertifolia* subsp. *cordifolia*. Beide sind östlich von Tirol nicht nachgewiesen. Das in Bryologenkreisen wohl berühmteste Lebermoos Österreichs, *Herbertus sendtneri*, hat ein einigermaßen geschlossenes Areal, welches von den nordwestlichen Stubaier Alpen bis in die Kitzbühler Alpen und zum Felbertauern reicht. Allein klimatisch ist dieses Areal nicht zu erklären. Diese Art dürfte an einem Nunatakkerstandort innerhalb des rezenten Areals die letzte Eiszeit überdauert und sich postglazial auf die derzeitige Arealgröße ausgebreitet haben. Ihre nächstgelegenen Vorkommen liegen im Himalaya. Das ostalpine Areal der primär nordischen und weniger hygrophilen *Tetralophozia setiformis* ist durchaus ähnlich, aber etwas nach Osten verschoben. Am Ostrand der Hohen Tauern blockieren Gebirgszüge mit ungeeigneten Gesteinen eine weitere Ostausbreitung. Eine dritte putative Nunatakkerart ist das auffällige *Gymnomitrion revolutum.* Das enorme, aber sehr disjunkte Areal dieses Hochgebirgselements der Nordhemisphäre legt ein hohes Alter nahe. Es schätzt härteste Wuchsbedingungen auf kalkfreiem Fels in möglichst hohen Lagen bis weit über 3000 m und steigt nirgends unter die lokale Waldgrenze hinab. Sein europäischer Verbreitungsschwerpunkt liegt in Österreich. In pflanzengeographischer Hinsicht schwer interpretierbar ist hingegen *Prasanthus suecicus* mit seinen wenigen, in den Hochalpen zerstreuten Vorkommen. Eine Gruppe von azidophilen Saxikolen der Alpinstufe, *Anastrophyllum assimile*, *Gymnomitrion commutatum* und *Scapania crassiretis*, könnte die letzte Eiszeit am nur partiell vergletscherten Ostrand der Niederen Tauern überlebt haben, ein auch für ostalpische Gefäßpflanzen bedeutendes Überdauerungszentrum. Die drei Arten sind auch heute noch in diesem Gebiet verbreitet und werden nach Westen tendenziell seltener;

Gargellen, Silvretta; Foto: H. Köckinger

Rötspitze, Hohe Tauern; Foto: H. Köckinger

in den Westalpen gelten sie als Raritäten. Die Zentralalpen beherbergen aber auch basenliebende, subneutro- bis neutrophytische Lebermoose, welche nur ausnahmsweise auch in den Nord- und Südalpen auftreten und somit als „Kalkschiefermoose“ bezeichnet werden können. Feuchte Felsnischen in Nordlage besiedeln die beiden arktisch-alpinen Arten *Arnellia fennica* und *Mesoptychia gillmanii*; Rasenlücken und Polsterpflanzenfluren, selten Schneeböden, in alpiner bis subnivaler Lage bevorzugen hingegen *Scapania degenii*, *Isopaches decolorans* und *Mannia controversa*. Zumindest die beiden letzteren sind Abkömmlinge der nord-zentralasiatischen Flora, die vermutlich erst während der Maxima der Eiszeiten Europa erreichten. Ein Kuriosum unter den Zentralalpenmoosen ist zweifellos *Riccia breidleri*. Diese endemische Art der Alpen lebt amphibisch auf feuchtem Silikatsand an alpinen Lacken mit stark schwankendem Wasserstand. In Österreich wurden bislang erst fünf Fundstellen zwischen den Ötztaler Alpen und den westlichen Niederen Tauern bekannt. In den Gletscheralluvionen der Salzburger Hohen Tauern gibt es mit *Fossombronia incurva* und *Cephaloziella integerrima* zwei bemerkenswerte subozeanische Sandbewohner des südlichen Nordeuropa. Sie sind bislang nur von einer, respektive zwei Lokalitäten bekannt, könnten aber auch übersehen worden sein. Moore trifft man in den Zentralalpen am häufigsten im Bereich der Waldgrenze. Oft sind es sogenannte „Komplexmoore“, bei denen es sich primär um Niedermoore mit eingestreuten

Dieslingsee, Nockberge; Foto: H. Köckinger

Bulten oder Bultzonen handelt. Typisch für diese hochgelegenen Moore sind u. a. die kleinen Bult-Pioniere *Fuscocephaloziopsis loitlesbergeri* und *Cephaloziella spinigera*. In Trichophoreten trifft man häufig auf *Odontoschisma elongatum*, gelegentlich auch auf *O. francisci* oder *Schljakovia kunzeana*. Das bedeutendste Moorgebiet in den Zentralalpen erstreckt sich vom Ost-Lungau nach Süden zu den Nockbergen. Eine besondere Rarität des östlichen Lungaus ist *Heterogemma laxa*. Weiter östlich, in den ebenfalls moorreichen Seetaler Alpen, konnte in einer Seenverlandung eine Population der arktischen *Lophoziopsis latifolia* entdeckt werden, der in den Alpen der Status eines Glazialrelikts zukommt. Reich an Lebermooskomponenten zeigen sich naturgemäß auch die Quellfluren der Hochlagen. *Scapania paludosa* ist im Vorarlberger Teil der westlichen Zentralalpen noch häufig; nach Osten wird sie aber immer seltener. Hingegen ist *Harpanthus flotovianus* in den westlichsten Ketten eine ausgesprochene Rarität, in den kontinentalen, östlichen Teilen der Ostalpen aber verbreitet. Nicht vergessen sollte man letztlich auch auf die Lebermoosflora der Montanstufe. Ein charakteristisches Element feuchter, absonniger Silikatblockhalden ist die lang verkannte *Lophozia longiflora*. Als Erz- bzw. Kupfermoose gelten *Cephaloziella massalongi* und *C. phyllacantha*, wobei aber letztere definitiv auch erzfreie Silikatgesteine akzeptiert. Die bekannteste Fundstelle für chalcophile Moose ist die Schwarzwand bei Hüttschlag in den östlichen Hohen Tauern. *Gymnocolea acutiloba* wurde lange Zeit ebenfalls zu diesen Elementen gezählt; vermutlich liegt aber nur eine Extremform von *G. inflata* vor. An basenreichen Silikatfelsen trifft man in den Zentralalpen gerne *Frullania jackii* und *Scapania verrucosa*, zwei kontinentale Gebirgselemente mit reliktartiger Verbreitung. Erstere ist zwar streng genommen als europäisch zu bezeichnen, wird aber in Ostasien durch eine sehr nahverwandte Sippe vertreten. Die auffällige *S. verrucosa* zeigt ein lückiges Verbreitungsgebiet zwischen den Pyrenäen und den Gebirgen der Balkanhalbinsel, kommt aber auch im Kaukasus und in gebirgigen Teilen Ostasiens vor. In Europa hat sie ihre höchste Fundortsdichte in Kärnten. Einen klaren Kärnten-Schwerpunkt zeigt auch die ebenfalls kontinental verbreitete *Liochlaena subulata*. Im Rahmen der Kärntner Mooskartierung konnte sie in nicht weniger als 29 Quad-

Gößnitzfall, Hohe Tauern;
Foto: T. Hallingbäck

ranten, vor allem in Unterkärnten, festgestellt werden. Abgeschirmt durch den Hauptkamm der Hohen und Niederen Tauern präsentieren sich die Tal- und Beckenregionen Unterkärntens und das Lungauer und Steirische Murtal als niederschlagsarm mit einigen wärme- und trockenheitsliebenden Lebermoosen. Typisch ist das Auftreten von *Mannia fragrans* und an einer einzigen Fundstelle in einem Graben der Gleinalpe findet sich die ähnliche, aber duftlose *M. californica*. Trockene Pionierfluren besiedeln *Riccia subbifurca* und *R. crinita*; beide sind aber extrem rar. Bemerkenswert für halbschattige, südseitige Silikatfelsen Unterkärntens und des Oberen Murtals ist das Auftreten von *Frullania inflata*, in Europa mit östlich submediterraner Verbreitung. Lokal findet man sie in Gesellschaft der europaweit extrem raren *F. parvistipula*, die alternativ aber auch epiphytisch, insbesondere an Obstbäumen, gedeiht. Erwähnenswert ist weiters die submediterrane *F. riparia*, welche in Österreich bislang nur einmal in den Flaumeichenwäldern bei Graz am Südrand des Grazer Berglandes gesammelt wurde.

Lienzer Dolomiten; Foto: H. Köckinger

Die **Südalpen** weisen in ihrer Lebermoosflora naturgemäß starke Parallelen zu den Nordalpen auf. Hier soll nur auf zwei Besonderheiten eingegangen werden. *Radula visianica* wurde vom Südrand der italienischen Südalpen als wärmeliebender Epiphyt beschrieben und galt zuletzt, nachdem mehrfach vergeblich nach ihr gesucht wurde, als ausgestorbene Art. Jüngst hat sich aber gezeigt, dass es sich primär um ein eher kälteliebendes Felsmoos handelt, das auf feuchtem Dolomit in der Montan-

Kronhofgraben, Karnische Alpen; Foto: H. Köckinger

und Subalpinstufe der Süd- und Nordostalpen zu suchen und zu finden ist. Die besiedelten Gebiete waren während der Eiszeiten unvergletschert. Vermutlich hat sich diese endemische Art während der Eiszeiten in geschützten Südalpenschluchten aus einer tertiären Ausgangssippe heraus in Anpassung an ein hartes Klima und an ein ungewöhnliches Substrat, Dolomit, zu einer neuen Art entwickelt. Ebenfalls außergewöhnlich ist die Entdeckung eines lokalen Vorkommens von *Frullania oakesiana* in den Karawanken, welche ansonsten im südlichen Nordeuropa sowie im Westen der Iberischen Halbinsel beheimatet ist. Eine erst kürzlich erfolgte Ansiedlung dieser reichlich Sporen produzierenden Art kann nicht ausgeschlossen werden; genauso gut könnte es in dieser sehr niederschlagsreichen Region der östlichen Südalpen zwischen Friaul, Slowenien und Südkärnten aber immer schon eine Exklave dieser reliktisch-amphiatlantischen Sippe gegeben haben.

III. Spezieller Teil

A. Konzeption

Die Behandlung der Arten folgt einem klaren Konzept, allerdings keinem starren Korsett. Der „Catalogus" ist kein Bestimmungswerk; somit finden sich nur ausnahmsweise Hinweise zur Morphologie, wo dies zum Verständnis der Sippen notwendig erscheint. Nach dem Artnamen mit den wichtigsten Synonymen folgen detaillierte Ausführungen zur Ökologie, Soziologie, Verbreitung und Gefährdung der Arten. Am Schluss gibt es fallweise Anmerkungen unterschiedlicher Art.

a) Nomenklatur und Systematik

Die Systematik und Nomenklatur richten sich nach der erst kürzlich erschienenen „World checklist of hornworts and liverworts" (SÖDERSTRÖM et al. 2016), die den molekulargenetischen Erkenntnissen der letzten Jahre Rechnung trägt. Zahlreiche Änderungen im tradierten System der Familien und Gattungen waren unvermeidlich. Manch über Jahrzehnte etablierter Gattungsname musste weichen; andere Gattungen wurden gänzlich zerschlagen (z. B. *Lophozia*). Nicht selten erwiesen sich andererseits über 100 Jahre alte Konzepte als richtig und wurden wieder eingesetzt (beispielsweise Schiffners Konzept von *Gymnomitrion*). Neue Gattungen wurden geschaffen, andere hingegen als unberechtigt verworfen (etwa *Apomarsupella* und *Apometzgeria*). In wenigen begründeten Fällen wird der World Checklist nicht gefolgt, konkret in der Auffassung des *Lophozia ventricosa*-Aggregats (*L. longiflora* wird als eigenständige Art akzeptiert, *L. silvicola* hingegen mit *L. ventricosa* synonymisiert), in *Scapania* (*S. praetervisa* wird als Synonym einer variablen *S. mucronata* betrachtet), in *Marsupella* (*M. ramosa* wird als Art beibehalten), in *Porella*, *Metzgeria* und *Fossombronia* (*P. baueri*, *M. simplex* und *F. fleischeri* werden wegen mangelnder Unterscheidbarkeit nicht akzeptiert) sowie bei einzelnen infraspezifischen Taxa. In der Gattung *Lophoziopsis* wird eine Neukombination (*L. latifolia*) vorgeschlagen. Die Liste der Synonyme bringt eine Auswahl wichtiger Namen, speziell jener, die in der heimischen floristischen Literatur bislang in Verwendung standen. Auch wenn die Anordnung im Katalog grundsätzlich der Systematik in SÖDERSTRÖM et al. (2016) folgt, werden hier nur die Rangstufen Familie, Gattung, Art, Unterart und Varietät angeführt. Innerhalb der Gattungen sind die Arten alphabetisch gereiht.

b) Ökologie

Der Ökologieteil beginnt mit einer groben Charakterisierung des Erscheinungsbildes der jeweiligen Art im Gelände. In einigen Fällen wird alternativ auf bekannte, habituell ähnliche Arten Bezug genommen. Danach folgt eine Aufzählung der besiedelten Substrate und Habitate, gereiht nach Häufigkeit und mit Angaben zu den Vorlieben der Arten hinsichtlich der Ausprägung der Standortsfaktoren. Bei Arten mit weiter Höhenamplitude werden die in den Hochlagen besiedelten Habitate erst am Schluss genannt. Steigt eine Hochgebirgsart allerdings nur ausnahmsweise in tiefe Lagen herab, ist die Anordnung natürlich umgekehrt. Am Schluss gibt es grobe Angaben zur Ausbreitungsbiologie der Arten.

Danach folgen standardisiert, unter Aufzählungszeichen (schwarze Punkte), die **Ökologischen Zeigerwerte** und die **Ökologische Amplitude** bei den ausgewählten Standortsfaktoren pH-Wert, Feuchtigkeit und Licht. Die Zeigerwerte wurden völlig neu erarbeitet. Die Einstufung richtet sich grundsätzlich nach den Definitionen bei Düll in Ellenberg et al. (1991, und jünger). Die Feuchtezahl geht allerdings nicht über 9 hinaus und die für die Moose schwer einzuschätzende Stickstoffzahl wird weggelassen. Die Einstufungen durch R. Düll waren vor allem bei Hochgebirgsarten unbefriedigend und verlangten deshalb für ein Gebirgsland wie Österreich eine Neubearbeitung. Die Grundlage ist zwar das Verhalten der Arten im Land; die Einstufungen haben aber für weite Teile Zentraleuropas Gültigkeit.

c) Soziologie

Die Nomenklatur der Gesellschaften und höheren Syntaxa folgt bei den Moosen, mit wenigen Ausnahmen, Marstaller (2006) und bei den Gefäßpflanzen den „Pflanzengesellschaften Österreichs" (Grabherr & Mucina 1993, Mucina et al. 1993a, 1993b). Die Angaben zu den von den Arten besiedelten Moosgesellschaften orientieren sich in der überwiegenden Mehrzahl der Fälle an den beiden „Soziologischen Moosfloren" für das südliche Oberösterreich (Schlüsslmayr 2005) und das Mühlviertel (Schlüsslmayr 2011). Diese wertvollen Grundlagenwerke haben allerdings nur noch geringe Bedeutung für die Hochlagen der Zentralalpen. Dort gibt es erheblichen moossoziologischen Nachholbedarf.

Bei den meisten Horn- und Lebermoosen werden auch häufige bzw. typische Begleitarten aufgezählt. Lediglich bei Arten mit sehr breiten Standortsamplituden, die in sehr vielen Gesellschaften präsent sind, wird dies mitunter unterlassen. Die Nomenklatur der Laubmoose folgt weitgehend Köckinger et al. (2008), jene der Gefäßpflanzen Fischer et al. (2008).

d) Verbreitung

Zunächst wird die Verbreitung der Arten in Österreich in groben Zügen dargestellt. Jene Regionen, in denen die jeweilige Art am stärksten vertreten ist, werden vorangestellt. Am Ende dieses Teils wird die Höhenamplitude nach Höhenstufen und nach Extremwerten in Metern angeführt.

Danach folgt, in verkleinerter Schrift, der oft umfangreiche **Fundortsteil**, gewissermaßen das Herzstück. Grundlagen sind einerseits die gesamte relevante Literatur, andererseits zahlreiche unveröffentlichte Funde, die für dieses Werk zur Verfügung gestellt wurden. In fast allen wichtigen Fällen konnte vom Autor Belegmaterial eingesehen werden. Zweifelhafte Literatur- und Herbardaten wurden bei bedeutenderen Angaben mit entsprechenden Bemerkungen versehen oder in weniger wichtigen Fällen einfach weggelassen. Bei manchen Arbeiten (z. B. Smettan 1982) ist die Fehlerhaftigkeit so offensichtlich, dass das Werk als Ganzes ignoriert werden musste. Grundsätzlich wird bewusst keine Auswahl der Funde präsentiert. Entweder werden alle Angaben aufgezählt oder die jeweilige Art bei zu großer Häufigkeit für ein Teilgebiet, seltener das ganze Bundesland lediglich als „z" (zerstreut) oder „v" (verbreitet) angeführt. Findet sich nur das Bundesland-Kürzel, so gilt die Art als verbreitet in weiten Teilen des Landes. Die Anordnung der Funde folgt zu allererst der alphabetischen Reihenfolge der Bundesländer (Kürzel). Ein Spezialfall ist Tirol, das aus zwei geographisch getrennten Teilen besteht, die auch klimatisch verschieden sind und z. T. erhebliche Unterschiede in ihren Moosfloren aufweisen. Somit werden, allerdings nur bei selteneren Arten, Nord-T und Ost-T getrennt behandelt. Kommt eine Art in einem bestimmten Bundesland gar nicht vor, dann fehlt auch das jeweilige Kürzel. Innerhalb der Bundesländer werden die Funde Großregionen und innerhalb derer Teilgebieten zugeordnet. Die Großregionen, etwa in Salzburg das Alpenvorland, die Nordalpen und die Zentralalpen, für die aus Platzgründen Abkürzungen (AV, NA, ZA) verwendet werden, gliedern sich wiederum in Teilgebiete, etwa Gebirge und Täler. Werden die Fundorte nun gleich für eines dieser Teilgebiete angegeben, so entfällt in der Regel die Angabe der Großregion. In vielen Fällen erwies es sich aber als sinnvoller, die Funde nur einer Großregion zuzuordnen. Für die Nordalpen fehlen leider über weite Strecken brauchbare, allgemein bekannte Gebirgseinteilungen. Das betrifft insbesondere Niederösterreich, aber auch in Oberösterreich und Salzburg ist die Einteilung der Nordalpen umstritten und oft praxisfremd. Somit ist es beispielsweise wesentlich benutzerfreundlicher, unter NA einfach „Leonsberg bei Bad Ischl" anzugeben, als mühsam nach einer abstrakten Gebirgsbezeichnung zu suchen, der der Leonsberg eventuell zugeordnet werden könnte. Die Anordnung der Großregionen, Teilgebiete und Fundorte erfolgt im Idealfall von Nordwest nach Südost innerhalb der Bundesländer. Dass dieses Prinzip oft nicht zufriedenstellend umsetzbar ist, dürfte auf Verständnis stoßen. Jedem Fundort ist eine Quelle zugeordnet, sei es ein Literaturzitat oder eine Sammlerangabe. Um Platz zu sparen, werden oft mehrere Fundorte aus einer Quelle zusammengefasst. Alles was an Fundorten vor einer Quellenangabe steht, gehört also solange zur selben Quelle bis die nächste Quellenangabe erscheint. Meist erstreckt sich diese Vorgangsweise aber nicht über verschiedene Teilgebiete. Verschiedene Fundorte werden durch Beistriche getrennt oder alternativ mit einem „und" verbunden. Strichpunkte trennen unterschiedliche Teilgebiete.

Jahreszahlen zu unveröffentlichten Funden werden in der Regel nur bei hochgradig gefährdeten, verschollenen, extrem seltenen oder spät entdeckten Arten angeführt, Höhenangaben nur ausnahmsweise bei Extremwerten oder sehr seltenen Arten.

Nach dem Fundortsteil folgen, wiederum unter Aufzählungszeichen (schwarze Punkte) die **Allgemeine Verbreitung** der Art sowie der **Arealtyp**. Diese Daten sind der Literatur entnommen. Meist stellen sie eine grobe Synopsis der Angaben zur Weltverbreitung der Arten in diversen, neueren Florenwerken dar; manchmal wurden hingegen Art- und Gattungsmonographien herangezogen. In einigen Fällen erfolgten Korrekturen. Die Angaben zur Verbreitung der Arten außerhalb Europas sind lücken-, teilweise auch lediglich beispielhaft und vielfach vermutlich nicht auf dem neuesten Stand. Dieser Katalog ist deshalb nicht als Referenzwerk für die Weltverbreitung der Arten zu verwenden und zu zitieren.

e) Gefährdung

Bei jeder Art wird über allgemeine oder konkrete Bedrohungen informiert. Da der Katalog seine Gültigkeit für die nächsten Jahrzehnte behalten soll, gibt es keine Verweise auf Gefährdungseinstufungen in bereits publizierten Roten Listen, die im Idealfall alle 10 bis 15 Jahre neu aufgelegt werden sollten.

f) Anmerkungen

Fakultativ finden sich am Schluss Anmerkungen aller Art. Zwei oder mehrere Anmerkungen unterschiedlichen Inhalts werden durch Gedankenstriche getrennt.

B. Abkürzungen

Als Service für nicht deutschsprachige Benutzer wird die übliche englische Version angefügt.

Geographische Begriffe (geographical terms):

A	Alpen (Alps)
AV	Alpenvorland (Alpine foothills)
B	Burgenland
K	Kärnten (Carinthia)
N	Niederösterreich (Lower Austria)
NA	Nordalpen (Northern Alps)
Nord-T	Nordtirol (Northern Tyrol)
O	Oberösterreich (Upper Austria)
Ost-T	Osttirol (Eastern Tyrol)
S	Salzburg
SA	Südalpen (Southern Alps)
St	Steiermark (Styria)
T	Tirol (Tyrol)
V	Vorarlberg
W	Wien (Vienna)
ZA	Zentralalpen (Central Alps)

Zeitgenössische Sammler (contemporary collectors):

AS	Adolf Schriebl
CS	Christian Schröck
FG	Franz Grims†
GA	Georg Amann
GS	Gerhard Schlüsslmayr
GSb	Gottfried Schwab
HH	Herbert Hagel
HK	Heribert Köckinger
HvM	Huub van Melick
HZ	Harald Zechmeister
JK	Jan Kučera
MR	Markus Reimann
MS	Michael Suanjak
PP	Peter Pilsl
RD	Ruprecht Düll†
RK	Robert Krisai

Häufigkeitsangaben (frequency indications):

s	selten (rare)
v	verbreitet (widespread)
z	zerstreut (scattered)

Ökologieteil (ecology part, incl. Ellenberg indicator values):

F	Feuchtezahl (moisture value)
K	Kontinentalitätszahl (continentality value)
L	Lichtzahl (light value)
m	mäßig (moderately)
R	Reaktionszahl (reaction value)
s	sehr (very)
T	Temperaturzahl (temperature value)

Sonstige Abkürzungen (additional abbreviations):

det.	determinavit = bestimmt von (determined by)
E	ost- oder östlich von (east or east of)
Herb.	Herbarium (herbarium)
leg.	legit = gesammelt von (collected by)
N	nord- oder nördlich von (north or north of)
rev.	revidiert von (revised by)
S	süd- oder südlich von (south or south of)
t.	teste = bestätigt durch (confirmed by)
W	west- oder westlich von (west or west of)
zw.	zwischen (between)

C. Katalog der Horn- und Lebermoosarten

I. *Anthocerotophyta*

1. *Anthocerotaceae* DUMORT.

1. *Anthoceros* L.

1. *A. agrestis* PATON – Syn.: *A. crispulus* auct. non (MONT.) DOUIN, *A. punctatus* auct. non L., *A. punctatus* subsp. *agrestis* (PATON) DAMSH., *Aspiromitus punctatus* subsp. *agrestis* (PATON) R.M. SCHUST.

Foto: M. Lüth

Ökologie: Grüne, rosettenförmige Thalli mit gelapptem Rand, aus deren Mitte die charakteristischen, bei Sporenreife schwarzen „Hörner“ emporragen; herbstannuell auf Äckern auf mäßig saurer, mäßig feuchter und ebenso mäßig gedüngter Erde. Sporenreife in der Regel erst nach der Ernte auf „Stoppelfeldern“. Bevorzugt Getreidefelder (insbesondere Hafer und Gerste); nur ausnahmsweise auch auf abgeernteten Maisfeldern oder Kartoffeläckern präsent. Gelegentlich auch in Wiesenlücken oder auf Feldwegen; sehr selten in Gärten.

- m. azidophytisch, mesophytisch, m.–s. photophytisch
- L 7, T 6, K 5, F 5, R 4

Soziologie: Eine Kennart der Moosgesellschaft Riccio glaucae-Anthocerotetum crispuli und des auch Phanerogamen einschließenden Centunculo-Anthocerotetum punctati. Charakteristische Begleitarten sind *A. neesii* (selten), *Phaeoceros carolinianus*, *Notothylas orbicularis* (selten), *Riccia glauca*, *R. sorocarpa*, *Ephemerum minutissimum*, *Pottia truncata*, *Bryum klinggraeffii*, *B. rubens* etc.

Verbreitung: Ehedem weit verbreitet in den Ackerbaugebieten mit basenarmen Böden, vor allem im Wald-, Mühl- und Innviertel, in der Ost- und Weststeiermark und in den größeren Alpentälern, heute meist selten, in Kärnten, Tirol und Vorarlberg sehr selten. Bisher kein Nachweis aus W. Planar bis montan; bis ca. 1000 (1300) m aufsteigend.

B: Süd-B: Grieselstein bei Jennersdorf, Grafschachen, Oberwart, Pinkafeld, Bernstein (Maurer 1965) – **K**: Klagenfurter Becken: S Brückl (O.W. Volk, Herb. RD), zw. Klopein-Seelach und Steinberg (Maurer 1973); Lavanttal: St. Margarethen bei Wolfsberg (AS, 2016) – **N**: Waldviertel: bei Zwettl, Hessendorf, Gurhof und Rosenau (Heeg 1894), bei Hoheneich (Ricek 1982), Friedenthal NW Großpertholz (HH in SZU), N Oberedlitz/Thaya und E Hoheneich (HZ); bei Aspang und Reichenau (Heeg 1894) – **O**: Mühlviertel: Rannatal (Grims 2004), Mayrhof bei Sarleinsbach und N Putzleinsdorf (Schlüsslmayr 2011); Donautal: Engelhartszell (H. Wagner in SZU), Schlögener Schlinge (FG in LI, H. Göding), Linz (Zechmeister et al. 2002); AV: Schneegattern, Redleiten, Außerhörgersteig, Pramegg, Raitenberg, Zipf, Ragereck, Vöcklamarkt, Asten bei Frankenmarkt, Ziegelstadel, Mühlreith und Reichenthalheim (Ricek 1977), bei Schwand, Gilgenberg und St. Peter am Hart (Krisai 2011), Winertsham bei Andorf (Grims 1985), Antersham N Andorf (FG in LI), Ahörndl N Kopfing (FG in LI), Pfaffing bei Mattighofen (RK), bei Steyr (Poetsch & Schiedermayr 1872); Flyschzone: bei St. Georgen, Straß, Oberwang, Dexelbach, Lichtenbuch, Streit, Oberaschau und Neuhäusl bei Mondsee (Ricek 1977) – **S**: AV: Liefering in Stadt Salzburg, Innerwall am Obertrumer See (CS); Mittersill (Sauter 1871) – **St**: Ennstal: Rohrmoosberg bei Schladming (Breidler 1894); Oberes Murtal: bei Leoben, Kraubath, Gaal bei Knittelfeld, Judenburg, Obdach, Stadl und Schöder (Breidler 1894), um Weißkirchen (HK); Liesingtal: Mautern (Breidler 1894); Grazer Umland: bei Judendorf und im Ragnitztal (Breidler 1894), äußere Ragnitz (W. Obermayer); Ost-St: zw. Vasoldsberg und Schemerl, Siegersdorf S Krumegg, Pöllau bei Gleisberg Wolfssattel bei Weiz (Maurer 1970); Süd-St: bei St. Martin/Raab (A. Tribsch) – Nord-**T**: Inntal: bei Tulfes und Hall (Düll 1991), Kleinsöll bei Wörgl (Leithe 1885); Ost-**T**: Waldwege bei Oberthurn bei Lienz, 1300 m (zweifelhaft, Sauter 1894) – **V**: bei Bregenz und Lochau (Blumrich 1913), Stein bei Feldkirch (Loitlesberger 1894), Ardetzenberg bei Feldkirch (F. Gradl in BREG); Montafon: S Gauenstein bei Schruns (GA in Schröck et al. 2013: 119)

- Europa (exkl. Mediterraneis), Ostasien, östliches temperates Nordamerika
- südlich temperat

Gefährdung: Durch Aufgabe des traditionellen Getreidebaues in den Berggebieten und die Bewirtschaftungsintensivierung in den Flachlandgebieten, die auf eine völlige Ausmerzung der Segetalflora abzielt, ist die Art bereits stark zurückgegangen und hochgradig gefährdet. Neben Herbizideinsatz, zu starker Düngung und Bodenkalkung wirkt sich vor allem das sofortige Umbrechen der Felder nach der Ernte verheerend aus, da sich bis zu diesem Zeitpunkt in der Regel erst junge Thalli entwickelt haben.

2. *A. neesii* PROSK.

Foto: S. Koval

Ökologie: Eine Miniaturversion der vorigen Art und nur anhand der Sporen eindeutig zu unterscheiden. Strikt an Getreidefelder in Berglagen über silikatischem Untergrund gebunden. Sommer-herbst-annuell; entwickelt sich zusammen mit *Notothylas* früher als *A. agrestis* (ab Mitte Sommer) und wird später von diesem häufig überwachsen.

- m. azidophytisch, mesophytisch, m.–s. photophytisch
- L 7, T 6, K 7, F 5, R 4

Soziologie: Im Riccio glaucae-Anthocerotetum crispuli, mit denselben Begleitern wie *A. agrestis*.

Verbreitung: Erst 1958 wurde dieser Endemit des östlichen Mitteleuropas beschrieben, somit fehlen ältere Angaben. 1993 gelang der Erstnachweis für Österreich im steirischen Murtal, 2009 ein Fund im westlichen Mühlviertel. Diese Vorkommen liegen in relativ kühlen Gebieten, im Mühlviertel bei 520 m, im Murtal hingegen zwischen 700 und 1000 m an der Höhenobergrenze des heutigen Ackerbaues.

O: Mühlviertel: Mayrhof bei Sarleinsbach (H. Göding in SCHLÜSSLMAYR 2011) – **St**: Oberes Murtal: Weißkirchen (mehrfach rund um den Ort), Paisberg SE Weißkirchen, Großfeistritz NE Weißkirchen (HK)

- endemisch im östlichen Zentraleuropa
- subkontinental

Gefährdung: Aufgrund des kleinen Areals und der engeren Einnischung in ein spezielles Ackerhabitat hochgradig gefährdet. Die Gefährdungsursachen sind dieselben wie bei *A. agrestis*. In einem Fall konnte beobachtet werden, dass sich gleich im ersten Jahr nach dem Umbrechen einer alten Wiese *A. neesii* (zusammen mit den anderen drei Hornmoosen) in Menge auf einem Stoppelfeld einstellte, was sich durch die Existenz alter Sporendepots im Boden erklärt. Will man die Art aber langfristig vor dem Aussterben bewahren, bedarf es eines Netzwerks aus „hornmoosfreundlich“ bewirtschafteten Flächen. Davon würden auch andere gefährdete Segetalpflanzen profitieren.

2. *Notothyladaceae* Müll. Frib. ex Prosk.

1. *Notothylas* Sull. ex A. Gray

1. *N. orbicularis* (Schwein.) A. Gray – Syn.: *N. fertilis* (Lehm.) Milde, *N. orbicularis* (Schwein.) Sull., *N. valvata* Sull., *Targionia orbicularis* Schwein.

Foto: S. Koval

Ökologie: Kleine, gelbgrüne bis -braune Rosetten mit konzentrisch ausgerichteten, liegenden, kurzen Hörnchen auf mäßig feuchter, mäßig nährstoffreicher und mäßig saurer Ackererde. Primär auf Getreidefeldern (vor allem unter Hafer und Gerste); historisch auch einmal auf einem Kartoffelacker, ausnahmsweise zudem einmal in einem Gartenbeet. Sommer-herbst-annuell; Sporenreife bereits Mitte Sommer. Konkurrenzschwach; wird im Laufe der Stoppelfeldsukzession von kräftigeren Moosen überwachsen. Sehr ephemer; nur in Jahren mit günstiger Witterung auftretend.

- m. azidophytisch, mesophytisch, m.–s. photophytisch
- L 7, T 5, K 7, F 6, R 5

Soziologie: Meist zusammen mit *Anthoceros neesii* und den beiden häufigeren Hornmoosen im Riccio glaucae-Anthocerotetum crispuli, weiters mit *Riccia glauca, Fossombronia wondraczekii, Ephemerum minutissimum, Pottia truncata, Bryum klinggraeffii* etc.

Verbreitung: Eine Besonderheit der zentraleuropäischen Ackermoosflora! Isolierte Nachweise liegen aus den Tälern und Becken der Zentralalpen sowie aus der Böhmischen Masse Oberösterreichs vor. Eine Verbreitungskarte für die Steiermark in Ernet & Köckinger (1998: 159). Collin und montan, 350 bis 1000 m.

K: Klagenfurter Becken: S Brückl (O.W. Volk, 1982, Herb. RD, t. HK, Köckinger et al. 2008) – **O**: Mühlviertel: Mayrhof bei Sarleinsbach (Teuber & Göding 2009, Schlüsslmayr 2011) – **St**: Oberes Murtal: Weißkirchen (1989 bis 2004, mehrfach am Ortsrand), Paisberg SE Weißkirchen (1995, HK); Platte bei Graz (J. Breidler in Głowacki 1914); Graz Waltendorf (J. Poelt in Maurer 1985) – Nord-**T**: Inntal:

beim „Lachhofe“ in Klein-Volderwald bei Hall, 750 m (V. Schiffner, 1912, in Schiffner, Hep. eur. exsicc.)

- Zentraleuropa, östliches temperates Nordamerika, Japan
- subkontinental

Gefährdung: Ebenso stark gefährdet wie *Anthoceros neesii*. Früher zweifellos in Regionen mit silikatischem Untergrund wesentlich häufiger als heute. Ackermoose wurden von den frühen Bryologen aber wenig beachtet und so geschah der starke Rückgang im Rahmen zunehmender Intensivierung und Industrialisierung des Ackerbaues unbeobachtet. Als eine der Moosarten im Anhang II der Fauna-Flora-Habitat-Richtlinie der Europäischen Union in ihrem Bestand zu erhalten und zwar in einem Netzwerk traditionell bewirtschafteter Flächen, in denen zugunsten der Segetalflora auf Bodenkalkung, Herbizideinsatz, übermäßige Düngung und das rasche Umbrechen der Stoppelfelder verzichtet wird.

2. *Phaeoceros* Prosk.

1. *P. carolinianus* (Michx.) Prosk. – Syn.: *Anthoceros carolinianus* Michx., *A. laevis* subsp. *carolinianus* (Michx.) R.M. Schust., *P. laevis* subsp. *carolinianus* (Michx.) Prosk.

Foto: M. Lüth

Ökologie: Speckig glänzende, dunkelgrüne, kräftige Thalli auf abgeernteten Getreidefeldern mit kalkarmer, nicht übermäßig gedüngter Ackererde. Selten an Kahlstellen in Wiesen, auf offener Erde an Straßen- und Entwässerungsgräben oder in Forstgärten. In tiefen Lagen außerdem gelegentlich in lichten Wäldern auf Forststraßen und in lehmigen Hohlwegen. Herbstannuell; vergleichsweise konkurrenzkräftig, kann sich also eine späte Sporenreife leisten.

- m. azidophytisch, mesophytisch, m. skio- bis s. photophytisch
- L 7, T 5, K 5, F 6, R 5

Soziologie: Eine Kennart des Riccio glaucae-Anthocerotetum crispuli, aber auch im Pottietum truncatae, selten in Anisothecienion rufescentis-Gesellschaften. Auf Äckern assoziiert mit *Anthoceros agrestis*, *Riccia glauca*, *Fossombronia wondraczekii*, *Pottia truncata* oder *Bryum*-Arten; auf Waldwegen mit *Dicranella rufescens*, *Pohlia wahlenbergii*, *Hypnum lindbergii*, *Calliergonella cuspidata*, *Bryum oeneum* oder *Atrichum undulatum*.

Verbreitung: Heute selten bis zerstreut im nordwestlichen Oberösterreich, in der Steiermark und im südlichen Burgenland, sehr selten in Kärnten, Niederösterreich, Tirol und Vorarlberg, verschollen in Salzburg und Wien; vor einigen Jahrzehnten aber noch weit verbreitet in den Tieflagengebieten und größeren Tälern der Zentralalpen. Planar bis montan; bis ca. 1000 m aufsteigend.

B: Süd-B: bei Kalch, Deutsch-Minihof, Deutsch-Kaltenbrunn, zw. Markt Allhau und Oberwart und bei Oberbildein (MAURER 1965) – **K**: Klagenfurter Becken: Wolfsberg (MATOUSCHEK 1901a) und Seeboden (MATOUSCHEK 1903a) am Millstätter See, S Brückl (O.W. Volk, Herb. RD), W oberhalb Brugga und Rabing bei Treibach (HK); Lavanttal: NW Reisberg bei Wolfsberg (HK & AS), St. Margarethen (AS, 2016) – **N**: Waldviertel: bei Groß-Gerungs, Hoheneich und Weitra (HEEG 1894), Friedental W Harmanschlag (HH); Wachau: bei Weinzirl am Walde und Senftenberg (HEEG 1894); Dunkelsteinerwald (HEEG 1894); NA: bei Reichenau (HEEG 1894); Wechsel: bei Aspang und Kirchberg (HEEG 1894) – **O**: Mühlviertel: Mayrhof bei Sarleinsbach (SCHLÜSSLMAYR 2011); AV: bei Zipf, Asten nahe Frankenmarkt, Kogl, Neuhäusl bei Mondsee (RICEK 1977), Pfaffing bei Munderfing und bei St. Peter am Hart (KRISAI 2011), bei Steyr & Schlierbach (POETSCH & SCHIEDERMAYR 1872), Lauterbach bei Kirchdorf (SCHIEDERMAYR 1894), Ringelau bei Steyregg (SCHRÖCK et al. 2014) – **S**: AV: bei Ursprung, Trum und Koppl E und N von Salzburg (SAUTER 1871); ZA: bei Mittersill (SAUTER 1871) – **St**: Ennstal: Fastenberg bei Schladming (BREIDLER 1894); Murtal: bei Peggau, Judendorf, Mixnitz, Leoben, Trofaich und Neumarkt (BREIDLER 1894), mehrfach um Weißkirchen (HK); Obdacher Sattel (BREIDLER 1894); W-St: bei Schwanberg (BREIDLER 1894); Ost-St: bei Vorau (BREIDLER 1894), um Söchau, Ruppersdorf, Fürstenfeld, Ilz (SABRANSKY 1913), Wartberg W Hartberg (A. Tribsch); Süd-St: St. Martin/Raab (A. Tribsch); Grazer Umland: Graz-Waltendorf (J. Poelt in MAURER 1985), Mariatrost (BREIDLER 1894), äußere Ragnitz (W. Obermayer) – Nord-**T**: Inntal: Iglerwald bei Innsbruck (DALLA TORRE & SARNTHEIN 1904), Kleinsöll bei Wörgl (LEITHE 1885); Saurüssel bei Kitzbühel (A.E. Sauter und F. Unger in DALLA TORRE & SARNTHEIN 1904); Ost-**T**: bei Lienz (SAUTER 1894) – **V**: Rheintal: Schleifertobel am Pfänder bei Bregenz (BLUMRICH 1913), Steinwald (JACK 1898) und Ardetzenberg (F. Gradl in BREG) bei Feldkirch; Kleinwalsertal: nahe Riezlern, 1000 m (MR) – **W**: Dornbach (POKORNY 1854)

- Europa, Kaukasus, Asien, Nord- und Südamerika
- südlich temperat

Gefährdung: Tritt nicht nur auf Äckern sondern auch in anderen Pioniergesellschaften auf, ist daher weniger stark gefährdet als die anderen Hornmoose. Es bleibt aber unklar, inwieweit sich der drohende Totalverlust der Ackervorkommen auf die Gesamtpopulation auswirken würde.

II. *Marchantiophyta*

1. *Haplomitriaceae* DĚDEČEK

1. *Haplomitrium* NEES

1. *H. hookeri* (SM.) NEES – Syn.: *Jungermannia hookeri* SM.

Ökologie: In aufrechten Einzelpflanzen oder kleinen Gruppen auf saurer, feuchter Erde in Vegetationslücken von Zwergstrauchheiden, Nardeten, Silikat-Schneeböden, Grünerlen- und Hochstaudenfluren, auch auf hochgelegenen Alluvionen, selten an Kahlstellen und Wegen in Wäldern. Auf reliktischen Tonböden der tertiären Augensteinlandschaft auch in den Hochlagen der Kalkalpen. Ausbreitung vor Ort durch unterirdische Rhizome; Sporogone findet man gelegentlich.

- s.–m. azidophytisch, m.–s. hygrophytisch, s. skio- bis m. photophytisch
- L 5, T 2, K 3, F 6, R 4

Fotos: M. Reimann

Soziologie: Eine Kennart des Haplomitrietum hookeri. In meist gut geschützten, selten exponierten Erdpionierfluren häufig assoziiert mit *Moerckia blyttii*, *Nardia scalaris*, *Diplophyllum taxifolium*, *Cephalozia bicuspidata* und *Oligotrichum hercynicum*; auf Schneeböden mit *Anthelia juratzkana* und *Polytrichum sexangulare*; in Grünerlenfluren u. a. mit *Calypogeia azurea* oder *Sciuro-hypnum starkei*; auf feinem Gletschersand mit *Fossombronia incurva*, *Cephaloziella integerrima*, *Cephalozia ambigua*, *Ricccardia incurvata* und Massenbeständen von *Pohlia filum*.

Verbreitung: Sehr zerstreut bis selten in den Zentralalpen, selten in den Nordalpen. Montan bis alpin, ca. 1400 bis 2400 m. Ein ungewöhnlich tiefer Fund von einem Waldweg nahe Stainz bei nur 970 m.

K: Hohe Tauern: unteres Lasörntal W Rennweg (HK & HvM); Koralpe: E Kl. Kar (HK & AS) – **O**: Totes Gebirge: zw. Spitzmauer und Weitgrubenkopf, Arbesboden und Speikwiese am Warscheneck (Schlüsslmayr 2000, 2005) – **S**: Hohe Tauern: Gletschervorfeld im Obersulzbachtal (FG & HK), Hollersbachtal nahe Kratzenbergsee (HK) – **St**: NA: Schneealpe (V. Schiffner in W); Schladminger Tauern: zw. Preinthaler Hütte und Ob. Sonntagkarsee (HK); Nockberge: Reißeck W Turrach (HK); Seetaler Alpen: Lindertal (HK); Stubalpe: Größenberg, Planriegel und Wölkerkogel (HK); Koralpe: Hahnkogel NW Stainz (MS) – **T**: Verwall: Edmund Graf-Hütte am Riffler und Maiensee bei St. Anton (Osterwald in Loeske 1908); Samnaungruppe: Furglersee (Teilnehmer der BLAM-Exkursion 1989); Ost-**T**: Felbertauern (E. Riehmer, t. K. Müller) – **V**: Allgäuer A: zw. Fellhorn und Schlappoltkopf, zw. Kanzelwand und Gundsattel (MR); Verwall: Bludenzer Alpenweg bei Langen (Loitlesberger 1894), Albonaalpe (F. Gradl in BREG), Weg zur Nenzigastalpe (K. Loitlesberger in Schiffner 1941), Obermurich S Wald am Arlberg (Amann et al. 2013).

- Nord-, West- und Zentral-Europa, N- und SW-Russland, Himalaya, Nordamerika, Arktis
- nördlich subozeanisch

Gefährdung: Trotz Seltenheit wenig gefährdet.

Anmerkung: Schiffner (1941) beschrieb eine subsp. *montanum* (ungültig, da ohne Diagnose), zu der alle Alpenproben gehören sollen, die er sah. Vermutlich liegen lediglich unterschiedliche Standortsmorphosen vor (vgl. Baczkiewicz & Szweykowski 2001).

2. *Adelanthaceae* Grolle

1. *Syzygiella* Spruce

1. *S. autumnalis* (DC.) K. Feldberg, Váňa, Hentschel & Heinrichs – Syn.: *Jamesoniella autumnalis* (DC.) Steph., *Jungermannia autumnalis* DC., *J. schraderi* auct. non Mart., *J. subapicalis* Nees

Ökologie: Gelb- oder hellgrüne, besonnt rotbraun überlaufende Decken aus kriechenden Sprossen auf Totholz in feuchten Wäldern tieferer Lagen, selten an Baumbasen und auf freiliegenden Wurzeln, auf saurem Humus, ausnahmsweise auf lehmig-sandiger Erde. In der Böhmischen Masse nur auf Silikatgestein, insbesondere an beschatteten Vertikalflächen von Blöcken aus Granit und Gneis. Brutkörper fehlen. Sporogonbildung gelegentlich.

- s.–m. azidophytisch, mesophytisch, m. skiophytisch
- L 4, T 4, K 5, F 5, R 2

Soziologie: In den Alpen primär im Nowellion curvifoliae in Laub- und Mischwäldern (Querco-Fagetea), insbesondere im Jamesonielletum autumnalis, dessen Kennart sie ist. Häufige Begleitarten sind *Nowellia curvifolia*, *Lepidozia reptans*, *Blepharostoma trichophyllum*, *Crossocalyx hellerianus* oder *Fuscocephaloziopsis catenulata*. An Baumbasen im Ptilidio pulcherrimi-Hypnetum pallescentis. Auf Silikatgestein vor allem im Grimmio hartmanii-Hypnetum cupressiformis, u. a. mit *Plagiothecium laetum*, *Bazzania flaccida*, *Lophozia ventricosa*, *Scapania nemorea* und *Isothecium alopecuroides*, an den trockensten Stellen mit *Dicranum fulvum*, *Paraleucobryum longifolium* und *Hypnum cupressiforme*.

Verbreitung: Ziemlich verbreitet in den Nordalpen; zerstreut in der Böhmischen Masse; in den Tälern der Zentralalpen und südlich des Alpenhauptkamms hingegen selten; fehlt in W. Collin bis montan; bis ca. 1000 m.

B: Süd-B: bei Welten (Maurer 1965) – **K**: Klagenfurter Becken: Elsgraben E Launsdorf (HK), Wölfnitzgraben N Griffen (HK & AS), S Hafnersee in der Sattnitz, Watzelsdorfer Moos E Völkermarkt (MS); Gailtaler A: Weißensee-Ostufer (HK & HvM), unterer Kreuzengraben S Pogöriach (HK) – **N**: Waldviertel: bei Karlstift und E Hoheneich (HZ); Wachau: ziemlich v (Heeg 1894, HH); AV: bei Seitenstetten (Heeg 1894); Wienerwald: bei Rekawinkel (Heeg 1894); NA: Hollenstein (Förster 1881), bei Gaming, Lunz, Lassing, St. Ägyd am Neuwalde (Heeg 1894) – **O**: Mühlviertel: bei Altenfelden, Mühllacken und Liebenau (Poetsch & Schiedermayr 1872), Aistschlucht bei Wartberg (Schiedermayr 1894), bei Weitersfelden, Königswiesen, Gallneukirchen und im Tal der Gr. Mühl (Schlüsslmayr 2011); Donautal: Rannatal und Pesenbachschlucht bei Bad Mühllacken (Grims 2004, Schlüsslmayr 2011); AV: bei Kremsmünster (Poetsch & Schiedermayr 1872); NA: z bis v – **S**: NA: Untersberg (Schwarz 1858), Saalachtal bei Lofer (CS), Kolingwald bei Saalfelden (Sauter 1871), bei Unken und am Sonntaghorn bei Lofer (Kern 1915), Bluntautal (Heiselmayer & Türk 1979), Gollinger Wasserfall (CS), Blühnbachschlucht (PP), Hintersee S Faistenau (CS), W Unken bei Lofer (CS), Larzenbachtal N Hüttau (CS), Marchgraben N Pichl (CS) – **St**: Dachstein: Ödensee bei Mitterndorf (CS, HK); Ennstaler A: Klosterkogel bei Admont, Johnsbacher Tal, Radmer und Hartelsgraben bei Hieflau (Breidler 1894); Salzatal: Hochkar (Breidler 1894), Großreifling, Antengraben zw. Wildalpen und Weichselboden (HK); Hochschwab: Schwabeltal, Seeau bei Eisenerz (HK); Liesingtal: Rabengraben bei Mautern (Breidler 1894); Oberes Murtal: bei Leoben und Knittelfeld (Breidler 1894); Grazer Umland: Plabutsch, bei Judendorf und in der Kesselfallklamm bei Semriach (Breidler 1894), Laßnitzhöhe (MS); W-St: Herkulessteine bei Deutschlandsberg (Breidler 1894); Ost-St: bei Feldbach und Anger (Breidler 1894) – Nord-**T**: Lechtaler A: bei Stanzach (Düll 1991); Ötztal: zw. Habichen und Ötztaler Ache (Düll 1991); Zillertal: Mariensteig und Scheulingswald bei Mayrhofen (Loeske 1909); Ost-**T**: bei Lienz (Sauter 1894) – **V**: Rheintal: Krafttobel, Gebhardsberg und Pfänder bei Bregenz (Blumrich 1913), Ebnit (GA), Stadtschrofen und Känzele bei Feldkirch (Loitlesberger 1894); Bregenzerwald: Mellau (Jack 1898), Bödele (Murr 1915), Schröcken (Loitlesberger 1894), S Kanisfluh (GA); Großwalsertal: E Marul (HK); Klostertal: bei Radin (HK, GA); Allgäuer A: Gemsteltal (MR), N Sibratsgfäll, Balderschwangertal und N Schwende und Fluchtalpe im Kleinwalsertal (CS); Walgau: Göfiser Wald (Loitlesberger 1894), Stein bei Feldkirch (Murr 1915), Amerlügen bei Frastanz (F. Gradl, BREG), bei Röns (Amann 2006), Oberried, bei Frastanz, Ludesch und in der Bürserschlucht (GA); Rätikon: Samina- und Gamperdonatal (Loitlesberger 1894), Saminatal (GA); Montafon: bei Tschagguns (Jack 1898)

- temperates Europa, Kaukasus, Sibirien, Himalaya, Ostasien, temperates Nordamerika
- subboreal-montan

Gefährdung: Wegen ihrer primären Bindung an totholzreiche Laub- und Mischwälder durch forstliche Nutzungsintensivierung bedroht. Aktuell gefährdet ist die Art aber nur in Kärnten, wo sie recht selten auftritt.

3. *Anastrophyllaceae* L. Söderstr.

1. *Anastrepta* (Lindb.) Schiffn.

1. *A. orcadensis* (Hook.) Schiffn. – Syn.: *Jungermannia orcadensis* Hook.

Ökologie: Grüne bis tief gebräunte, oft durch starke Brutkörperbildung rötlich überlaufene, hochwüchsige Polsterrasen an N-seitigen, humiden, kalkfreien Felsen und in Grobblockhalden; seltener auf Rohhumus in subalpinen Latschenfluren und Zwergstrauchheiden oder hochmontanen Wäldern; mitunter an absonnigen, moosigen Forststraßen- und Wegböschungen; ausnahmsweise auch auf Totholz. Ausbreitung durch Brut-

Foto: S. Koval

körper; Sporogone sind äußerst selten; die große Mehrheit der Polster soll männlich sein.

- s. azidophytisch, m. hygrophytisch, m. skio- bis m. photophytisch
- L 6, T 3, K 3, F 5, R 1

Soziologie: Namensgebend für das Anastrepto orcadensis-Dicranodontietum denudati, eine Felsmoosgesellschaft, und das Rhytidiadelpho lorei-Anastreptetum orcadenis, eine Waldbodengesellschaft innerhalb der Vaccinio-Piceetea. Die Bestände oberhalb der Waldgrenze sind dem Racomitrietum lanuginosi zuzuordnen. Wichtigste Begleitarten sind *Dicranodontium denudatum*, *Dicranum flexicaule*, *Bazzania tricrenata*, *Sphenolobus minutus*, *Sanionia uncinata*, *Hylocomium splendens*, *Trilophozia quinquedentata*, *Ptilidium cilare* und *Racomitrium lanuginosum*.

Verbreitung: Zerstreut bis verbreitet in den Zentralalpen, selten in den Nordalpen und auf den Gipfeln des Böhmerwaldes, ein Nachweis aus den westlichsten Südalpen; keine Nachweise aus N, W und B; montan bis subnival, 600 bis ca. 2800 m.

K: Hohe Tauern: Tramerkar, Kruckelkar am Petzeck (HK), mehrfach im Maltatal, Gößgraben, unterhalb Reißeckhütte, Hintereggental (HK); Gurktaler A: Innerkrems und Wintertalernock, Kärntner Riegel N Metznitztal (HK); Sau-, Stub- und Koralpe: z – **O**: Böhmerwald: Gipfel von Plöckenstein (Poetsch & Schiedermayr 1872, Schlüsslmayr 2011) und Bärenstein (Schlüsslmayr 2011); NA: Griesalm im Höllengebirge und Gipfelregion des Leonsberges (Ricek 1977), Hochsengs im Sengsengebirge, Ahornkar am Weg zum Röllsattel im Toten Gebirge und am Bosruck (Schlüsslmayr 2005) – **S**: NA: Untersberg (Schwarz 1858, Sauter 1871), Warme Mandling bei Filzmoos (GS); Kitzbühler A: Schmittenwald bei Zell am See (Sauter 1871); Hohe Tauern: Krimmler Fälle (Loeske 1904, Gruber et al. 2001), Schneiderau im Stubachtal (RK, CS), Anlauftal bei Böckstein (CS); Schladminger Tauern: Zwerfenbergalm (Breidler 1894), Lessachtal (Krisai 1985) – **St**: Dachstein: Brandriedl bei Schladming (Breidler 1894); Eisenerzer A: Klosterkogel bei Admont (Breidler 1894); Niedere Tauern: v; Gurktaler A: Eisenhut (Breidler 1894); Seetaler A: Kreiskogel (Breidler 1894), Winterleitental, unterhalb Sperlhütte (HK); Stubalpe: Granitzgraben, Größenberg (HK); Fischbacher A: Stuhleck (HK) – Nord-**T**: Allgäuer A: zw. Vilsalp- und Traualpsee (MR), Gr. Krottenkopf (MR); Ötztaler A: bei Zaunhof, zw. Enger und Bichl und Stuibenfall bei Umhausen (Düll 1991); Stubaier A: Kühtai (F. Stolz in Dalla Torre & Sarnthein 1904); Zillertaler A (Loeske 1909); Kitzbühler A: Kitzbühler Horn (Wollny 1911); Ost-**T**: Hohe Tauern: Messerlingwand (Breidler 1894), Grünsee (E. Riehmer in Düll 1991), Dorfer See N Kals (CS & HK); Karnische A: Hollbruck bei Sillian (H. Simmer in Dalla Torre & Sarnthein 1904) – **V**: Allgäuer Alpen: Schönenbachvorsäß, Schwarzwassertal (CS), Ifenmulde, Walmendinger Alpel (MR); Lechquellengebirge: Formarinsee (Loitlesberger 1894); Rätikon: bei Tschagguns (Jack 1898), nahe Lindauer Hütte, N-Flanke Sulzfluh, Riedkopf (HK); Verwall: Kristberg, Nenzigast (Loitlesberger 1894), E Ort Silbertal, Glattingrat, Madererspitze, Maroiseen (HK), Schwarzsee im Silbertal (CS), Valschavieltal (GA); Silvretta: St. Gallenkirch (LOITLESBERGER 1894)

- West-, Nord- und Zentraleuropa, Himalaya, Ostasien, nordwestliches Nordamerika
- subozeanisch-montan

Gefährdung: In den Alpen nicht gefährdet; die isolierten, kleinen Populationen auf den Böhmerwaldgipfeln sind durch zunehmende Klimaerwärmung hingegen durchaus bedroht.

2. *Anastrophyllum* (SPRUCE) STEPH.

1. ***A. assimile*** (MITT.) STEPH. – Syn.: *A. reichardtii* (GOTTSCHE) STEPH., *Jungermannia reichardtii* GOTTSCHE

Ökologie: Glänzende, rotbraune bis schwarze Rasen an moosreichen, humiden, kalkfreien Felsschrofen, meist nordseitig in der Alpinstufe (sehr selten die Waldgrenze unterschreitend). Perianthien selten; Sporogone in den Alpen nicht nachgewiesen. Vegetative Ausbreitung durch Blatt- und Sprossbruchstücke.

Foto: C. Schröck

- s. azidophytisch, m. hygrophytisch, m. photophytisch
- L 7, T 2, K 5, F 5, R 2

Soziologie: In guter Entwicklung im Racomitrietum lanuginosi mit *Sphenolobus minutus*, *Bazzania tricrenata*, *Scapania crassiretis*, *Trilophozia quinquedentata*, *Polytrichum alpinum* und *Racomitrium lanuginosum*. Initialen finden sich im Gymnomitrietum concinnati begleitet von *Andreaea rupestris*, *Gymnomitrion concinnatum*, *G. corallioides*, *G. commutatum*, *Ditrichum zonatum* oder *Diplophyllum albicans*.

Verbreitung: In den Zentralalpen zerstreut bis verbreitet; aus den Nordalpen zwei gesicherte Nachweise aus den Allgäuer Alpen sowie eine dubiose Angabe aus den Loferer Steinbergen; in den Südalpen bislang nur vom

Goldeckmassiv bekannt. Fehlt in B, N, O und W. Subalpin bis alpin, 1600 bis 2600 m.

K: Hohe Tauern: Tramerkar (HK), Gradental (HK & HvM), Kl. Fleißtal (HK), zw. Weiß- und Schwarzsee und Saustellscharte im Wurtengebiet (HK & HvM), Kl. Sadnig (HK), Dösnersee (HK), Sameralm im Gößgraben (GSb), Polinik und Mörnigtal, Kreuzeck (HK), Tandelalpe und Bartlmann bei Malta (Breidler 1894); Gurktaler A: Roter Riegel am Laußnitzsee (HK & CS), Klomnock (GSb, HK); Seetaler A: Jägerstube SW Reichenfels (HK); Gailtaler A: Goldeck (HK) – **S**: Loferer Steinberge: Loferer Hochtal, 800 m (sehr zweifelhaft, Kern 1915); Kitzbühler A: Limberg bei Aufhausen (Sauter 1871); Hohe Tauern: Felbertauern (Breidler 1894), Amertal, Krimmler Achental, Kreuzkogel bei Gastein (CS); Schladminger Tauern: Schareck und Landwierseen (JK) – **St**: Niedere Tauern: v; Gurktaler A: Kilnprein und Eisenhut (Breidler 1894); Seetaler A: Kreiskogel und Scharfeck (Breidler 1894), Zirbitzkogel (HK); Stubalpe: Ameringkogel (Breidler 1894, HK), Größenberg (HK) – Nord-**T**: Allgäuer A: Rothornspitze (MR); Stubaier A: Grasstaller See bei Niederthai, zw. Gries und Sulzbacher Alpe (Matouschek 1903), Praxmar, Haidl bei Axams und Muttenjoch bei Gschnitz (Handel-Mazzetti 1904), Kraspestal (Jack 1898); Längental bei Kühtai und Hoher Burgstall (Düll 1991), Rosskogel (HK), Hammerspitze (HK); Tuxer A: Patscherkofel (Jack 1898), Tulfeiner Alpe (Jack 1898, Düll 1991), Tulfeiner Jöchl (V. Schiffner), Mölsersee im Wattental (Handel-Mazzetti 1904); Zillertaler A: Valsertal (HK); Ost-**T**: Hohe Tauern: Messerlingwand (Jack 1898, Düll 1991), Dorfer See N Kals (CS & HK), Schleinitz (Sauter 1894) – **V**: Allgäuer A: W-Hang Elfer im Gemsteltal (MR); Verwall: Rauher Kopf (F. Gradl, BREG), Maroijöchle, Alpenkopf, Hochjochmassiv, Madererspitze, Silbertaler Winterjöchle, zw. Zeinisjoch und Breitspitze (Amann et al. 2013); Silvretta: Innergweilalpe, Riedkopf, Versettla, Madrisella, Rotbühelspitze, Hochmadererjoch, Silvretta Stausee, Ochsental (Amann et al. 2013)

- reliktisch in den Alpen, Südnorwegen, Himalaya, Korea, Japan, nordwestliches Nordamerika, Grönland
- nördlich subozeanisch-alpin

Gefährdung: Trotz Reliktstatus und mangelnder Ausbreitungsfähigkeit gegenwärtig im Gesamtgebiet nicht gefährdet. Die kleinen Populationen in den Randgebirgen der Zentralalpen könnten allerdings früher oder später Opfer des Klimawandels werden.

Anmerkung: Ein kleiner Beleg von *A. donnianum* (Hook.) Steph. vom Seckauer Zinken (St), angeblich 1829 von Welwitsch dort gesammelt, befindet sich in W (t. HK). Breidler (1894) vermutete eine Belegverwechslung bzw. irrtümlichen Materialaustausch durch Nees, dem das damals noch unbeschriebene *A. assimile* vorgelegt wurde. Allerdings kommt *A. donnianum* in der Hohen Tatra vor, wo es mit *Saxifraga carpatica* seinen Lebensraum teilt, die wiederum in den Alpen ausschließlich vom Seckauer Zinken nachgewiesen ist. Ein ehemaliges (oder rezentes?) Vorkommen von *A. donnianum* in den Ostalpen ist also nicht gänzlich auszuschließen.

2. *A. michauxii* (F. WEBER) H. BUCH – Syn.: *Jungermannia michauxii* F. WEBER, *Sphenolobus michauxii* (F. WEBER) LINDB.

Foto: M. Lüth

Ökologie: Braungrüne bis kastanienbraune, oft kräftige Polsterrasen auf Totholz in naturnahen, sehr luftfeuchten Bergwäldern; vor allem auf möglichst dicken, liegenden Stämmen (selten Strünken) in Reifestadien der Moossukzession. In den Kalkgebirgen naturgemäß fast nur auf Totholz, selten auch auf dicken Humusdecken in nordseitigen, subalpinen Zwergstrauchheiden. In den Zentralalpen hingegen bevorzugt an N-exponierten, ständig feuchten und betont basenarmen Vertikalflächen von Silikatfelsen oder in humiden Grobblockhalden in nebelreicher Lage. Perianthien werden in charakteristischer Weise oft reichlich entwickelt; hingegen sind Sporogone, aber auch Brutkörper, selten. Ausbreitung offenbar primär über Blattbruchstücke.

- s. azidophytisch, m. hygrophytisch, m. skiophytisch
- L 4, T 4, K 7, F 5, R 2

Soziologie: Eine Kennart des Tetraphidion pellucidae, wo sie in optimaler Entwicklung im Bazzanio tricrenatae-Mylietum taylori auftritt, sowohl auf Totholz als auch auf Gestein. Typische Begleitarten auf Totholz sind *Mylia taylorii*, *Bazzania tricrenata*, *B. trilobata*, *Dicranodontium denudatum*, *Sanionia uncinata* oder *Dicranum scoparium*. Die Etablierung erfolgt allerdings im Nowellion, in Beständen von *Nowellia curvifolia*, *Blepharostoma trichophyllum*, *Fuscocephaloziopsis catenulata*, *F. leucantha* oder *Liochlaena lanceolata*. Auf Silikatfels dominieren als Begleiter neben *Mylia taylorii* vor allem *Sphenolobus minutus*, *Lophozia longiflora*, *L. ventricosa*, *Dicranodontium denudatum*, *D. uncinatum*, *Diplophyllum albicans*, *Neoorthocaulis attenuata*, *Kurzia trichoclados* und *Sphagnum quinquefarium*.

Verbreitung: In besonders niederschlagsreichen, kühlen Lagen der Nordalpen zerstreut; in nordseitigen Tälern der Zentralalpen selten bis zerstreut, sehr selten und nur über Gestein auch südlich des Alpenhauptkamms;

eine historische, zweifelhafte Angabe aus den Südalpen Kärntens. Der Schwerpunkt liegt in S und St, nach Westen deutlich seltener werdend. Keine Nachweise aus B, Ost-T und W. Montan bis subalpin, ca. 600 bis 1800 m.

K: Hohe Tauern: Gößgraben (HAFELLNER et al. 1995), unterhalb Ritteralmfall (GSb), bei den Trebesinger Hütten im Radlgraben (HK & HvM), unterhalb Gasarnalm im Teuchltal (HK); Stubalpe: Lichtengraben N St. Leonhard (HK & AS); Steiner Alpen: Seeberg (GŁOWACKI 1912, sehr zweifelhaft, nicht in GJO) – **N**: NA: Seebachtal bei Lunz (HZ), Neuwald E Lahnsattel (HH), Thalhofriese N Reichenau (J. Breidler, GJO, t. HK) und Weissenbachgraben bei St. Aegyd am Neuwalde (HEEG 1894) – **O**: NA: Höllgraben im Höllengebirge (FG), Dambachtal, Weg zur Laglalm und N-Seite des Scheiblingsteins in den Haller Mauern (SCHLÜSSLMAYR 2005) – **S**: NA: Brunntal am Untersberg (SAUTER 1871), Bluntautal und Glasenbachklamm (HEISELMAYER & TÜRK 1979); Salzburger Schieferalpen: W des Dientener Sattels (HEISELMAYER & TÜRK 1979); Hohe Tauern: Dorfer Öd im Stubachtal (CS), Kötschachtal bei Badgastein (CS); Radstädter Tauern: Jägersee und Hirschlacke im Kleinarltal (GSb) – **St**: Ennstaler A: Hartelsgraben, Ennswaldsattel bei Hieflau (BREIDLER 1894), Hinterwinkel am Buchstein im Gesäuse (SUANJAK 2008), S Gstatterboden (HK); Hochschwab: Dullwitz bei Seewiesen, Seeau bei Eisenerz, zwischen Palfau und Weichselboden, mehrfach an den Nordabhängen des Hochschwab (BREIDLER 1894), Hinterseeaugraben, Vordere Höll und Mieskogel bei Weichselboden, Gschödringgraben W Gußwerk (HK); Mürzsteger A: Roßlochklamm (HK) und Naßköhr bei Mürzsteg (BREIDLER 1894); Niedere Tauern: Untertal bei Schladming (L. Meinunger), Riesachsee (HK), Dürrmoosfall bei St. Nikolai in der Sölk (BREIDLER 1894); Wechsel: Glashüttengraben (J. Breidler in SCHEFCZIK 1960, GJO, t. HK) – Nord-**T**: Karwendel: beim Achensee (Rabenhorst et Gottsche Exsicc.); Verwall: bei St. Anton (LOESKE 1908); Kitzbühler A: Anstieg von Kelchsau zur Roßwildalpe, Geißstein (WOLLNY 1911) – **V**: Bregenzer Wald: Mellau (JACK 1898); Allgäuer Alpen: Stocketenboden bei Schoppernau (J. Blumrich, BREG), Schröcken (LOITLESBERGER 1894); Marultal im Gr. Walsertal (LOITLESBERGER 1894); Verwall: Silbertal (AMANN et al. 2013)

- Alpen, Schwarzwald, Karpaten, Balkan, Südskandinavien, Kaukasus, Japan, China, westliches und östliches Nordamerika
- subarktisch-dealpin (kontinental)

Gefährdung: Als charakteristisches Element urwaldartiger Wälder mit konstanter Luftfeuchtigkeit und Totholzreichtum sehr empfindlich gegenüber forstlichen Eingriffen und somit gefährdet. Zu schützen durch die Einrichtung eines Netzwerks von Naturwaldreservaten.

3. *Barbilophozia* LOESKE

Foto: H. Köckinger

1. *B. barbata* (SCHMIDEL ex SCHREB.) LOESKE – Syn.: *Lophozia barbata* (SCHMIDEL ex SCHREB.) DUMORT., *Jungermannia barbata* SCHMIDEL ex SCHREB.

Ökologie: Grüne bis gebräunte Decken oder aufrechte, bisweilen hohe Rasen auf Waldböden, Erdböschungen, in Rasen und auf Almweiden, auf Silikatblöcken und -felsen, aber auch auf Karbonatblöcken, epiphytisch vor allem an Baumbasen, gerne über freiliegenden Wurzeln. In tiefen Lagen vor allem unter feucht-schattigen, in höheren unter trocken-sonnigen Standortsbedingungen. Brutkörper sehr selten; Ausbreitung generativ, Sporogone gelegentlich.

- s. azido- bis neutrophytisch, m. xero- bis m. hygrophytisch, m. skio- bis m. photophytisch
- L 6, T 4, K 6, F 4, R x

Soziologie: Wegen erheblicher Habitatbreite schwer einzuordnen: in unterschiedlichen Waldbodengesellschaften (z. B. im Pleurozion schreberi), auf Silikatgestein vor allem im Grimmio hartmanii-Hypnetum cupressiformis, epiphytisch wie auch epipetrisch z. B. im Antitrichietum curtipendulae oder in Neckerion complanatae-Gesellschaften, in trockenen Rasen im Abietinelletum abietinae, über Kalkgestein selbst im Ctenidion mollusci.

Verbreitung: Im Gesamtgebiet auftretend, aber trotz breiter Standortsamplitude ungleichmäßig in ihrer Häufigkeit; so in großen Teilen Oberösterreichs selten bis fehlend. Planar bis alpin, bis ca. 2200 m aufsteigend.

B: Leithagebirge: Lebzelterberg bei Wimpassing (SCHLÜSSLMAYR 2001); Süd-B: bei Bernstein (LATZEL 1941, ZECHMEISTER 2005), bei Neuhaus, Rumpling, Rumpersdorf und zw. Pinkafeld und Grafenschachen (MAURER 1965) – **K**: v bis z (selten in den Nockbergen und den Ostkarawanken) – **N** – **O**: Mühlviertel: im Osten z, aus dem Nordwesten nur historische Angaben; AV: Unterrain bei Frankenmarkt (RICEK 1977); NA: v bis s (primär in den Hochlagen) – **S** – **St** – **T** – **V** – **W**: Dornbach (POKORNY 1854)

- Europa (exkl. Mediterraneis), Türkei, Kaukasus, Sibirien, Japan, Nordamerika, Grönland
- subboreal-montan

Gefährdung: Nicht gefährdet.

2. *B. hatcheri* (A. EVANS) LOESKE – Syn.: *B. baueriana* (SCHIFFN.) LOESKE, *Jungermannia hatcheri* A. EVANS, *Lophozia baueriana* (SCHIFFN.) SCHIFFN., *L. floerkei* var. *baueriana* SCHIFFN., *L. hatcheri* (A. EVANS) STEPH.

Ökologie: Hellgrüne bis gebräunte Decken und Rasen an kalkfreien Silikatfelsen, an Blöcken und in Blockhalden, auf ausgehagerter Erde an Böschungen in Wäldern, auf freiliegenden Baumwurzeln, in Zwergstrauchheiden, Alpin- und Weiderasen und hochalpinen Fels- und Blockfluren. Über Kalk in der Regel nur über Humusdecken, gerne unter Latschenbeständen. In tiefen Lagen bevorzugt an schattigen, mäßig feuchten Stellen; oberhalb der Waldgrenze zumeist an sonnig-trockenen Habitaten. Ausbreitung mittels stets reichlich an den Sprossspitzen gebildeten Brutkörpern.

- s. azidophytisch, m. xero- bis m. hygrophytisch, m. skio- bis s. photophytisch
- L 7, T 3, K 6, F 4, R 2

Soziologie: Auf Fels in der Montanstufe zumeist im Grimmio hartmanii-Hypnetum cupressiformis (u. a. mit *B. sudetica*, *Lophozia ventricosa*, *Sphenolobus minutus*, *Trilophozia quinquedentata* oder *Plagiothecium laetum*), an erdigen Böschungen in Wäldern im Dicranellion heteromallae mit *B. barbata*, *Dicranella heteromalla*, *Pohlia nutans*, *Isopaches bicrenatus* oder *Cephalozia bicuspidata*. Oberhalb der Waldgrenze u. a. im Polytrichetum juniperini, Racomitrietum lanuginosi und im Andreaeetum petrophilae, begleitet von *Polytrichum juniperinum*, *P. piliferum*, *Dicranoweisia crispula*, *Dicranum scoparium*, *Racomitrium sudeticum* etc.

Verbreitung: In den Zentralalpen verbreitet, in den Nordalpen selten bis zerstreut, in den Kärntner Südalpen zerstreut. Außeralpin gelegentlich in der Böhmischen Masse und im Klagenfurter Becken auftretend. Historische Angaben zu *B. lycopodioides* aus tieferen Lagen gehören in der Regel zu dieser Art. Fehlt in B und W. Collin bis nival, bis ca. 3300 m (siehe Anmerkung).

K: ZA: v bis z; SA und Klagenfurter Becken: z – **N**: Waldviertel: Friedental W Harmanschlag und E Ostra (ZECHMEISTER et al. 2013); NA: Dürrenstein (ZECHMEISTER et al. 2013) – **O**: Mühlviertel: mehrfach auf den Gipfeln des Böhmerwalds, Tannermoor, St. Thomas am Blasenstein (SCHLÜSSLMAYR 2011); Donautal: Rannatal (SCHLÜSSLMAYR 2011); Sauwald: Haugstein (als *B. lycopodioides*, FG); NA: z (Hochlagen) – **S**: ZA: wohl v – **St**: ZA: v; Grazer Umland: Platte bei Graz (GŁOWACKI 1914) – **T**: ZA: v – **V**: NA: Gerachkamm, Dünserberg (GA); Allgäuer A: v; ZA: z bis v

- Europa (exkl. Mediterraneis), Türkei, Sibirien, Arktis, Himalaya, Japan, nördliches Nordamerika, südliches Südamerika, Antarktis
- boreal-montan

Gefährdung: Nicht gefährdet.

Anmerkung: Hochalpine Ausprägungen zeigen eine starke Tendenz zur Reduktion der Blattrand- und Unterblattzilien bis zu deren vollständigem Fehlen; zudem mutiert die übliche Spitz- zur Stumpflappigkeit, die Blätter sind mitunter lediglich zweilappig und die Sprosse werden sehr kleinblättrig. Solche Pflanzen ähneln frappant *Orthocaulis atlanticus* (KAAL.) H. BUCH. Allerdings fehlen die für diese Art typischen, aufrechten, nach oben allmählich verschmälerten Brutkörpersprosse konstant. Bemerkenswert ist, dass es gerade bezüglich dieses Merkmales erhebliche Diskrepanzen in der Literatur gibt. MÜLLER (1951–1958) hebt deren Fehlen als Unterschied gegen *N. attenuatus* hervor; hingegen hält SCHUSTER (1969) ihre Existenz für ein Charakteristikum. Da *O. atlanticus* für die Zentralschweiz angegeben ist, sollte dennoch in den niederschlagsreicheren Teilen der Zentralalpen auf die Art geachtet werden.

3. *B. lycopodioides* (WALLR.) LOESKE – Syn.: *Lophozia lycopodioides* (WALLR.) COGN., *Jungermannia lycopodioides* WALLR.

Ökologie: Hellgrüne bis gelbbraune, oft ausgedehnte Decken und Rasen auf Rohhumus, in erdigen Pionierfluren oder an Baumbasen in Nadelwäldern, in subalpinen Zwergstrauchheiden und Gebüschfluren, auf Almweiden, Silikat- und Karbonatfelsblöcken, Blockhalden und in Alpinrasen über Karbonat- und Silikatuntergrund. Zumindest im Gebirge bodenvag. Gemmen fehlen; Ausbreitung generativ.

Foto: C. Schröck

- s. azido- bis neutrophytisch, meso- bis m. hygrophytisch, m. skio- bis m. photophytisch
- L 6, T 2, K 6, F 5, R x

Soziologie: In den Vaccinio-Piceetea oder im Rhododendro-Vaccinion mit anderen Waldbodenmoosen wie *Neoorthocaulis floerkei*, *Plagiochila asplenioides*, *Ptilidium ciliare*, *Plagiothecium undulatum*, *Calypogeia azurea*, *Hylocomium splendens* oder *Pleurozium schreberi*. In den Kalkalpen häufig auch im Ctenidietum mollusci oder im Pseudoleskeetum incurvatae. Oberhalb der

Waldgrenze nicht selten in Rasenlücken des Caricetum firmae oder des Seslerio-Caricetum sempervirentis.

Verbreitung: In den Hochlagen der Alpen meist verbreitet und oft häufig, regional nur zerstreut auftretend. Vereinzelt auch im Norden der Böhmischen Masse. Fehlt in B und W. Montan bis subnival, bis ca. 2800 m aufsteigend.

K: ZA: v bis z; SA: z – **N**: Waldviertel: Friedental W Harmanschlag (HH); NA: in den Hochlagen v; Semmering: W Breitenstein und Windmantel SW Prein (HK); Wechsel (HEEG 1894) – **O**: Mühlviertel: mehrfach im Böhmerwald, Viehberg bei Sandl, Kohlberg bei Liebenau, Schwarze Aist E Weitersfelden (SCHLÜSSLMAYR 2011); NA: v – **S**: A: v – **St**: A: v – **T** – **V**

- Gebirge West- und Zentraleuropas, Skandinavien, Kaukasus, nördliches Ostasien, nördliches Nordamerika, Arktis
- boreal-montan

Gefährdung: Nicht gefährdet.

Anmerkung: *B. hatcheri* wurde in der historischen Literatur des 19. Jahrhunderts noch nicht von dieser Art getrennt. Angaben aus wärmeren Lagen gehören in der Regel zu dieser.

4. *B. sudetica* (NEES ex HUEBENER) L. SÖDERSTR., DE ROO & HEDD. – Syn.: *Lophozia sudetica* (NEES ex HUEBENER) GROLLE, *Jungermannia alpestris* auct., *J. sudetica* NEES ex HUEBENER, *L. alpestris* auct., *L. debiliformis* R.M. SCHUST. & DAMSH.

Ökologie: Dunkelgrüne bis dunkelbraune, lockere, deckenartige Bestände oder eingewebt zwischen anderen Moosen auf Silikatgestein, an meist feucht-schattigen Vertikal- und Neigungsflächen von Blöcken und Felswänden oder in deren Nischen in Schluchten und an Nordhängen, oft in Bachnähe; montan mitunter auch an basenarmen Erdstandorten. Über Karbonatgestein nur bei Vorhandensein isolierender Humusdecken. In der Flyschzone selten auf Sandsteinblöcken. Oberhalb der Waldgrenze in den Zentralalpen oft massig in absonnigen Fels- und Blockfluren, auf saurer Erde in lückigen Zwergstrauchheiden und Alpinrasen, mitunter auch auf wenig ausgeprägten Schneeböden. Ausbreitung mittels Brutkörpern, die reichlich an den Sprossspitzen gebildet werden.

- s.–m. azidophytisch, meso- bis hygrophytisch, m. skio- bis m. photophytisch
- L 5, T 2, K 6, F 6, R 3

Soziologie: Montan auf Fels insbesondere im Diplophylletum albicantis mit *Diplophyllum albicans*, *Marsupella emarginata*, *Scapania nemorea* oder *Cynodontium polycarpon*; auf kleinen Trittblöcken auf Wanderwegen auch im

Brachydontietum trichodis mit *Brachydontium trichodes*, *Cephalozia bicuspidata* und *Marsupella sprucei*. An Erdstandorten trifft man die Art gerne im Nardietum scalaris mit *Nardia scalaris*, *Diplophyllum taxifolium* und *Marsupella funckii*. In der Alpinstufe bevorzugt sie das Andreaeetum petrophilae sowie das Gymnomitrietum concinnati, wo die Art zusammen mit *Andreaea rupestris*, *Gymnomitrion concinnatum*, *G. corallioides*, *G. commutatum*, *Marsupella apiculata*, *Kiaeria starkei* oder *Ditrichum zonatum* wächst.

Verbreitung: In den Zentralalpen verbreitet und in höheren Lagen häufig, zerstreut bis selten in den Nord- und Südalpen, zerstreut in der Böhmischen Masse. Kein Nachweis aus W. (Sub-) montan bis nival, ca. 500 bis 3150 m.

B: Süd-B: bei Bernstein (Latzel 1930, Zechmeister 2005), bei Schlaining (Maurer 1965) – **K**: ZA: v; Klagenfurter Becken: Sallach bei Krumpendorf (HK); Lienzer Dolomiten: Podlaniggraben (HK & MS); Gailtaler A: zw. Kapelleralm und Gusenalm (HK & HvM), Goldeck (HK); Karnische A: z; Karawanken: zw. Seeberg und Pasterksattel (HK & AS) – **N**: Waldviertel: bei Karlstift und Erdweis (Heeg 1894), Wasserstein (HZ), Friedental W Harmanschlag (HH); Wechsel: bei Kirchberg und Mariensee, Hoher Umschuss (Heeg 1894) – **O**: Mühlviertel: im Böhmerwald v, im Osten z (Schlüsslmayr 2011); Donautal: Rannatal (Grims 2004, Schlüsslmayr 2011), zwischen Inzell und Au (JK, Hb. Grims); NA: Laudachsee, Weitgrube im Toten Gebirge, Kotgraben am Pyhrnpass (Schlüsslmayr 2011) – **S**: NA: Untersberg (Sauter 1871), Hochkranz bei Lofer (S. Biedermann), Mooseben im Gosaukamm (GS); ZA: v – **St**: Totes Gebirge: Abblasbühel (Schlüsslmayr 2011); Hochschwab: Pfaffenstein-Nordhang bei Eisenerz (HK); Grauwackenzone: z; ZA: v; Grazer Bergland: Rötschgraben bei Semriach (Maurer et al. 1983) – **T**: Allgäuer A: Muttekopf und Rothornspitze (MR); ZA: v – **V**: Allgäuer A: Balderschwanger Tal, Schwarzwassertal (CS); Lechtaler A: Ochsengümple N Rüfispitze (HK); Lechquellengebirge: Schadonapass (HZ), Oberes Johannisjoch, Stierlochjoch (HK); ZA: v

- Gebirge West- und Zentraleuropas, Skandinavien, Türkei, Sibirien, Himalaya, Japan, nördliches Nordamerika
- boreal-montan

Gefährdung: Nicht gefährdet.

Anmerkung: Eine Probe aus dem Waldviertel (Friedental, HH) entspricht der Beschreibung von *L. debiliformis*. Ähnliche Ausprägungen finden sich aber auch in den Zentralalpen. Söderström et al. (2010) synonymisieren diese Sippe mit *B. sudetica*.

4. *Biantheridion* (Grolle) Konstant. & Vilnet

1. *B. undulifolium* (Nees) Konstant. & Vilnet – Syn.: *Jamesoniella undulifolia* (Nees) Müll. Frib., *J. schraderi* (Mart.) Schiffn., *Jungermannia schraderi* var. *undulifolia* Nees

Ökologie: Kriechende, hellgrüne bis rötlichbraun überlaufene Pflanzen in Torfmoosrasen in etwas gestörten, aber artenreichen Bereichen in Hoch- und Übergangsmooren. Brutkörper fehlen; Ausbreitung generativ.

- s. azidophytisch, s. hygrophytisch, m.–s. photophytisch
- L 8, T 4, K 3, F 7, R 2

Soziologie: In verschiedenen Moortypen der Klassen Oxycocco-Sphagnetea und Scheuchzerio-Caricetea fuscae. Die einzige Aufsammlung aus Österreich dürfte aufgrund der variablen Begleitartenkombination aus verschiedenen Teilen eines Moores stammen. In der BREG-Probe fanden sich *Sphagnum magellanicum*, *S. tenellum*, *S. subsecundum*, *Aulacomnium palustre*, *Scapania paludicola*, *Fuscocephaloziopsis connivens*, *Kurzia pauciflora*, *Mylia anomala* und *Cephaloziella spinigera.*

Verbreitung: Nur ein historischer Nachweis aus dem Bregenzerwald.

V: Bregenzerwald: Hochmoor auf dem Bezegg SW Andelsbuch, 850 m (J. Blumrich, 1918, BREG, in einem Beleg von *Kurzia pauciflora*, rev. HK)

• West- und Zentraleuropa, Süd-Skandinavien, Sibirien, Kamtschatka, Baffin Island, Grönland

• nördlich subozeanisch–montan

Gefährdung: Die kürzlich erfolgte, landesweite Mooskartierung in Vorarlberg (Schröck et al. 2013) erbrachte keinen Rezentnachweis. Diese Art muss als österreichweit ausgestorben gelten.

5. *Crossocalyx* Meyl.

1. *C. hellerianus* (Nees ex Lindenb.) Meyl. – Syn.: *Anastrophyllum hellerianum* (Nees ex Lindenb.) R.M. Schust., *Isopaches hellerianus* (Nees ex Lindenb.) H. Buch, *Sphenolobus hellerianus* (Nees ex Lindenb.) Steph.

Ökologie: Zarte dunkel- bis braungrüne Rasen, die anhand der roten Brutkörperhäufchen an aufrechten Trieben aber gut kenntlich sind. In Österreich eine reine Totholzart in Bergwäldern, vorwiegend auf noch nicht zu stark zersetztem Holz. Meist an liegenden Stämmen, seltener auf Strünken. Außerhalb Österreichs auch auf Silikatgestein, primär auf Sandstein. Perianthtragende Pflanzen selten und nur in niederschlagsreichen Regionen; Ausbreitung mittels reichlich gebildeter Gemmen.

- s. azidophytisch, mesophytisch, m. skiophytisch
- L 5, T 3, K 6, F 5, R 2

Soziologie: Eine Kennart des Verbandes Nowellion curvifoliae, wo sie u. a. mit *Nowellia curvifolia*, *Blepharostoma trichophyllum*, *Fuscocephaloziopsis lunulifolia*, *F. catenulata*, *F. leucantha*, *Lepidozia reptans*, *Scapania um-*

Foto: M. Lüth

brosa, *Lophozia ascendens* oder *L. guttulata* vergesellschaftet auftritt.

Verbreitung: In den Alpen zerstreut bis selten; geringfügig häufiger in den niederschlagsreichen Teilen. Historische Angaben aus dem Salzburger Alpenvorland und dem Waldviertel. In N verschollen. Keine Nachweise aus B, Ost-T und W. Montan, steigt bis ca. 1500 m auf.

K: Hohe Tauern: Lamnitzgraben S Winklern (HK & HvM), Strieden N Oberdrauburg (HK), Seebachtal bei Mallnitz (HK & HvM), Maresenspitze (Koppe & Koppe 1969), Maltatal (GSb), Gößgraben (GSb); Koralpe: Schoberkogel bei Wolfsberg (HK); Lesachtal: Mukulinalm (HK & MS); Gailtaler A: S Greifenburg (Koppe & Koppe 1969, HK), Klausengraben W Kreuzen (HK & HvM); Karawanken: Untere Krischa der Petzen und Uschowa (HK) – **N**: Waldviertel: Rosenauer Wald bei Groß-Gerungs, Kienberg bei Pöggstall (Heeg 1894), Gutenbrunn (Pokorny 1854); NA: Losbichl bei Lunz und Thalhofriese N Reichenau (Heeg 1894) – **O**: NA: Feuerkogel im Höllengebirge, Loizlalm am Leonsberg (Ricek 1977), Maria Neustift (Poetsch & Schiedermayr 1872), Sinnreitboden im Reichraminger Hintergebirge (Schlüsslmayr 2005) – **S**: AV: um Salzburg bei Radeck, Koppl und Krispl (Sauter 1871); NA: Untersberg (Schwarz 1858), Zinkenbachgraben und Bleckwand am Wolfgangsee (Koppe & Koppe 1969); Kitzbühler A: Schmittenhöhe (Sauter 1871); Hohe Tauern: Gerlosplatte, Seidlwinkltal, Krumltal, Kötschachtal, Anlauftal und Schödertal (CS); Radstädter Tauern: Jägersee, Wagrain (GSb); Schladminger Tauern: Lessachtal (Krisai 1985) – **St**: Dachstein: Kemetgebirge bei Mitterndorf (Breidler 1894); Ennstaler A: Klosterkogel bei Admont, Waag und Ennswaldsattel bei Hieflau (Breidler 1894), Hartelsgraben (HK), Gesäuse (Suanjak 2008); Hochschwab: bei Wildalpen, Schöfwald und Eibensattel am Hochschwab (Breidler 1894), Seeau N Eisenerz (HK); Mürzsteger A: Roßlochklamm (HK); Niedere Tauern: Riesachfall im Untertal bei Schladming, Wirtsalmgraben bei Trieben (Breidler 1894); Oberes Murtal: Kienberg S Judenburg, Paisberg SE Weißkirchen (HK); Stubalpe: Tultschriegel bei Obdach (J. Breidler in Schefczik 1960); Grazer Bergland: Nordseite des Schöckl (Breidler 1894) – Nord-**T**: Allgäuer A: Höhenbachtal bei Holzgau (MR), Vilsalpsee bei Schattwald (MR); Karwendel: Fließerwald bei Hochzirl (HK); Verwall: Stiegeneck bei St. Anton (Düll 1991) – **V**: Allgäuer A: Schwarzwassertal, Bärgunttal, Gemsteltal und Gattertobel im Kleinwalsertal (MR); Lechquellengebirge: im Großwalsertal SW Sonntag (Amann et al. 2013); ZA: Silbertal und SE Partenen (Amann et al. 2013)

- W-, N- und Zentraleuropa, Himalaya, Sibirien, Japan, nördliches Nordamerika
- boreal-montan

Gefährdung: Nicht gefährdet.

6. *Gymnocolea* (DUMORT.) DUMORT.

1. *G. inflata* (HUDS.) DUMORT. – Syn.: *Jungermannia inflata* HUDS., *Lophozia inflata* (HUDS.) HOWE, *G. inflata* var. *acutiloba* (SCHIFFN.) S.W. ARNELL, *G. acutiloba* (SCHIFFN.) MÜLL. FRIB., *G. inflata* subsp. *acutiloba* (SCHIFFN.) R.M. SCHUST., *L. acutiloba* SCHIFFN.

Ökologie: Dunkelgrüne bis schwarzbraune oder schwarze Rasen und Matten in oligotrophen Mooren meist hoher Lagen. In Hochmooren auf offenem Torf und in Schlenken, u. a. in Torfschlammschlenken. Häufiger in wechselfeuchten, betont sauren Bereichen subalpiner Niedermoore in flachem Gelände, wo die Art mitunter Massenbestände hervorbringt. In tieferen Lagen selten als Pionier auf sehr nährstoffarmem Quarzsand in Heidewäldern; oberhalb der Waldgrenze auch auf humoser oder mineralischer Erde in lückigen Zwergstrauchheiden oder Rasen. Als extremer Azidophyt auch ziemlich regelmäßig auf schwermetallhaltigen Abraumhalden von ehemaligen Bergwerken, weiters an erzhaltigem bzw. lediglich sehr saurem, feuchtem Fels. Sporophyten und Brutkörper sehr selten; die Ausbreitung erfolgt über leicht abfällige Perianthien, aber wohl auch über Blatt- und Sprossbruchstücke.

- s. azidophytisch, m. xero- bis hydrophytisch, m.–s. photophytisch
- L 7, T 3, K 6, F x, R 1

Soziologie: In Rhynchosporion albae- und Oxycocco-Sphagnetea-Gesellschaften, insbesondere in sauren Ausprägungen von Trichophoreten, häufig zusammen mit *Sphagnum compactum*, *S. cuspidatum*, *S. majus*, *Warnstorfia exannulata*, *Straminergon stramineum*, *Lophozia wenzelii*, *Mylia anomala*, *Odontoschisma elongatum*, in Schlenken auch mit dem ähnlichen *O. fluitans*. Auf sauren Erdstandorten wächst sie in Gesellschaft von *Marsupella funckii*, *Barbilophozia sudetica*, *Nardia scalaris*, *Cephalozia bicuspidata* oder *Gymnomitrion concinnatum*, an erzhaltigen feuchten Felsen im Mielichhoferietum nitidae.

Verbreitung: In den Hochlagen der Zentralalpen verbreitet und in den kalkarmen Teilen mitunter häufig; in den Nordalpen meist selten, nur in St und V zerstreut; ein Fund in den Südalpen (in den westlichen Karnischen A zu erwarten); selten in den Mooren der Böhmischen Masse, noch seltener im oberösterreichischen Alpenvorland. Der Schwerpunkt liegt in der Subalpinstufe; die Art kann aber auch schon ab 600 m vorkommen und erreicht in den Zentralalpen 2700 m. Fehlt in B und W.

K: ZA: z bis v (Schwerpunkte in der Reißeckgruppe und den westlichen Nockbergen); Karnische A: Matritschen am Naßfeld (HH) – **N**: Waldviertel: Sepplau, Durchschnittsau und Meloner Au (HZ); NA: Leckermoos bei Göstling (HEEG 1894, HZ), Rotmoos und Obersee bei Lunz, „Auf den Mösern" bei Neuhaus (HZ) – **O**: Mühlviertel: Auerl am Plöckenstein im Böhmerwald (SCHLÜSSLMAYR 2011); AV: Gründberg bei Frankenburg im Hausruckwald und Schwarzmoos im Eggenberger Forst (RICEK 1977); NA: Filzmöser am Warscheneck (SCHLÜSSLMAYR 2005) – **S**: NA: Moor SE Birgkarhaus am Hochkönig, Hochkranzgebiet im Steinernen Meer (CS); ZA: v – **St**: Dachstein: Ramsau (BREIDLER 1894); Totes Gebirge: NE Elmgrube im Toten Gebirge (E. Hörandl, det. HK), Zlaimalm (BREIDLER 1894); Eisenerzer A: Wagenbänkalm, Dürrenschöberl und Kalblinggatterl bei Admont, Höllgraben bei Kalwang (BREIDLER 1894); Hochschwab: Filzmoos; Naßköhr bei Mürzsteg (BREIDLER 1894); ZA: v – **T**: ZA: v – **V**: Südlicher Bregenzer Wald, Bregenzerwaldgebirge, nördliches Lechquellengebirge und Allgäuer A z; ZA: v

- West-, Nord- und Zentraleuropa, Türkei, Sibirien, Japan, Nordamerika, Arktis
- nördlich subozeanisch

Gefährdung: In den Zentralalpen ist dieses Moormoos durch seine Bevorzugung hoher Lagen aktuell kaum gefährdet; in den Kalkgebirgen hingegen durch Überweidung und Düngung angrenzender Almflächen erheblich. In der Böhmischen Masse und im Alpenvorland bedrohen die Beeinträchtigung des Wasserhaushalts der noch vorhandenen Moorflächen, Eutrophierung durch Stickstoffeintrag aus der Luft und die zunehmend steigenden Temperaturen die Bestände. Durch Torfabbau gingen die meisten ehemaligen Vorkommen der tieferen Lagen bereits verloren.

Anmerkung: Fels- und Erdpopulationen an sauren Schwermetallstandorten aus K, S, St und T wurden früher relativ unkritisch der subsp. *acutiloba* (SCHIFFN.) R.M. SCHUST. & DAMSH. zugeordnet. Allerdings überwiegen an solchen Habitaten morphologisch intermediäre Formen und Pflanzen mit Acutiloba-Habitus finden sich auch an schwermetallfreien Felsen und Erdstandorten. Die Merkmale, mit denen die subsp. *acutiloba* definiert wird, erscheinen insgesamt nicht überzeugend; sie wird hier daher lediglich als Kryoxeromorphose betrachtet. Das gelegentliche Auftreten von Brutkörpern könnte eine Stressreaktion darstellen.

7. *Isopaches* H. BUCH

1. *I. bicrenatus* (SCHMIDEL ex HOFFM.) H. BUCH – Syn.: *Lophozia bicrenata* (SCHMIDEL ex HOFFM.) DUMORT., *Jungermannia bicrenata* SCHMIDEL ex HOFFM.

Ökologie: In weißlichgrünen bis leicht gebräunten Räschen auf halbschattigen bis besonnten, sauren, sandigen oder lehmigen, ausgehagerten

Böden an Wegböschungen, auf verdichteter Erde von Waldwegen, in lückigen Heiden und Föhrenwäldern, in Silikat-Steinbrüchen, einmal auf einer Schipiste, selten an Silikatfelsen. Ausbreitung vegetativ und generativ mittels Gemmen und Sporen.

- s. azidophytisch, m. xero- bis mesophytisch, m.–s. photophytisch
- L 8, T 4, K 4, F 4, R 2

Soziologie: Eine Kennart des Dicranellion heteromallae, aber auch im Racomitrio-Polytrichetum piliferi vertreten; selten im Andreaeetum petrophilae. Charakteristische Begleitarten sind *Calluna vulgaris*, *Cephaloziella divaricata*, *Polytrichum piliferum*, *Lophoziopsis excisa*, *Dicranella heteromalla*, *Pohlia nutans*, *Ceratodon purpureus*, *Racomitrium elongatum* und diverse *Cladonia* spp.

Verbreitung: In den östlichen Zentralalpen zerstreut, im westlichen Teil offenbar selten bis fehlend, selten in der Grauwacken- und Flyschzone, ein Nachweis in den Kärntner Südalpen; zerstreut in der Böhmischen Masse, ebenso im Klagenfurter Becken und im südöstlichen Vorland. Keine Nachweise aus V und W. Collin bis subalpin (alpin), in T ausnahmsweise noch bei 2600 m.

B: Süd-B: zw. Pinkafeld und Grafenschachen (Maurer 1965) – **K**: Hohe Tauern: Gr. Zirknitz (HK & HvM), Häusleralm bei Mallnitz, zw. Gößnitz und Sagas im Mölltal, Mühldorfer Graben und Pusarnitzer Alm (HK); Gurktaler A: Ebenwaldalm E Rennweg (HK & CS), oberhalb Erlacher Hütte (Hafellner et al. 1995), oberhalb der Wiederschwing und bei Arriach (HK & AS), Zanitzberg N Metnitztal, Moschitzberg W Friesach (HK); Seetaler A: Zöhrerkogel und Jägerstube SW Reichenfels (HK); Koralpe: nahe Kollnitzer Hütte (HK & AS); Klagenfurter Becken: W Treibach, Lisnaberg W Ruden, Dobrowa bei Mittlern und E Bleiberg (HK); SA: NE Kornat im Lesachtal (HK & MS) – **N**: Waldviertel: Antenfeinhofen und Groß-Gerungs (Heeg 1894), Neu-Nagelberg bei Gmünd (Ricek 1982); Wachau: bei Rossatz (Heeg 1894), Steinwandl SW Krems (HH); Wienerwald: bei Neulengbach (Heeg 1894); Wechsel: bei Kirchberg und Aspang (Heeg 1894) – **O**: Mühlviertel: Hochficht, Zwieselberg und Bärenstein im Böhmerwald, Viehberg bei Sandl, Wenigfirling N St. Leonhard und Wildberg bei Unterweißenbach (Schlüsslmayr 2011); Donautal: Linz-Urfahr (Zechmeister et al. 2002); Sauwald: Münzkirchen (Grims 1985); AV: Auen bei Steyr (Poetsch & Schiedermayr 1872); Flyschzone: Wachtberg bei Weyregg (Ricek 1977) – **S**: Stadt Salzburg: Gaisberg (Gruber 2001); NA: Filzmoos (GS & CS); Lungau: bei Muhr (Breidler 1894) – **St**: Dachstein: Schneebergleiten und Ramsau bei Schladming (Breidler 1894); Eisenerzer A: Teichengraben bei Kalwang (Breidler 1894); Seetaler A: unterhalb Schmelz (HK); Oberes Murtal: Bocksruck bei Unzmarkt, Dietersdorfer Graben bei Fohnsdorf, Paisberg bei Weißkirchen, Murwald bei Großlobming (HK), bei Leoben und Knittelfeld (Breidler 1894); Grazer Umland: Ragnitz, Stiftingtal, Mariatrost, Reinerkogel, Judendorf (Breidler 1894); Süd-St: Gleichenberger Kogel und Mandlkogel im Sausal (Breidler 1894); West-St: bei Schwanberg,

Ligist und Voitsberg (BREIDLER 1894); Ost-St: bei Söchau (SABRANSKY 1913), bei Pöllau (BREIDLER 1894) – Nord-**T**: Stubaier A: Schrankogel, 2600 m (D. Hohenwallner, det. HK); um Innsbruck (DALLA TORRE & SARNTHEIN 1904); Ost-**T**: Hohe Tauern: Tauerntal bei Matrei (DÜLL 1991)

- W-, N- und Zentraleuropa, Türkei, Sibirien, Nordamerika, Grönland
- westlich boreal

Gefährdung: Nicht gefährdet.

2. *I. decolorans* (LIMPR.) H. BUCH – Syn.: *Lophozia decolorans* (LIMPR.) STEPH., *Jungermannia decolorans* LIMPR.

Foto: M. Reimann

Ökologie: Weißliche bis leicht bräunlich überlaufene, kriechende Wurmsprosse auf Erdblößen und in -höhlungen in Alpinrasen und Polsterpflanzenfluren, auf Gesteinsdetritus in Felsfluren, auf windexponierten Steinpflasterböden, selten auf Schneeböden, meist über Kalkschiefer, seltener basenreichen Silikatgesteinen; weiters auf Gletscher- und Bachalluvionen, mitunter herabgeschwemmt bis in die Montanstufe; einmal auf einer Abraumhalde eines ehemaligen Bergbaus. Ausbreitung vegetativ und generativ; Brutkörper werden regelmäßig gebildet und auch Sporogone sind nicht selten.

- m. azido- bis subneutrophytisch, m. xero- bis mesophytisch, m.–s. photophytisch
- L 8, T 1, K 7, F 5, R 5

Soziologie: Vor allem im Oxytropido-Elynion, Drabion hoppeanae und Androsacion alpinae, selten im Salicetum herbaceae. Als häufige Begleiter auf exponierten Böden wurden notiert: *Anthelia juratzkana*, *Gymnomitrion corallioides*, *Jungermannia polaris*, *Distichium capillaceum*, *Saxifraga rudolphiana* oder *Androsace alpina*. In erdigen Nischen im Elynetum fanden sich *Scapania degenii*, *S. cuspiduligera*, *Distichium inclinatum*, *Pohlia andrewsii*, *Blepharostoma trichophyllum* subsp. *brevirete* und *Bartramia subulata*.

Verbreitung: Ein klassisches Hochgebirgsmoos der kontinental getönten Teile der Zentralalpen; in den Hohen Tauern zerstreut, über Kalkschiefer sogar verbreitet; in den Ötztaler Alpen zerstreut, in den Stubaier Alpen bereits selten; in den Niederen Tauern selten und nur im Westen; ein isoliertes Vorkommen in den Allgäuer Alpen. (Montan) alpin bis nival; herabgeschwemmt einmal bei 1330 m, sonst von ca. 2000 bis 3600 m.

K: Hohe Tauern: Schareck bei Heiligenblut (Breidler 1894), Brettersee am Brennkogel (HK), Hochtor und Margrötzenkopf (HK & HvM), Kesselkeessattel, Petzeck, Vorderer Gesselkopf (HK), Greilkopf E Hagener Hütte (HK & AS), Lonzaköpfl bei Mallnitz (HK), Schobertörl und Innerfragant (Breidler 1894), Bretterach oberhalb Fraganter Hütte (HK), Grauleitenspitze (HK & HvM), Südliches Schwarzhorn nahe Ankogel (HK & AS), Stoder und Hühnersberger Alpe bei Gmünd (Breidler 1894), Faschaunernock, Wandspitz, Melnikalpe, Sonnblick und Kleinelend bei Malta (Breidler 1894) – **S**: Hohe Tauern: Altenbergtal bei Muhr, Kapruner Tal, Stubenkogel bei Mittersill (Breidler 1894), Thüringer Hütte im hintersten Habachtal (HK), unterhalb der Gleiwitzer Hütte (Kern 1907); Radstädter Tauern: Speiereck (Breidler 1894) – **St**: Niedere Tauern: W-Fuß Giglachalmspitze (B. Emmerer & J. Hafellner, GZU, det. HK), Rupprechtseck in der Krakau (Breidler 1894) – Nord-**T**: Ötztaler A: am Marzellkamm bis 3600 m (Gams 1944), Pitzehang oberhalb Bichl-Scheibrand im Pitztal, bei 1330 m, Rotmoostal und Sersberggletscher bei Obergurgl (Düll 1991); Stubaier A: Kirchdachspitze und beim Padasterjochhaus (HK & JK); Ost-**T**: Hohe Tauern: Bergersee und unterhalb Defregger Hütte (Koppe & Koppe 1969, Düll 1991), am Dorfer Kees am Großvenediger (Kern 1907), oberhalb Bonn-Matreier Hütte (HK), Steiner Alm bei Matrei (P. Geissler), Zopatnitzenalm SW Prägraten (HK), Peischlachalpe bei Kals (Herzog 1944) – **V**: Allgäuer A: Ifenplatte am Hohen Ifen (Amann et al. 2013)

- Alpen, Nordeuropa (selten), Sibirien, British Columbia
- subarktisch-alpin

Gefährdung: Als kontinentales Subnivalelement längerfristig bedroht durch das zunehmend wärmer und feuchter werdende Klima. In den Nordalpen ist die Art außerdem durch extreme Seltenheit (Einzelnachweis) gefährdet.

8. *Neoorthocaulis* L. Söderstr.

1. *N. attenuatus* (Mart.) L. Söderstr. – Syn.: *Barbilophozia attenuata* (Mart.) Loeske, *B. gracilis* (Schleich.) Müll. Frib., *Lophozia attenuata* (Mart.) Dumort., *Orthocaulis attenuatus* (Mart.) A. Evans

Foto: M. Lüth

Ökologie: Dunkel- bis braungrüne Rasen mit auffallend emporragenden Brutkörpersprossen an betont nährstoffarmen, kalkfreien Silikatfelsen (oft Vertikalflächen) in heller aber absonniger, luftfeuchter Lage, an Blöcken, in Blockhalden, in höheren Lagen auch an Totholzstämmen, auf Rohhumus und Stammbasen, in Hochmooren auf wechselfeuchtem Torf und Latschenbasen, oberhalb der Waldgrenze in Zwergstrauchheiden und nordseitigen, kalkfreien Felsfluren. Sporogone sind sehr selten; Ausbreitung durch Brutkörper.

- s. azidophytisch, mesophytisch, m. skio- bis m. photophytisch
- L 6, T 3, K 5, F 5, R 2

Soziologie: Eine Verbandskennart des Tetraphidion pellucidae, zu deren wichtigsten Begleitarten *Sphenolobus minutus*, *Lepidozia reptans*, *Lophozia ventricosa*, *Bazzania trilobata*, *Tetraphis pellucida*, *Pohlia nutans*, *Dicranodontium denudatum*, *Leucobryum juniperoideum* oder *Hypnum andoi* gehören.

Verbreitung: In den Alpen zerstreut bei ziemlich gleichmäßiger Verteilung, nur am Ostrand selten; in der Böhmischen Masse zerstreut; im Alpenvorland selten. Fehlt in B und W. Montan bis alpin; steigt selten über 2000 m, höchster Fundort bei 2600 m.

K: z – **N**: Waldviertel: Durchschnittsau nahe Karlstift (Ricek 1984), Friedental W Harmanschlag (HH), Muckenteich (HZ), bei Mitterschlag (HZ); NA: Seebachtal bei Lunz, Rothwald am Dürrenstein (HZ); Wechsel: am Hohen Umschuss (Heeg 1894) – **O**: Mühlviertel: in den Hochlagen z; Donautal: Rannatal (Grims 2004, Schlüsslmayr 2011), Pesenbachschlucht bei Bad Mühllacken (Schlüsslmayr 2011); AV: „Hohe Buche" nahe Forstern im Kobernaußerwald (Ricek 1977); Flyschzone: Egelsee bei Misling, Wildmoos bei Mondsee (Ricek 1977); NA: z – **S**: AV: um Salzburg (Sauter 1871), Wasenmoos (PP), Wenger Moor (CS); A: z – **St**: A: z – Nord-**T**: Verwall: Peischelkopf und Großer Sulzkopf (Düll 1991); Ötztaler A: bei Unterrain

(DÜLL 1991); Stubaier A: Roßkogel, Fernerkogel bei Lisens, Griesberg am Brenner (DALLA TORRE & SARNTHEIN 1904); Tuxer A: Volderberg und -tal, Viggar (DALLA TORRE & SARNTHEIN 1904); Ost-**T**: Villgratental (DALLA TORRE & SARNTHEIN 1904), Schloßberg bei Lienz (SAUTER 1894) – **V**: im Bregenzer Wald und den Allgäuer A v, sonst z

- W-, N- und Zentraleuropa, Türkei, Ostasien, Nordamerika
- westlich boreal-montan

Gefährdung: Nicht gefährdet.

2. *N. floerkei* (F. WEBER & D. MOHR) L. SÖDERSTR. – Syn.: *Lophozia floerkei* (F. WEBER & D. MOHR) SCHIFFN., *Orthocaulis floerkei* (F. WEBER & D. MOHR) H. BUCH

Ökologie: Grüne bis leicht gebräunte Rasen auf sauren, humiden, oft heidelbeerreichen Böden in hochmontanen und subalpinen Nadelwäldern, tiefste Vorkommen in Moorwäldern oder sogar auf nassem Torf an Moorlöchern, an moosigen, absonnigen Forststraßenböschungen, in subalpinen Zwergstrauchheiden, Hochstauden- und Gebüschfluren (in den Kalkalpen unter Latschen) sowie kalkfreien Alpinrasen. Gemmen fehlen und auch Sporogone sind sehr selten. Die Ausbreitung erfolgt wohl über losgelöste und durch Tiere wieder eingetretene Sprosse oder Sprossteile.

- s. azidophytisch, meso- bis m. hygrophytisch, m. skio- bis s. photophytisch
- L 7, T 2, K 6, F 6, R 2

Soziologie: Ein charakteristisches Element der Vaccinio-Piceetea, aber noch häufiger im Rhododendro-Vaccinion; stark vertreten in Latschen- und Grünerlenfluren. Außerdem tritt die Art auch in einer Reihe von Moos-Pioniergesellschaften auf, u. a. im Marsupelletum funckii. Häufige Begleitarten sind *Barbilophozia lycopodioides*, *Diplophyllum taxifolium*, *Cephalozia bicuspidata*, *Nardia scalaris*, *Marsupella funckii*, *Calypogeia azurea*, *Sphagnum girgensohnii*, *Polytrichum perigoniale*, *Pleurozium schreberi* oder *Hylocomium splendens*.

Verbreitung: In den Hochlagen der Zentralalpen verbreitet und oft häufig (regional aber auch fehlend); in den Nordalpen selten bis verbreitet; ein Nachweis aus den Südalpen; selten im Mühlviertel; eine zweifelhafte Angabe aus dem Burgenland. Fehlt in W. Montan bis alpin, ca. 850 bis 2600 (3000?) m.

B: Süd-B: bei Bernstein, 700 m (zweifelhaft, LATZEL 1941) – **K**: ZA: z (kein Nachweis von der Saualpe); Karnische A: Matritschen (VAN DORT et al. 1996) – **N**: NA: Krumme Riess des Schneeberges und Hinterleiten bei Reichenau (HEEG 1894), „Auf den Mösern“ bei Neuhaus (HZ); Semmeringgebiet: Windmantel und Tratenkogel SW Prein (HK); Wechsel: am Hohen Umschuss (HEEG 1894) – **O**: Mühlviertel: Plöckenstein und Umgebung, Viehberg bei Sandl und Unterweißenbach S Hackstock (SCHLÜSSLMAYR 2011), Plöckenstein (POETSCH & SCHIEDERMAYR 1872); NA: z (nur in den Hochlagen) – **S**: NA: Untersberg (SAUTER 1871), Arthurhaus am Hochkönig (CS); ZA: v – **St**: ZA: v – **T**: Allgäuer A: Mutte- und Gr. Krottenkopf (MR), Krinnenspitze bei Nesslwängle (S. Biedermann); ZA: z bis v (aber schlecht erfasst) – **V**: ZA und Allgäuer A v, sonst s

- W-, N- und Zentraleuropa, Kaukasus, Sibirien, westliches Nordamerika, Grönland, Peru
- boreal-montan

Gefährdung: Nicht gefährdet.

9. *Schljakovia* KONSTANT. & VILNET

1. *S. kunzeana* (HUEBENER) KONSTANT. & VILNET – Syn.: *Barbilophozia kunzeana* (HUEBENER) MÜLL. FRIB., *Lophozia kunzeana* (HUEBENER) A. EVANS, *Orthocaulis kunzeanus* (HUEBENER) H. BUCH

Foto: M. Lüth

Ökologie: Hellgrüne oder gelb- bis kastanienbraune Rasenpolster in subalpinen, basenarmen Nieder- und Komplexmooren, oft in der Verlandungszone von Bergseen, seltener auf absonnigen, montanen Grobblockhalden mit Windröhreneffekten und Kondenzwassermoorbildungen (auch über Kalkblöcken). Gemmen und Sporogone sind sehr selten; die Ausbreitung erfolgt wohl hauptsächlich über die unabsichtliche Sprossverpflanzung durch Weidevieh oder Rotwild.

- s.–m. azidophytisch, m.–s. hygrophytisch, m.–s. photophytisch
- L 8, T 2, K 6, F 7, R 3

Soziologie: Vorwiegend in subalpinen, basenarmen Ausprägungen von Trichophoreta in Begleitung von *Gymnocolea inflata*, *Odontoschisma elongatum*, *Straminergon stramineum*, *Warnstorfia exannulata*, *Sphagnum compactum*, *S. subsecundum*, *Polytrichum strictum* oder *Aulacomnium palustre*. Auf Blockhalden mit humikolen Azidophyten, u. a. *Sphenolobus minutus*, *Pleuro-*

zium schreberi, *Dicranum scoparium*, *D. elongatum*, *Sanionia uncinata* oder *Polytrichum longisetum*.

Verbreitung: In den Zentralalpen selten bis zerstreut; lediglich vier Nachweise aus den Nordalpen. Fehlt in B, N und W. Hochmontan bis alpin, ab 1200 bis ca. 2100 (2560) m.

K: Hohe Tauern: zw. Gößnitzfall und Leiteralpe (KOPPE & KOPPE 1969), Gradenmoos (SCHRÖCK 2006, HK & HvM); Nockberge: Anderlsee bei Innerkrems (BREIDLER 1894), Kar SW Zunderwand (HK & AS); Saualpe: Forstalpe und zw. Zingerlekreuz und Ladinger Spitz (HK & AS); Koralpe: Kor (LATZEL 1926) – **O**: NA: Wiesmoos bei Gosau (RK in SCHRÖCK et al. 2014) – **S**: Hohe Tauern: Krimmler Achental (CS), Untersulzbachtal (FG & HK), Habachtal, Hüttwinkltal bei Rauris (CS); Lungau: Bundschuhtal, Überlinggebiet (CS) – **St**: Niedere Tauern: Lemperkarsee in der Großsölk, Malaisseen N Oberwölz, Tiertal N Gaal (HK); Gurktaler A: Payerhöhe bei Stadl (BREIDLER 1894), Salzriegelmoor am Lasaberg (KOPPE & KOPPE 1969); Seetaler A: am Unteren Winterleitensee (BREIDLER 1894, HK), Obere Winterleiten, Seetal, Rothaide, Linderkar (HK); Hochschwab: SW Pfarrerlacke bei Tragöß (HK), Mooslöcher bei Wildalpen am Hochschwab (BREIDLER 1894, HK) – Nord-**T**: Samnaungruppe: Komperdellalm (HAGEL 1970); Ötztaler A: bei Obergurgl und zw. Vent und Hochjochhospiz (DÜLL 1991); Zillertaler A: Scheulingswald bei Mayrhofen (zweifelhaft, LOESKE 1909); Ost-**T**: Hohe Tauern: Ködnitztal (HERZOG 1944) – **V**: Allgäuer A: Schwarzwassertal (AMANN et al. 2013); Rätikon: S Platzisalpe (AMANN et al. 2013); Verwall: Zeinisjoch bei Galtür (BREIDLER 1894)

- W-, N- und Zentraleuropa, Sibirien, Nordamerika, Grönland
- boreal-montan

Gefährdung: In den Nord- und westlichen Zentralalpen, wo die Art betont selten ist, durch Überbeweidung, lokal auch durch Überstauung (Anlage von Stauseen) oder Geländekorrekturen im Zuge des Schipistenbaues bedroht. Einige Vorkommen dürften auf Basis dieser Ursachen bereits erloschen sein.

10. *Schljakovianthus* KONSTANT. & VILNET

1. *S. quadrilobus* (LINDB.) KONSTANT. & VILNET – Syn.: *Barbilophozia quadriloba* (LINDB.) LOESKE, *Lophozia quadriloba* (LINDB.) A. EVANS, *Orthocaulis quadrilobus* (LINDB.) H. BUCH

Ökologie: Graugrüne bis schwarzbraune Polsterrasen an moosigen, feuchten, basenreichen, meist karbonatischen Felsen in Nordlage oder in humosen Höhlungen nordseitiger Alpinrasen. Brutkörper and Sporogone sehr selten; Ausbreitung über Blatt- und Sprossbruchstücke.

- subneutro- bis basiphytisch, m. hygrophytisch, m. skio- bis m. photophytisch
- L 6, T 2, K 6, F 6, R 7

Soziologie: In moos- und schrofenreichen Ausprägungen des Caricetum firmae, des Caricetum ferruginei und des Seslerio-Caricetum sempervirentis. Bei starker Felsdominanz löst sich der Rasencharakter zunehmend auf; hier findet man eine Moosvegetation, die dem Solorino-Distichietum capillacei zugerechnet werden kann. Häufige Begleiter sind *Distichium capillaceum, Ditrichum gracile, Mnium thomsonii, Palustriella commutata* var. *sulcata, Dicranum spadiceum, Pohlia cruda, Blepharostoma trichophyllum* subsp. *brevirete, Campylium stellatum, Scapania cuspiduligera* oder *S. aequiloba*.

Verbreitung: In den Nord- und Südalpen zerstreut bis selten; zentralalpin in den Hohen Tauern zerstreut, sonst selten und in den kalkfreien Teilen fehlend. Kein Nachweis aus Ost-T; fehlt in B und W. Montan bis alpin, ca. 1000 bis 2800 m.

K: Hohe Tauern: zw. Margaritzenstausee und Stockerscharte (JK, MS, HK), zw. Elberfelder Hütte und Tramerbach (HK), Westerfrölkekogel (HK), Makernigspitze (HK & HvM), Krippenhöhe und Straköpfe bei Mallnitz, Salzkofel in der Kreuzeckgruppe (HK); Gailtaler A: Dristallkofel (HK); Karawanken: Kosiak (HK) – **N**: NA: Höllentalaussicht auf der Rax (HZ), Schneeberg (J. Baumgartner) – **O**: NA: Griesalm im Höllengebirge (Ricek 1977), Ho. Nock im Sengsengebirge, Spitzmauer, Temlberg, Kl. Priel und Schrocken im Toten Gebirge, Arbesboden am Warscheneck und Gr. und Kl. Pyhrgas in den Haller Mauern (Schlüsslmayr 2005) – **S**: NA: Schafberg (Koppe & Koppe 1969); Hohe Tauern: Krimmler Fälle (Gruber et al. 2001), zw. Böckstein und dem Naßfeld (CS), Westerfrölkekogel (HK), Kareck (HK); Radstädter Tauern: bei Zederhaus (Breidler 1894), Gamsleitenspitze (GSb, HK); Schladminger Tauern: Hochgolling (JK) – **St**: Dachstein: Sinabell und Grimming (GS); Hochschwab: Feistringstein bei Seewiesen (HK), Hinteres Moosloch bei Wildalpen (HK); Eisenerzer A: Krumpen und Zölzboden bei Vordernberg (Breidler 1894), Eis. Reichenstein (HK); Niedere Tauern: Gumpeneck in der Sölk (Breidler 1894), Narrenspitze nahe Sölkpass (P. Schönswetter, det. HK), Hohenwart bei Pusterwald (HK) – Nord-**T**: NA: bei Obsteig am Mieminger Plateau (Koppe & Koppe 1969); Karwendel: Jöchlwald S Kristenalm (HK); Ötztaler A: Platztal (HK); Stubaier A: Sellraintal? (E. Riehmer in Düll 1991); Kirchdachspitze (HK); Zillertaler A: Wildlahnertal bei Schmirn (HK); Kitzbühler A: Wildseeloder (HK) – **V**: Bregenzerwaldgebirge: Oberdamüls (HZ); Allgäuer A: Hoher Ifen (CS); Lechquellengebirge: Formarinsee, SW Zug, zwischen Madloch- und Mittagsspitze, Klesialpe, Breithorn (HK), Kriegerhorn (Nachbaur, det. J. Blumrich, BREG), Zürser See (F. Gradl, BREG); Lechtaler A: Rüfikopf, Pazüeljoch, Pfannenkopf (HK); Rätikon: Nenzinger Himmel (GA), Lünerkrinne, Zwölferjoch (HK)

- Gebirge W-, N- und Zentraleuropas, Kaukasus, Sibirien, nördliches Nordamerika, Arktis
- arktisch-alpin

Gefährdung: Nicht gefährdet.

Anmerkung: Reduzierte, mitunter nur 2–3-lappige Formen von *S. quadrilobus* werden gerne für *S. kunzeana* gehalten. Auch bei der Angabe für letztere in Kern (1915) vom Breithorn im Steinernen Meer, 2300 m, dürfte ein solcher Fall vorliegen.

11. *Sphenolobus* (Lindb.) Berggr.

1. *S. minutus* (Schreb.) Berggr. – Syn.: *Anastrophyllum minutum* (Schreb.) R.M. Schust., *Jungermannia minuta* Schreb.

Foto: M. Lüth

Ökologie: Gelb- bis kastanienbraune, im Tiefschatten grüne Rasen auf unterschiedlichen sauren Substraten, insbesondere auf basenarmem Silikatfels in absonniger, meist N-exponierter Lage (in tiefen Lagen nur in Schluchten); in tiefschattigen Nischen in Silikatblockhalden (*cuspidata*-Morphosen) oder auf Humuswülsten über den Blöcken, so auch über Kalk; in der Montanstufe ferner auf Totholz, Rohhumus (gerne unter Latschen) und selten an Baumbasen (vor allem an Fichten und Latschen); oberhalb der Waldgrenze in humiden Zwergstrauchheiden und Felsfluren in Nordlage. Ausbreitung generativ und vegetativ (Brutkörper aber relativ selten).

- s. azidophytisch, mesophytisch, s.–m. skiophytisch
- L 4, T 3, K 6, F 5, R 2

Soziologie: Gilt als Kennart der Cladonio digitatae-Lepidozietea reptantis. In diversen Moosgesellschaften verbreitet, u. a. im Bazzanio tricrenatae-Mylietum taylori, Diplophylletum albicantis, Anastrepto orcadensis-Dicranodontietum denudati oder im Calypogeietum neesianae, in der Alpinstufe im Andreaeetum petrophilae und in reiferer Vegetation im Racomitrietum lanuginosi. Häufig assoziiert mit *Mylia taylorii*, *Bazzania tricrenata*, *Lophozia ventricosa*, *L. longiflora*, *Diplophyllum albicans*, *Schistochilopsis incisa*, *Scapania nemorea*, *Dicranodontium denudatum*, *Sphagnum quinquefarium* oder *Polytrichum alpinum*. Erwähnenswert sind die Tiefschattenvorkommen an Felsen und in Blockhalden mit *Schistostega pennata*, *Tetrodontium ovatum* und *Plagiothecium neckeroideum*.

Verbreitung: In den Alpen meist verbreitet und in den kalkarmen Teilen oft häufig, lediglich im Bregenzerwald dezidiert selten; in der Böhmischen Masse zerstreut; sehr selten im Alpenvorland. Untermontan bis subnival, bis ca. 3000 m aufsteigend.

K – **N**: Waldviertel: z; NA: z bis v; Wechsel: wohl z bis v – **O**: Mühlviertel: z; Donautal: Hinteraigen E Haibach (Grims 1985), Rannatal (Grims 2004), Pesenbachtal, Stillensteinklamm bei Grein (Schlüsslmayr 2011); Sauwald: Kl. Kößlbachtal (FG); AV: bei Vöcklabruck (Poetsch & Schiedermayr 1872); NA: v bis z – **S**: A: v – **St**: A: v – **T** – **V**: im Bregenzerwald s, im Rheintal fehlend, sonst v

- W-, N- und Zentraleuropa, Sibirien, Japan, Arktis, Nordamerika, Azoren, Südafrika
- boreal-montan

Gefährdung: Nicht gefährdet.

Anmerkung: Eine Differenzierung in die beiden Varietäten erfolgte nicht. Weit verbreitet findet man var. *weberi* (Mart.) Kartt.; auf die Hochlagen der Zentralalpen beschränkt ist hingegen die Nominatvarietät. Die Unterscheidung ist in vielen Fällen schwierig.

2. *S. saxicola* (Schrad.) Steph. – Syn.: *Anastrophyllum saxicola* (Schrad.) R.M. Schust., *Jungermannia saxicola* Schrad., *J. resupinata* L.

Ökologie: Olivgrüne bis gelbbraune Decken an meist absonnigen, kalkfreien Felsen und auf Blockhalden. Gemmen fehlen; Ausbreitung generativ.

- s. azidophytisch, mesophytisch, m. skio- bis m. photophytisch
- L 7, T 3, K 5, F 5, R 2

Soziologie: Über die Vergesellschaftung am einzigen sicheren Fundort ist nichts bekannt geworden. Die Art gilt als Verbandskennart des Andreaeion petrophilae, sollte aber etwa auch im Racomitrietum lanuginosi vorkommen.

Verbreitung: Nur ein gesicherter historischer Nachweis aus dem Südosten des Mühlviertels; daneben noch eine nicht unwahrscheinliche Angabe aus den Kitzbühler Alpen (siehe Anmerkung). Collin und montan.

O: Mühlviertel: Klammer-(= Clamer-)Schlucht bei Saxen nahe Grein, ca. 270 m (Poetsch & Schiedermayr 1872) – Nord-**T**: Kitzbühler A: Anstieg zur Roßwildalpe bei Kelchsau, 1500 m (zweifelhaft, Wollny 1911)

- Nordeuropa, Gebirge W- und Zentraleuropas, Sibirien, Japan, nördliches Nordamerika, Grönland
- boreal-montan

Gefährdung: *„An Granitfelsen der Klammerschlucht bei Grein von Prof. Patzalt zuerst aufgefunden, und hierauf von Poetsch am 5. September 1864 eben daselbst in zahlreichen und schönen Exemplaren eingesammelt, da sie an dem Stege bei der Hintermühle die ganze Felswand überkleidet*". Das reiche Material wurde als Nr. 302b in den Rabenhorst-Exsikkaten verteilt. Zwei gegenwartsnahe Nachsuchen (SCHLÜSSLMAYR 2011) in der kleinen, übersichtlichen Schlucht blieben erfolglos. Trotz der seinerzeitigen Plünderung dürfte das heutige Fehlen primär der drastischen Klimaerwärmung seit gut 150 Jahren zuzuschreiben sein. Das Vorkommen am Arealrand hatte schon damals Reliktcharakter. In den Zentralalpen gäbe es zweifelsohne reichlich geeignete Habitate. Möglicherweise hat diese nordische Art die Donau aber nie nach Süden überschritten.

Anmerkung: Zur Angabe in UNGER (1836) aus dem Pinzgau *„in kleinen Rasen zwischen Didymodon capillaceus auf der Platten zu 4500'*" (sub *Jungermannia resupinata* L.), auch von SAUTER (1871) zitiert, gibt es einen Beleg in GJO, der neben *Distichium capillaceum* die ebenfalls basiphile *Scapania aequiloba* enthält, die mit dieser Art verwechselt wurde. – Die Angabe aus den Kitzbühler Alpen ist unsicher, aber zumindest standörtlich möglich. WOLLNY (1911) weist zwar darauf hin, dass fast das gesamte Material Karl Müller (Frib.) vorgelegen hätte, in Müller`s Werken sucht man diese Fundortsangabe aber vergebens. Auszuschließen sind weiters alle zusätzlichen Meldungen aus K, St und T.

12. *Tetralophozia* (R.M. SCHUST.) SCHLJAKOV

1. *T. setiformis* (EHRH.) SCHLJAKOV – Syn.: *Chandonanthus setiformis* (EHRH.) LINDB., *Jungermannia setiformis* EHRH.

Ökologie: In hochwüchsigen, braunen (selten grünen) Rasenpolstern oder in mitunter augedehnten Decken an kalkfreien Felsen und auf Silikat-Grobblockhalden in meist heller, aber selten sonniger und überwiegend N-exponierter, vergleichsweise trockener Lage. Subnival im Windschutz grober Blöcke tief eingesenkt. Brutkörper fehlen; Sporogone sehr selten. Die Ausbreitung erfolgt wohl über Blattbruchstücke.

- s. azidophytisch, m. xero- bis m. hygrophytisch, m. skio- bis m. photophytisch
- L 7, T 2, K 6, F 5, R 2

Fotos: M. Lüth

Soziologie: Meist in reinen Beständen; gelegentlich mit *Racomitrium lanuginosum* oder an feuchteren Stellen mit *R. fasciculare* auftretend. Soziologisch dem Racomitrietum lanuginosi zuzurechnen.

Verbreitung: Ein Eiszeitrelikt in den Ostalpen (den Westalpen fehlend); vor allem entlang des Alpenhauptkamms zwischen den Ötztaler Alpen und dem Ostrand der Hohen Tauern, nördlich vorgelagert auch noch in den Kitzbühler Alpen; meist selten, nur in den Nordtälern der westlichen Hohen Tauern und im hinteren Maltatal etwas häufiger zu finden. Montan bis subnival; 1150 bis 2800 m.

K: Hohe Tauern: Gamsleitenkopf (HK & HvM) und nahe Blauer Tumpf (HK & AS) im Maltatal, Grat zw. Kl. Hochalmer und Tullnock (HK), W Zwillingsfall und bei der Unteren Thomanbaueralm im Gößgraben (GSb, HK & AS) – **S**: Hohe Tauern: Krimmler Fälle (BREIDLER 1894, GSb), Krimmler Achental (GRUBER et al. 2001, HK), Obersulzbachtal (BREIDLER 1894); Untersulzbachtal (BREIDLER 1894, FG & HK), Weißsee im Stubachtal (BREIDLER 1894), Amertaler Öd bei Mittersill (SAUTER 1871, BREIDLER 1894, CS), Schödersee im Großarltal (KOPPE & KOPPE 1969, CS) – Nord-**T**: Ötztaler A: bei Vent (WINKELMANN 1903); Stubaier A: Längental bei Lusens, Habicht (A. Kerner in DALLA TORRE & SARNTHEIN 1904); Kitzbühler A: Geisstein und Kl. Rettenstein (SAUTER 1871), Kl. Rettenstein (WOLLNY 1911, DÜLL 1991), Seenieder am Wildseeloder (HK); Ost-**T**: Hohe Tauern: am Dorfer See N Kals (CS & HK)

- Nordeuropa, Schottland, Nordengland, Ardennen (erloschen), Schwarzwald (erloschen), Thüringer Wald (erloschen), Eifel (erloschen), Harz, Ostalpen, Sudeten, Karpaten, Sibirien, nördliches Nordamerika, Arktis
- subarktisch-alpin

Gefährdung: Die Wuchsorte der Art liegen fast ausschließlich in Bereichen, wo der menschliche Einfluss gering ist. Sie kann nur in K, eventuell auch in T, wegen Seltenheit als potentiell gefährdet gelten.

4. *Cephaloziaceae* Mig.

1. *Cephalozia* (Dumort.) Dumort.

1. *C. ambigua* C. Massal. – Syn.: *C. bicuspidata* subsp. *ambigua* (C. Massal.) R.M. Schust., *C. bicuspidata* var. *ambigua* (C. Massal.) R.M. Schust.

Ökologie: In hellgrünen bis dunkelbraunen, zarten Räschen im Pionierbewuchs auf Silikatschneeböden, auf nassem Silikatsand in Gletscher- und Bachalluvionen, selten auch auf offenem Niedermoortorf; zu erwarten weiters unter den Lückenpionieren in Zwergstrauchheiden. Bisherige Funde stammen aus dem Waldgrenzbereich und der alpinen Region. Sporogone wurden hier nicht gesehen; die Ausbreitung erfolgt mittels Brutkörpern.

- s. azidophytisch, m.–s. hygrophytisch, m.–s. photophytisch
- L 8, T 1, K 6, F 7, R 2

Soziologie: Eine Kennart der Salicetea herbaceae, wo sie verschiedenen Gesellschaften angehören dürfte. Unter den unmittelbaren Begleitarten sind *Anthelia juratzkana*, *Nardia breidleri*, *Pohlia drummondii*, *Fuscocephaloziopsis albescens* und *Salix herbacea*. Die Bestände auf Alluvionen und nassem, torfdurchsetztem Sand können dem Pohlietum gracilis (sensu Frey 1922) oder dem Haplomitrietum hookeri zugerechnet werden. Als Begleiter fungieren *Cephalozia bicuspidata*, *Pohlia filum*, *Cephaloziella integerrima*, *Fossombronia incurva* oder *Haplomitrium hookeri*. In einem Trichophoretum fand sich die Art in Gesellschaft von *Odontoschisma elongatum*.

Verbreitung: Bisher erst wenige Nachweise aus hohen Lagen der Zentralalpen. Subalpin und alpin, ca. 1800 bis 2480 m, in den Ötztaler Alpen angeblich noch in 3500 m.

K: Hohe Tauern: Kleinelendtal (GSb) – **S**: Hohe Tauern: Gletschervorfeld im Obersulzbachtal (FG & HK) – **St**: Schladminger Tauern: Wildlochsee (HK); Gurktaler A: Frauenscharte am Reißeck W Turrach (HK) – Nord-**T**: Ötztaler A: Timmelsjoch (Düll 1991), Finailspitze, 3500 m (Pitschmann & Reisigl 1954); Stubaier A: Längental bei Kühtai (Düll 1991); Ost-**T**: Hohe Tauern: bei Kals (Düll 1991), Dorfer See N Kals (RK, t. HK) – **V**: Verwall: zw. Zeinisjoch und Breitspitze; Silvretta: Ochsental (Amann et al. 2013)

- Nordeuropa, Gebirge West- und Zentraleuropas, Sibirien, nördliches Nordamerika, Grönland, Arktis
- subarktisch-alpin

Gefährdung: Nicht gefährdet. Bei gezielter Suche ließe sich die Zahl der Fundorte dieser sehr unauffälligen Art wohl leicht vermehren.

Anmerkung: Diese Art kann leicht mit pigmentierten Lichtformen der folgenden Art verwechselt werden. Einer solchen Verwechslung liegt die einzige Angabe für OÖ (RICEK 1977) zugrunde.

2. *C. bicuspidata* (L.) DUMORT. – Syn.: *C. bicuspidata* subsp. *lammersiana* (HUEBENER) R.M. SCHUST., *C. bicuspidata* var. *lammersiana* (HUEBENER) BREIDL., *C. lammersiana* (HUEBENER) CARRINGTON, *Jungermannia bicuspidata* L.

Ökologie: Hellgrüne bis rotbraune, mitunter schwarze Pionierart in Räschen oder dünnen Decken auf unterschiedlichen sauren Substraten, u. a. auf sandiger, lehmiger oder humoser Erde, Rohhumus, Torf, Totholz und kalkfreiem Gestein; auch in kalkfreien Quellfluren und auf Schneeböden. Ausbreitung sowohl generativ als auch vegetativ.

- s.–m. azidophytisch, meso- bis hydrophytisch, m. skio- bis m. photophytisch
- L 5, T x, K 5, F 6, R 3

Soziologie: Gilt als Kennart der Cladonio-Lepidozietea reptantis; tritt in vielen Erd-, Fels- und Totholzgesellschaften auf, insbesondere im Calypogeietum trichomanis, Nardietum scalaris, Marsupelletum funckii, Diplophyllo albicantis-Scapanietum nemorosae und im Lophocoleo heterophyllae-Dolichothecetum seligeri.

Verbreitung: Allgemein verbreitet; Häufigkeitsmaximum in der Montanstufe der Zentralalpen; nur in waldarmen Kulturlandschaften außerhalb der Alpen regional wohl fehlend. Planar bis subnival, bis ca. 2800 m.

B – K – N – O – S – St – T – V – W: Neuwaldegg (HEEG 1894), Ottakringer Wald (HZ)

- gesamte Nordhemisphäre, Südamerika, Australien, Neuseeland, Subantarktis
- temperat

Gefährdung: Nicht gefährdet.

Anmerkung: Die subsp. *lammersiana* (HUEBENER) R.M. SCHUST. ist in Ermangelung sicherer Unterscheidungsmöglichkeiten eingeschlossen. Sie ist vermutlich in höheren Lagen in nassen Habitaten über Silikatunterlage verbreitet, ansonsten wohl selten.

3. ***C. lacinulata*** J.B. JACK ex SPRUCE

Ökologie: In zarten, hell gelblichgrünen Überzügen auf Totholz in luftfeuchter Lage. Die Art wurde am einzigen österreichischen Fundort auf einem morschen Baumstrunk gefunden. Ausbreitung generativ und vegetativ.

- s. azidophytisch, mesophytisch, s.–m. skiophytisch
- L 3, T 5, K 7, F 5, R 2

Soziologie: Gilt laut MARSTALLER (2006) als Verbandskennart des Nowellion curvifoliae. Aufgrund der Seltenheit der Art gibt es aber kaum soziologische Aufnahmen. Das Belegmaterial in BREG enthält als Begleitmoose *Fuscocephaloziopsis lunulifolia* und *Tetraphis pellucida*.

Verbreitung: Diese thermophile Art wurde aus dem deutschen Bodenseeraum beschrieben und auch der einzige sichere Nachweis für Österreich stammt aus dieser Region.

V: Pfänder bei Bregenz, „westlich von der Schwedenschanze", 950 m (BLUMRICH 1913, BREG, t. HK)

- Zentraleuropa, Balkanhalbinsel, Südfinnland, Osteuropa, Japan, Nordamerika
- nördlich subozeanisch-montan

Gefährdung: Diese Art muss in Österreich, wie auch in Deutschland, als ausgestorben gelten.

Anmerkungen: Die beiden Proben in BREG aus dem Jahr 1912 wurden von Schiffner revidiert und gehören zweifellos zu dieser seltenen Art. Hingegen besteht eine weitere Probe, 1915 ebenfalls von Blumrich gesammelt (BLUMRICH 1923), aus einem Mischrasen von *Fuscocephaloziopsis catenulata* und *C. bicuspidata* (rev. HK). – Kümmerformen von *C. bicuspidata* können leicht für *C. lacinulata* gehalten werden. Weitere Literaturangaben aus B, O, S, T und V sind irrig oder bedürfen einer Prüfung und wurden ausgeschlossen.

2. *Fuscocephaloziopsis* FULFORD

1. ***F. albescens*** (HOOK.) VÁŇA & L. SÖDERSTR. – Syn.: *Pleurocladula albescens* (HOOK.) GROLLE, *Pleuroclada albescens* (HOOK.) SPRUCE, *Jungermannia albescens* HOOK.

1a. var. ***albescens***

Ökologie: Auffallend weißlich hellgrüne Rasen auf feuchten, basenarmen Silikat-Schneeböden in flacher oder meist nordexponierter Lage, selten in lang schneebedecken, feuchten Felsfluren. Braucht mineralische Bestandteile im Substrat; saure Humusdecken allein reichen nicht. In den Kalkgebir-

Foto: C. Schröck

gen also nur dort zu finden bzw. zu erwarten, wo silikatische Enklaven oder Reste der tertiären Augensteinlandschaft existieren. Sporophyten sind selten; Ausbreitung über Brutkörper.

- s.–m. azidophytisch, s. hygrophytisch, m.–s. photophytisch
- L 7, T 1, K 6, F 8, R 3

Soziologie: Eine der Kennarten der Salicetea herbaceae, der Silikat-Schneebodengesellschaften. Vermutlich am häufigsten im Cardamino alpinae-Anthelietum juratzkanae zu finden, auffälliger wegen des Farbkontrasts aber im Polytrichetum sexangularis. Typische Begleiter sind *Anthelia juratzkana*, *Gymnomitrion brevissimum*, *Moerckia blyttii*, *Nardia breidleri*, *Lophozia wenzelii*, *Schistochilopsis opacifolia*, *Polytrichum sexangulare*, *Kiaeria falcata*, *K. starkei*, *Pohlia obtusifolia*, *P. drummondii* oder *Conostomum tetragonum*.

Verbreitung: Am Hauptkamm der Zentralalpen verbreitet und an geeigneten Standorten mitunter häufig, in den randlichen Ketten bereits selten; in den Nordalpen Vorarlbergs zerstreut, sonst extem selten; ein Nachweis aus den Südalpen. Fehlt in B, N und W. Subalpin und alpin, ca. 1600 bis 2700 m.

K: Hohe Tauern: v bis z; Saualpe: Forstalpe (HK & AS); Koralpe: oberhalb Pomsalpe (Latzel 1926); Karnische A: Naßfeld-Matritschen (HH) – **O**: NA: Hoher Nock im Sengsengebirge (erloschen?, A.E. Sauter in Poetsch & Schiedermayr 1872), Krippenstein (van Dort & Smulders 2010) – **S**: NA: Untersberg (Sauter 1871); ZA: v – **St**: Niedere Tauern: v; Gurktaler Alpen: Kilnprein und Eisenhut (Breidler 1894); Seetaler A: Scharfeck (Breidler 1894, HK), Kreiskogel (HK) – **T**: ZA: v – **V**: Bregenzerwaldgebirge: Freschen (A.E. Sauter in Dalla Torre & Sarnthein 1904), Ragazer Blanken (HZ); Allgäuer A: Diedamskopf, Kanzelwand (MR); Lechquellengebirge: zw. Mohnensattel und Gaisbühlalpe (HK); Lechtaler A: W-Hang Erlispitze, Ochsengümple N Rüfispitze (HK); ZA: z bis v

- Gebirge W-, N- und Zentraleuropas, Sibirien, Japan, nördliches Nordamerika, Grönland, Arktis
- arktisch-alpin

Gefährdung: Am Hauptkamm der Zentralalpen häufig und nicht gefährdet. Klimatisch zunehmend bedrängt sind hingegen die kleinen Populationen in den niedrigen Randgebirgen im Südosten. Ebenso schlecht ist die langfristige Prognose für die Kalkgebirge. Nichtbestätigungen für historische Angaben deuten auf bereits erloschene Vorkommen hin.

1b. var. ***islandica*** (NEES) VÁŇA & L. SÖDERSTR. – Syn.: *Pleuroclada albescens* var. *islandica* (NEES) SPRUCE, *Pleuroclada islandica* (NEES) PEARSON, *Pleurocladula islandica* (NEES) GROLLE

Ökologie: Vorwiegend in lang schneebedeckten, N-seitigen Silikatfelsfluren in der Alpinstufe auf kalkfreier Erde und Gesteinsdetritus.

- s.–m. azidophytisch, m. hygrophytisch, m.–s. photophytisch
- L 8, T 1, K 6, F 7, R 3

Soziologie: Eher im Andreaeion petrophilae (insbesondere im Gymnomitrietum concinnati) als in den Salicetea herbaceae zu finden. Als Begleitmoose wurden u. a. *Marsupella apiculata*, *M. boeckii*, *Gymnomitrion brevissimum*, *Nardia scalaris* und *Oligotrichum hercynicum* festgestellt.

Verbreitung: Nur wenige Angaben und Belege aus hohen Lagen der Zentralalpen.

K: Hohe Tauern: Gößnitzal, Gr. Sadnig, Oberer Hochalmsee E Hochalmspitze; Gurktaler A: Bärenaunock SW Innerkrems (KÖCKINGER et al. 2008) – **S**: Kitzbühler A: Königsleiten (H. Wagner, SZU) – **St**: Niedere Tauern: Deneck, Planspitze bei Gaal (HK) – Nord-**T**: Verwall: Anstieg zum Faselfadferner (DÜLL 1991); Stubaier A: Almindalpe (HANDEL-MAZZETTI 1904); Tuxer A: Tulfeiner Alm (DÜLL 1991)

- Areal ähnelt der Nominatvarietät
- arktisch-alpin

Gefährdung: Nicht gefährdet; wohl auch übersehen.

Anmerkung: Ein problematisches Taxon; viele Proben sind schwer zuzuordnen.

2. *F. catenulata* (HUEBENER) VÁŇA & L. SÖDERSTR. – Syn.: *Cephalozia catenulata* (HUEBENER) LINDB., *C. reclusa* (TAYLOR) DUMORT., *C. serriflora* LINDB., *Jungermannia catenulata* HUEBENER

Ökologie: Dünne, hell- bis dunkelgrüne oder leicht bräunliche Überzüge auf feuchtem Totholz in luftfeuchten Wäldern niederschlagsreicher Gebiete; nur ausnahmsweise auch auf anderen sauren Substraten, etwa auf Humusdecken, lehmiger Erde oder Silikatgestein. Ausbreitung überwiegend über Sporen; Gemmen sind selten.

- s. azidophytisch, meso- bis m. hygrophytisch, s.–m. skiophytisch
- L 3, T 4, K 4, F 6, R 2

Soziologie: Eine Ordnungskennart der Cladonio digitatae-Lepidozietalia reptantis, wo sie vor allem im Riccardio palmatae-Scapanietum umbrosae des Nowellion oft zu den dominanten Pionieren zählt. Gerne zusammmen mit *Nowellia curvifolia, Calypogeia suecica, C. bicuspidata, Blepharostoma trichophyllum* oder *Riccardia palmata.* Ihre Bestände werden allmählich von wuchskräftigeren Arten wie *Mylia taylorii, Odontoschisma denudatum* oder *Bazzania trilobata* überwachsen.

Verbreitung: In den Nordalpen verbreitet und in den niederschlagsreichsten Gebieten oft häufig, ganz im Osten aber bereits selten; in den Zentralalpen zerstreut, in kontinentalen Teilen fehlend; in den Südalpen zerstreut bis verbreitet; außeralpin sehr selten. Fehlt in W. Collin bis montan, steigt bis maximal 1600 m auf.

B: Mittel-B: Gößbachtal bei Hammer (Latzel 1941) – **K**: Gurktaler A: bei Feld am See (HK & AS), Görzgraben bei Zedlitzdorf (HK), nahe Goggausee (HK & AS); Lavanttal: Waldenstein bei Twimberg (HK & AS); Kömmelberg: mehrfach; Klagenfurter Becken: Hoher Gallin (HK), Südrand der Saualpe (MS); SA: z bis v – **N**: Waldviertel: bei Groß-Gerungs (Heeg 1894); NA: bei Lunz und Reichenau (Heeg 1894), Rothwald (HZ) und Lechnergraben (HK) am Dürrenstein – **O**: AV: bei Vöcklabruck (Poetsch & Schiedermayr 1872); Flyschzone: z; NA: v – **S**: AV: Stadt Salzburg: Leopoldskronwald (Sauter 1871), Plainberg (Gruber 2001); NA: v; Zillertaler A: Wildgerlostal (Schröck et al. 2004); Hohe Tauern: Krimmler Fälle (Gruber et al. 2001), Untersulzbachfall (CS), Stubachtal (CS), Klauswald bei Mittersill (Sauter 1871) – **St**: NA: v; Niedere Tauern: bei Mautern, Kalwang, Hohentauern und Schladming (Breidler 1894); Oberes Murtal: bei Leoben und Knittelfeld (Breidler 1894), Tanzmeistergraben (HK); West-St: bei Schwanberg und Ligist am Abhang der Koralpe (Breidler 1894); Grazer Bergland: St. Radegund, Hohenberg (Maurer et al. 1983); Stiftingtal bei Graz (Breidler 1894); Ost-St: Gasengraben bei Birkfeld (Breidler 1894) – Nord-**T**: NA: in Nordstaulagen wohl ziemlich v aber kaum erfasst; Brandenberg (Leithe 1885); Zillertaler A: mehrfach (Loeske 1909), Gerlosklamm (Handel-Mazzetti 1904); Kitzbühler A: Krotengraben bei Fieberbrunn (HK); Ost-**T**: bei Lienz (Głowacki 1915); Lienzer Dolomiten: Kerschbaumer Alpe (Sauter 1894) – **V**: z

- West-, Zentral- und südliches Nordeuropa, Kaukasus, Türkei, Sibirien, Japan, Nordamerika
- subozeanisch-montan

Gefährdung: Nur in klimatisch suboptimalen Gebieten mit isolierten Populationen durch forstliche Maßnahmen, etwa durch Kahlschlagswirtschaft bedroht.

3. *F. connivens* (DICKS.) VÁŇA & L. SÖDERSTR. – Syn.: *Cephalozia connivens* (DICKS.) LINDB., *C. compacta* WARNST., *C. connivens* var. *compacta* (WARNST.) NICHOLS., *Jungermannia connivens* DICKS.

Foto: C. Schröck

Ökologie: Transparente, dünne, bleich- bis hellgrüne Decken oder vereinzelte Pflänzchen auf feuchtem bis nassem Torf, degenerierten bzw. schlechtwüchsigen Torfmoosen, selten Rohhumus und nassem Totholz in Hochmooren, selten in sauren Niedermooren, im Schatten von Moorwäldern oder in Kondenswassermooren über Blockhalden. Mitunter massig als Pionier an Torfstichwänden oder an den Flanken von Entwässerungsgräben. Einmal in der mod. *compacta* an einer Quarzitfelswand in einem Föhrenwald. Ausbreitung primär generativ.

- s. azidophytisch, s. hygrophytisch, m. skio- bis m. photophytisch
- L 6, T 4, K 4, F 7, R 1

Soziologie: Eine Klassenkennart der Oxycocco-Sphagnetea (u. a. im Sphagnetum medii oder im Pinetum rotundatae), aber auch in den Scheuchzerio-Caricetea fuscae präsent, etwa im Rhynchosporion albae. Auf offenem Torf im Dicranello cerviculatae-Campylopodetum pyriformis oder im Calypogeietum neesianae. Typische Begleitmoose sind *Kurzia pauciflora*, *Calypogeia sphagnicola*, *C. neesiana*, *Mylia anomala*, *Dicranella cerviculata*, *Campylopus pyriformis* und *Sphagnum*-Arten. An einer Quarzitfelswand im Leucobryo glauci-Tetraphidetum pellucidae in Gesellschaft von *Leucobryum juniperoideum*, *Sphagnum quinquefarium*, *Odontoschisma denudatum* und *Calypogeia neesiana*.

Verbreitung: In der Böhmischen Masse, im Alpenvorland und in den Nordalpen zerstreut, am häufigsten im Bregenzerwald, Flachgau und Salzkammergut; in den Zentralalpen und südlich des Alpenhauptkamms selten. Bislang kein Nachweis aus den Südalpen. Fehlt in B, Ost-T und W. Planar bis montan, bis ca. 1500 m.

K: Gurktaler A: Moor am Flattnitzbach, Andertalmoor, Moor SW St. Martin, Freundsamer Moos; Klagenfurter Becken: Langes Moos NW Velden (KÖCKINGER et al. 2008) – **N**: Waldviertel: Gr. Heide bei Karlstift (J. Saukel, CS, HZ), Durchschnittsau (CS, HZ), Meloner Au (CS), zw. Bräuhäuseln und Ludwigsthal (Ricek 1982) – **O**: Mühlviertel: im Norden z (Schlüsslmayr 2011); Sauwald: Filzmoos bei Hötzenedt (Grims 1985); AV: Ibmer Moor-Gebiet, Jacklmoos bei Geretsberg, Tarsdorfer Filzmoos und Gietzinger Moos (Krisai 2011), Kreuzbauernmoor bei Fornach, Gründberg bei Frankenburg (Ricek 1977); Flyschzone: Wild- und Kühmoos bei Mondsee, Haslauer Moor und Föhramoos bei Oberaschau (Ricek 1977); NA: Laudachmoor am Traunstein, Wolfswiese bei Steinbach, Radinger Mooswiesen und Filzmöser am Warscheneck (Schlüsslmayr 2005) – **S**: AV: Stadt Salzburg: mehrfach (Gruber 2001), Waidmoos bei Hackenbuch, Bürmoos, Egelseen SE Mattsee, Zellhofer Moor NW Mattsee, Ursprungmoor bei Elixhausen, Wörlemoos N Kraiwiesen (CS, RK, PP); NA: Wasenmoos SE Faistenau, Teufelsmühle SE ST. Koloman, Moor W Schönleiten NE Golling, Spulmoos NE Abtenau, Hintertal NE Maria Alm (CS); Kitzbühler A: Wasenmoos am Pass Thurn, Schweibergmoos N Maishofen (CS); Hohe Tauern: Anlauftal bei Böckstein (CS); Lungau: Seetaler See (RK, CS), Saumoos bei Oberbayrdorf (CS) – **St**: Ausseerland: Moore um Mitterndorf und am Ödensee, Pflindsberger Moor (Breidler 1894), Knoppenmoos und Rödschitzmoos bei Mitterndorf (CS); Ennstal: Moor bei Ramsau, Selzthaler Moor und Krumauer Moor bei Admont (Breidler 1894), Pichlmaier Torfstich (RK, CS, HK); Hochschwab: Klammhöhe bei Tragöss (HK); Wechsel: Waldbach im oberen Lafnitztal (HK) – Nord-**T**: NA: Aumoos, Brünstenmoos und und Muggemoos bei Leutasch (CS), Hinterkaiser bei Kufstein (Juratzka 1862); restliche Literaturangaben wohl überwiegend zu *C. loitlesbergeri* gehörend – **V**: Rheintal: Rheindelta (CS), Gleggen bei Dornbirn (GA), Galgenwiese bei Feldkirch (Loitlesberger 1898); Rheintalhang: Götzner Moos (GA); Lutzenreute bei Bregenz (Blumrich 1923); im nördlichen Bregenzer Wald und in den nördlichen Allgäuer A v; Verwall: Untere Dürrnwaldalpe (CS)

- W-, N- und Zentraleuropa, Balkanhalbinsel, Kaukasus, Japan, nördliches Nordamerika, Makaronesien
- subozeanisch

Gefährdung: Wie bei anderen Torfpionieren führte der Torfabbau in vergangenen Zeiten zu einer vorübergehenden Zunahme der Bestände, eine vollständige Moorzerstörung und Kultivierung aber naturgemäß zu ihrem Verschwinden. Die heutigen Bestände sind nur mehr ein Bruchteil der einstig vorhandenen. Den übrig gebliebenen Moorflächen fehlt heute die natürliche Dynamik und oft ist der Wasserhaushalt durch Entwässerung des Umlandes massiv gestört. Die zunehmende Austrocknung führt zu einer verstärkten Mineralisation und zu Sukzessionen, die die Pionierstandorte verschwinden lassen. Einen ähnlich negativen Effekt hat der atmosphärische Eintrag von Nährstoffen. Besonders gefährdet ist die Art südlich des Alpenhauptkamms und in der Böhmischen Masse.

4. *F. leucantha* (SPRUCE) VÁŇA & L. SÖDERSTR. – Syn.: *Cephalozia leucantha* SPRUCE, *Jungermannia catenulata* var. *laxa* GOTTSCHE & RABENH.

Ökologie: In matt dunkelgrünen, nicht selten artreinen Überzügen auf Totholz oder feuchtem Gestein in Bergwäldern, außerdem als meist unauffällige Gespinste auf Torf und Rohhumus oder zwischen anderen Moosen in Mooren der Hochlagen, insbesondere auf Kondenswassermooren über absonnigen Blockhalden. Brutkörper und Sporogone sind häufig.

Foto: M. Lüth

- s. azidophytisch, meso–m. hygrophytisch, s.–m. skiophytisch
- L 4, T 3, K 5, F 5, R 2

Soziologie: Eine Ordnungskennart der Cladonio digitatae-Lepidozietalia reptantis, wo sie im Riccardio palmatae-Scapanietum umbrosae und im reiferen Bazzanio tricrenatae-Mylietum taylori die höchsten Deckungswerte hat. Außerdem in den Oxycocco-Sphagnetea höherer Lagen zu finden. Häufige Begleiter auf Totholz sind *F. lunulifolia*, *Cephalozia bicuspidata*, *Riccardia palmata*, *Lepidozia reptans*, *Calypogeia integristipula*, *Blepharostoma trichophyllum*, *Scapania umbrosa*, *Mylia taylorii*, *Tetraphis pellucida* oder *Dicranodontium denudatum*. In Mooren findet man sie z. B. auf *Sphagnum capillifolium*-Bulten mit *F. loitlesbergeri*, *F. connivens* und *Calypogeia neesiana*.

Verbreitung: In den Nordalpen meist zerstreut (in T offenbar nicht erfasst), in den Allgäuer Alpen hingegen ziemlich verbreitet; in den Zentralalpen sehr zerstreut; in den Südalpen zerstreut. Fehlt in B und W. Montan bis subalpin, ca. 600 bis 2000 m.

K: Hohe Tauern: Gößnitztal (HK), Zandlacher Boden in der Reißeckgruppe (HK & HvM), Teuchltal (HK), Gnoppnitz- und Lamnitzgraben in der Kreuzeckgruppe (HK & HvM); Gurktaler A: nahe Bonner Hütte (CS), Kar SW Zunderwand (HK & AS), Saureggental (HK & AS), oberstes Metnitztal (HK); Koralpe: Pomseben (HK & AS); SA: z – **N**: NA: Rothwald (HH in SZU, HZ) und Lechnergraben (HK) am Dürrenstein, Seebachtal bei Lunz (HZ), Vorderes Rotmoos (RK, rev. HK), Thalhofriese N Reichenau (HEEG 1894) – **O**: NA: Leonsberg bei Bad Ischl (RICEK 1977), Am Stein am Dachstein

(GS), im Ostteil z (Schlüsslmayr 2005) – **S**: NA: Dießbachstausee N Saalfelden (CS); Hohe Tauern: Gerlosplatte, hinteres Krimmler Achental, Kötschachtal (CS), Schwarzwand bei Hüttschlag (GSb); Schladminger Tauern: Prebersee, Überlingplateau (CS) – **St**: NA: z; Niedere Tauern: Planei bei Schladming, Scheiblalm am Bösenstein bei Hohentauern, Alpsteig bei Mautern (Breidler 1894); Seetaler A: zw. Fuchskogel und Türkenkreuz, Seetal (HK); Oberes Murtal: Pöllerkogel bei Leoben (Breidler 1894); W-St: Schusterbauerkogel bei Ligist (Breidler 1894); Ost-St: Arbesbachgraben bei Birkfeld (Breidler 1894) – Nord-**T**: Verwall: bei St. Anton (Düll 1991); Zillertaler A: Dornaubergklamm (Loeske 1909); Kitzbühler A: Nagelwald bei Kitzbühel (Wollny 1911); Ost-**T**: Hohe Tauern: bei Matrei (Düll 1991) – **V**: Bregenzer Wald: Mellautal (Loitlesberger 1894), bei Baien und an der Sienspitze (CS); Allgäuer A: v; Lechquellengebirge: bei Zug und Warth (HK); Klostertal: Radin bei Braz (GA); Rätikon: Gaudenziusalpe bei Frastanz (Loitlesberger 1894), Drei Schwestern, Gamperdonaalpe (GA); Verwall: Bludenzer Alpenweg (Loitlesberger 1894), Netzaalpe (HK), Untere Dürrnwaldalpe (CS) und Außerganifer (GA); Silvretta: Illfälle (Loitlesberger 1894)

- West-, Nord-, Zentral- und Osteuropa, Sibirien, Japan, nördliches Nordamerika, Grönland
- westlich boreal-montan

Gefährdung: Auf Totholz primär in naturnahen Wäldern anzutreffen; daher durch Intensivierung forstlicher Bewirtschaftung, etwa durch kürzere Umtriebszeiten bedroht.

5. *F. loitlesbergeri* (Schiffn.) Váňa & L. Söderstr. – Syn.: *Cephalozia loitlesbergeri* Schiffn.

Ökologie: Transparent gelblichgrüne, lockere Decken über Torf und abgestorbenen Moosen oder eingewebt in lebenden Moosbeständen; typisch für die Bultbereiche subalpiner Komplexmoore, aber auch in den Hochmooren und Moorwäldern der Montanstufe zuhause und sogar die Alpenvorlandmoore erreichend, wo man die Art vor allem in Regenerationsbereichen alter Torfstiche antrifft. Im Gebirge außerdem in Kondenswassermooren über Silikat- und Kalk-Grobblockhalden. Gemmen fehlen; Sporogone werden häufig gebildet.

- s. azidophytisch, s. hygrophytisch, m.–s. photophytisch
- L 7, T 2, K 6, F 7, R 2

Soziologie: Eine Oxycocco-Sphagnetea-Ordnungskennart; von den Phytosoziologen aber noch wenig beachtet. Die Art wächst mit Vorliebe an *Sphagnum capillifolium*-, *S. magellanicum*- oder *S. fuscum*-Bulten oder zwischen *Polytrichum strictum*, häufig auch im Schatten von *Calluna*-Beständen. Eine bezeichnende, wenn auch nicht sehr häufige Begleitart ist *Cephaloziella spinigera*, daneben findet man sie mit *C. rubella*, *Mylia anomala*, *Pohlia* *nutans*, *Calypogeia sphagnicola*, *Aulacomnium palustre*, *Lophozia wenzelii*, *Odontoschisma francisci*, in tieferen Lagen häufig auch mit *F. connivens*.

Verbreitung: Primär eine Art der Gebirgsmoore, die in höheren Lagen *F. connivens* ersetzt. Beide überlappen sich in ihrer Höhenverbreitung aber nicht unerheblich. In den Nord- und Zentralalpen, je nach Habitatverfügbarkeit, meist zerstreut, lokal auch gehäuft auftretend, etwa im Ostlungau oder im Salzkammergut. Kein Nachweis aus den Südalpen. Im westlichen Alpenvorland, in der Flyschzone und in den Hochlagen der Böhmischen Masse selten. Fehlt in B und W. Submontan bis alpin, 500 bis ca. 2200 m.

K: Gurktaler A: W Bonner Hütte (HK & CS), Kar SW Zunderwand und Moor am Erlacher Bock (Hafellner et al. 1995), Andertal-Moor (HK, CS), Moore am Flattnitzbach (HK, CS), Auenmoos SE Murau (HK), Gurker Möser bei Köttern (RK); Stubalpe: Görlitzer Alpe (HK); Koralpe: Wirthalm NE Bärofen (HK & AS) – **N**: Waldviertel: Große Heide, Rottalmoos und Durchschnittsau (Zechmeister et al. 2013), Winkelauer Teich bei Karlstift (J. Saukel) – **O**: Mühlviertel: Hirschlackenau am Bärenstein im Böhmerwald (Schlüsslmayr 2011), Tanner Moor bei Liebenau (Schröck et al. 2014); AV: Gründberg bei Frankenburg (Ricek 1977); Flyschzone: Kühmoos bei Mondsee und Haslauer Moor bei Oberaschau (Ricek 1977); NA: Laudachmoor am Traunstein (Locus classicus; V. Schiffner, Hep. Eur. Exsicc.) und Oberes Filzmoos am Warscheneck (Schlüsslmayr 2005), Moosalm E Schafberg, Zerrissenes Moos, Wiesmoos und Moore des Hornspitzgebiets bei Gosau, Leckernmoos bei Bad Ischl (Schröck et al. 2014) – **S**: AV: Wenger Moor am Wallersee, Innerwall SW Seeham und Ursprungmoor bei Elixhausen (CS); Stadt Salzburg: Hammerauer Moor (Gruber 2001) und Leopoldskroner Moor (CS); NA: Heutal bei Unken, Winklmoosalm NW Lofer, Blinklingmoos bei Strobl, Mandlinger Moor (CS); Zillertaler A: Gerlosplatte (CS); Kitzbühler A: Trattenbachtal und Filzenscharte, Wasenmoos am Pass Thurn (CS); Hohe Tauern: Krimmler Achental (CS); Niedere Tauern: Obertauern (CS); Lungau: Mooshamer Moor, Bundschuhtal bis Schönfeld, NW Bonnerhütte (CS), Plankenalmmoor (RK), Moore im Sauerfelderwald, Prebersee (F. & K. Koppe in W, CS), Gstreikelmoos am Überling (CS) – **St**: NA: Filzmoos am Pötschenpass (CS), Neuhofner und Ödensee-Moor bei Mitterndorf (Müller 1906–1916), Rotmoos bei Weichselboden (CS), Oberes Moosloch bei Wildalpen (HK); Niedere Tauern: Hangmoor im Untertal bei Schladming (HK); Gurktaler A: Kothütte E Königstuhl, Paalgraben S Stadl (HK), Turracher Höhe (CS); Seetaler A: bei der Palli-Hütte, W Türkenkreuz und Lindertal (HK); Waldmoor S Neumarkt (HK); Koralpe: Hebalm (HK & AS); Fischbacher A: Stuhleck (H. Wagner in SZU) – Nord-**T**: NA: Muggemoos S Leutasch (CS); Ötztaler A: zwischen Vent und Rofen (HK); Angaben für *F. connivens* in Düll (1991) aus den Ötztaler A, Tuxer A und dem Paznauntal wohl zu dieser Art gehörend, ebenso jene in Loeske (1908, 1909) aus den Zillertaler A und dem Verwall; Kitzbühler A: Filzenscharte (CS); Ost-**T**: bei Kals (Düll 1991, als *F. connivens*) – **V**: Vorderer Bregenzerwald: Bödele und Langenegg; Allgäuer A: z; Bregenzerwaldgebirge: Lustenauer Hütte und Brünnesliseggalpe; Verwall: Untere Dürrnwaldalpe, Schwarzsee und Zeinisjoch; Silvretta: Bielerhöhe (Amann et al. 2013)

- West-, Nord-, Zentral- und Osteuropa, Sibirien, östliches Nordamerika, Grönland
- boreal-montan

Gefährdung: In Mooren der Almregionen durch Überbeweidung, Entwässerung und Düngung umliegender Weiden gefährdet. Ansonsten gilt das gleiche Gefährdungsszenario wie für *F. connivens*. In der Böhmischen Masse ist die Art massiv bedroht.

6. *F. lunulifolia* (DUMORT.) VÁŇA & L. SÖDERSTR. – Syn.: *Cephalozia lunulifolia* (DUMORT.) DUMORT., *C. media* LINDB., *C. multiflora* SPRUCE, *C. symbolica* (GOTTSCHE) BREIDL., *Jungermannia lunulifolia* DUMORT.

Ökologie: Grüne Überzüge bzw. dünne Decken oder eingewebt zwischen anderen Moosen im Schatten auf unterschiedlichen sauren und feuchten Substraten bei weiter Standortsamplitude; häuptsächlich auf Totholz, weniger häufig auf Humusdecken in Wäldern, auf Torf (oder degenerierten Moosen) an mäßig trockenen bis betont nassen Stellen in Mooren, auf feuchten Silikatfelsflächen und Blöcken, auf lehmiger Erde sowie im Waldgrenzbereich sogar an Stammbasen von Latschen. Ausbreitung vegetativ oder generativ.

- s. azidophytisch, meso- bis s. hygrophytisch, s.–m. skiophytisch
- L 4, T 3, K 5, F 5, R 2

Soziologie: Eine Ordnungskennart der Cladonio digitatae-Lepidozietalia reptantis, in Gesellschaften des Nowellion und Tetraphidion, u. a. zusammen mit *Cephalozia bicuspidata*, *Calypogeia integristipula*, *C. suecica*, *Nowellia curvifolia*, *Blepharostoma trichophyllum*, *Lepidozia reptans*, *Dicranodontium denudatum* oder *Tetraphis pellucida*. Außerdem noch in den Oxycocco-Sphagnetea oder im Dicranellion heteromallae.

Verbreitung: In den Alpen meist verbreitet, regional zerstreut; in Tirol kaum erfasst, aber real wohl nicht seltener; in den Hochlagen der Böhmischen Masse zerstreut; sonst selten. Collin bis alpin, bis ca. 2300 m aufsteigend. Nach PITSCHMANN & REISIGL (1954) am Hinteren Spiegelkogel in den Ötztaler Alpen angeblich noch in 3400 m (det. K. Müller).

B: Mittel-B: N-Seite des Hirschenstein (MAURER 1965), bei Hammer (LATZEL 1930), bei Glashütten-Langeck (LATZEL 1941) – **K**: z bis v – **N**: Waldviertel: Sepplau bei Karlstift (HZ); A: z bis v – **O**: Mühlviertel: im Norden z (SCHLÜSSLMAYR 2011); Donautal: Rannatal (GRIMS 2004); Sauwald: Kl. Kößlbach und Schefberg (GRIMS 1985); NA und Flyschzone: v – **S**: A: v bis z – **St**: A: v bis z; Ost-St: Dornegg-Graben bei Krumegg (MAURER 1985); Süd-St: Gleichenberger Kogel (BREIDLER 1894) – **T** – **V**: z bis v – **W**: Ottakringer Wald (HZ)

- Europa, Makaronesien, Kaukasus, Sibirien, China, Japan, Nordamerika, Arktis
- boreal-montan

Gefährdung: Nicht gefährdet.

Anmerkung: Die var. *gasilieni* CORB. wird jeweils einmal in der Literatur für V (MÜLLER 1951–1958) und K (LATZEL 1926) angegeben. Dieses Taxon wird heute als Synonym der für Österreich nicht nachgewiesenen, einhäusigen *F. affinis* (LINDB. ex STEPH.) VANA & L. SÖDERSTR. geführt. Material konnte nicht eingesehen werden. Es ist aber nicht sehr wahrscheinlich, dass hier tatsächlich die einhäusige Art gemeint war.

7. *F. macrostachya* (KAAL.) VÁŇA & L. SÖDERSTR. – Syn.: *Cephalozia macrostachya* KAAL., *C. macrostachya* var. *spiniflora* (SCHIFFN.) MÜLL. FRIB., *C. spiniflora* SCHIFFN.

Ökologie: In hellgrünen bis schwach bräunlich pigmentierten Decken in intakten Hochmooren (selten Übergangsmooren) an schattigen Bultbasen, Schlenkenrändern, offenem Torf oder auf Rohhumus im Latschenfilz, weiters in Birkenbrüchen und Moorwäldern. Daneben auch in Regenerationsstadien von alten Torfstichen. Als zweihäusige Art selten mit Sporogonen; auch Brutkörper sind rar.

- s. azidophytisch, s. hygro- bis hydrophytisch, m. skio- bis m. photophytisch
- L 6, T 4, K 4, F 7, R 1

Soziologie: Vor allem im Sphagnetum magellanici und im Pinetum rotundatae. Die Art bevorzugt die Gesellschaft von *Calypogeia sphagnicola*, *F. connivens*, *Kurzia pauciflora*, *Mylia anomala*, *Polytrichum strictum*, *Dicranum undulatum*, *Sphagnum tenellum*, *S. cuspidatum*, *S. magellanicum* und *S. rubellum*.

Verbreitung: In den großen Mooren des westlichen Alpenvorlands, der Flyschzone und der Tal- und Beckenlagen der Nordalpen zerstreut, im Osten selten; ein einziger Zentralalpenfund im Lungau, gleichzeitig der einzige südlich des Alpenhauptkamms. Ein Nachweis für das Waldviertel. Fehlt in B, K, Ost-T und W. Submontan bis montan; erreicht maximal 1400 m.

N: Waldviertel: Rottalmoos (ZECHMEISTER et al. 2013); NA: Leckermoos bei Göstling (ZECHMEISTER et al. 2013) – **O**: AV: Filzmoos bei Tarsdorf, Jacklmoos bei Geretsberg, Frankinger Möser (KRISAI 2011, SCHRÖCK et al. 2014); Flyschzone: Langmoos und Wiehlmoos bei Mondsee, Fohramoos bei Oberaschau (RK, SCHRÖCK et al. 2014), Haslauer Moor W Oberaschau (RK, rev. HK); NA: Moosalm E Schafberg, Langes Moos bei Bad Ischl und Hornspitzgebiet bei Gosau (SCHRÖCK et al. 2014) – **S**: AV: Ursprungmoor bei Elixhausen (RK, rev. HK), Egelseen SE Mattsee, Zellhofer Moor NW Mattsee (CS), Zeller Moor am Wallersee (RK, CS), Wenger Moor am Wallersee, Wasenmoos NE Bimwinkl, Hammerauermoor in Stadt Salzburg (CS); NA: Seewaldsee (CS, RK), Moor W Schönleiten NE Golling (CS), Hochmoor bei Strobl (KOPPE &

KOPPE 1969); Lungau: Seetaler See (CS) – **St**: NA: Knoppenmoos und Ödenseemoor bei Mitterndorf (CS); Ennstal: Pürgschachenmoor bei Admont (CS, RK, HK) – Nord-**T**: NA: Aumoos SE Leutasch (CS) – **V**: Vorderer Bregenzerwald: Farnacher Moos, Salgenreute bei Langenegg, Schwarzmoos bei Bergvorsäß; Fohramoos (AMANN et al. 2013)

- West- und Zentraleuropa, südliches Nordeuropa, Baltikum, östliches Nordamerika
- subozeanisch

Gefährdung: Im Gegensatz zu anderen Moor-Lebermoosen zeigt sich *F. macrostachya* kaum in stark degradierten Stillstandskomplexen. Sie kann daher als Zeigerart für hochwertige und hydrologisch intakte Hochmoore betrachtet werden (SCHRÖCK et al. 2014). Sie ist aufgrund ihrer Zweihäusigkeit, im Gegensatz zur einhäusigen *F. connivens*, auch viel weniger rasch in der Lage, frische Torfstandorte zu erobern. Eine stärkere Gefährdung ist die logische Konsequenz.

Anmerkungen: PATON et al. (1996) unterscheiden zwei Varietäten, neben der Nominatvarietät auch var. *spiniflora* (SCHIFFN.) MÜLL. FRIB. Ob letztere in Österreich auch vorkommt, ist vorerst unklar. – Eine Angabe von *F. macrostachya* aus dem Burgenland (sehr nahe der Grenze zu Ungarn) ist aus standörtlichen Gründen unglaubwürdig (LATZEL 1930).

8. *F. pleniceps* (AUSTIN) VÁŇA & L. SÖDERSTR. – Syn.: *Cephalozia pleniceps* (AUSTIN) LINDB., *C. macrantha* KAAL. & W.E. NICHOLSON, *C. pleniceps* var. *macrantha* (KAAL. & W.E. NICHOLSON) MÜLL. FRIB., *C. pleniceps* var. *sphagnorum* (C. MASSAL.) JÖRG., *C. symbolica* var. *sphagnorum* C. MASSAL., *Jungermannia pleniceps* AUSTIN

Ökologie: Transparente, gelb- bis bläulichgrüne, lockere Decken aus auffallend turgiden Sprossen auf feuchtem bis nassem Humus und Torf in Nieder- und Hochmoorbiotopen, in Quellfluren, an humusbedeckten Felsen, in Felsspalten und auf Blockhalden (auch über Kalk), auf Totholz, auf Rohhumus in Wäldern, in subalpinen Gebüschfluren oder Zwergstrauchheiden. Sie dringt sogar in kalkalpine Rasen vor. Eine Art mit weiter Standortsamplitude, vor allem hinsichtlich des pH-Wertes. Ausbreitung generativ und vegetativ.

- s. azido- bis subneutrophytisch, m. hygrophytisch, m. skio- bis m. photophytisch
- L 6, T 2, K 5, F 6, R 5

Soziologie: In verschiedenen Moorgesellschaften der Oxycocco-Sphagnetea und Scheuchzerio-Caricetea fuscae. In den Vaccinio-Piceetea, dem Rhododendro-Vaccinion, dem Alnion viridis etc. In reinen Moosgesellschaften tritt sie u. a. im Bazzanio tricrenatae-Mylietum taylori, im Riccardio palmatae-Scapanietum umbrosae oder im Solorino-Distichietum capillacei in Erscheinung. Bemerkenswert für eine *Fuscocephaloziopsis*-Art sind einige basenliebende Begleiter, z. B. *Fissidens osmundoides*, *Campylium stellatum* oder *Meesia uliginosa*.

Verbreitung: In den Hochlagen der Nord- und Zentralalpen zerstreut bis verbreitet, aber nur ein einziger Nachweis aus N; in den Südalpen, in der Flyschzone und im westlichen Alpenvorland selten. Fehlt in B und W. Submontan bis alpin; bis ca. 2600 m aufsteigend.

K: ZA: im Westen z; Saualpe: Arlinggraben (HK & AS); SA: im Westen z; Karawanken: Bärental (HK); Steiner A: Seeberg (Głowacki 1912), Vellacher Kotschna (HK & MS) – **N**: NA: Lunzer Obersee (J. Saukel) – **O**: Flyschzone: Föhramoos bei Straß (Ricek 1977); NA: z bis v – **S**: AV: Stadt Salzburg: Hammerauer Moor (RK), Egelseen SE Mattsee, Waidmoos S Hackenbuch (CS); NA: Teufelsmühle SE St. Koloman (CS); ZA: z bis v – **St**: A: z – Nord-**T**: NA: Wildmoos bei Seefeld und SE Leutasch, Strubtal E Waidring (CS); Paznauntal: bei Galtür (Düll 1991); Ötztaler A: bei Zaunhof im Pitztal, Taschachschlucht (Düll 1991), unterhalb Breslauer Hütte bei Vent und Gaisbergtal bei Obergurgl (HK); Stubaier A: Gschnitztal (Dalla Torre & Sarnthein 1904); Tuxer A: bei Hall und Tulfes (Düll 1991); Ost-**T**: Hohe Tauern: Dorfertal N Kals (CS & HK) – **V**: z bis v

- West-, Nord-, Zentral- und Osteuropa, Türkei, Sibirien, nördliches Nordamerika, Arktis
- boreal-montan

Gefährdung: Bedroht sind nur die reliktischen (?) Vorkommen in den Mooren des Alpenvorlands; im Gebirge ist die Art nicht gefährdet.

3. *Nowellia* Mitt.

1. *N. curvifolia* (Dicks.) Mitt. – Syn.: *Jungermannia curvifolia* Dicks.

Foto: H. Köckinger

Ökologie: Gelbgrüne bis rotbraune Überzüge auf jungfräulichem Totholz; vor allem in luftfeuchten Wäldern aber nicht an Gebiete mit hohen Niederschlägen gebunden. Selten als Pionier auf feucht-schattigem Silikatgestein oder an Baumbasen. Brutkörper sind selten, Sporogone häufig; Ausbreitung daher primär generativ.

- s. azidophytisch, mesophytisch, s.–m. skiophytisch
- L 4, T 4, K 4, F 5, R 2

Soziologie: Die Hauptkennart im Nowellion curvifoliae und in allen Gesellschaften dieses Verbandes prominent vertreten. Zu diesem Erstbesiedler gesellen sich *Lophocolea heterophylla*, *Blepharostoma trichophyllum*, *Calypogeia suecica*, *Cephalozia bicuspidata*, *Fuscocephaloziopsis catenulata* oder *Riccardia palmata*. Selten findet man die Art auch im Diplophylletum albicantis oder im Orthodicrano montani-Hypnetum filiformis.

Verbreitung: Verbreitet im Gesamtgebiet; lediglich im Mühlviertel, im westlichen Donautal und in kontinental getönten Teilen der Zentralalpen selten bis regional fehlend. Fehlt in W. Planar bis subalpin, bis ca. 1700 m.

B – **K**: v (dringt aber nur wenig in die Hohen Tauern und Nockberge ein) – **N**: Waldviertel: z; Wachau: v; A: v – **O**: Mühlviertel: bei St. Georgen am Walde (Poetsch & Schiedermayr 1872), Tobau bei Wullowitz (Schlüsslmayr 2011); Donautal: Rannatal (Grims 2004); AV und Flyschzone: z; NA: v – **S** – **St** – **T**: NA und SA: wohl v (kaum erfasst); ZA: z – **V**: in der NW-Hälfte des Landes v (exkl. Rheintal), in der SE-Hälfte s

- West-, Zentral- und südliches Nordeuropa, Makaronesien, Kaukasus, Türkei, Ostasien, Nord- und Mittelamerika
- subozeanisch-montan

Gefährdung: Nicht gefährdet.

4. ***Odontoschisma*** (Dumort.) Dumort.

1. *O. denudatum* (Mart.) Dumort. – Syn.: *Jungermannia denudata* Nees ex Mart., *Sphagnoecetis communis* var. *macrior* Nees

Ökologie: Hellgrüne, exponiert rotbraune Rasen mit aufrechten Brutkörpertrieben auf meist bereits stärker zersetztem Totholz oder auf wechselfeuchtem Torf an verheideten Stellen in Mooren. Auch auf Schindeldächern beobachtet; einmal auf Quarzitfels. Sporogone sind sehr selten; Ausbreitung vegetativ mittels Brutkörpern.

- s. azidophytisch, meso- bis m. hygrophytisch, s. skio- bis m. photophytisch
- L 5, T 4, K 4, F 5, R 2

Foto: M. Lüth

Soziologie: Eine Verbandskennart des Tetraphidion pellucidae; hier im Bazzanio tricrenatae-Mylietum taylori, im Leucobryo glauci-Tetraphideum pellucidae oder im Anastrepto orcadensis-Dicranodontietum denudati; im Nowellion curvifoliae vor allem im Riccardio palmatae-Scapanietum umbrosae. Häufige Totholzbegleiter sind *Tetraphis pellucida*, *Dicranodontium denudatum*, *Blepharostoma trichophyllum*, *Leucobryum juniperoideum*, *Fuscocephaloziopsis catenulata* und *F. lunulifolia*. In Heidemooren wächst die Art zusammen mit *Mylia taylorii* und *M. anomala*. Auf Quarzitfels fand sie sich mit *L. juniperoideum* und *F. connivens*.

Verbreitung: In den Nord- und Südalpen verbreitet bis zerstreut; in den Zentralalpen fast nur in den Randlagen, großen Tälern sowie Becken und meist selten. In der Flyschzone zerstreut; im Alpenvorland und der Böhmischen Masse selten. Fehlt in B und W. Collin bis montan; bis ca. 1400 m aufsteigend.

K: Gurktaler A: Metnitztal (HK), bei Gnesau (HK & AS), Gurker Möser (W. Franz), Arriach und Teuchengraben (HK & AS); Koralpe: Rassinggraben (HK) und Kogeleck E Lavamünd (Maurer 1973); Klagenfurter Becken: z; SA: z bis v – **N**: Waldviertel: bei Gmünd (Heeg 1894), Haslauer Moor (HZ); NA: bei Reichenau und Lunz (Heeg 1894), Rothwald (HZ) und Lechnergraben (HK) am Dürrenstein, „Auf den Mösern" bei Neuhaus (HZ); Semmering: Adlitzgraben (HK) – **O**: Mühlviertel: Bayerische Au im Böhmerwald (Schlüsslmayr 2011); AV: bei Vöcklabruck (Poetsch & Schiedermayr 1872), Redlthal, Gründberg bei Frankenburg (Ricek 1977); Flyschzone: bei Oberaschau, Innerlohen und Mondsee (Ricek 1977), bei Schlierbach, Grünburg und im Laudachgraben (Poetsch & Schiedermayr 1872, Schlüsslmayr 2005); NA: v bis z – **S**: NA: Untersberg (Schwarz 1858), Gschwendt bei St. Gilgen (Sauter 1871), bei Unken (Kern 1915), Glasenbachklamm, Bluntautal, Wasserfall und Irrgarten bei Golling (Heiselmayer & Türk 1979) – **St**: Dachstein: Ramsau bei Schladming (Breidler 1894); Ennstaler A: Gesäuse (Suanjak 2008); Salzatal: zwischen Palfau und Wildalpen, Siebensee (Breidler 1894), Großreifling, Antengraben E Wildalpen (HK); Hochschwab: Hinterseeaugraben bei Eisenerz (HK); Murtal: Mittergraben E Weißkirchen (HK), Kirchkogel und Haidenberg bei Kirchdorf (Maurer

1961b); Grazer Bergland: St. Kathrein am Offenegg, Sommeralm (MAURER 1970), St. Radegund, Schöcklkreuz (MAURER et al. 1983); Grazer Umland: Stiftingtal (BREIDLER 1894); W-St: bei Deutschlandsberg und Ligist (BREIDLER 1894), Wildbachgraben NW Deutschlandsberg (HK); Ost-St: bei Birkfeld und Fischbach (BREIDLER 1894), Waldbach im Lafnitztal (HK) – Nord-**T**: Karwendel: Vompertal und beim Achensee (DÜLL 1991), bei Hochzirl (HK); Thierberg bei Kufstein (JURATZKA 1862, RD); Kaisergebirge: Hintersteinersee und bei Walchsee (RD); Bichlach bei Kitzbühel (F. Unger in DALLA TORRE & SARNTHEIN 1904); Zillertaler A: Scheulingswald und Tuxer Klamm (LOESKE 1909), Hainzenberg (RD); Ost-**T**: Schloßberg bei Lienz (als *O. sphagni,* SAUTER 1894) – **V**: Pfänderstock bei Bregenz (BLUMRICH 1913); im Walgau, Gr. Walsertal, am Rheintalhang und im Bregenzerwald z bis v; Allgäuer A: Moor E Gh. Hörnlepass im Kleinwalsertal (CS); Klostertal (LOITLESBERGER 1894)

- Europa (exkl. Mediterrraneis), Makaronesien, Kaukasus, Himalaya, Japan, östliches Nordamerika, Mittel- und Südamerika
- temperat-boreal

Gefährdung: Nicht gefährdet.

Anmerkung: Historische Angaben aus subalpinen Lagen gehören meist zu *O. elongatum*.

2. *O. elongatum* (LINDB.) A. EVANS – Syn.: *O. denudatum* subsp. *elongatum* (LINDB.) POTEMKIN, *O. denudatum* var. *elongatum* LINDB.

Foto: C. Schröck

Ökologie: Braungrüne bis dunkel rotbraune Rasen in hochmontanen bis alpinen, sauren und basenarmen, selten basenreichen Nieder- und Komplexmooren, meist auf wechselfeuchtem Torfgrund; außerdem in anmoorigen Quellfluren; selten auf nassem Silikatfels. Gemmen und Sporophyten sind sehr selten; Ausbreitung wohl durch Sprossbruchstücke.

- s.–m. azidophytisch, s. hygro- bis hydrophytisch, m.–s. photophytisch
- L 8, T 2, K 6, F 7, R 3

Soziologie: Den Caricetalia fuscae und Scheuchzerietalia palustris zuzurechnen; insbesondere in verschiedenen Trichophoreten, im Caricetum limosae und C. rostratae anzutreffen.

Typische Begleitmoose sind *Gymnocolea inflata*, *Warnstorfia exannulata*, *W. sarmentosa*, *Schljakovia kunzeana*, *Saccobasis polita*, *Scapania irrigua*, *Oncophorus wahlenbergii* oder *Fissidens osmundoides*. An nassem Fels mit ähnlicher Begleitflora.

Verbreitung: In den Zentralalpen zerstreut, regional auch verbreitet; in den Nordalpen selten; kein Nachweis aus den Südalpen. Fehlt in B, N und W. Montan bis alpin, ca. 1200 bis 2500 m.

K: Hohe Tauern: Wangenitzsee (HK), Gradenmoos (Schröck 2006, HK & HvM), unterhalb Gerbershütte in der Kreuzeckgruppe (HK), Lackenboden im Dösnertal (HK), Unterer Lanischsee im Pöllatal (HK & HvM); Gurktaler A: Laußnitzsee (HK & CS), Bärengrubenalm SW Innerkrems (HK & HvM), Kar SW Zunderwand (HK, GSb), Schiestlscharte (GSb) – **O**: NA: Gjaidalm-Moor am Dachstein (Schröck et al. 2014) – **S**: Zillertaler A: Wildgerlostal (Schröck et al. 2004); Hohe Tauern: Krimmler Achental, Vordermoos im Hollersbachtal (CS); Lungau: Seetaler See und Langmoos am Sauerfelder Berg (CS); Gurktaler A: bei Bundschuh (RK) – **St**: Totes Gebirge: Zlaimalm bei Mitterndorf (Breidler 1894); Niedere Tauern: Duisitzkar bei Schladming (Breidler 1894), Unterer Zwieflersee (HK); Gurktaler A: Lasaberg (RK), Salzriegelmoor (HK), Kilnprein und Frauenscharte am Reißeck W Turrach (HK); Seetaler A: Winterleiten (Breidler 1894, Geissler 1989, HK), Lindertal, Lavantkar, Rothaide, Wenzelalpe (HK) – Nord-**T**: Verwall: gegen Arlbergpass bei St. Anton (als *O. sphagni*, Düll 1991); Ötztaler A: Gaisbergtal bei Obergurgl (HK); Stubaier A: Plendereseen bei Kühtai (als *O. denudatum*, Jack 1898, A. Schäfer-Verwimp); Zillertaler A: oberes Valsertal (HK); Ost-**T**: Hohe Tauern: Dorfertal bei Kals (CS & HK) – **V**: Allgäuer A: Burglhütte im Balderschwanger Tal, Auenhütte im Schwarzwassertal (CS); Lechquellengebirge: Kalbelesee (CS); Rätikon: Moor S Platzisalpe (HK); Verwall: Untermurich, unterhalb Kaltenberghütte (HK), Silbertaler Winterjöchle (CS, GA), Zeinisjoch (CS), Versal bei Partenen (GA); Silvretta: Bieler Höhe (RK, HK), Ochsental, Klostertal SW Bielerhöhe, Wintertal und Vergaldatal S Gargellen (HK)

- Gebirge W- und Mitteleuropas, Nordeuropa, Sibirien, nördliches Nordamerika, Grönland
- subarktisch-subalpin

Gefährdung: In den Nordalpen selten und dort in den Almgebieten durch Überweidung gefährdet. Eine geringe Beweidung ist aber durchaus günstig. In den Zentralalpen höchstens lokal durch die Anlage von Schipisten oder Stauseen bedroht.

3. *O. fluitans* (NEES) L. SÖDERSTR. & VÁŇA – Syn.: *Cladopodiella fluitans* (NEES) H. BUCH, *Cephalozia fluitans* (NEES) SPRUCE, *Jungermannia fluitans* NEES

Foto: M. Lüth

Ökologie: Hellgrüne bis rotbraun überlaufene Rasen oder Watten in Hoch- und Übergangsmooren, insbesondere in Torfmoos- und Torfschlammschlenken, Schwingrasen, Offentorfflächen oder sogar untergetaucht in Moorlöchern. Selten in Regenerationsflächen alter Torfstiche. Gemmen fehlen; Sporophyten sind selten.

- s. azidophytisch, s. hygro- bis hydrophytisch, s. photophytisch
- L 9, T 3, K 3, F 8, R 1

Soziologie: Vor allem im Rhynchosporion albae der Scheuchzerio-Caricetea fuscae vergesellschaftet mit *Gymnocolea inflata*, *Calypogeia sphagnicola*, *Sphagnum cuspidatum*, *S. majus*, *S. tenellum*, *Warnstorfia fluitans*, *Carex limosa* und *Scheuchzeria palustris*.

Verbreitung: In den Nordalpen zerstreut bis selten (kein Nachweis aus dem Tiroler Anteil); im Alpenvorland, der Flyschzone und den Zentralalpen selten; in der Böhmischen Masse und im Klagenfurter Becken sehr selten; kein Nachweis aus den Südalpen. Fehlt in B, Ost-T und W. Submontan bis subalpin; steigt bis 1950 m auf.

K: Hohe Tauern: Gradenmoos (SCHRÖCK 2006); Nockberge: W Bonner Hütte (HK & CS), Moor bei Himmelberg (RK); Klagenfurter Becken: Moor S Oberwinklern und Langes Moos NW Velden (CS) – **N**: Waldviertel: Sepplau bei Karlstift (HZ); NA: Leckermoos bei Göstling und Moor im Erzgraben (HZ) – **O**: Mühlviertel: Deutsches Haidl am Plöckenstein, Sepplau bei Sandl (SCHLÜSSLMAYR 2011); AV: Jacklmoos bei Geretsberg (KRISAI 2011); Flyschzone: Kühmoos bei Mondsee, Haslauer Moor bei Oberaschau (RICEK 1977); NA: Laudachsee (K. Loitlesberger in V. Schiffner, Hep. Eur. Exsicc.), Laudachsee und -moor am Traunstein, Feichtaumoor im Sengsengebirge und Stummerreutmoor am Hengstpass (SCHIEDERMAYR 1894, SCHLÜSSLMAYR 2005) – **S**: AV: Pragerfischer am Wallersee (CS); Stadt Salzburg: Hammerauer Moor, Samer Mösl (GRUBER 2001); NA: Grießner Höhe, Ramsau SE Faistenau, Moor W Schönleiten NE Golling, Seewaldsee (CS), Gerzkopf bei Lungötz (RK, SZU), Dientener Sattel (HEISELMAYER & TÜRK 1979), Hochmoor bei Strobl (KOPPE & KOPPE 1969); Hohe Tauern: Moor bei den Krimmler Fällen (GRUBER et al. 2001), Krimmler Achental

(CS); Lungau: Prebersee, Seetaler See, Seemoos am Schwarzenberg (CS) – **St**: NA: Neuhofner und Reithartlmoor bei Mitterndorf und Moor vor dem Ödensee (BREIDLER 1894), Knoppenmoos, Rötschitzmoos und Ödenseemoor bei Mitterndorf (CS), Rotmoos bei Weichselboden (CS), Siebenseemoor (HK); Niedere Tauern: Schullerermoor (= Pölsenmoore) bei Hohentauern (BREIDLER 1894, HK, CS), Moor am Tanneck S Trieben (HK); Koralpe: Seeebenmoor auf der Hebalm (HK & AS) – Nord-**T**: Piller Höhe bei Landeck (CS) – **V**: Bregenzerwald: Trögen am Pfänder und Stadelmoos bei Möggers (BLUMRICH 1913), Fohramoos am Bödele, Schwarzmoos auf der Bergvorsäß, Brünneliseggalpe und Farnacher Moos bei Alberschwende (CS); Allgäuer A: Krähenbergmoos und Sausteig bei Sibratsgfäll, Kojenmoos, „In den Föhren" NW Langenegg, Schönenbachvorsäß, Bolgenach, im Kleinwalsertal E Gh. Hörnlepass (CS); Verwall: Wildried im Silbertal (GA); Silvretta: Großvermunt W Madlenerhaus (CS)

- Europa (exkl. Mediterraneis), Makaronesien, Türkei, Sibirien, Japan, nördliches Nordamerika, Grönland, Marokko
- nördlich subozeanisch

Gefährdung: Bei Schädigung des Wasserhaushalts eines Hochmoores sind immer die Schlenkenarten am stärksten betroffen. Diese Art gehört vor allem in den kontinental getönten Gebieten südlich des Alpenhauptkamms und in der Böhmischen Masse zu den hochgradig bedrohten Moormoosen.

4. *O. francisci* (HOOK.) L. SÖDERSTR. & VÁŇA – Syn.: *Cladopodiella francisci* (HOOK.) JØRG., *Cephalozia francisci* (HOOK.) Dumort., *Jungermannia francisci* HOOK.

Ökologie: Zarte, grüne bis rötlich überlaufene Räschen auf saurem, feuchtem Humus, Torf, nassem Sand oder lehmiger Erde in Moorheiden, lichten Föhrenwäldern, Borstgrasrasen, subalpinen Zwergstrauchheiden, gestörten, eher trockenen Stellen in Hoch- und Niedermooren oder in Regenerationsflächen von Torfstichen. Bislang keine Nachweise aus Silikat-Schneeböden, aber dort durchaus zu erwarten. Oft gut geschützt unter Gefäßpflanzen (vor allem unter *Calluna*) bei mäßiger Substratbeschattung. Sporogone sind selten; Ausbreitung primär mittels Brutkörpern.

- s. azidophytisch, meso- bis s. hygrophytisch, m. skio- bis m. photophytisch
- L 7, T 3, K 3, F 6, R 1

Soziologie: Vor allem in Gesellschaften der Caricetalia fuscae, Nardetalia, und Rhododendro-Vaccinietalia anzutreffen, daneben in gestörten Habitaten der Oxycocco-Sphagnetea, in Trichophoreten, selten auch im Dicrano-Pinion tieferer Lagen. Typische Begleiter an humos-torfigen Standorten sind *Mylia anomala*, *M. taylorii*, *Cephalozia bicuspidata*, *Calypogeia neesiana*, *Gymnocolea inflata*, *Lophozia wenzelii*, *Dicranella cerviculata* und *Spha-*

gnum compactum. In einem ausgehagerten Föhrenwald bei 500 m auf lehmigem Boden fanden sich unter *Calluna* u. a. *Nardia geoscyphus*, *Solenostoma gracillimum*, *C. bicuspidata* und *Polytrichum juniperinum*.

Verbreitung: In den Nordalpen selten (nur in O und V); in den Zentralalpen im Westen sehr selten, im Osten selten bis zerstreut (bemerkenswert ein Tieflagenfund am Südrand der Koralpe); kein Nachweis aus den Südalpen. Fehlt in B, N, T und W. Collin bis subalpin, 500 bis 2050 m.

K: Hohe Tauern: Gradenmoos (F. Koppe), Lackenboden im Dösnertal (HK); Gurktaler A: Moor am Erlacher Bock (Hafellner et al. 1995); Saualpe: Kar S Forstalpe (HK & AS); Koralpe: NW-Hang Renneiskogel (HK & AS), bei Bach E Lavamünd (HK & MS) – **O**: NA: Zerrissenes Moos am Kriegeck N Gosau, Plankensteinalm SE Gosau (Schlüsslmayr & Schröck 2013), Wiesmoos bei Gosau (Schröck et al. 2014) – **S**: Hohe Tauern: Schwarzwand bei Hüttschlag (GSb); Radstädter Tauern: Wagrainer Haus bei Kleinarl (GSb) – **St**: Niedere Tauern: Planai gegen Mitterhausalm bei Schladming (Breidler 1894), Zwieflerseen SW Sölkpass (HK), Kl. Scheibelsee bei Hohentauern (Breidler 1894), Gr. und Kl. Scheibelsee (HK), Gotstal N Seckauer Zinken (HK); Gurktaler A: Lasaberg bei Stadl (Breidler 1894, RK) – **V**: Allgäuer Alpen: Klausenwald N Schwende (Amann et al. 2013); Silvretta: Bielerhöhe (Amann et al. 2013)

- Europa (exkl. Mediterraneis), Makaronesien, nordöstliches Nordamerika, Arktis
- nördlich subozeanisch

Gefährdung: In Hochlagen der Zentralalpen nicht gefährdet und wohl noch oft übersehen. In den Nordalpen ist die dort seltene Art durch Überweidung in Almgebieten bedroht (Schröck et al. 2014).

5. *O. macounii* (Austin) Underw. – Syn.: *Sphagnoecetis macounii* Austin

Ökologie: Glänzende, weißlichgrüne Decken aus wurmförmigen Sprossen auf schwarzem, neutralem, feuchtem Humus über Karbonatuntergrund; hauptsächlich in N-exponierten, locker mit Latschen besetzten, montanen und subalpinen Karbonatblockhalden mit Windröhren und Kondenswassermoorbildungen. Die Art sitzt dann

Foto: M. Reimann

gerne vor den Ausströmöffnungen zwischen den groben Blöcken. Oberhalb der Waldgrenze auch in N-seitigen Felsfluren über Marmor oder in blockigen Dolinen. Sporophyten sind sehr selten; die Ausbreitung erfolgt über Gemmen und Blattbruchstücke.

- neutrophytisch, s. hygrophytisch, s. skio- bis m. photophytisch
- L 5, T 2, K 6, F 7, R 7

Soziologie: Im Solorino saccatae-Distichietum capillacei in reicher Moosbegleitflora. Regelmäßig anzutreffen sind *Saccobasis polita*, *Messia uliginosa*, *Fissidens osmundoides*, *Myurella julacea*, *Pohlia cruda*, *Isopterygiopsis pulchella*, *Oncophorus virens*, *Blepharostoma trichophyllum* subsp. *brevirete*, *Trilophozia quinquedentata*, *Distichium capillaceum* und *Ditrichum gracile.* Gelegentlich gesellen sich *Barbula bicolor*, *Schistochilopsis grandiretis* und *Schljakovianthus quadrilobus* hinzu.

Verbreitung: Aufgrund der sehr speziellen Habitatansprüche in den Nordalpen selten, in den Zentralalpen sehr selten; keine Nachweise aus den Südalpen. Fehlt in B, N, Ost-T und W. Montan bis alpin, 800 bis 2200 m.

K: Hohe Tauern: unterhalb des Schobertörls in der Großfragant (J. Saukel in Köckinger et al. 2008) – **O**: Totes Gebirge: Aufstieg zur Rinnerhütte (Schlüsslmayr 2005); Höllengebirge: Nordaufstieg zum Hochlecken (S. Biedermann in Schröck et al. 2014); Dachsteingebirge: Gosauseen (S. Biedermann, CS, GS) – **S**: Loferer Steinberge: Blockchaos im Loferer Hochtal, bei nur 800 m (Kern 1915); Hohe Tauern: Krimmler Fälle, Vorfeld des unteren Falles (P. Patzalt, 1864, in Herb. Sauter, W, als *Sphagnoecetis communis*, rev. HK; Gruber et al. 2001); Radstädter Tauern: Kitzstein (GSb) – **St**: Hochschwab: Mooslöcher und Sulzenloch bei Wildalpen, Antengraben zw. Wildalpen und Weichselboden, beim Grünen See und auf der Klammhöhe in Tragöß (HK); Seetaler A: Oberbergerkogel (HK) – Nord-**T**: Allgäuer A: zw. Roßgumpenalpe und Berghäusl bei Holzgau (MR); Karwendel: Isstal bei Hall, 1780 m (V. Schiffner, Hep. Eur. Exs.); Stubaier A: beim Padasterjochhaus (HK & JK) – **V**: Allgäuer Alpen: Sienspitze bei Schönenbachvorsäß, Schwarzwassertal (Amann et al. 2013), Untere Wiesalpe im Wildental (MR); Rätikon: Obere Sporaalpe (Amann et al. 2013)

- Alpen, Schwarzwald, Schottland, Skanden, Sibirien, nördliches Nordamerika, Arktis
- arktisch-alpin

Gefährdung: An den meisten Fundorten ist der menschliche Einfluss und somit die Gefährdung gering. Auch der Klimawandel sollte diese Art weniger tangieren als andere arktisch-alpine Elemente. Sie verfügt über ausreichende „Aufstiegsmöglichkeiten“ und ihre speziellen Habitate sind als azonal einzustufen.

6. *O. sphagni* (Dicks.) Dumort. – Syn.: *Jungermannia sphagni* Dicks., *Sphagnoecetis communis* var. *vegetior* Nees

Ökologie: Grüne bis rötlich-braune Decken auf offenem, nassem Torf in Hoch- und Übergangsmooren; hauptsächlich an überhöhten, vegetationsarmen Schlenkenrändern unter Erosionseinfluss, wo sie an den Stirnseiten geschlossene Decken bilden kann. Kaum in den Moorzentren, sondern eher in leicht geneigten, wasserzügigen Randbereichen (Schröck et al. 2014). Manchmal auch in Regenerationsbereichen alter Torfstiche. Gemmen fehlen normalerweise und auch Sporophyten sind extrem selten; die Ausbreitung könnte primär über das Heraus- und das andernortige Hineintreten von Rasenteilen durch Weidetiere erfolgen.

- s. azidophytisch, s. hygro- bis hydrophytisch, m.–s. photophytisch
- L 8, T 4, K 3, F 7, R 1

Soziologie: Die heimischen Bestände sind dem Rhynchosporion albae zuzuordnen; typische Begleiter sind *Sphagnum tenellum*, *S. cuspidatum*, *S. magellanicum*, *Mylia anomala*, *Fuscocephaloziopsis macrostachya*, *F. connivens* und *Kurzia pauciflora*.

Verbreitung: Selten in den ozeanisch beeinflussten Teilen der Nordalpen, der Flyschzone und des westlichen, gebirgsnahen Alpenvorlands. Submontan und montan, ca. 500 bis 1370 m.

O: Flyschzone: Wiehlmoos am Mondsee (RK); NA: Moosalm am Schwarzensee E Schafberg (Ricek 1977, RK, CS) – **S**: AV: Pragerfischer am Wallersee (CS) Stadt Salzburg: Hammerauer Moor (Gruber 2001), Leopoldskroner Moor (CS); NA: Wasenmoos bei Faistenau, Moor SE Birgkarhaus am Hochkönig (CS) – **St**: Ausseerland: Kainischmoos am Ödensee (CS); Salzatal: Rotmoos bei Weichselboden (Ullmann, det. Maurer, GZU, t. HK) – **V**: Bregenzerwald: In den Föhren NW Langenegg, Farnacher Moos NW Alberschwende, Lustenauer Hütte (Amann et al. 2013), Hochmoor am Bezegg bei Andelsbuch (Matouschek 1905)

- W- und Zentraleuropa, südwestliches Nordeuropa, Makaronesien, nördliches Nordamerika
- subozeanisch

Gefährdung: Diese Art ist in Österreich allein schon wegen ihrer Seltenheit gefährdet. Eine mäßige, extensive Beweidung ihrer Standorte wirkt sich positiv auf die Bestandesgröße aus. Nach deren Einstellung dürften manche Vorkommen wegen des Zuwachsens der Pionierflächen erloschen sein. Entwässerungsmaßnahmen und Eutrophierung führten anderenorts zum selben Ergebnis.

Anmerkung: Die Angabe in Breidler (1894) für die Seiwaldlalm (= Kaiseralm) am Reiting (St) gehört nach Głowacki (1914) zu *Arnellia fennica*.

5. *Cephaloziellaceae* Douin

1. *Cephaloziella* (Spruce) Schiffn.

Diese Gattung ist zweifellos und mit großem Abstand die schwierigste in der heimischen Lebermoosflora. Keine der Arten, abgesehen von *C. integerrima*, kann als taxonomisch und bestimmungstechnisch unproblematisch gelten. Die Bestimmung der Arten oder ganzer Artkomplexe beruht überwiegend auf recht unsicheren Merkmalen, deren Konstanz in Abhängigkeit von den Standortsverhältnissen keineswegs gesichert ist. Die Gewichtung der Merkmale variiert von Autor zu Autor. Bei keiner der Arten sind die phäno- und genotypische Variationsbreite gut bekannt. Die Hauptstütze des Systems ist die Geschlechtsverteilung; allerdings ist deren Feststellung, nicht zuletzt wegen der Proterandrie, oft mit erheblichen Schwierigkeiten verbunden. Manche Arten gelten als aut- und parözisch bzw. es werden, etwa bei *C. rubella*, neben einer parözischen Nominatsippe auch autözische Varietäten akzeptiert. Erschwerend kommt hinzu, dass mehrere Taxa nicht selten zusammen oder sogar in Mischrasen vorkommen können. Keine der Arten kann allein daran erkannt werden, dass sie ein bestimmtes Habitat besiedelt. Nicht einmal die beiden Moorarten *C. spinigera* und *C. elachista* sind streng daran gebunden und auch andere Arten können fakultativ in Moorhabitate vordringen. Die beiden „Schwermetallzeiger" *C. massalongi* und *C. phyllacantha* sollen partiell auch an schwermetallarmem oder selbst kalkhaltigem Gestein wachsen. Primäre Hochgebirgssippen, *C. grimsulana* und *C. varians*, kommen mitunter auch im Flachland vor. Nichts ist sicher in dieser Gattung und man muss wohl auf eine umfangreiche, Typus-basierte und molekular unterstützte Neubearbeitung warten.

Zahlreiche Fundmeldungen in der folgenden Bearbeitung, bei manchen Arten die Mehrzahl, müssen als unsicher gelten.

1. *C. divaricata* (Sm.) Schiffn. – Syn.: *C. byssacea* auct. non (A. Roth) Warnst., *C. divaricata* var. *scabra* (M. Howe) S.W. Arnell, *C. starkei* auct., *Jungermannia divaricata* Sm.

Ökologie: Graugrüne bis dunkelbraune, mitunter schwarze Räschen oder wirre Gespinste unter anderen Moosen an mäßig feuchten bis trockenen, sauren wie auch basisch beeinflussten Standorten; auf sandiger, lehmiger oder humoser Erde in Wäldern oder im Offenland, gerne an Wegen, auf sonnigem bis beschattetem Silikatfels, übererdetem Karbonatfels, auf trockenem Totholz, selten Borke, auf Humus in Heiden und Trockenrasen, in Schneeböden, lückigen Alpinrasen und Polsterpflanzenfluren. Sporogone selten; Ausbreitung mittels Brutkörpern.

- s. azido- bis subneutrophytisch, m. xero- bis mesophytisch, m. skio- bis s. photophytisch
- L 7, T x, K 5, F 3, R 3

Soziologie: Der weiten ökologischen Amplitude entspricht auch die Vielzahl an Pflanzen- und speziell Moosgesellschaften, in denen sie auftritt: z. B. im Ceratodonto purpurei-Polytrichetum piliferi, im Hedwigietum albicantis, in Dicranellion-Gesellschaften, im Grimmio hartmanii-Hypnetum cupressiformis, im Tortelletum inclinatae oder im Solorino saccatae-Distichietum capillacei.

Verbreitung: Mit deutlichem Abstand die verbreitetste und häufigste Art der Gattung, wie alle Arten aber mangelhaft erfasst. Planar bis nival; bis über 3200 m aufsteigend.

B: Leithagebirge: z (SCHLÜSSLMAYR 2001); Mittel-B: mehrfach im Ödenburger Gebirge (SZÜCS & ZECHMEISTER 2016); Süd-B: bei Rumpersdorf, zw. Pinkafeld und Grafenschachen und bei Redlschlag (MAURER 1965), Kleine Plischa (ZECHMEISTER 2005) – **K** – **N** – **O** – **S** – **St** – **T** – **V** – **W**: Neuwaldegg (HEEG 1894), Lobau (HZ)

- Europa, Türkei, Nordafrika, Arktis, Nord- und westliches Südamerika, Antarktis, Neuseeland
- temperat

Gefährdung: Nicht gefährdet.

Anmerkung: Die var. *scabra* (M. HOWE) S.W. ARNELL ist nicht mehr als eine Schattenmodifikation. Sterile Hochgebirgsformen entsprechen gelegentlich der var. *asperifolia* (TAYLOR) DAMSH. oder kommen *C. aspericaulis* JØRG. nahe. Eine eindeutige Zuordnung erscheint derzeit unmöglich.

2. *C. elachista* (J.B. JACK ex GOTTSCHE & RABENH.) SCHIFFN. – Syn.: *Cephalozia elachista* (J.B. JACK ex GOTTSCHE & RABENH.) LINDB., *Jungermannia elachista* J.B. JACK ex GOTTSCHE & RABENH.

Ökologie: In sehr zarten Überzügen auf offenem Torf und in Gespinsten zwischen anderen Moosen in Hoch- und Übergangsmooren, mitunter auch in Regenerationsflächen alter Torfstiche. Ausbreitung via Sporen und Gemmen.

- s. azidophytisch, s. hygro- bis hydrophytisch, m.–s. photophytisch
- L 7, T 4, K 4, F 7, R 2

Soziologie: In den Oxycocco-Sphagnetea und dem Rhynchosporion albae auf Torf und über abgestorbenen Moosen zusammen mit *Fuscocephaloziopsis macrostachya*, *F. connivens*, *F. pleniceps*, *Kurzia pauciflora*, *Dicra-*

nella cerviculata oder eingewebt in *Polytrichum strictum*- und *Sphagnum*-Bulten.

Verbreitung: Im westlichen Alpenvorland, in der Flyschzone und in den Nordalpen selten bis zerstreut. Einzelnachweise aus dem Waldviertel, dem Lungau und dem Klagenfurter Becken. Bislang kein Nachweis aus den Tiroler Nordalpen, dort aber zu erwarten. Fehlt in B und W. Submontan und montan; bis 1350 m aufsteigend.

K: Klagenfurter Becken: Langes Moos NW Velden (RK, det. HK) – **N**: Waldviertel: W vom Torfstiche bei Schrems (V. Schiffner in W, t. HK) – **O**: AV: Kreuzbauernmoor bei Fornach im Hausruck, Jacklmoos und Ibmer Moor-Gebiet NE Hackenbuch (Schlüsslmayr & Schröck 2013); Flyschzone: Langmoos und Wiehlmoos bei Mondsee (Schlüsslmayr & Schröck 2013); NA: Moosalm E Schafberg, Gr. Langmoos SE Bad Ischl, Rotmoos im Hornspitzgebiet SW Gosau, Unteres Filzmoos am Warscheneck (Schlüsslmayr & Schröck 2013) – **S**: AV: Zeller Moor am Wallersee (HH in SZU, t. HK); Lungau: Seetaler See (CS) – **St**: NA: Moor in der Ramsau bei Schladming (Breidler 1894) – **V**: Bregenzerwald: Schollenmoos bei Alberschwende, Wintermoos bei Gmeind, Schwarzmoos auf der Bergvorsäß, Brünneliseggalpe und am Bödele (CS); Allgäuer A: Krähenbergmoor und Sausteig bei Sibratsgfäll, Kojenmoos, NW Langenegg, im Kleinwalsertal N Schwende und E des Gh. Hörnlepass (CS)

- W-, Zentral- und südliches Nordeuropa, östliches Nordamerika
- subozeanisch

Gefährdung: Die Art wird meist nur bei gezielter Suche nachgewiesen (Schlüsslmayr & Schröck 2013); dennoch haben wir es mit einem Rarität zu tun, die lediglich in besonders niederschlagsreichen Teilen der Nordalpen und im angrenzenden Vorland etwas regelmäßiger in Mooren vorkommt. Die Populationen sind aber durchwegs klein. Das Bedrohungsszenario ist dasselbe wie bei den anderen Moorpionieren.

3. *C. elegans* (Heeg) Schiffn. – Syn.: *Cephalozia elegans* Heeg, *C. rubella* var. *elegans* (Heeg) R.M. Schust.

Ökologie: Grüne bis rotbraune, zarte Räschen zwischen anderen Moosen an großen Silikatblöcken im Bergwald unter relativ trockenen und mäßig schattigen Standortsbedingungen.

- s. azidophytisch, m. xero- bis mesophytisch, m. skio- bis m. photophytisch
- L 7, T 3, K 6, F 4, R 3

Soziologie: Im Grimmio hartmanii-Hypnetum cupressiformis; an den beiden Fundorten jeweils in Polsterrasen von *Paraleucobryum longifolium*;

weitere Begleiter sind *Tritomaria exsectiformis*, *Barbilophozia hatcheri* und *Pterigynandrum filiforme*.

Verbreitung: Bisher erst zwei Nachweise aus Tälern der Hohen und Niederen Tauern. Montan, bei 1000 und 1400 m.

K: Hohe Tauern: SW-Hang Auernig bei Mallnitz (KÖCKINGER et al. 2008) – **St**: Niedere Tauern: Untertal bei Schladming, Locus classicus (BREIDLER 1894)

- Alpen, deutsche Mittelgebirge, Karpaten, Nordeuropa, Sibirien, nordöstliches Nordamerika
- boreal

Gefährdung: Es ist davon auszugehen, dass die Sippe real deutlich häufiger ist. Sie dürfte aber an die Gebirgsregionen, insbesondere die Zentralalpen, gebunden sein.

Anmerkung: Dieses Taxon wird von manchen Autoren (SCHUSTER 1980, DAMSHOLT 2002) nur als Varietät von *C. rubella* betrachtet.

4. *C. grimsulana* (J.B. JACK ex GOTTSCHE & RABENH.) LACOUT. – Syn.: *Jungermannia grimsulana* J.B. JACK ex GOTTSCHE & RABENH.

Ökologie: Dunkelgrüne bis schwarze, oft glänzende Räschen oder kleine Decken an periodisch überrieselten Neigungsflächen von Silikatfelsen oder in Rieselfluren an kleinen Bächen, in offener Lage und meist oberhalb der Waldgrenze. Sporogone wohl sehr selten; Gemmenproduktion gering.

- s.–m. azidophytisch, s. hygro- bis hydrophytisch, s. photophytisch
- L 9, T 2, K 6, F 8, R 3

Soziologie: Eine Art mit Beziehungen zum Racomitrion acicularis und zum Andreaeion nivalis; typische Begleitmoose an nassen Neigungsflächen sind *Racomitrium macounii* subsp. *alpinum*, *Bryum muehlenbeckii*, *Grimmia unicolor*, *Marsupella aquatica* und *M. sphacelata*. In nassen Felsspalten findet man sie auch mit *Amphidium mougeotii* und *Blindia acuta*.

Verbreitung: Selten in den Hochlagen der Zentralalpen, aber noch unzureichend erfasst bzw. erkannt. Subalpin und alpin, ca. 1700 bis 2400 m.

K: Hohe Tauern: zw. Margaritzenstausee und Stockerscharte NW Heiligenblut (KÖCKINGER et al. 2008) – **S**: Hohe Tauern: Obersulzbachtal (HK & FG) – **St**: Niedere Tauern: zw. Preintaler Hütte und Neualmscharte (HK); Seetaler A: Lavantsee und Linderkar (HK); Stubalpe: Speikkogel, SE-Hang (HK) – Nord-**T**: Ötztaler A: am unteren Timmelsbach bei Zwieselstein (DÜLL 1991) – **V**: Verwall: Weg vom Zeinisjochhaus zur Fädnerspitze (CS); Silvretta: bei der Wiesbadener Hütte (KOPPE & KOPPE 1969)

- Alpen, Pyrenäen, deutsche Mittelgebirge, Skanden, nördliches Russland, Kaukasus, Arktis
- westlich arktisch-alpin,

Gefährdung: Vermutlich real etwas häufiger als bekannt; dem speziellen Habitattyp aber wohl treu.

Anmerkung: Die Ansichten über Abgrenzung und Definition dieser Sippe variieren massiv in der Literatur. Der Typus dürfte jedenfalls von einem Habitat stammen, wie es hier beschrieben wird.

5. *C. hampeana* (NEES) SCHIFFN. – Syn.: *C. divaricata* auct., *Jungermannia byssacea* A. ROTH, nom. rejic. prop., *J. hampeana* NEES

Ökologie: Grüne bis braune Räschen auf feuchter bis trockener, lehmiger, sandiger und humoser Erde in lichten Wäldern und an Pionierstandorten im Kulturland. Vergleichsweise wärmeliebend. Ausbreitung mittels Gemmen und Sporen.

- s.–m. azidophytisch, m. xero- bis m. hygrophytisch, m. skio- bis s. photophytisch
- L 7, T 5, K 4, F 4, R 3

Soziologie: Die Art in engerem Sinne ist wohl dem Dicranellion heteromallae zuzuordnen; als häufige Begleitarten werden u. a. *C. divaricata*, *Pogonatum aloides*, *Atrichum undulatum*, *A. tenellum*, *Pohlia bulbifera* oder *Bryum pallens* angegeben.

Verbreitung: Aufgrund der unklaren Umgrenzung dieses Taxons lässt sich wenig über die Verbreitung sagen. In der Folge werden nur Angaben mit einer gewissen Wahrscheinlichkeit angeführt. Primär eine eher wärmebedürftige Sippe; Angaben aus höheren Lagen könnten in die *C. varians*-Verwandtschaft gehören. Planar bis montan (subalpin), 300 bis ca. 1000 (1800) m.

B: Leithagebirge: Erlbach bei Stotzing (SCHLÜSSLMAYR 2001) – **N**: Waldviertel: Rudmannser Teich (HZ), Reker Seewiese im Thayatal (HZ); Wachau: Seitentäler der Donau bei Spitz (HEEG 1894); Wechsel: bei Aspang (HEEG 1894); NA: Ochsenboden im Schneeberg (J. Baumgartner, det. V. Schiffner, W) – **St**: nach BREIDLER (1894) bis etwa 1000 m v.

- Europa (exkl. Mediterraneis), Makaronesien, Kaukasus, Türkei, Japan, nördliches Nordamerika, Grönland
- nördlich subozeanisch

Gefährdung: Vermutlich nicht gefährdet; der schlechte Kenntnisstand erlaubt keine verlässliche Einschätzung.

Anmerkungen: Die bei HEEG (1894) unter *C. divaricata* beschriebenen, autözischen Pflanzen wärmerer Lagen werden zu dieser Sippe gestellt. Da BREIDLER (1894) Heeg folgt, gilt das folglich auch für seine Angaben zu *C. divaricata*. Literaturangaben für V, T, S und O sind partiell irrig oder zumindest revisionsbedürftig. – MEINUNGER & SCHRÖDER (2007) unterscheiden eine var. *subtilis* (VELEN.) MACVICAR, die die Nominatsippe in Mooren und an anderen Feuchtstandorten ersetzt. Angaben für Österreich liegen nicht vor.

6. *C. integerrima* (LINDB.) WARNST. – Syn.: *Cephalozia integerrima* LINDB., *Dichiton integerrimum* (LINDB.) H. BUCH

Ökologie: Hellgrüne, mitunter rötlichbraun überlaufene Räschen an feuchten, silikatsandigen Pionierstandorten in kühler bis kalter Lage; inbesondere auf Gletscher- und Bachalluvionen oder vergleichbaren Ersatzstandorten (z. B. sandigen Wegrändern). Brutkörper meist vorhanden; Sporogone nicht selten.

- s.–m. azidophytisch, m. hygrophytisch, m.–s. photophytisch
- L 8, T 3, K 4, F 6, R 3

Soziologie: Im Haplomitrietum hookeri oder im weiter verbreiteten Pohlietum gracilis (sensu FREY 1922); als Begleitarten wurden *Pohlia filum*, *Cephalozia bicuspidata*, *C. ambigua*, *Haplomitrium hookeri*, *Fossombronia incurva* und *Riccardia incurvata* notiert.

Verbreitung: Bisher nur aus zwei Nordtälern der Hohen Tauern nachgewiesen; vermutlich auch real selten. Montan und subalpin.

S: Hohe Tauern: Krimmler Fälle, Vorfeld des Oberen Achenfalles, ca. 1350 m (GRUBER et al. 2001), Gletschervorfeld im Obersulzbachtal, 1900–2000 m (FG & HK)

- Westeuropa, nördliches Zentral- und südliches Nordeuropa, Alpen, Nordrussland, Grönland
- subozeanisch

Gefährdung: Eine der seltensten heimischen *Cephaloziella*-Arten. Aufgrund des Arealtyps sind nur in niederschlagsreichen Teilen der Zentralalpen weitere Funde zu erwarten.

7. *C. massalongi* (SPRUCE) MÜLL. FRIB. – Syn.: *Cephalozia dentata* auct., *C. massalongi* SPRUCE

Ökologie: Hellgrüne bis bräunliche Überzüge auf feucht-schattigem, sulfathaltigem, betont saurem Silikatfels aus erzhaltigem Gestein, primär an Vertikalflächen und in Spalten. Ausbreitung mittels Brutkörpern und Sporen.

- s. azidophytisch, m. hygrophytisch, s.–m. skiophytisch
- L 3, T 3, K x, F 6, R 1

Soziologie: Wohl nur im Mielichhoferietum nitidae zusammen mit *Mielichhoferia mielichhoferiana*, *M. elongata* oder *Scopelophila ligulata*. Daneben auch in artreinen Felsüberzügen.

Verbreitung: Nur am Hauptkamm der Zentralalpen in den Hohen Tauern und Ötztaler Alpen; Seltenheit durch Substratbindung bedingt. Montan bis alpin, ca. 1500 bis 2500 m.

S: Hohe Tauern: Schwarzwand und Toferergraben bei Hüttschlag (BREIDLER 1894, fälschlich als *C. dentata*), Schwarzwand (GSb, t. HK, J. Saukel), Tofernalm (J. Saukel) – Nord-**T**: Ötztaler A: Granatenwand im Gaißbergtal (DÜLL 1991); Ost-**T**: Hohe Tauern: bei der Johannishütte und im Umbaltal (zweifelhaft, KOPPE & KOPPE 1969)

- sehr zerstreut in Europa und Nordamerika
- reliktisch subozeanisch-dealpin

Gefährdung: Potentiell gefährdet wegen Seltenheit.

Anmerkung: Wie in KÖCKINGER et al. (2008), SCHUSTER (1980, 1988) folgend, wird in dieser Art eine autözische, in *C. phyllacantha* hingegen eine parözische Sippe gesehen.

8. *C. phyllacantha* (C. MASSAL. & CARESTIA) MÜLL. FRIB. – Syn.: *Anthelia phyllacantha* C. MASSAL. & CARESTIA

Ökologie: Hell graugrüne oder schwach pigmentierte Überzüge auf feucht-schattigem Silikatfels oder eingewebt in Beständen anderer Moose. Im Gegensatz zur vorigen Art sind die Felshabitate nur teilweise erzhaltig und oft auch weniger sauer. Besiedelt wird vor allem Glimmerschiefer, selten auch Amphibolit. Ausbreitung mittels Brutkörpern und Sporen.

- s. azidophytisch, m. hygrophytisch, s.–m. skiophytisch
- L 3, T 3, K 6, F 6, R 2

Soziologie: Zum Beispiel im Mielichhoferietum nitidae, eingewebt in einem Polster von *Mielichhoferia mielichhoferiana* in Begleitung von etwas *Gymnomitrion corallioides*; außerdem an wohl erzfreiem Glimmerschieferfels in der Montanstufe assoziiert mit juveniler *Scapania verrucosa* oder in einer tiefen Amphibolitfelskluft zusammen mit *Amphidium mougeotii*. Die Art kann aber auch in reinen Beständen auftreten.

Verbreitung: Selten in den mittleren Zentralalpen; in den Hohen und westlichen Niederen Tauern. Montan bis alpin, 1300 bis 2400 m.

K: Hohe Tauern: Zirmsee im Kl. Fleißtal und Wangenitztal W Mörtschach (Köckinger et al. 2008) – **S**: Hohe Tauern: Dorfer Öd im Stubachtal (CS, det. HK), Schwarzwand bei Hüttschlag (J. Saukel) – **St**: Niedere Tauern: Murspitzen S Schladming (HK)

- sehr zerstreut in Europa, British Columbia, Süd-Grönland
- reliktisch nördlich subozeanisch-dealpin

Gefährdung: Potentiell gefährdet wegen Seltenheit.

Anmerkung: Siehe vorige Art.

9. ***C. rubella*** (Nees) Warnst.

9a. var. ***rubella*** – Syn.: *Cephalozia myriantha* Lindb., *C. jackii* Limpr., *Jungermannia rubella* Nees

Ökologie: Grüne bis rotbraune Räschen auf trockener bis feuchter, sandiger bis humoser oder lehmiger, saurer Erde, auf Torf oder trockenem Totholz in Wäldern und Hoch- und Niedermooren; seltener im Kulturland, etwa in Sand- und Schottergruben, anzutreffen. Gemmen und Sporogone sind häufig.

- s. azidophytisch, meso- bis m. hygrophytisch, m.–s. photophytisch
- L 8, T 4, K 5, F 5, R 2

Soziologie: Auf Erde u. a. in Dicranellion heteromallae- oder Ceratodonto purpurei-Polytrichion piliferi-Gesellschaften, z. B. mit *C. divaricata*, *Pohlia nutans*, *Ceratodon purpureus* oder *Dicranella heteromalla*. An Störstellen in den Oxycocco-Sphagnetea mit anderen kleinen Lebermoosen, etwa *C. elachista*, *C. spinigera*, *Fuscocephaloziopsis loitlesbergeri*, *Calypogeia sphagnicola* etc.

Verbreitung: Angaben liegen fast aus dem gesamten Gebiet vor; dennoch ist die Art sehr mangelhaft erfasst. Vermutlich in den Zentralalpen zerstreut bis verbreitet; zerstreut und fast nur in Mooren in den Nordalpen; ein Nachweis aus den Südalpen. In der Böhmischen Masse zerstreut; selten im nordwestlichen und südöstlichen Vorland. Keine Nachweise aus Ost-T und W. Planar bis alpin; bis ca. 2000 m aufsteigend.

B: Süd-B: bei Neumarkt a. d. Raab (Maurer 1965) – **K**: wohl z (stark untersammelt) – **N**: Waldviertel: N Oberedlitz/Thaya (HZ), Lohnbachfall (HZ); NA: „Auf den Mösern" bei Neuhaus (HZ), hinterer Ötschergraben (HK); Rosaliengebirge: nahe Rosalienkapelle (Heeg 1894); Wechsel: bei Mönichkirchen (Heeg 1894) – **O**: AV: Gründberg bei Frankenburg (Ricek 1977); NA: Leonsberg (als *C. sullivantii*, Ricek 1977, LI, rev. HK), Traunstein, Stummerreutmoor am Hengstpass und Speikwiese am Warscheneck (Schlüsslmayr 2005) – **S**: Stadt Salzburg (Gruber 2001); A: z –

St: z – Nord-**T**: Verwall: Rosannatal (DÜLL 1991) – **V**: z, vor allem in den Mooren des Nordens

- Europa (exkl. Mediterraneis), Makaronesien, Sibirien, Japan, nördliches Nordamerika
- nördlich subozeanisch

Gefährdung: Nicht gefährdet.

Anmerkung: MEINUNGER & SCHRÖDER (2007) unterscheiden zwei weitere Varietäten, var. *bifida* (LINDB.) DOUIN und var. *pulchella* (C.E.O. JENSEN) R.M. SCHUSTER, die in Österreich an Erdstandorten zu erwarten sind.

9b. var. ***sullivantii*** (AUSTIN) MÜLL. FRIB. – Syn.: *C. jackii* var. *jaapiana* SCHIFFN., *C. raddiana* (MASSAL.) SCHIFFN.

Ökologie: Sehr zarte, grüne Räschen auf Totholz in Bergwäldern.

- s.–m. azidophytisch, meso- bis s. hygrophytisch, s.–m. skiophytisch
- L 3, T 5, K 5, F 6, R 3

Soziologie: Im Nowellion curvifoliae mit *Nowellia, Lophocolea heterophylla, Riccardia palmata, Blepharostoma trichophyllum, Scapania carinthiaca, S. scapanioides* etc.

Verbreitung: In den Nordalpen selten; Einzelnachweise aus den Zentral- und Südalpen. Fehlt in B, S, T, V und W. Montan, ca. 600 bis 1500 m.

K: Karawanken: Kupitzklamm SE Eisenkappel (KÖCKINGER & SUANJAK 1999) – **N**: NA: Thalhofriese N Reichenau (HEEG 1894) – **O**: NA: Eisernes Bergl am Warscheneck und Laglalm in den Haller Mauern (SCHLÜSSLMAYR 2005) – **St**: NA: vom Hartelsgraben gegen den Ennswaldsattel bei Hieflau (BREIDLER 1894); Niedere Tauern: Planai bei Schladming (BREIDLER 1894)

- Zentraleuropa, Norwegen, östliches Nordamerika
- westlich temperat

Gefährdung: Potentiell gefährdet wegen Seltenheit.

10. *C. spinigera* (LINDB.) WARNST. – Syn.: *C. elachista* var. *spinigera* (LINDB.) MÜLL. FRIB., *C. striatula* (C.E.O. JENSEN) DOUIN, *C. subdentata* WARNST.

Ökologie: Bleichgrüne oder purpurn überlaufene Gespinste oder Einzelsprosse in den Bultbereichen von Hoch- oder subalpinen Komplexmooren. Sporogone sind relativ selten; Ausbreitung primär via Brutkörper.

- s. azidophytisch, s. hygrophytisch, m.–s. photophytisch
- L 7, T 2, K 6, F 7, R 2

Soziologie: Weitgehend an die Oxycocco-Sphagnetea gebunden. Eingewebt in partiell geschädigten Bulten von *Sphagnum capillifolium*, *S. fuscum* oder *S. magellanicum*, vielleicht noch häufiger in *Polytrichum strictum*-Polstern, in Begleitung anderer Moorpioniere wie *Mylia anomala*, *Cephalozia bicuspidata*, *Fuscocephaloziopsis loitlesbergeri*, *F. connivens*, *C. rubella* oder *Calypogeia sphagnicola*.

Verbreitung: In den Nordalpen selten und bisher nur Nachweise aus O und V (wohl weiter verbreitet); in den Zentralalpen selten bis zerstreut, mit einem deutlichen Verbreitungsschwerpunkt in den Gurktaler Alpen; bislang kein Nachweis aus den Südalpen. In den Hochlagen im Norden der Böhmischen Masse selten. Fehlt in B, Ost-T und W. Montan und subalpin, 750 bis ca. 2000 m.

K: Gurktaler A: W Bonnerhütte (CS), Moor am Erlacher Bock (HAFELLNER et al. 1995), Andertal-Moor (CS), Moor am Flattnitzbach (HK), Auenmoos SE Murau (HK); Koralpe: Seebenmoor (HK) – **N**: Waldviertel: Gr. Haide bei Karlstift (J. Saukel) – **O**: Mühlviertel: Auerl am Plöckenstein und Hirschlackenau am Bärenstein (SCHLÜSSLMAYR 2011), Tanner Moor (SCHRÖCK et al. 2014); NA: Laudachmoor am Traunstein (SCHLÜSSLMAYR 2002b, SCHLÜSSLMAYR 2005), Moosalm E Schafberg, Leckernmoos bei Bad Ischl, Löckenmöser bei Gosau (SCHRÖCK et al. 2014) – **S**: Zillertaler A: Wildgerlostal (SCHRÖCK et al. 2004); Hohe Tauern: Krimmler Achental (CS); Lungau: Schwarzenberg und Überlinggebiet (CS) – **St**: Dachstein: Miesbodensee (GS & CS); Gurktaler A: Paalgraben S Stadl (HK); Seetaler A: Rothaide und nahe Pallihütte (HK); Koralpe: Seebenmoor (HK & AS), Freiländeralm (CS) – Nord-**T**: Angaben von *C. elachista* aus dem Arlberggebiet vielleicht zu dieser Art (K. Koppe in DÜLL 1991) – **V**: Allgäuer Alpen: Schönenbachvorsäß und östlich Gh. Hörnlepass (AMANN et al. 2013)

- Gebirge West- und Zentraleuropas, Nordeuropa, Sibirien, nördliches Nordamerika, Grönland
- boreal-montan

Gefährdung: Der Schwerpunkt der Art liegt im Gebirge. Sie ist deshalb weniger stark gefährdet als die nahverwandte *C. elachista*. Die wenigen, isolierten Vorkommen in der Böhmischen Masse könnten hingegen hochgradig bedroht sein.

11. *C. stellulifera* (TAYLOR ex SPRUCE) SCHIFFN. – Syn.: *Cephalozia divaricata* var. *stellulifera* SPRUCE, *Cephaloziella gracillima* DOUIN, *C. limprichtii* (WARNST.) STEPH., *C. stellulifera* var. *limprichtii* (WARNST.) MACVICAR, *Jungermannia stellulifera* TAYLOR, nom. illeg., pro syn.

Ökologie: Bleichgrüne bis gebräunte Räschen, bisher nur an warmen Erdstandorten in Magerwiesen über Sandstein, anderswo aber mit wesentlich breiterer Standortsamplitude. Ausbreitung mittels Brutkörpern und Sporen.

- m. azidophytisch, m. xerophytisch, m.–s. photophytisch
- L 7, T 7, K 4, F 3, R 5

Soziologie: In den Proben fanden sich als Begleitmoose *Weissia* sp., *Abietinella abietina*, *Homalothecium lutescens* und *Fissidens bryoides*, die auf eine Zugehörigkeit der Habitate zu den Barbuletalia unguiculatae hindeuten.

Verbreitung: Zwei historische Nachweise von den Hügeln im Westen der Stadt Wien.

W: Anhöhe zwischen Salmannsdorf und dem Hermannskogel (J. Breidler in Heeg 1894, W, t. HK); Gr. Muschingerwiese gegen das Haltertal (leg. J. Juratzka, als *J. divaricata* in W, rev. C. Douin als *C. gracillima*, t. HK)

- West-, Zentral- und Südeuropa, südliches Nordeuropa, Türkei, Japan, Nordafrika, Makaronesien
- subozeanisch-submediterran

Gefährdung: Die Funde stammen aus dem 19. Jahrhundert; die Art muss also derzeit in Österreich als verschollen gelten.

Anmerkung: Meinunger & Schröder (2007) unterscheiden auch noch eine var. *limprichtii* (Warnst.) Macvicar, die in Österreich nicht nachgewiesen ist.

12. *C. uncinata* R.M. Schust.

Ökologie: In zarten, bleichen Gespinsten auf Bulten eines kleinen Komplexmoores an einem südexponierten, alpinen Rasenhang. Auch an ganz anderen, vergleichsweise basenreichen Habitaten zu erwarten. Kryophil. Ausbreitung über Brutkörper und Sporen.

- s. azido- bis subneutrophytisch, m.–s. hygrophytisch, m.–s. photophytisch
- L 8, T 2, K 6, F 7, R 4

Soziologie: Bisher nur in den Oxycocco-Sphagnetea festgestellt; zusammen mit *Fuscocephaloziopsis pleniceps* auf *Sphagnum capillifolium*-Bulten und zwischen *Calluna* sowie *Aulacomnium palustre*.

Verbreitung: Erst ein Nachweis aus den westlichen Zentralalpen. Eine spät beschriebene Art, die zweifellos weiter verbreitet ist.

Nord-**T**: Ötztaler A: Südhang unterhalb der Breslauer Hütte bei Vent, 2600 m (HK, t. J. Vana)

- Alpen, Deutschland, NW-Russland, Sibirien, Arktis, subarktisches Nordamerika, Grönland
- arktisch-alpin

Gefährdung: Potentiell gefährdet wegen Seltenheit.

13. *C. varians* (GOTTSCHE) STEPH. – Syn.: *C. alpina* DOUIN, *C. arctica* BRYHN & DOUIN

Ökologie: Grüne bis rotbraune oder fast schwarze Räschen auf basenreicher Erde und Humus in Lücken subalpiner und alpiner, oft felsdurchsetzter Rasen, meist zwischen anderen Moosen auftretend. Anderswo auch in anderen Habitattypen. Sporogone sollen selten sein; Ausbreitung primär via Gemmen.

- subneutrophytisch, m. xero- bis mesophytisch, m.–s. photophytisch
- L 8, T 2, K 6, F 4, R 6

Soziologie: An der Kanzelwand-Fundstelle, wohl in einem Alpinrasen über Kalk, in Gesellschaft von *Tortella fragilis*.

Verbreitung: Bislang erst wenige Nachweise aus den Nordalpen. Bei SCHRÖCK et al. (2013) für Vorarlberg auf Basis der gleichen Daten, vielleicht zurecht, nur als fraglich für das Bundesland geführt. Subalpin und alpin.

St: Totes Gebirge: oberhalb Loserhütte bei Altaussee (S. Biedermann, det. L. Meinunger) – **V**: Allgäuer Alpen: Walmendinger Alpe (zu prüfen, DÜLL 1991), Kanzelwand an der Grenze A/D (M. Preussing in MEINUNGER & SCHRÖDER 2007)

- Pyrenäen, Alpen, zerstreut in Deutschland, Karpaten, Kaukasus, Sibirien, Arktis, nördliches Nordamerika, Antarktis und Subantarktis
- subarktisch-alpin

Gefährdung: Vermutlich häufiger als bekannt; daher eigentlich ungefährdet.

Anmerkungen: Steriles, schwärzliches *Cephaloziella*-Material aus den Hochalpen wird häufig – basierend auf diversen Schlüsseln – als *C. varians* bestimmt. Abgesehen davon, dass es sich wohl meist um *C. divaricata* handeln sollte, sind solche Proben eigentlich unbestimmbar. – MEINUNGER & SCHRÖDER (2007) unterscheiden, DAMSHOLT (2002) folgend, neben der Nominatsippe auch noch var. *arctica* (BRYHN & DOUIN) DAMSH. und var. *scabra* (S.W. ARNELL) DAMSH.. Die Pflanze von der Kanzelwand gehört zu ersterer.

2. *Obtusifolium* S.W. ARNELL

1. *O. obtusum* (LINDB.) S.W. ARNELL – Syn.: *Lophozia obtusa* (LINDB.) A. EVANS, *Jungermannia obtusa* LINDB., *Leiocolea obtusa* (LINDB.) BUCH

Foto: S. Koval

Ökologie: Grüne, oft recht hochwüchsige, aufrechte Rasen oder zwischen anderen Moosen eingewebte Einzelsprosse auf feuchtem, basenarmem Humus und Rohhumus in lichten Bergwäldern, in subalpinen Gebüschen, auf humusbedeckten Blöcken (bei ausreichender Isolierung auch über Kalk), auf lehmiger Erde und silikatischem Detritus an absonnigen, moosigen Weg- und Forststraßenböschungen, ausnahmsweise auch auf Totholz oder in Mooren. Brutkörper und Sporogone sind selten; Ausbreitung wohl primär durch Fragmentation.

- s.–m. azidophytisch, m.–s. hygrophytisch, s.–m. skiophytisch
- L 5, T 3, K 6, F 6, R 3

Soziologie: Auf Waldböden der Vaccinio-Piceetea und in Latschen- (Erico-Pinion mugo) und Grünerlengebüschen (Alnion viridis) meist mit kräftigen Bodenmoosen wie *Pleurozium schreberi*, *Plagiothecium undulatum*, *Plagiochila asplenioides*, *Barbilophozia lycopodioides*, *Neoorthocaulis floerkei* oder *Rhytidiadelphus loreus*, an grasigen Stellen auch mit *R. squarrosus* oder *Lophocolea coadunata*. An besonders sauren, N-exponierten Stellen mit skelettreichem Untergrund außerdem mit *Anastrepta orcadensis* im Rhytidiadelpho lorei-Anastreptetum orcadensis. In Pionierfluren an kalkfreien Böschungen in Wäldern z. B. im Nardietum scalaris zusammen mit *Nardia scalaris*, *Scapania curta*, *Pellia neesiana* oder *Pogonatum urnigerum* zu beobachten.

Verbreitung: In den Nordalpen zerstreut bis selten (noch keine Nachweise für N und S); in den Zentralalpen zerstreut bis verbreitet (partiell nur mangelhaft erfasst); in den Südalpen selten. Ein Nachweis für die Böhmische Masse. Fehlt in B, N und W. Montan und subalpin; bis 2200 m aufsteigend.

K: Hohe Tauern: Heiligenblut (HK), Gradental (HK & HvM), Wangenitzalm (HK), Lamnitzgraben S Winklern (HK & HvM), Seebachtal und Dösental bei Mallnitz (HK), Pöllatal (HK & HvM), Oberdraßnitzer Alm (HK & HvM) und Teuchltal (HK) in der Kreuzeckgruppe; Gurktaler A: oberhalb Wiederschwing (HK & AS), Zanitzberggraben S Laßnitz, Metnitztal und Pirkerkogel W Friesach (HK); Seetaler A: Schirnitzgraben W Reichenfels und Ruine SW Reichenfels, Mischlinggraben NW St. Leonhard (HK); Stubalpe: Petererkogel und Teißinggraben (HK); Saualpe: Klieninggraben und nahe Offner Hütte (HK & AS); Koralpe: Obergösel (HK); Gailtaler

A: SE Greifenburg (F. Koppe), Schwaig am Goldeck (HK); Karnische A: Frohntal und oberhalb Nostra (HK & MS), S Würmlach (HK & HvM) – **O**: Mühlviertel: Paroxedt E Königswiesen (Schlüsslmayr 2011); NA: Griesalm im Höllengebirge (Ricek 1977), Traunstein, Stumpfmauer der Voralpe, bei Hinter- und Vorderstoder, mehrfach am Warscheneck, bei Spital, am Pyhrnpass und am Bosruck (Schlüsslmayr 2002b, 2005) – **S**: Hohe Tauern: Habachtal, Kötschachtal (CS) – **St**: Dachstein: Hierzegg bei Ramsau (GS); Totes Gebirge: Pass Stein bei Mitterndorf (Breidler 1894); Ennstaler A: Kaiserau bei Admont und Hartelsgraben bei Hieflau (Breidler 1894); ZA: z bis v – Nord-**T**: Allgäuer A: Schochenalptal und Höhenbachtal bei Holzgau (MR); Lechtaler A: Steinbachtal (Düll 1991); Verwall: mehrfach bei St. Anton (Loeske 1908); Silvretta: Jamtal (Düll 1991); Ötztaler A: Pillerhöhe und bei Zaunhof-Wiesle im Pitztal (Düll 1991), Platztal (HK); Zillertaler A: Scheulingswald, Stilluptal, unterhalb Brandberg, Zemmtal (Loeske 1909); Kitzbühler A: bei Kelchsau, Jochberg und am Kitzbühler Horn (Wollny 1911); Ost-**T**: Hohe Tauern: bei Hinterbichl (Düll 1991), zw. St. Jakob und Erlsbach im Defreggental (H. Wittmann, LI, t. HK) – **V**: Allgäuer A: Balderschwanger Tal, N Schwende im Kleinwalsertal (CS), Oberes Walmendinger Alpel, mehrfach bei Riezlern (MR); Lechquellengebirge: Formarinsee, W Zug, Gaisbühlalpe bei Lech (HK); Rätikon: Latschätzalpe im Gauertal, Lünerkrinne, Innergweilalpe (HK); Verwall: Kristberg und Albonaalpe (Loitlesberger 1894), Sonnenkopf, Untermurich (HK), Zeinisjoch, Silbertal (CS); Silvretta: Vergaldatal S Gargellen, Untervermunt (HK), Zaferna-N-Hang (CS)

- W-, N- und Zentraleuropa, nördliches Osteuropa, Japan, nördliches Nordamerika, Grönland
- boreal-montan

Gefährdung: Nicht gefährdet; in der Böhmischen Masse allerdings sehr selten.

3. *Oleolophozia* L. Söderstr., De Roo & Hedd.

1. *O. perssonii* (H. Buch & S.W. Arnell) L. Söderstr., De Roo & Hedd. – Syn.: *Lophozia perssonii* H. Buch & S.W. Arnell

Ökologie: Blass hellgrüne Räschen mit auffallend kontrastierenden, rotbraunen Brutkörperhäufchen auf kalkiger, skelettreicher Erde an und auf Waldwegen und Forststraßen, an Kalk- und Kalkschieferfelsschrofen mit Pioniervegetation, in Steinbrüchen, selten in Alluvionen und ausnahmsweise auch in Karbonat-Schneeböden. Sporogone sind sehr selten; Ausbreitung mittels Brutkörpern.

- neutro- bis basiphytisch, mesophytisch, m. skio- bis m. photophytisch
- L 6, T 3, K 4, F 5, R 8

Soziologie: In tieferen Lagen meist im Dicranelletum rubrae in Begleitung von *Mesoptychia badensis*, *Dicranella grevilleana*, *D. varia*, *Preis-*

sia quadrata, *Aneura pinguis*, *Pohlia wahlenbergii*, *Didymodon fallax* und *Bryum pallens*; im Hochgebirge hingegen im Distichion capillacei zusammen mit *Blepharostoma trichophyllum* subsp. *brevirete*, *Scapania cuspiduligera*, *Distichium capillaceum*, *Ditrichum gracile*, *Mnium thomsonii*, *Pohlia cruda* oder *Bryum elegans*.

Verbreitung: Selten in den Nordalpen; selten bis zerstreut in den Kalk- und Kalkschiefergebieten der Zentralalpen mit einem Schwerpunkt in den Hohen Tauern; selten bis zerstreut in den Südalpen. Außeralpine Nachweise aus dem Leithagebirge. Fehlt bisher in N, O und W. Collin bis alpin, ca. 300 bis 2200 m.

B: Leithagebirge: Kalksteinbrüche bei Hornstein, Großhöflein und Loretto (Schlüsslmayr 2001); Süd-B: Ödes Schloss nächst Rechnitz (unter *Lophozia excisa*, wegen der Begleitart *Dicranella varia* vermutlich diese Art, Latzel 1941) – **K**: Hohe Tauern: Gößnitzfall und zw. Winkel und Bruchetalm (HK), Aichhorn W Apriach (HK & HvM), zw. Inner- und Großfragant, zw. Laas und Außerfragant, Hintereggental (HK); Gurktaler A: am Flattnitzer See (HK); Saualpe: Weißenbachgraben (HK & AS); Lienzer Dolomiten: zw. Gailbergsattel und Rotenkopf (HK & MS); Gailtaler A: Gösseringgraben bei Greifenburg (HK); Karnische A: Garnitzenklamm (HK); Karawanken: Gr. Muschenig S Maria Elend (HK & AS), Matzener Boden bei Gotschuchen (HK & AS) – **S**: Hohe Tauern: Schmalzgraben W Muhr (HK & JK) – **St**: Eisenerzer A: Präbichl (HK); Hochschwab: Lamingtal W Tragöss (HK); Niedere Tauern: Tockneralm bei Krakaudorf (HK, t. R. Grolle); Oberes Murtal: Steinbruch von Maria Buch (HK) – Nord-**T**: Allgäuer A: Höhenbach- und Schochenalptal (MR); Ötztaler A: Platztal (HK); Stubaier A: Padastertal (JK & HK); Ost-**T**: Hohe Tauern: Umbaltal (HK), Dorfer Klamm bei Kals (CS & HK) – **V**: Allgäuer A: Schwarzwassertal (MR)

- W-, N- und Zentraleuropa, Grönland, Spitzbergen
- subozeanisch-montan

Gefährdung: Nicht gefährdet.

4. ***Protolophozia*** (R.M. Schust.) Schljakov

1. *P. elongata* (Steph.) Schljakov – Syn.: *Lophozia elongata* Steph.

Ökologie: Hellgrüne bis schwach gebräunte, zarte, durch entfernt stehende und spreizende Blätter etwas stacheldrahtartig erscheinende Pflänzchen in lockeren Beständen zwischen anderen Moosen auf basisch beeinflusstem Humus über Karbonatblockhalden in Nord- oder Kessellage. Oft gehen diese Halden aus groben Blöcken auf Fels- und Bergstürze zurück; die „Mooslöcher“ bei Wildalpen sind sogar Zeugen eines der größten Bergsturzereignisse der Nacheiszeit. In den Höhlungen hält sich der Permafrost (oder zumindest kalte Luft), was dazu führt, dass in den warmen Sommermonaten kalte Luft zwischen den Blöcken ausströmt, Luftfeuchtigkeit an den Pflanzen kondensiert und die Bildung von Kondenswassermooren vorantreibt. Unsere Art bevorzugt hier die Nähe der Ausströmöffnungen der Kaltluft. Sehr selten sind Vorkommen auf Totholz oder Humusboden in Hochstaudenfluren. Brutkörper sind rar (siehe Anmerkung), Sporogone hingegen relativ häufig.

- m. azido- bis subneutrophytisch, m. hygrophytisch, s. skio- bis m. photophytisch
- L 5, T 2, K 7, F 6, R 5

Soziologie: Weitgehend an Latschengebüsche (Erico-Pinion mugo) gebunden, findet man die Art primär im Solorino-Distichietum capillacei in Begleitung von *Blepharostoma trichophyllum* subsp. *brevirete*, *Distichium capillaceum*, *Ditrichum gracile*, *Meesia uliginosa*, *Fissidens osmundoides*, *Pohlia cruda*, *Odontoschisma macounii*, *Schistochilopsis grandiretis* oder *Isopterygiopsis pulchella*.

Verbreitung: In den Nordalpen zerstreut im oberösterreichischen Anteil, selten in der Steiermark; zwei zentralalpine Nachweise aus der Mitte Nordtirols. Montan und subalpin, ca. 1000 bis ca. 2200 m.

O: Sengsengebirge: Merkensteiner Kessel; Totes Gebirge: Aufstieg zur Rinnerhütte, Rinnerboden, Brunnsteiner See und Burgstall am Warscheneck; Haller Mauern: Weg zur Laglalm (Schlüsslmayr 2005, Schröck et al. 2014: 90) – **St**: Hochschwab: Mooslöcher bei Wildalpen (HK, t. J. Vana), Schöfwald bei Wildalpen, GJO, rev. HK (als *Jungermannia capitata* in Breidler 1894) – Nord-**T**: Stubaier A: Matreier Grube S Maria Waldrast (HK); Tuxer A: Tulfeiner Joch (V. Schiffner, Hep. Eur. Exsic., Düll 1991)

- Ostalpen, Skanden, Nord-Russland, British Columbia, Grönland
- arktisch-alpin

Gefährdung: Wie andere primär nordische Moosarten, etwa *Tetralophozia setiformis*, *Aulacomnium turgidum* oder *Pohlia crudoides*, nur im Ostteil der Alpen präsent und deshalb wohl zurecht als Glazialrelikt einzustufen, das sein Areal nach Ende der letzten Eiszeit nicht mehr wesentlich ausdehnen konnte. Das Haupthabitat, die Kondenswassermoore in den Nordalpen, sind zudem geradezu prädestiniert für Reliktvorkommen kryophiler Pflanzenarten. Viele Gebirgspflanzen haben hier ihre tiefstgelegenen Wuchsorte. Solche Stellen sind selten und sollten generell geschützt werden.

Anmerkung: Die Existenz von Brutkörpern ist in der Literatur umstritten. In einer Aufsammlung aus Oberösterreich konnten aber kürzlich welche festgestellt werden. Sie erinnern in ihrer gerundeten Rautenform an jene der meisten *Cephaloziella*-Arten und bestätigen somit die neuerdings molekular festgestellte Position innerhalb der *Cephaloziellaceae*.

6. *Lophoziaceae* CAVERS

1. *Heterogemma* (JØRG.) KONSTANT. & VILNET

1. *H. capitata* (HOOK.) KONSTANT. & VILNET – Syn.: *Lophozia capitata* (HOOK.) MACOUN, *Jungermannia capitata* HOOK.

Foto: S. Koval

Ökologie: Blassgrüne, mitunter rötlich überlaufene, lockere Rasen in feuchten, sandigen bis lehmigen, kalkfreien Pionierfluren in vorwiegend flachem Gelände, etwa in Sand- und Kiesgruben oder an sandigen Teichufern. An einer der beiden Fundstellen (nahe Horn) am Rand eines alten Steinbruchs auf feuchtem Silikatgrus. Sporogone sind selten; Ausbreitung primär via Gemmen.

- m. azidophytisch, m.–s. hygrophytisch, m. photophytisch
- L 7, T 5, K 2, F 6, R 3

Soziologie: Die Art gilt als Element des Haplomitrietum hookeri. Über die Einnischung der österreichischen Populationen ist aber wenig bekannt. An der Fundstelle bei Horn wächst sie zusammen mit *Pohlia nutans* und *Cephalozia bicuspidata*.

Verbreitung: Erst kürzlich an zwei Stellen im Waldviertel entdeckt. Weitere Vorkommen dieser Art sind im Mühl- und Innviertel wahrscheinlich. Submontan und montan, bei 440 und 900 m.

N: Waldviertel: bei Karlstift und W Grub NW Horn (ZECHMEISTER et al. 2013)

- Westeuropa, nördliches Zentraleuropa, südliches Nordeuropa, östliches Nordamerika
- nördlich subozeanisch

Gefährdung: Die Waldviertler Populationen liegen am Arealrand der Art und sind allein schon deshalb vom Erlöschen bedroht. Allerdings wissen wir wenig über die dort besiedelten Habitate und die Größe der Populationen. Zum gegenwärtigen Zeitpunkt ist daher eine Einschätzung der Gefährdung mit großen Unsicherheiten verbunden.

Anmerkung: Ältere Aufsammlungen (1889, 1890) von M. Heeg unter dem Namen *Jungermannia capitata* in LI aus dem Rosalien- und Leithagebirge gehören zu *L. excisa* (rev. HK). Die beiden Angaben in BREIDLER (1894) gehören einerseits zu *Protolophozia elongata* (Schöfwald bei Wildalpen, s. d.), andererseits zu *Lophoziopsis longidens* (Untertal bei Schladming).

2. *H. laxa* (LINDB.) KONSTANT. & VILNET – Syn.: *Lophozia laxa* (LINDB.) GROLLE, *L. capitata* subsp. *laxa* (LINDB.) BISANG, *Jungermannia laxa* LINDB., *J. marchica* NEES, *L. marchica* (NEES) STEPH.

Ökologie: Blassgrüne, kriechende Sprosse mit purpurnen Stängeln in und über *Sphagnum*-Rasen in den Bultbereichen intakter Hochmoore. Sporophyten sind selten; Ausbreitung via Gemmen.

- s. azidophytisch, s. hygrophytisch, s. photophytisch
- L 8, T 4, K 4, F 7, R 1

Soziologie: Eng an die Oxycocco-Sphagnetea gebunden und vor allem im Sphagnetum medii auftretend. Wächst zwischen *Sphagnum magellanicum*, *S. fuscum* oder *S. fallax* in Begleitung anderer zarter Lebermoose, u. a. von *Fuscocephaloziopsis pleniceps* und *Mylia anomala*.

Verbreitung: Extrem selten. Drei Fundortsangaben aus den Zentralalpen, eine aus dem Walgau. Die Tiroler Angabe erscheint revisionsbedürftig. Submontan und montan, 600 bis 1550 m.

S: Lungau: Gr. Kohlstatt (Dürrriegelmoor) S Seetal, 1300 m (RK, det. A. Schmidt, t. HK, KRISAI 1966), Überlinggebiet (CS) – Nord-**T**: Verwall: bei St. Anton (gegen den Arlbergpass), 1550 m (LOESKE 1908) – **V**: Göfner Wald bei Feldkirch, 600 m (F. Gradl in BISANG 1991)

- Nord- und Zentraleuropa, Nordrussland, östliches Nordamerika
- nördlich subozeanisch

Gefährdung: Wie die vorige nahverwandte Art ebenfalls am Arealrand, aber ungleich stärker gefährdet, zumal auch das Habitat bedroht ist. Die österreichischen Moore wurden in den letzten Jahrzehnten intensiv bryofloristisch bearbeitet, ohne dass weitere Vorkommen bekannt geworden wären.

2. *Lophozia* (DUMORT.) DUMORT.

1. *L. ascendens* (WARNST.) R.M. SCHUST. – Syn.: *Lophozia gracillima* H. BUCH, *Sphenolobus ascendens* WARNST.

Ökologie: Hellgrüne, selten rötlich angehauchte Räschen mit aufsteigenden Brutkörpertrieben auf noch wenig zersetztem Totholz (meist von Nadelbäumen) vorwiegend in kühlen Bergwäldern. Fehlt auf anderen sauren Substraten. Sporophyten sind selten; Ausbreitung vegetativ mittels Brutkörpern.

- s. azidophytisch, meso- bis m. hygrophytisch, s.–m. skiophytisch
- L 4, T 3, K 7, F 6, R 2

Soziologie: Eine Kennart des Nowellion curvifoliae; vor allem im Lophocoleo heterophyllae-Dolichothecetum seligeri und im Riccardio palmatae-Scapanietum umbrosae beheimatet. Typische Begleitmoose sind *Lophozia guttulata, Schistochilopsis incisa, Crossocalyx, Calypogeia suecica, Riccardia latifrons, R. palmata, Blepharostoma trichophyllum, Tritomaria exsecta* oder *Lophocolea heterophylla*.

Verbreitung: Diese Art wurde erst 1915 beschrieben; somit ist die Zahl der Meldungen aus Gebieten mit einem Forschungsschwerpunkt im 19. Jahrhundert gering. Zerstreut in den Nordalpen; selten bis zerstreut in den Zentralalpen; zerstreut bis verbreitet in den Südalpen. Eine Angabe aus dem Waldviertel. Fehlt in B und W. (Collin) Submontan und montan, (300) 600 bis 1700 m.

K: ZA: z (keine Nachweise von der Saualpe); SA: z bis v – **N**: Waldviertel: Tiefenbachtal SE Hardegg (Zechmeister et al. 2013); NA: Ötschergräben und Lechnergraben (Zechmeister et al. 2013) – **O**: NA: Erlakogel bei Ebensee, Ebenforstalm und Haselschlucht im Reichraminger Hintergebirge, Stummerreutmoor am Hengstpass, Bodenwies bei Kleinreifling, Salzsteig bei Hinterstoder, mehrfach an der Nordseite des Warscheneck (Schlüsslmayr 1997, 2005) – **S**: NA: Bluntautal und Dientener Sattel (Heiselmayer & Türk 1979), Bleckwand und Königsbach am Wolfgangsee, Kalte Mandling und Wurmegg bei Filzmoos (Koppe & Koppe 1969); Hohe Tauern: Seidlwinkltal, Krumltal, Kötschachtal, Anlauftal, Schödertal (CS), Altenbergtal bei Muhr (GSb); Niedere Tauern: Wagrain und Hirschlacke im Kleinarltal (GSb), Lessachtal (Krisai 1985) – **St**: Dachstein: Ödensee SE Bad Aussee (HK); Ennstaler A: Gesäuse (Suanjak 2008), Hartelsgraben (HK); Salzatal: Lochbach bei Dürradmer (HK); Hochschwab: Meßnerin bei Tragöß (HK); Seetaler A: Winterleitental und Schmelz (HK) – Nord-**T**: Kaisergebirge (H. Smettan u. a. in Düll 1991); Verwall: bei St. Anton (Düll 1991); Oberinntal: W Landeck (Düll 1991); Tuxer A: bei Tulfes (Koppe & Koppe 1969); Kitzbühler A: Krotengraben bei Fieberbrunn (HK); Ost-**T**: Hohe Tauern: Dorfertal bei Kals (Koppe & Koppe 1969); Lienzer Dolomiten: bei Lienz (HK) – **V**: z in den Bergregionen; kein Nachweis aus dem Rätikon (Amann et al. 2013)

- Europa (exkl. Mediterraneis), Sibirien, Japan, östliches Nordamerika
- boreal-montan

Gefährdung: Der Schwerpunkt der Verbreitung liegt in den Nadelwäldern der höheren Lagen. Diese Art ist durch forstliche Eingriffe daher vergleichsweise wenig bedroht.

2. *L. guttulata* (LINDB.) A. EVANS – Syn.: *Jungermannia porphyroleuca* NEES, *L. longiflora* auct. non NEES, *L. porphyroleuca* (NEES) SCHIFFN.

Ökologie: Hellgrüne oder rötlich pigmentierte Decken aus kriechenden Sprossen auf feuchtem bis relativ trockenem, noch wenig zersetztem Totholz in Bergwäldern; außerdem selten auf schattigem Silikatfels oder feuchtem Humus. Gemmen werden nur spärlich gebildet; Sporogone sind hingegen häufig anzutreffen.

- s. azidophytisch, mesophytisch, m. skiophytisch
- L 5, T 3, K 6, F 5, R 2

Soziologie: Wie die vorige eine der Kennarten des Nowellion curvifoliae und häufig mit ihr vergesellschaftet, außerdem mit *Blepharostoma trichophyllum*, *Lepidozia reptans*, *Fuscocephaloziopsis lunulifolia*, *F. leucantha*, *Schistochilopsis incisa*, *Scapania umbrosa* etc.

Verbreitung: In den Alpen zerstreut bis verbreitet (in vielen Gebieten mangelhaft erfasst); zwei Angaben für die Böhmische Masse. Fehlt in B und W. Montan und subalpin; bis ca. 2000 m aufsteigend.

K: A: z bis v (kein Nachweis von der Saualpe) – **N**: Waldviertel: Rosenauer Wald bei Groß-Gerungs (HEEG 1894); NA: Gahns (POKORNY 1854), Seebachtal bei Lunz (HZ), Tratenkogel SW Prein (HK); Wechselgebiet (A. Pokorny in WU, SAUKEL 1985) – **O**: Mühlviertel: Plöckenstein im Böhmerwald (SCHLÜSSLMAYR 2011); NA: Feuerkogel im Höllengebirge (RICEK 1977), Almkogel bei Großraming, Unteres Filzmoos am Warscheneck (als *L. longiflora*, SCHLÜSSLMAYR 2005), Wurzeralm (SCHRÖCK et al. 2014) – **S**: NA: Untersberg (SCHWARZ 1858), Unkental (KERN 1915), Dientener Sattel (HEISELMAYER & TÜRK 1979); ZA: z bis v – **St**: A: z bis v – **T**: wohl z bis v (kaum erfasst) – **V**: z bis v in den Bergregionen

- Europa (exkl. Mediterraneis), Kaukasus, Sibirien, Korea, Japan, nördliches Nordamerika
- boreal-montan

Gefährdung: Wegen ihrer Vorliebe für Nadelwälder in den Hochlagen weniger gefährdet als viele andere Totholzmoose.

Anmerkung: Siehe Anm. zur Nomenklatur unter der folgenden Art. – Angaben aus der Alpinstufe stellen vermutlich Confertifolia-Morphosen von *L. wenzelii* dar und sind daher als irrig zu betrachten.

3. *L. longiflora* (NEES) SCHIFFN. – Syn.: *Jungermannia longiflora* NEES, *L. ventricosa* var. *longiflora* (NEES) MACOUN, *L. ventricosa* var. *uliginosa* auct.

Ökologie: In bleichgrünen, oft rötlich oder purpurn überlaufenen Decken aus kriechenden Sprossen über oder eingewebt zwischen Torfmoosen über Silikat-Grobblockhalden in absonniger, humider Lage; seltener direkt auf feuchten Felsflächen, ausnahmsweise auch auf Totholz, wenn in unmittelbarem Kontakt zum Haupthabitat; außerdem selten in Bultbereichen subalpiner Komplexmoore. Die Gemmenbildung ist vergleichsweise gering; Sporogone sind nicht selten.

- s. azidophytisch, m.–s. hygrophytisch, m. skio- bis m. photophytisch
- L 5, T 3, K 6, F 6, R 2

Foto: C. Schröck

Soziologie: Eine soziologische Einordnung der genannten Torfmoos-Silikatblockhalden ist schwierig. Das dominante Element ist *Sphagnum quinquefarium*, somit also eine Waldart, hingegen nehmen *S. capillifolium*, *Mylia anomala* oder *Polytrichum strictum* und andere Kennarten der Oxycocco-Sphagnetea oder der Sphagnetalia medii nur eine untergeordnete Rolle ein. In der Kontaktzone zum feuchten Fels finden wir eine Artenzusammensetzung, die klar auf das Tetraphidion pellucidae hinweist, insbesondere auf das Bazzanio tricrenatae-Mylietum taylori, dem diese Art wohl am besten zugeordnet werden sollte. Weitere typische Begleitarten sind *Dicranodontium denudatum*, *D. uncinatum*, *Bazzania tricrenata*, *Mylia taylorii*, *Fuscocephaloziopsis lunulifolia*, *L. ventricosa*, *Sphenolobus minutus*, *Kurzia trichoclados*, *Calypogeia neesiana* und *Polytrichum longisetum.*

Verbreitung: Zerstreut in den Zentralalpen; selten in den westlichen Nord- und westlichen Südalpen. Aber generell nur mangelhaft erfasst. Fehlt in B, N, O und W. Montan bis alpin, ca. 1000 bis 2400 m.

K: Hohe Tauern: Gradental (HK & HvM), Pöllatal (HK & HvM), Hochalmhütte im Maltatal (HK), Gößgraben (HK & AS), Riekenalm (HK & HvM), Teuchltal (HK); Gurktaler A: Röttinggraben SE Murau (HK); Seetaler A: Jägerstube SW Reichenfels (HK); Stubalpe: Lichtengraben N St. Leonhard (HK & AS); Koralpe: nahe Hipfelhütte und Wirthalm NE Bärofen (HK & AS); Karnische A: hinteres Frohntal und Nostraalm (HK & MS) – **S**: Hohe Tauern: Krimmler Achental, Stubachtal, Kötschachtal, Anlauftal, Schödertal (CS), Schwarzwand bei Hüttschlag (Saukel 1985); Lungau: Wengernalm bei Tamsweg (Koppe & Koppe 1969) – **St**: Niedere Tauern: Preuneggtal und Riesachsee (HK), Ingeringgraben (J. Breidler in Saukel 1985, HK & HvM); Stubalpe: Kickerloch am Größenberg (HK) – Nord-**T**: Verwall: Rosannaschlucht, Stiegeneck (Loeske 1908); Stubaier A: Kniebiß unter Praxmar im Sellrain (Handel-Mazzetti 1904, Hep. Eur. Exsic. 138); Lisenser Tal und Oberbergtal (Müller 1906–1916); Tuxer A: Viggartal und Laufer Wald bei Innsbruck (Müller 1906–1916), Sagalpe bei Weer (Saukel 1985); Zillertaler A: Weg zum Stilluptal (Loeske 1909); Ost-**T**: Hohe Tauern: Dorfertal bei Kals (CS & HK); Defreggental: Staller Almbach bei Erlsbach (Düll 1991) – **V**: Allgäuer A: Schwarzwassertal, Fluchtalpe (Amann et al. 2013), Kamm zw. Kreuzmannl und Steinmannl (MR); Verwall: Unterer Maroisee; Silvretta: Gargellen, zw. Versettla und Madrisella, Wintertal in Gargellen, Gundalatscher Berg bei Gaschurn, Zaferna bei Partenen, Großvermunt (Amann et al. 2013)

- Alpen, Belgien, Schwarzwald, Elbsandsteingebirge, Karpaten, Kaukasus, Skanden, Nord-Russland, Grönland, Wisconsin, Manitoba
- subozeanisch-montan

Gefährdung: Die Fundstellen sind in der Regel für den Menschen ohne Wert und unterliegen selten einer unmittelbaren Bedrohung. Allerdings kann großflächiger Holzeinschlag in unmittelbarer Nähe zu den Wuchsorten zu stärkerer Licht- und Windexponiertheit führen und für so eine empfindliche Art letal sein.

Anmerkung: Der Name *L. longiflora* wurde in den letzten Jahrzehnten leider aufgrund einer Fehlinterpretation Schljakovs für die primär auf Totholz vorkommende *L. guttulata* (*L. porphyroleuca* in der historischen Literatur) verwendet. Wir folgen hier der Auffassung von Müller (1951–1958), Saukel (1985) und Meinunger & Schröder (2007). Saukels Konzept ist aber auf betont hygromorphe Ausprägungen der Art beschränkt (siehe Anm. bei *L. ventricosa*). Bakalin (2016) nimmt die längst überfällige Lectotypifizierung vor und hält sie ebenfalls für eine eigenständige Art.

4. *L. ventricosa* (dicks.) Dumort. sensu Müller (1951–1958) – Syn.: *Jungermannia globulifera* Pollich, *J. ventricosa* Dicks., *L. ehrhartiana* (F. Weber) Inoue & Steere, *L. silvicola* H. Buch, *L. ventricosa* var. *silvicola* (H. Buch) E.W. Jones ex R.M. Schuster

Ökologie: Hell- bis gelbgrüne, selten rötlich pigmentierte Decken und zwischen anderen Moosen eingewebte Einzelsprosse an schattigen Silikatfelsen und -blöcken, auf meist schon stärker zersetztem Totholz, auf Rohhumus in humider Lage oder an ausgehagerten Erdrainen in Wäldern; oberhalb der Waldgrenze außerdem auf skelettreicher oder humoser Erde in Lücken von Zwergstrauchheiden oder auch in relativ trockenen Felsfluren. Brutkörper werden meist in Massen gebildet; sie sind das primäre Ausbreitungsmedium. Sporogone findet man gelegentlich.

- s. azidophytisch, mesophytisch, s.–m. skiophytisch
- L 4, T 4, K 6, F 5, R 2

Soziologie: Auf Totholz in diversen Gesellschaften der Cladonio digitatae-Lepidozietea reptantis, insbesondere im Tetraphidion pellucidae. Auf Fels u. a. im Diplophylletum albicantis, im Anastrepto orcadensis-Dicranodontietum denudati oder im Rhabdoweisietum fugacis.

Verbreitung: In den Alpen und der Böhmischen Masse verbreitet, sonst selten. Fehlt in W. Collin bis alpin, ca. 300 bis 2300 m.

B: Leithagebirge: Kleinhöflein bei Eisenstadt (SCHLÜSSLMAYR 2001); Süd-B: Rettenbach bei Bernstein (MAURER 1965) – **K**: ZA: v; SA und Klagenfurter Becken: z – **N** – **O** – **S** – **St** – **T** – **V**

- Europa (exkl. Mediterraneis), Sibirien, östliches Nordamerika, Grönland
- boreal-montan

Gefährdung: Nicht gefährdet.

Anmerkungen: MÜLLER (1951–1958) sowie MEINUNGER & SCHRÖDER (2007) folgend, umfasst die Art hier primär *L. silvicola* und morphologisch identische Pflanzen mit homogenen bzw. homogen granulären Ölkörpern. Pflanzen mit bikonzentrischen (Silvicola-Typ) oder homogenen Ölkörpern kommen in den Alpen keineswegs übergangsfrei vor. Neben Ölkörpern mit zentraler, großer Ölkugel existieren auch Typen mit zwei bis mehreren kleineren Kugeln oder man findet homogene und bikonzentrische Ölkörper gemischt in den Blattzellen. Ob sich das immer mit der Degeneration eines Teils der Ölkörper erklären lässt, ist zu bezweifeln. Jedenfalls wären kritische Studien zum Thema wünschenswert. – Das Konzept von *L. ventricosa* in SAUKEL (1985) erscheint problematisch. Möglicherweise liegen Xeromorphosen von *L. longiflora* vor, zumal seine Definition letzterer Art nur recht extreme, betont hygro- und skiomorphe Ausprägungen umfasst. Auch die Herkunft der von ihm zu *L. ventricosa* gestellten Proben aus ausschließlich hochmontanen bis alpinen Lagen deutet darauf hin. Von BUCH (1933) als *L. ventricosa* kultivierte skandinavische Pflanzen gehören nach den Zeichnungen vermutlich ebenfalls zu *L. longiflora*, was die von ihm festgestellten morphologischen Unterschiede zu *L. silvicola* erklären würde. Willkürlich hatte Buch Pflanzen mit bikonzentrischen Ölkörpern (die vorherrschende Form in Europa) als neue Art beschrieben, obwohl es zuvor keinerlei Beschreibungen der Ölkörper von *L. ventricosa* gab. – Der Neotypus von *L. ventricosa* aus Schottland stellt eine Confertifolia-Morphose von *L. wenzelii* dar (siehe MEINUNGER & SCHRÖDER 2007: 95) und stammt von einem torfbedeckten Felsen in Küstennähe und nicht wie in der Originalbeschreibung Dicksons aus einem Wald („*Habitat: in sylvis*“) und ist daher gleich aus zwei wesentlichen Gründen zu verwerfen. Es kann schließlich nicht sein, dass *L. wenzelii* aufgrund einer unbedachten Neotypifizierung, entgegen des traditionellen Verständnisses der Art, nun plötzlich *L. ventricosa* heißen muss. Möglicherweise erlaubt das rudimentäre Material in Dicksons Herbarium doch noch – auf Basis morphologisch-anatomischer Merkmale (z. B. der Unterschiede im Stängelquerschnittsbild) – die Wahl eines Lectotypus. Die Kenntnis des Ölkörpertyps ist dabei keineswegs notwendig. Der Neotypus wäre dann obsolet.

5. *L. wenzelii* (NEES) STEPH. – Syn.: *Jungermannia wenzelii* NEES, *L. confertifolia* SCHIFFN., *L. iremelensis* SCHLJAKOV, *L. ventricosa* var. *confertifolia* (SCHIFFN.) HUSNOT, *L. wenzelii* var. *lapponica* BUCH & S.W. ARNELL

Foto: C. Schröck

Ökologie: In hell- oder gelbgrünen, an exponierten und trockenen Orten auch braunen Sprossen in lockeren Rasen oder niedrigen Decken in kalkfreien, subalpinen Niedermooren, basenarmen Quellfluren, an den Rändern von Quellbächen, auf saurem Boden in Zwergstrauchheiden, an humusbedeckten Silikatfelsen, in feuchten, absonnigen Alpinrasen und Silikat-Schneeböden (bei ausreichender Isolation auch über Kalkgrund); selten in der Montanstufe an Erd-Pionierstandorten in Wäldern oder auf saurem Humus in Moorwäldern. Gemmenbildung reichlich; Sporogone gelegentlich entwickelt.

- s.–m. azidophytisch, m. hygro- bis hydrophytisch, m. skio- bis s. photophytisch
- L 7, T 2, K 6, F 7, R 3

Soziologie: In Niedermooren meist in Trichophoreten in Gesellschaft von *Scapania irrigua*, *Odontoschisma elongatum*, *Gymnocolea inflata* oder *Sphagnum compactum*; in Zwergstrauchheiden häufig zusammen mit *Nardia scalaris*, *Diplophyllum taxifolium*, *Cephalozia bicuspidata* oder *Marsupella funckii*; in Silikat-Schneeböden u. a. mit *Polytrichum sexangulare*, *Kiaeria starkei*, *Fuscocephaloziopsis albescens* oder *Schistochilopsis opacifolia*.

Verbreitung: Verbreitet in den Zentralalpen (noch kein Nachweis aus dem niederösterreichischen Anteil), zerstreut bis selten in den Nord- und Südalpen. In der Böhmischen Masse vermutlich übersehen. Fehlt in B und W. Montan bis alpin, ca. (500) 1000 bis 2600 m.

K: ZA: in den Hochlagen v; Gailtaler A: zw. Martennock und Goldeck (HK), zw. Kapeller- und Gusenalm (HK & HvM), Dobratsch (HK); Karnische A: E Luggauer Törl (HK & MS), Auernig beim Naßfeld (M. Lüth); Karawanken: Wackendorfer Spitze der Petzen (HK & MS) – **N**: NA: Ochsenboden am Schneeberg (als *L. confertifolia*, V. Schiffner in Saukel 1985), Dürrenstein (HK) – **O**: NA: Laudachsee (Saukel 1985), Feichtaumoos im Sengsengebirge, Filzmöser am Warscheneck (Schlüsslmayr 2005), Knallmoos am Spitzetkogel und Zerrissenes Moos bei Gosau (Schröck et al. 2014) – **S**: AV: Moorwald S Gois (CS); NA: Dientener Sattel (Heiselmayer & Türk 1979); ZA: v – **St**: NA: Seemauer S Hesshütte (als *L. confertifolia*, J. Baumgartner, det. V. Schiffner in Saukel 1985); ZA: v – **T**: Allgäuer A: Mutte nahe Rothornspitze und Schochenalptal bei Holzgau (MR); ZA: v – **V**: Bregenzerwald: bei der Lustenauer Hütte (CS), E Gerenfalben bei Laterns (GA); Gerachkamm: Alpila ober Schnifis, Dünserberg (GA); Bregenzerwaldgebirge: Ragazer Blanken, Hoher Freschen, Matona (HZ); Allgäuer Alpen: Schwarzwassertal (CS); Lechquellengebirge: Oberes Johannisjoch, Stierlochjoch, zwischen Mohnensattel und Gaisbühlalpe (HK); Lechtaler A: W Erlispitze, Ochsengümple (HK); W-Rätikon: Nenzinger Himmel (GA); ZA: v

- Europa (exkl. Mediterraneis), Sibirien, Himalaya, Japan, nördliches Nordamerika, Arktis
- boreal-montan

Gefährdung: Nicht gefährdet.

Anmerkung: Xeromorphe Ausprägungen (Confertifolia-Morphosen) mit schärferen Blatteinschnitten sind bedeutend häufiger als die Moorform und werden oft für *L. ventricosa* oder auch für *L. guttulata* gehalten. – Typusmaterial von *L. ventricosa* var. *uliginosa* Breidl. in Schiffn. vom Laudachsee in OÖ wurde von Saukel (1985) zu *L. wenzelii* gestellt.

3. *Lophoziopsis* Konstant. & Vilnet

1. *L. excisa* (Dicks.) Konstant. & Vilnet – Syn.: *Lophozia excisa* (Dicks.) Dumort., *Jungermannia excisa* Dicks., *J. cylindracea* Dum., *J. socia* Nees, *J. intermedia* Nees, *L. excisa* var. *cylindracea* (Dumort.) Müll. Frib.,

Ökologie: Grüne bis rötlich überlaufene, lockere bis dichte Rasen auf meist trockener, saurer, lehmiger, sandiger oder humoser Erde an sonnigen bis halbschattigen Wegrainen, an trockenen Silikatfelsen und Blöcken, in lückigen Heiden, exponierten alpinen Rasen und steinigen Gipfelfluren. Oberhalb der Waldgrenze über Karbonatuntergrund (vor allem Dolomit) auch neutralen Humus tolerierend. Brutkörper werden regelmäßig und auch Sporogone vergleichsweise häufig hervorgebracht.

- s. azido- bis neutrophytisch, m. xero- bis m. hygrophytisch, m. skio- bis s. photophytisch
- L 7, T x, K 6, F 4, R 4

Soziologie: Mit Vorliebe im Racomitrio-Polytrichetum piliferi und in diesem die Nivalstufe erreichend; in Begleitung von *Calluna vulgaris*, *Polytrichum piliferum*, *P. juniperinum*, *Racomitrium canescens*, *R. ericoides*, *Ceratodon purpureus*, *Cephaloziella divaricata*, *Isopaches bicrenatus* oder Becher-Cladonien; außerdem im Hedwigietum albicantis oder im Grimmio hartmanii-Hypnetum cupressiformis zusammen mit *Hedwigia ciliata*, *Racomitrium heterostichum*, *R. affine*, *Grimmia longirostris*, *Paraleucobryum longifolium*, *Pterigynandrum filiforme* oder *Barbilophozia barbata*. Seltener im Dicranellion heteromallae auf Lehmböschungen, u. a. mit *Pogonatum urnigerum* oder *Scapania curta*; oberhalb der Waldgrenze außerdem im Marsupelletum funckii in Trittfluren. Bemerkenswert sind Vorkommen in kalkalpinen Rasen (im Caricetum firmae oder im Seslerio-Caricetum sempervirentis), wo die Art auf basenreichem Humus in Distichion capillacei-Gesellschaften zu finden ist, wenn auch stets in geringer Menge.

Verbreitung: In den Zentralalpen und der Böhmischen Masse zerstreut, sonst selten, aber auch das Pannonikum nicht meidend. Planar bis nival; bis 3200 m aufsteigend.

B: Mittel-B: bei Burg und zw. Hirschen- und Geschriebenstein (LATZEL 1941) – **K**: Hohe Tauern: Kesselkeessattel, Kruckelkar am Petzeck (HK), Kl. Fleißtal (HK & HvM), Astental (HK & HvM), zw. Herzog-Ernst-Spitze und Schareck, Greilkopf E Hagener Hütte (HK), Gößgraben bei Malta (BREIDLER 1894); Stubalpe: Ochsenkogel NW Packsattel (MS); Klagenfurter Becken: westliche Sattnitz (MS), Tainacher Berg bei Tainach (HK & AS); Karnische A: Frohntal (HK & MS), Rauchkofel (HK & AS); Karawanken: Feistritzer Spitze der Petzen (HK & MS) – **N**: Waldviertel und Wachau: z bis v; Wienerwald: Troppberg (HZ); Hainburger Berge (SCHLÜSSLMAYR 2002); Rosaliengebirge: bei Ofenbach (HEEG 1894); Leithagebirge: in der Wüste (HEEG 1894); NA: Ochsenboden und Gipfel des Schneebergs (HK, HZ) – **O**: Mühlviertel: im Waldaisttal, bei Sandl, Königswiesen, St. Thomas/Blasenstein und Waldhausen (SCHLÜSSLMAYR 2011); Donautal: bei Engelhartszell (GRIMS 1985), im Rannatal, bei Kramesau, Uferhäusl und Sarmingstein (SCHLÜSSLMAYR 2011), bei Linz-Urfahr (ZECHMEISTER et al. 2002); AV: bei Ried/Innkreis (POETSCH & SCHIEDERMAYR 1872), Asten bei Frankenmarkt (RICEK 1977); NA: Schütt auf der Zimnitz (als *J. intermedia*, LOITLESBERGER 1889); Traunstein, im Sengsengebirge am Hochsengs, im Toten Gebirge am Temmelberg und mehrfach im Warscheneck-Massiv (SCHLÜSSLMAYR 2002b, 2005), Taubenkogel am Dachstein (GS) – **S**: Kitzbühler A: Frühmesser (CS); Hohe Tauern: Krumltal (CS), Schareck W-Grat, 3000 m (HK, t. J. Vana); Radstädter Tauernpass (SAUTER 1871), Obertauern (GEISSLER 1989), Seekaralm N Obertauern (B. Emmerer & J. Hafellner in GZU, det. HK) – **St**: Niedere Tauern: Untertal bei Schladming (BREIDLER 1894), Kl. Bösenstein bei Hohentauern (HK); Seetaler A: Seetal (HK); Oberes Murtal: bei Knittelfeld (BREIDLER 1894), Schoberegg SE Weißkirchen (HK); Thal bei Graz (BREIDLER 1894); Ost-St: Fausulz bei Gleichenberg, Königsberg bei Birkfeld, Pöllauberg, Hilmberg bei Friedberg (BREIDLER 1894); Spitzhart bei Söchau (SABRANSKY 1913) – Nord-**T**: Stubaier A: zw. Gries und Praxmar (DALLA TORRE &

Sarnthein 1904), Riepenpitze (Sauter 1894), Schrankogel, noch in 3200 m (D. Hohenwallner, det. HK), Padastertal (HK); Inntal: Igls bei Innsbruck (Dalla Torre & Sarnthein 1904); Ost-**T**: Hohe Tauern: oberhalb Bonn-Matreier-Hütte (HK), Dorfertal bei Kals (CS & HK); Schloßberg bei Lienz (Sauter 1894) – **V**: Allgäuer A: Didamskopf, Schwarzwassertal (MR); Rätikon: oberhalb Tilisunahütte (HK); Silvretta: Vergaldatal bei Gargellen, oberes Ochsental N Piz Buin (HK) – **W**: zw. Salmannsdorf und Hermannskogel (Heeg 1894), Dornbach (Pokorny 1854)

- Europa (exkl. Mediterraneis), Türkei, Sibirien, Japan, nördliches Nordamerika, Arktis, Chile, Antarktis, Neuseeland
- boreal-montan

Gefährdung: Nicht gefährdet.

2. *L. latifolia* (R.M. Schust.) Köckinger – Syn.: *Lophozia latifolia* R.M. Schust.

Ökologie: Hellgrüne bis gebräunte Pflanzen in lockerem Bestand zwischen anderen Moosen und Sauergräsern im Verlandungsgürtel eines subalpinen Bergsees. Gemmen fehlen in der einzigen Aufsammlung, sie kommen anderenorts aber vor; Sporogone werden häufig gebildet.

- m. azidophytisch, s. hygro- bis hydrophytisch, m.–s. photophytisch
- L 8, T 2, K 7, F 8, R 3

Soziologie: In einem Übergangsbereich zwischen einem Trichophoretum und dem tiefer im Wasser stehenden Caricetum rostratae; vergesellschaftet mit *Lophozia wenzelii* und *Straminergon stramineum*. Am Seeufer wächst auch *Galium trifidum*, ein Relikt des Pleistozäns, das in den Alpen nur an drei Seen in den Seetaler Alpen sowie einem weiteren in den Gurktaler Alpen vorkommt.

Verbreitung: Nur ein Nachweis aus den östlichen Zentralalpen; subalpin.

St: Seetaler A: Frauenlacke im Seetal, 1811 m (HK)

- Alpen, Arktis, Grönland, subarktisches Nordamerika
- arktisch-alpin

Gefährdung: Das Vorkommen liegt zwar im Gebiet eines Truppenübungsplatzes, der kleine See war bisher aber nicht von militärischen Aktivitäten betroffen. Als putatives Eiszeitrelikt ist der kleine Bestand primär durch die zunehmende Klimaerwärmung gefährdet.

Anmerkung: Die Pflanzen aus den Seetaler Alpen sind zweihäusig und besitzen reife Sporogone. Sie stimmen in allen Details mit der Beschreibung in Schuster (1969) überein. Die Beziehungen zur primär einhäusigen, variablen *L. excisa* und zur oft pseudo-diözischen *Lophozia jurensis* MEYL. ex MÜLL. FRIB. sind allerdings unklar und bedürfen weiterer Studien (BISANG 1990). Pseudodiözie und ein intermediäres Habitat könnten bei letzterer auf eine hybridogene Sippe hindeuten. – Wegen des Fehlens einer Kombination in *Lophoziopsis* wird diese hier vorgeschlagen: ***Lophoziopsis latifolia* (R.M. Schust.) Köckinger, comb. nova (Basionym: *Lophozia latifolia* R.M. Schust., Bryologist 56: 258. 1953).**

3. *L. longidens* (LINDB.) KONSTANT. & VILNET – Syn.: *Lophozia longidens* (LINDB.) MACOUN, *Jungermannia longidens* LINDB., *Jungermannia porphyroleuca* var. *attenuata* NEES

Ökologie: Grüne bis braungrüne, durch reichen Brutkörperbesatz rotbraun erscheinende, dichte Rasen an Neigungs- und Vertikalflächen oder in Spalten mäßig feuchter und meist halbschattiger Silikatfelsen und -blöcke; in den Kalkgebirgen meist an Baumbasen und freiliegenden Wurzeln von Fichten, Latschen, Buchen etc., selten auf Totholz. Sporogone sind sehr selten; der Ausbreitung dienen die meist massenhaft produzierten Brutkörper.

- s. azidophytisch, mesophytisch, m. skio- bis m. photophytisch
- L 6, T 3, K 6, F 5, R 2

Soziologie: Auf Gestein meist im Grimmio hartmanii-Hypnetum cupressiformis in Gesellschaft von *Barbilophozia hatcheri*, *Cephaloziella divaricata*, *Paraleucobryum longifolium*, *Racomitrium affine* oder *Plagiothecium laetum*. An Baumbasen trifft man sie im Orthodicrano montani-Hypnetum filiformis und im Ptilidio pulcherrimi-Hypnetum pallescentis zusammen mit *Dicranum montanum*, *Hypnum pallescens*, *H. reptile*, *H. cupressiforme*, *H. andoi* und *Ptilidium pulcherrimum*.

Verbreitung: In den Alpen zerstreut, aber ungleichmäßig erfasst; selten in der Böhmischen Masse. Fehlt in B und W. Submontan bis subalpin, 300 bis 1800 m.

K: Hohe Tauern: z; Gurktaler A: Innerkrems (HK & HvM), Saureggental (HK & AS), Scharfes Eck der Grebenzen (HK); Gailtaler A: Tiboldgraben N Stockenboi (HK & HvM); Karnische A: Frohntal (HK & MS), S Tröpolach (HK); Karawanken: SW-Seite Hochobir (HK & MS) – **N**: Waldviertel: Reginafelsen bei Hardegg (RICEK 1984), Groß- und Klein-Eibenstein bei Gmünd (RICEK 1982), Friedental W Harmanschlag (HH) – **O**: Mühlviertel: Zwieselberg im Böhmerwald, Klammleitenbach bei Königswiesen, St. Thomas/Blasenstein (SCHLÜSSLMAYR 2011); Donautal: Schloßkogel bei Sarmingstein (SCHLÜSSLMAYR 2011); NA: Aurachkar im Höllengebirge und Leonsberg (RICEK 1977), Feuerkogel im Höllengebirge (als *L. sudetica*, GRIMS 1985, rev. HK), v bis z im Ostteil (SCHLÜSSLMAYR 2002b, 2005) – **S**: NA: Aufstieg zum Reifhorn in den Loferer Steinbergen (KERN 1915), Schidergraben in den Leoganger Steinbergen, Dientener Sattel, Untersberg (CS); Zillertaler A: Wildgerlostal (SCHRÖCK et al. 2004); Hohe Tauern: z (CS); Niedere Tauern: Lessachtal (KRISAI 1985), Überlingplateau (CS) – **St**: Totes Gebirge: Riesenbachgraben bei Mitterndorf (BREIDLER 1894); Ennstaler A: Klosterkogel bei Admont (BREIDLER 1894), Gesäuse (SUANJAK 2008), Spitzenbachklamm (HK); Niedere Tauern: Untertal und Hochwurzen bei Schladming, Dürrmoosfall bei St. Nikolai (BREIDLER 1894); Oberes Murtal: Bocksruck bei Unzmarkt (HK); Gleinalpe: Mugel bei Leoben (BREIDLER 1894); Ost-St: Rabenwaldkogel bei Anger (BREIDLER 1894) – Nord-**T**: Verwall: Rosannatal (LOESKE 1908); Ötztaler A: mehrfach (DÜLL 1991); Stubaier A: Untertal (HANDEL-MAZZETTI 1904); Zillertaler A: z (LOESKE 1909); Ost-**T**: DÜLL (1991) – **V**: z in den Berggebieten (AMANN et al. 2013)

- Europa (exkl. Mediterraneis), Kaukasus, Türkei, Sibirien, China, Himalaya, nördliches Nordamerika, Arktis
- boreal-montan

Gefährdung: Österreichweit nicht gefährdet; in der Böhmischen Masse allerdings wegen Seltenheit.

4. *Trilophozia* (R.M. SCHUST.) BAKALIN

1. *T. quinquedentata* (HUDS.) BAKALIN – Syn.: *Tritomaria quinquedentata* (HUDS.) H. BUCH, *Jungermannia quinquedentata* HUDS., *Lophozia quinquedentata* (HUDS.) COGN.

Foto: C. Schröck

Ökologie: Grüne bis gelbbraune, kräftige Decken und Rasen oder eingewebt unter anderen Moosen auf frischem Silikatfels an Wänden und auf Blöcken, jeweils an Zenit- und Steilflächen sowie in Spalten, ebenso über Karbonatgestein bei dünner Humusauflage oder in Beständen anderer Moose; gelegentlich an Stammbasen, selten auf Totholz, ausnahmsweise auf Torf in Mooren. Oberhalb der Waldgrenze auch als Bodenmoos, oft massig auf Humus unter Latschen; von hoher Bedeutung zudem in alpinen bis nivalen Felsfluren, z. T. in abweichenden Formen (siehe Anm.). Brutkörper fehlen; Sporogonbildung gelegentlich.

- s. azido- bis neutrophytisch, meso- bis m. hygrophytisch, s. skio- bis m. photophytisch
- L 5, T 3, K 6, F 6, R 5

Soziologie: Wegen weiter ökologischer Amplitude in den verschiedensten Moosgesellschaften anzutreffen; in montanen Lagen besonders häufig im Amphidietum mougeotii, Grimmio hartmanii-Hypnetum cupressiformis, Diplophylletum albicantis, Isothecietum myuri oder auf Kalk im Ctenidietum mollusci. An und oberhalb der Waldgrenze in den Kalkalpen mit hoher Stetigkeit in Distichion-Gesellschaften und als Bodenmoos im Erico-Pinion mugo, in den Zentralalpen gerne im Racomitrietum lanuginosi.

Verbreitung: In den Alpen meist verbreitet und oft häufig (regional nur zerstreut); in der Böhmischen Masse nur im Nahbereich der Donau recht verbreitet, sonst selten bis zerstreut, im Böhmerwald sogar fehlend; gelegentlich im Klagenfurter Becken, sehr selten im Alpenvorland und auf Basalt im Südosten der St. Fehlt in B und W. Montan bis nival, ca. 400 bis 3400 m.

K: A: v bis z; Klagenfurter Becken: z – **N**: Waldviertel: E Hoheneich (HZ); Wachau (inkl. Seitentäler der Donau): v; A: v – **O**: Mühlviertel: Altenfelden und Neufelden an der Gr. Mühl, z im Ostteil (Schlüsslmayr 2011); Donautal: Rannatal (Grims 2004), bei Kramesau, Bad Mühllacken, Grein und Sarleinsbach (Poetsch & Schiedermayr 1872, Schlüsslmayr 2011); NA: v bis z – **S**: Stadt Salzburg: Samer Mösl (Gruber 2001); A: v – **St**: A: v; Grazer Umland: mehrfach (Breidler 1894); Süd-St: Constantinshöhe bei Gleichenberg (Breidler 1894) – **T** – **V**: NA: z bis v; ZA: v

- Europa (exkl. Mediterraneis), Türkei, Sibirien, Himalaya, China, Japan, nördliches Nordamerika, Arktis
- boreal-montan

Gefährdung: Nicht gefährdet.

Anmerkung: Die var. *grandiretis* Buch am Hinteren Spiegelkogel (det. K. Müller, Pitschmann & Reisigl 1954) in nivaler Lage. Vergleichbare Ausprägungen kommen aber auch anderswo in den Zentralalpen vor. Auffällig sind in der Gipfelregion der Silikat-Hochalpen auch sehr zarte, kleinblättrige Pflanzen auf Gesteinsdetritus, die der fo. *gracilis* (C.E.O. Jensen) R.M. Schust. entsprechen.

5. ***Tritomaria*** Schiffn. ex Loeske

1. *T. exsecta* (Schmidel) Loeske – Syn.: *Jungermannia exsecta* Schmidel, *Sphenolobus exsectus* (Schmidel) Steph.

Ökologie: Grüne bis gebräunte Räschen aus aufsteigenden, brutkörpertragenden Sprossen oder in andere Moose eingewebte Einzelsprosse auf feuchtem Totholz und als einer der ersten Pioniere auf Silikatfels und Blöcken in feuchtschattigen Lagen; submontan oft nur an Bachblöcken. In Bergwäldern auch epiphytisch, in der Regel an Stammbasen. Manchmal auf sandiger oder lehmiger Erde an Waldwegböschungen. Oberhalb der Waldgrenze auf saurem Humus und als Polstergast meist in sonniger Lage zu finden. Sporogone sind sehr selten; Ausbreitung via Brutkörper, die immer in Massen produziert werden.

- s.–m. azidophytisch, meso- bis m. hygrophytisch, s.–m. skiophytisch
- L 4, T 4, K 5, F 6, R 3

Soziologie: Eine Klassenkennart der Cladonio digitatae-Lepidozietea reptantis; auf Silikatfels u. a. im Diplophylletum albicantis, im Rhabdoweisietum fugacis, in Schluchten der Böhmischen Masse im Brachythecietum plumosi. Auf Totholz wächst die Art in Gesellschaften des Nowellion und Tetraphidion, mit höherer Stetigkeit im Riccardio palmatae-Scapanietum umbrosae und im Bazzanio tricrenatae-Mylietum taylori. In der Alpinstufe der Zentralalpen häufig an südseitigen Humuswülsten in der Kontaktzone von Rasen zu Felsschrofen, oft zusammen mit *Rhabdoweisia fugax*, *Pohlia elongata*, *Cynodontium gracilescens* und *Oreoweisia torquescens*. In alpinen Felsfluren nicht selten auch als Gast in *Amphidium lapponicum*- und sogar *Oreas martiana*-Polstern.

Verbreitung: Im Gesamtgebiet vorkommend, aber nur in der Montanstufe der Alpen verbreitet und häufig, in der Böhmischen Masse zerstreut, sonst selten. Collin bis alpin, ca. 300 bis 2600 m.

B: Süd-B: bei Deutsch-Minihof und Welten (Maurer 1965) – **K**: A: v bis z; selten im Klagenfurter Becken – **N**: Waldviertel: Karlstifter Umgebung und bei Heinrichs (HZ), bei Litschau, Karlstift und Pöggstall (Heeg 1894); Dunkelsteinerwald: bei Oberbergern (Heeg 1894); Wienerwald: bei Rekawinkel und Kritzendorf (Heeg 1894), Troppberg (HZ); NA: v; Wechsel: wohl z bis v – **O**: Mühlviertel: im Böhmerwald mehrfach, bei Freistadt, Sandl, Königswiesen, im Waldaisttal und Kl. Yspertal (Schlüsslmayr 2011); AV: bei Vöcklabruck (Poetsch & Schiedermayr 1872); Flyschzone und NA: v – **S** – **St** – **T** – **V** – **W**: Neuwaldegg (Heeg 1894), Dornbach (Pokorny 1854), Ottakringer Wald (HZ)

- Europa (exkl. Mediterraneis), Makaronesien, Kaukasus, Türkei, Sibirien, Himalaya, China, Korea, Japan, Nordamerika
- westlich temperat-montan

Gefährdung: Nicht gefährdet.

2. *T. exsectiformis* (Breidl.) Loeske – Syn.: *Jungermannia exsectiformis* Breidl., *Sphenolobus exsectiformis* (Breidl.) Steph.

Ökologie: Grüne bis braune Räschen aus aufsteigenden, brutkörpertragenden Sprossen an trockenen bis mäßig feuchten, sonnigen bis mäßig schattigen Silikatfelsen und -blöcken; wesentlich seltener auf Totholz; bisweilen an exponierten Wurzeln von Nadelbäumen oder ausgehagerten Erdrainen; selten auf Torfboden. Oberhalb der Waldgrenze auf saurem Humus in Zwergstrauchheiden, Alpinrasen und Felsfluren (auch über Karbonatgrund). Bevorzugt deutlich trockenere und hellere Standorte als die Schwesterart *T. exsecta*. Sporogone sind sehr selten; vegetative Ausbreitung über die reiche Brutkörperproduktion.

- s. azidophytisch, m. xero- bis m. hygrophytisch, m. skio- bis s. photophytisch
- L 6, T 4, K 6, F 5, R 2

Soziologie: Gilt wie *T. exsecta* auch als Klassenkennart der Cladonio digitatae-Lepidozietea reptantis. Man findet sie etwa im Grimmio hartmanii-Hypnetum cupressiformis auf relativ trockenem, halbschattigem Silikatfels zusammen mit *Pterigynandrum filiforme*, *Barbilophozia hatcheri* oder *Paraleucobryum longifolium*, auf feuchten Felsflächen im Diplophylletum albicantis und in Felsspalten in verarmten Ausprägungen des Amphidietum mougeotii sowie im Rhabdoweisietum fugacis; in diesen beiden Gesellschaften auch in der Alpinstufe der Zentralalpen. In der subalpinen Region der Kalkgebirge hat sie über Humus im Polytrichetum juniperini ihre höchste Stetigkeit.

Verbreitung: In den Zentralalpen zerstreut, regional verbreitet; in den Nordalpen wegen des eingeschränkten Standortsspektrums ziemlich selten (keine Nachweise aus S und T); in den Südalpen selten. In der Böhmischen Masse zerstreut. Fehlt in B und W. Submontan bis alpin, ca. 400 bis 2700 m.

K: Hohe Tauern: Elewitschwand bei Heiligenblut (HK), Kegelesee im Kl. Zirknitztal und bei Döllach (F. Koppe); Zirknitztal (RD), Lodronsteig und Pflüglhof im Maltatal (HK), Radlgraben (RD); Gurktaler A: Innerkrems (RD); Seetaler A: SW Reichenfels (HK), Kl. Saualpe (Głowacki 1910); Stubalpe: Petererkogel (HK); Koralpe: Rassing (Latzel 1926), unterhalb der Gösler Hütten (HK); Klagenfurter Becken: Freiberg SE Frauenstein (HK); Karnische A: E Luggauer Törl und Raudenspitze (HK & MS) – **N**: Waldviertel: bei Litschau (HZ), bei Albrechtsberg (HH); Dunkelsteinerwald: Bergern (HH); NA: Rothwald am Dürrenstein (HZ), Preiner Gscheid (als abweichende Form unter *T. exsecta*, Heeg 1894) – **O**: Mühlviertel: Plöckenstein, bei Sandl, Liebenau, im Stampfenbachtal, Wenigfirling, bei Königswiesen und Bad Kreuzen (Schlüsslmayr 2011); Donautal: Rannatal, NE Grein (Schlüsslmayr 2011); NA: z – **S**: Hohe Tauern: Krimmler Fälle (Gruber et al. 2001), Untersulzbachtal (CS), Edelweißspitze (JK), Anlauftal bei Böckstein (CS); Radstädter Tauern: Großeck bei Muhr (Breidler 1894), Ennskraxen (GSb), Speiereck (Krisai 1985); Schladminger

Tauern: N Obertauern (GEISSLER 1989) – **St**: Ausseerland: Krungler Moor bei Mitterndorf (BREIDLER 1894); Rax: Preiner Gscheid (BREIDLER 1894); Eisenerzer A: Reichenstein (HK); Niedere Tauern: Untertal (Typuslokalität!), Riesachfall und Preuneggtal bei Schladming, Gumpeneck in der Sölk, Rettelkirchspitze bei Schöder, Hochreichart, Hagenbachgraben und Gotstal bei Kalwang, Bremstein bei Mautern (BREIDLER 1894), Ruprechtseck (HK); Seetaler A: Seetal (HK); Stubalpe: Kleinfeistritz und Rappoldkogel (HK); Ost-St: Pöllauberg, Königsberg bei Birkfeld und bei Wenigzell (BREIDLER 1894) – Nord-**T**: Verwall: bei St. Anton und Galtür (DÜLL 1991); Ötztaler A: Leiersbachtal, Bichlbachschlucht, bei Trenkwald und Plangeross (DÜLL 1991); Stubaier A: Fotschertal (HANDEL-MAZZETTI 1904); Zillertaler A: Brandberg und Hollenzen (LOESKE 1909); Ost-**T**: Hohe Tauern: bei Matrei (DÜLL 1991), Dorfertal bei Kals (CS & HK), Ködnitztal bei Kals (HERZOG 1944) – **V**: Eichenberg bei Bregenz (J. Blumrich, BREG); Göfner Wald (F. Gradl, BREG); Bregenzerwald: Annalperaualpe bei Au (GA); Allgäuer A: Diedamskopf (HZ); Lechquellengebirge: Kriegerhorn (Nachbaur, det. J. Blumrich, BREG), zw. Madloch- und Mittagspitze (HK); Silvretta: Vergaldatal S Gargellen, Bielerspitze (HK), Zaferna (CS)

- Europa (exkl. Mediterraneis), Kaukasus, Türkei, Sibirien, nördliches Nordamerika
- boreal-montan

Gefährdung: Nicht gefährdet.

Anmerkung: Diese Art wird aufgrund der Häufigkeit ihrer habituell kaum unterscheidbaren Schwesterart *T. exsecta* leicht und auch gerne übersehen. – Alpine Pflanzen kommen manchmal der Beschreibung der subsp. *arctica* R.M. SCHUST. nahe; aussagekräftige Vergleichsstudien fehlen allerdings.

3. *T. scitula* (TAYLOR) JÖRG. – Syn.: *Jungermannia scitula* TAYLOR

Ökologie: Bläulichgrüne Räschen mit aufsteigenden Brutkörpertrieben auf feuchtem Humus und Gesteinsdetritus, selten unmittelbar auf Fels, über Karbonat- und basenreichem Silikatgestein (u. a. Amphibolit, Grün- und Glimmerschiefer), vor allem in N-exponierten Felsfluren und Kalk-Grobblockhalden, wo sie sich mit Vorliebe an Kaltluft-Aus-

Foto: M. Reimann

strömöffnungen aufhält. Sie besiedelt auch Karbonat-Schneeböden; seltener trifft man sie in steinigen Pionierfluren. Sporophyten sind sehr selten; die Ausbreitung erfolgt über die Gemmenproduktion.

- subneutro- bis neutrophytisch, m. hygrophytisch, m. skio- bis m. photophytisch
- L 5, T 2, K 7, F 6, R 7

Soziologie: Eine Verbandskennart des Distichion capillacei, wo man sie meist in Varianten mit längerer Schneebedeckung, speziell im Timmietum norvegicae, zusammen mit *Scapania cuspiduligera*, *Blepharostoma trichophyllum* subsp. *brevirete*, *Distichium capillaceum*, *Encalypta alpina*, *Ditrichum gracile*, *Tayloria froelichiana* oder *Campylium stellatum* finden kann. In Kaltluftblockhalden wächst die Art gerne mit *Odontoschisma macounii*, *Mesoptychia heterocolpos* oder *Isopterygiopsis pulchella*.

Verbreitung: In den Zentralalpen selten bis zerstreut, mit einem Häufigkeitszentrum in den Kalkschiefergebieten der Hohen Tauern. In den Nordalpen ganz im Westen zerstreut, sonst sehr selten; in den Südalpen sehr selten. Fehlt in B, N und W. Montan bis nival, 1000–3000 (3400) m.

K: Hohe Tauern: zw. Margaritzenstausee und Stockerscharte (HK, JK & MS), W-Grat Tauernkopf (HK & HvM), Kesselkeessattel (HK), bei der Noßberger Hütte im Gradental (Koppe & Koppe 1969), zw. Fraganter Hütte und Schobertörl (HK), Straköpfe NW Mallnitz (HK), zw. Hannoverhaus und Grauleitenspitze (HK & HvM), Kareck (HK & CS), Salzkofel (HK); Gurktaler A: Kaiserburg am Wöllaner Nock (HK & AS); Gailtaler A: Staff (HK & HvM) – **O**: Dachsteingebirge: beim Wiesmoos N Gosau (CS); Warscheneck: beim Brunnsteiner See (Schlüsslmayr 2005) – **S**: Hohe Tauern: Hochtor gegen Brennkogel (JK), zw. Hannoverhaus und Grauleitenspitze (HK & HvM) – **St**: Hochschwab: Oberes Moosloch S Wildalpen (HK); Niedere Tauern: zw. Kampspitze und Giglachseen, zw. Schimpelspitze und Süßleiteck (HK), Seckauer Zinken (K. Loitlesberger in Müller 1906–1916) – Nord-**T**: Allgäuer A: Mutte zwischen Rothornspitze und Bernhardseck (MR); Silvretta: Jamtalhütte (Koppe & Koppe 1969); Ötztaler A: Hinterer Spiegelkogel, 3400 m (Pitschmann & Reisigl 1954); Lußbachtal unter der Kaunergrathütte (Düll 1991); Stubaier A: Längental im Sellrain (Düll 1991); Tuxer A: Tulfeiner Alpe und Glungezer (Koppe & Koppe 1969); Kaisergebirge: im „Gr. Friedhof“ (H. Smettan u. a. in Düll 1991); Ost-**T**: Hohe Tauern: Berger See bei Hinterbichl und Felbertauern (Koppe & Koppe 1969), Schönleitenspitze, Pfortscharte und Peischlachtal bei Kals (Herzog 1944), Ködnitztal (HK) – **V**: Allgäuer A: Schwarzwassertal und Fluchtalpe, 1300–1370 m; Lechquellengebirge: Obere Wildgrubenspitze; Rätikon: Sulzfluh (Amann et al. 2013)

- Alpen, Karpaten, Skanden, Ural, subarktisches Nordamerika, Arktis
- arktisch-alpin

Gefährdung: Nicht gefährdet.

7. *Scapaniaceae* MIG.

1. *Diplophyllum* (DUMORT.) DUMORT.

1. *D. albicans* (L.) DUMORT. – Syn.: *Diplophylleia albicans* (L.) TREVIS., *Jungermannia albicans* L.

Fotos: H. Köckinger

Ökologie: Olivgrüne bis braune Rasen oder Decken auf feuchtschattigen Vertikal- und Neigungsflächen und in Spalten von kalkfreien Silikatfelsen und -blöcken, außerdem an lehmigen, sauren Erdstandorten an Erdrainen und Forststraßenböschungen in Wäldern; selten auf Totholz. Gemmen sind häufig, ebenso Sporogone.

- s. azidophytisch, m. xero- bis m. hygrophytisch, s.–m. skiophytisch
- L 4, T 4, K 4, F 4, R 2

Soziologie: Die Art gehört zu den Kennarten des Diplophyllion albicantis und des Diplophylletum albicantis. Häufige Begleiter auf Gestein sind *Scapania nemorea*, *Heterocladium heteropterum*, *Marsupella emarginata*, *Rhabdoweisia fugax* und *R. crispata*. Auf lehmiger Erde im Dicranellion heteromallae findet man sie ebenfalls mit *S. nemorea*, weiters mit *Dicranella heteromalla*, *Calypogeia muelleriana*, *Pseudotaxiphyllum elegans*, *Cephalozia bicuspidata* oder *Atrichum undulatum*.

Verbreitung: Im Gesamtgebiet präsent und außerhalb der Kalkgebirge meist verbreitet. Planar bis alpin; bis ca. 2500 m aufsteigend.

B: Süd-B: zw. Rechnitz und Hirschenstein (Latzel 1941), bei Schlaining, Stuben und Welten (Maurer 1965) – **K** – **N**: Waldviertel und Donautal: z bis v; NA: Leckermoos (HZ), Tratenkogel SW Prein (HK); Wechsel: wohl v – **O**: Mühlviertel und Donautal: v; Sauwald (FG); AV und Flyschzone: z bis v; NA: bei Großraming, Ebensee, Molln, Anlaufalm im Hintergebirge, Unterlaussa, Kotgraben am Pyhrnpass (Schlüsslmayr 2005) – **S**: Stadt Salzburg: Radecker Wald (Gruber 2001); ZA: v – **St**: außerhalb der NA v – **T**: ZA: v – **V**: ZA: v; im Norden und Nordwesten z – **W**: Hadersdorf (Pokorny 1854)

- Europa, Makaronesien, Türkei, Ostasien, nördliches Nordamerika, Arktis
- nördlich subozeanisch

Gefährdung: Nicht gefährdet.

2. *D. obtusifolium* (Hook.) Dumort. – Syn.: *Diplophylleia obtusifolia* (Hook.) Trevis., *Jungermannia obtusifolia* Hook.

Ökologie: Gelb- bis braungrüne, oft rötlich überlaufende Decken oder gemischt mit anderen Moosen in Pionierfluren über sauren, lehmigen oder steinigen, meist hellen Erdstandorten in Wäldern, vor allem an jungen Forststraßenböschungen. Daneben auch an Kahlstellen in Heiden. Gemmen spielen keine große Rolle; die Ausbreitung erfolgt primär via Sporen.

- s. azidophytisch, mesophytisch, m. skio- bis m. photophytisch
- L 5, T 4, K 4, F 5, R 2

Soziologie: Eine Verbandskennart des Dicranellion heteromallae; insbesondere im Pogonato urnigeri-Atrichetum undulatum, Pogonatetum aloidis und im Nardietum scalaris. Häufig Begleitarten sind *Solenostoma gracillimum*, *Nardia scalaris*, *Scapania curta*, *Pellia neesiana*, *Endogemma caespiticia*, *Ditrichum heteromallum*, *Pogonatum urnigerum* und *P. aloides*.

Verbreitung: Im Gesamtgebiet vorhanden und in den Silikatgebieten meist verbreitet (in den westlichen und östlichsten Zentralalpen mangelhaft erfasst); in den Nord- und Südalpen selten bis zerstreut und auf Silikatenklaven beschränkt. Planar bis subalpin (Angaben aus der Alpinstufe wohl irrig); bis ca. 1600 m aufsteigend.

B: Süd-B: bei Bernstein (Maurer 1965), zw. Rechnitz und Hirschenstein (Latzel 1941) – **K**: ZA und Klagenfurter Becken: v; SA: z – **N**: Waldviertel: z; Wienerwald: bei Rekawinkel (Heeg 1894); NA: Erzgraben S Annaberg (HZ); Wechsel: wohl v – **O**: Mühlviertel und Donautal: v; Sauwald (FG); AV: z; Flyschzone: Klauswald bei Thalham, Krahberg, Schauerwaldstraße (Ricek 1977), Reindlmühl (S.

Biedermann), Kleinraminggraben (SCHLÜSSLMAYR 2005); NA: am Laudachsee, Stummerreut bei Rosenau, am Pyhrnpass und bei Spital (SCHLÜSSLMAYR 2005) – **S**: AV: Radeck bei Salzburg (SAUTER 1871); NA: bei Werfenweng und Maria Alm (PP); ZA: v – **St**: außerhalb der NA v – Nord-**T**: ZA: z ; Ost-**T**: Schloßberg bei Lienz (SAUTER 1894) – **V**: z – **W**: Neuwaldegg (HEEG 1894)

- Europa (exkl. Mediterraneis), Sibirien, Japan, westliches Nordamerika, Grönland
- subozeanisch-montan

Gefährdung: Nicht gefährdet. Die Art wurde in den letzten Jahrzehnten durch massiven Forststraßenbau gefördert.

3. *D. taxifolium* (WAHLENB.) DUMORT. – Syn.: *Diplophylleia taxifolia* (WAHLENB.) TREVIS., *Jungermannia taxifolia* WAHLENB.

Ökologie: Hellgrüne bis braune Rasen oder Decken an feucht-schattigen Silikatfelsen und in Blockhalden (mitunter in tiefschattigen Löchern), vorwiegend im Waldgrenzbereich oder darüber; daneben auf saurer Erde und Humus in lückigen, feuchten Zwergstrauchheiden, subalpinen Gebüschen und feuchten Alpinrasen, Selten in der Waldstufe an Erd-Pionierstandorten. Sporogone sind selten; die Ausbreitung erfolgt fast ausschließlich mittels Brutkörpern.

- s. azidophytisch, meso- bis m. hygrophytisch, s. skio- bis m. photophytisch
- L 5, T 2, K 6, F 6, R 2

Soziologie: Gilt als Kennart des Cephalozio bicuspidatae-Diplophylletum taxifolii des Verbandes Diplophyllion albicantis, das aus relativ tiefer, montaner Lage beschrieben wurde. Der Schwerpunkt liegt allerdings im Gymnomitrietum concinnati innerhalb des Verbandes Andreaeion petrophilae. Weiters findet man sie in Hochlagenausprägungen des Nardietum scalaris in den Loiseleurio-Vaccinietea, im Hygrocaricetum curvulae, im Alnion viridis und in subalpinen Waldgesellschaften. Häufige Begleitarten sind *Gymnomitrion concinnatum*, *G. corallioides*, *Cephalozia bicuspidata*, *Barbilophozia sudetica*, *Neoorthocaulis floerkei*, *Nardia scalaris*, *Schistochilopsis opacifolia*, *Andreaea rupestris*, *Kiaeria starkei* oder *Racomitrium sudeticum*.

Verbreitung: In den Hochlagen der Zentralalpen verbreitet und oft häufig; in den Nordalpen selten; in den Südalpen am silikatischen Westrand verbreitet, aus dem Ostteil nur ein Nachweis. Eine historische Angabe aus dem Alpenvorland. In der Böhmischen Masse auf die Gipfelregionen des Böhmerwalds beschränkt. Fehlt in B und W. Montan bis nival, ca. 1100 bis 3200 m.

K: ZA: v; Karnische Alpen: am W-Rand v; Steiner A: Vellacher Kotschna (HK & MS) – **N**: Wechsel: Steinerne Stiege und Plateau (HEEG 1894, HZ) – **O**: Mühlviertel: Gipfel von Plöcken- und Bärenstein (SCHLÜSSLMAYR 2011); Totes Gebirge: Röllsattel (SCHLÜSSLMAYR 2005) – **S**: AV: auf Sandstein bei Salzburg (SAUTER 1871); NA: Hochkranz bei Lofer (S. Biedermann); ZA: v – **St**: ZA: v – **T**: Allgäuer A: Rothornspitze (MR); ZA: v – **V**: Allgäuer A: Subersach-Quellgebiet und Ifenmulde (MR); ZA: v

- Gebirge West-, Zentral- und Südeuropas, Nordeuropa, Türkei, Ostasien, Nordamerika, Arktis
- boreal-subarktisch-alpin

Gefährdung: In den hohen Lagen der Zentralalpen nicht bedroht. Die isolierten Vorkommen auf den Böhmerwaldgipfeln, in den Kalkgebirgen und in den Randlagen der Zentralalpen (z. B. am Wechsel) sind aber langfristig durch die Klimaerwärmung gefährdet.

2. *Saccobasis* H. BUCH

1. *S. polita* (NEES) H. BUCH – Syn.: *Tritomaria polita* (NEES) JØRG., *Jungermannia polita* NEES, *Sphenolobus politus* (NEES) STEPH., *T. polita* subsp. *polymorpha* R.M. SCHUST., *T. polymorpha* (R.M. SCHUST.) GROLLE

Ökologie: Dunkel- bis schwarzgrüne oder rötlichbraune, mäßig glänzende, dichte Rasen in lang schneebeckten basenreichen, aber silikatischen Quellfluren, an Quellbachrändern, in Niedermooren, in feuchten, N-seitigen Felsfluren aus Karbonat- oder basenreichen Silikatgesteinen und auf basenreichen Schneeböden. Brutkörper sind selten; Sporogone bilden sich gelegentlich.

Foto: M. Lüth

- subneutro- bis neutrophytisch, s. hygro- bis hydrophytisch, m.–s. photophytisch
- L 7, T 2, K 6, F 7, R 7

Soziologie: In subalpinen und alpinen, leicht basenhaltigen Trichophoreten und in Quellfluren des Cardamino-Montion mit *Blindia acuta*, *Scapania irrigua*, *Bryum pseudotriquetrum*, *Philonotis seriata*, *Campylium stellatum*, *Oncophorus virens* und *Mesoptychia bantriensis* oder bei geringerem Basengehalt in Gesellschaft von *Harpanthus flotovianus* und *Straminergon stramineum*. Auf Karbonat-Schneeböden und in nordseitigen basenreichen Felsfluren im Distichion capillacei, an Felsen primär im Solorino-Distichietum capillacei, bei längerer Schneebedeckung im Timmietum norvegicae, Asterelletum lindenbergianae und im Dichodontio-Anthelietum juratzkanae. Häufige chionophile Begleiter sind *Scapania cuspiduligera*, *Distichium capillaceum*, *Asterella lindenbergiana*, *Peltolepis quadrata*, *Blepharostoma trichophyllum* subsp. *brevirete*, *Tayloria froelichiana* oder *Philonotis tomentella*.

Verbreitung: In den Nordalpen zerstreut (noch kein Nachweis aus dem Tiroler Anteil); in den Zentralalpen in den kalkreichen Teilen zerstreut bis verbreitet, sonst selten; selten in den Südalpen. Fehlt in B und W. Montan bis alpin (nival), ca. 1300 bis 2600 (3470) m.

K: Hohe Tauern: beim Wallackhaus S Hochtor (HK & HvM); Gößnitztal (HK), Gradental (HK & HvM), Schobertörl in der Fragant (HK), Großfragant (HH), Kl. Sadnig (HK), Schwarzsee im Wurtengebiet (HK & HvM), Vorderer Gesselkopf (HK & AS), oberstes Teuchltal (HK), Tandelalpe bei Malta (Breidler 1894), Maresenspitze (Koppe & Koppe 1969); Gurktaler A: Bärengrubenalm SW Innerkrems (HK & HvM), Rosenigalpe bei Innerkrems (Breidler 1894), Gruft (HK & AS), Wintertalernock (HK); Saualpe: SW Ladinger Spitz (HK & AS); Karnische A: Rauchkofel am Wolayersee (HH); Karawanken: Bielschiza bei der Klagenfurter Hütte (HK); Steiner A: Sannthaler und Seeländer Sattel (HK & MS) – **N**: NA: Gipfelregionen von Dürrenstein, Ötscher, Rax und Schneeberg (Zechmeister et al. 2013) – **O**: NA: Toter Mann am Warscheneck (Fitz 1957), Traunstein, Kasberg, Hoher Nock im Sengsengebirge, Rinnerhütte und Weitgrube im Toten Gebirge, Lagelsberg, Speikwiese, Brunnsteiner See und Arbesboden am Warscheneck, Gr. Pyhrgas und Laglkar in den Haller Mauern (Schlüsslmayr 2005); Höllengebirge: auf der Gaisalm, Brennerin, Edeltal und Feuerkogel (Ricek 1977), Nordaufstieg zum Hochlecken und zwischen Feuerkogel und Riederhütte (Schröck et al. 2014); Dachstein: Krippenbrunn, Am Stein, Taubenkogel und Gjaidalm (GS) – **S**: NA: Untersberg (Sauter 1871), Schafberg (Koppe & Koppe 1979), Dientener Sattel (Heiselmayer & Türk 1979); Hohe Tauern: Storz bei Muhr, Grieskogel bei Kaprun (Breidler 1894), Kitzsteinhorn (HH), Seidlwinkltal (JK); Niedere Tauern: Wagrainer Haus, Sonntagskogel, Zehnerkarspitze, Gamsleitenspitze (GSb), Radstädtertauern (Sauter 1871), Scharnock und Landwierseen (JK) – **St**: Totes Gebirge: zw. Schwarzsee und Unterhütten (Breidler 1894), gelegentlich in den Eisenerzer A und am Hochschwab (HK); Niedere Tauern: z bis v; Seetaler A: Obere Winterleiten (Breidler 1894, HK), Rothaide, Lavantkar (HK) – Nord-**T**: Verwall: bei St. Anton (Düll 1991); Silvretta: Jamtalhütte bei Galtür (Koppe & Koppe 1969); Ötztaler A: Hinterer Seelenkogel in 3470 m (Pitschmann & Reisigl 1954), Venter Tal, Gaisbergtal, am Rifflsee (Düll 1991), Schönwies bei Obergurgl (Geissler

1976); Stubaier A: Schwarzhorn und oberhalb Lisenseralpe (Jack 1898), Senderstal (Handel-Mazzetti 1904); Tuxer A: Rinnerberg (Jack 1898), Tulfeinalpe, Glungezer (Koppe & Koppe 1969); Kitzbühler A: Kl. Rettenstein (Wollny 1911); Ost-**T**: Hohe Tauern: Innergschlöss (Jack 1898), Steiner Alpe bei Matrei (Breidler 1894), Berger See bei Hinterbichl und Hoher Bühl bei Kals (Koppe & Koppe 1969), Peischlachtörl und Hoher Bühl bei Kals (Herzog 1944) – **V**: Allgäuer A, Lechtaler A, Rätikon und Silvretta: z bis v; in den anderen Gebirgen s (Amann et al. 2013)

- Alpen, Schottland, Skanden, Belgien, Karpaten, NW-Russland, subarktisches Nordamerika, Arktis
- arktisch-alpin

Gefährdung: Nicht gefährdet.

3. *Scapania* (Dumort.) Dumort.

1. *S. aequiloba* (Schwägr.) Dumort. – Syn.: *Jungermannia aequiloba* Schwägr., *S. rupestris* (Schleich.) Dumort., *S. tyrolensis* (Nees) Nees

Ökologie: Gelbgrüne bis hellbraune, kräftige Rasen an Karbonat- und basenreichen Silikatfelsen und -blöcken in meist schattiger Lage; häufig auch auf schwarzer, skelettreicher Humuserde über Kalkgrund; außerdem auf Karbonat-Schneeböden; seltener in sandigen Pionierfluren und auf basisch beeinflusstem Totholz. Der Feuchtigkeitsbedarf steht in Abhängigkeit von der Höhenlage. Sporogone sollen selten sein; die Ausbreitung erfolgt primär über die starke Brutkörperproduktion.

- subneutro- bis basiphytisch, meso- bis m. hygrophytisch, m. skio- bis m. photophytisch
- L 5, T 3, K 6, F 6, R 7

Soziologie: Eine Ordnungskennart der Ctenidietalia mollusci; häufig im Ctenidietum mollusci, im Plagiopodo oederi-Orthothecietum rufescentis und im Hochgebirge in Distichion-Gesellschaften. Junge Bestände findet man in diversen Pioniergesellschaften, insbesondere im Dicranelletum rubrae. Häufige Begleitarten sind *Ctenidium molluscum*, *Fissidens cristatus*, *Mesoptychia collaris*, *Tortella tortuosa* oder *Preissia quadrata*.

Verbreitung: In den Nord- und Südalpen verbreitet und häufig; in den Zentralalpen selten bis verbreitet; in der Böhmischen Masse selten und nur in Donaunähe; ebenso selten im Alpenvorland. Fehlt in W. Submontan bis alpin, ca. 500 bis 2600 m.

B: Süd-B: Weg vom Wenzelangersattel nach Stuben und Straße von Bernstein nach Redlschlag (Latzel 1941) – **K**: ZA: z bis v; Klagenfurter Becken: z; SA: v – **N**: Wachau: Buchberg N Spitz (Hagel 2015), N Schönbühel (HH); NA: v – **O**: Sauwald: N-Seite Haugstein (unter *S. cuspiduligera*, rev. HK, Grims 1985); NA: v –

S: AV: Stadt Salzburg (Gruber 2001); NA: v; ZA: v bis s – **St**: NA und Grazer Bergland: v; ZA: z – **T**: NA und SA: v; ZA: z – **V**: NA: v; ZA: s

- Europa, Türkei, Kaukasus
- boreal-montan

Gefährdung: Nicht gefährdet.

2. *S. apiculata* Spruce

Ökologie: Hell- bis gelbgrüne, mitunter leicht gebräunte, lockere Rasen bis Decken mit auffallend aufrechten, nach oben verschmälerten Brutkörpertrieben auf feuchtem Totholz in schattiger Lage in luftfeuchten engen Tälern und Schluchten. Oft sind es liegende Stämme an Bächen, die periodischer Überflutung ausgesetzt sind und somit einen höheren pH-Wert als übliches Totholz aufweisen. Weinrote Gemmen werden regelmäßig gebildet; auch Sporogone sollen nicht selten sein.

Foto: M. Reimann

- m. azido- bis subneutrophytisch, m. hygrophytisch, m. skiophytisch
- L 4, T 4, K 7, F 6, R 5

Soziologie: Eine Verbandskennart des Nowellion curvifoliae; immer mit reicher Begleitflora, zu der u. a. *Nowellia*, *Blepharostoma*, *Syzygiella autumnalis*, *Rhizomnium punctatum*, *Liochlaena lanceolata* oder *Riccardia latifrons* gehören. Hochwässer sorgen oft für eine mineralische Imprägnierung des Holzes; somit sind diverse Basenzeiger, etwa *Campylium stellatum*, oder selbst Silikatfelsmoose, z. B. *Scapania verrucosa*, als Begleiter nicht ungewöhnlich.

Verbreitung: In den Nordalpen selten bis sehr selten; in den Zentralalpen sehr selten und nur in Unterkärnten; in den Südalpen selten. Fehlt in B, St, Ost-T und W. Submontan und montan, 550 bis ca. 1100 m.

K: Stubalpe: Waldensteiner Graben (HK & AS); Saualpe: Woisbachgraben NW Reisberg (HK & AS); Gailtaler A: W Kreuzwirt bei Greifenburg (Koppe & Koppe

1969); Karnische A: Garnitzenklamm (HK); Karawanken: Strugarzagraben im Bärental (HK & AS) – **N**: NA: Rothwald („Kleiner Urwald") am Dürrenstein (HZ) – **O**: NA: Bodinggraben bei Molln (Schlüsslmayr 1997, 2005) – **S**: NA: Zinkenbachgraben, Königsbach und Bleckwand am Wolfgangsee, Weißenbachgraben bei Strobl (Koppe & Koppe 1969), Zinkenbachklamm (GSb) – Nord-**T**: NA: Haldensee im Tannheimer Tal (S. Biedermann) – **V**: Kleinwalsertal: Breitachtal NE Riezlern (MR)

- Alpen, Pyrenäen, Karpaten, Balkanhalbinsel, Skandinavien, NW-Russland, Kaukasus, Sibirien, Japan, westliches und nordöstliches Nordamerika
- subarktisch-subalpin

Gefährdung: Massiver Holzeinschlag und Forststraßenbau in der Umgebung führen in der Regel zu einem verstärkten Abfluss bei Starkregenereignissen. Das kann durch massive Vermurungen in Extremfällen den gesamten Bestand eines Tales vernichten. Auch durch wasserbauliche Maßnahmen können Bestände verloren gehen.

3. *S. aspera* Bernet & M. Bernet

Foto: C. Schröck

Ökologie: Dunkelgrüne bis rötlich-dunkelbraune, etwas glänzende, kräftige Decken an Vertikal- und Neigungsflächen von Karbonatfelsen und -blöcken in heller bis schattiger Lage; selten auch an Silikatfelswänden. Außerdem findet man die Art nicht selten eingewebt in *Erica herbacea*-Beständen in Föhrenwäldern über Dolomit; manchmal epiphytisch auf basenreicher Borke. Sie bevorzugt deutlich wärmere und trockenere Standorte als die verwandte *S. aequiloba*. Sporogone sehr selten; Ausbreitung mittels Brutkörpern.

- subneutro- bis basiphytisch, m. xero- bis mesophytisch, m. skio- bis m. photophytisch
- L 6, T 4, K 4, F 4, R 7

Soziologie: Wie *S. aequiloba* eine Verbandskennart des Ctenidion mollusci; meidet im Gegensatz zu dieser aber das Distichion capillacei und tritt dafür vermehrt im Neckerion complanatae auf. Bemerkenswert sind die partiell terrestrischen Vorkommen in den Schneeheide-Föhrenwäldern (Erico-Pinetea). Häufige Begleitarten sind *Ctenidium molluscum*, *Tortella tortuosa*, *Metzgeria pubescens*, *Plagiochila porelloides*, *Isothecium alopecuroides*, *Ditrichum flexicaule* sowie *Neckera*- und *Anomodon*-Arten.

Verbreitung: In den Nord- und Südalpen verbreitet (regional zerstreut); in den Zentralalpen selten. Selten auch im östlichen Teil der Böhmischen Masse, im Alpenvorland und im Klagenfurter Becken. Fehlt in B und W. Collin bis montan, ca. 300 bis 1600 m.

K: Gurktaler A: Hinterwinkel der Grebenzen (HK); Klagenfurter Becken: Otwinskogel bei Launsdorf (HK), NW St. Kollmann bei Griffen (HK & AS); SA: v bis z (Schwerpunkt Karawanken) – **N**: Waldviertel: N Tiefenbach im Kamptal, Hausberg W Weiten (HAGEL 2015); Wachau: Buchberg N Spitz (HAGEL 2015); NA: v – **O**: NA: v – **S**: AV: bei Aigen in der Stadt Salzburg (GRUBER 2001); NA: wohl v; Hohe Tauern: Kapruner Tal (LOESKE 1904), Untersulzbachtal (FG & HK, CS) – **St**: NA: v; Oberes Murtal; Oberweg bei Judenburg (HK); Grazer Bergland: Bärenschütz bei Mixnitz (BREIDLER 1894) – Nord-**T**: NA: wohl v (kaum erfasst); Ötztaler A: Ambach im Ötztal (DÜLL 1991); Tuxer A: Voldertal (DÜLL 1991), Wattental (RD & HK); Zillertaler A: Weg zur Edelhütte und Tuxer Klammweg (LOESKE 1909); Ost-**T**: Lienzer Dolomiten: Laserztal (HK) – **V**: NA: v; Ost-Rätikon: Wasserfall unterhalb der Ronggalpe N Gargellen (HK)

- Europa, Kaukasus, Türkei
- nördlich subozeanisch-montan

Gefährdung: Nicht gefährdet.

4. *S. calcicola* (ARNELL & J. PERSS.) INGHAM – Syn.: *Martinellia calcicola* ARNELL & J. PERSS.

Ökologie: Hellgrüne bis schwach gebräunte, wenig ausgedehnte Rasen und Decken, häufiger eingewebt in anderen Moosen über trockenem bis mäßig feuchtem, geneigtem Karbonat- und basenreichem Silikatfels, auch an großen Blöcken, seltener in Felsspalten und auf basenreichem Humus in Kalkalpinrasen. Unterhalb der Waldgrenze meist an halbschattigen, darüber an sonnigen, S-seitigen Standorten. Sporogone unbekannt; Ausbreitung über Brutkörper.

- subneutro- bis basiphytisch, m. xero- bis mesophytisch, m. skio- bis s. photophytisch
- L 6, T 4, K 6, F 4, R 7

Soziologie: Gilt als Verbandskennart des Ctenidion mollusci, kommt dort aber nur in trockeneren Ausprägungen des Ctenidietum mollusci vor. Sie bevorzugt im Gebirge eher xerophilere Gesellschaften, u. a. das Pseudoleskeelletum catenulatae oder das Grimmietum tergestinae. Häufige Begleitarten sind *Ditrichum flexicaule*, *Tortella tortuosa*, *T. bambergeri*, *T. densa*, *Homalothecium lutescens*, *Pseudoleskeella catenulata*, *Fissidens dubius*, *Hypnum vaucheri*, *S. gymnostomophila*, *Myurella julacea* oder *Weissia fallax*. Selten findet man sie in hohen Lagen auch im Amphidietum mougeotii oder in humosen Nischen im Caricetum firmae und Seslerio-Caricetum sempervirentis.

Verbreitung: In den Nordalpen zerstreut bis selten, den Rand des Pannonikums erreichend; in den Zentralalpen selten (bislang nur im östlichen Teil); keine Nachweise aus den Südalpen. Sehr selten im Alpenvorland und im Klagenfurter Becken. Fehlt in B, Ost-T und W. Collin bis alpin, ca. 300 bis 2300 m.

K: Hohe Tauern: Dornbach im Maltatal; Gurktaler A: Hinterwinkel der Grebenzen; Klagenfurter Becken: Otwinskogel bei Launsdorf, Rainzkogel E St. Paul (Köckinger et al. 2008) – **N**: NA: Hundsau- und Klausgraben (HZ), Lechnergraben, Ötscher-W-Grat (HK), Husarentempel bei Mödling (Müller 1906–1916), Helenental (V. Schiffner in W); Steinfeld: Pitten (H. Huber in W, det. A. Latzel, t. HK) – **O**: NA: Traunstein, Schrocken im Toten Gebirge, Rote Wand am Warscheneck und Kl. und Gr. Pyhrgas in den Haller Mauern (Schlüsslmayr 1998, 2002b, 2005) – **S**: Stadt Salzburg: Mönchsberg (Gruber 2001); Hohe Tauern: Thunklamm im Kaprunertal (Kern 1915), Stockeralm im Untersulzbachtal (FG & HK); Schladminger Tauern: Weißpriachtal (Krisai 1985) – **St**: Eisenerzer A: Zeiritzkampel, Kaisertal und Rittersteig am Reiting, Vordernberger Mauern (HK); Hochschwab: Hochturm des Trenchtling, Griesmauer, Klammhöhe bei Tragöss, Dullwitz bei Seewiesen (HK); Niedere Tauern: Mittlere Gstemmerspitze, Lattenberg, Klammgraben bei Bretstein, Liesinggraben bei Wald (HK); Stubalpe: Wölkerkogel (HK); Oberes Murtal: Gerschkogel bei Pöls, Liechtensteinberg bei Judenburg (HK); Grazer Bergland: Gamskogel bei Stübing (HK) – Nord-**T**: Kaisergebirge: Steinbergalm (H. Smettan u. a. in Düll 1991); Inntal: zw. Bhf. Imst und Arzl (Düll 1991); Stubaier A: Peilspitze (HK) – **V**: Rätikon: Sarotlatal (Amann et al. 2013)

- Europa, Kaukasus (in Nordamerika eine andere Unterart)
- boreal-montan

Gefährdung: Nicht gefährdet.

5. *S. carinthiaca* J.B. Jack ex Lindb. – Syn.: *S. carinthiaca* var. *massalongi* Müll. Frib., *S. massalongi* (Müll. Frib.) Müll. Frib.

Ökologie: Gelb- oder hellgrüne Räschen auf Totholz in luftfeuchter Lage in tiefen, bewaldeten Gräben, Schluchten oder an Wasserfällen; selten auf feucht-schattigem Silikatfels. Meist in der Hochwasserzone von Bächen. Periodische Überschwemmungen sorgen für ein lediglich mäßig saures und mineralisch beeinflusstes Holzsubstrat, das die Art offensichtlich bevorzugt. Sporogone selten; Ausbreitung primär vegetativ mittels Brutkörpern.

- m. azido- bis subneutrophytisch, m.–s. hygrophytisch, m. skiophytisch
- L 4, T 4, K 7, F 6, R 5

Soziologie: Eine Verbandskennart des Nowellion curvifoliae; in der Begleitflora finden sich *Nowellia*, *Blepharostoma*, *Lophocolea heterophylla*, *Liochlaena lanceolata*, *S. nemorea*, selten auch *S. scapanioides*, *Rhizomnium punctatum* oder *Sanionia uncinata*. Einzelne basiphile Arten sind fast immer dabei, u. a. *Campylium stellatum*, *Brachythecium rivulare* und an der Typuslokalität sogar *Distichium capillaceum*. Die Begleitflora auf feuchtem Silikatfels ist ähnlich; es treten allerdings saxikole Arten wie *Lejeunea cavifolia* oder *Heterocladium heteropterum* hinzu.

Foto: H. Köckinger

Verbreitung: Selten in den Alpen; Verbreitungsschwerpunkt im Kärntner Anteil. Fehlt in B, T (?) und W. Montan, 600 bis 1600 m.

K: Hohe Tauern: Gößnitzfall (Locus classicus, HK); unterer Kolmitzengraben bei Mörtschach (HK & HvM), Lodronsteig im Maltatal (HK), Lamnitzgraben S Winklern (HK & HvM); Gurktaler A: Graben bei der Fuggeralm N Flattnitz (HK); Seetaler A: hinterer Sommeraugraben SW Reichenfels (HK); Koralpe: hinterer Fraßgraben (HK); Gailtaler A: Kirchbachgraben N Kirchbach (HK); Karnische A: Grießbachschlucht S Würmlach (HK & HvM); Karawanken: Kupitzklamm SE Eisenkappel (Köckinger & Suanjak 1999) – **N**: NA: Gr. Urwald des Rothwald am Dürrenstein (Zechmeister et al. 2013) – **O**: Reichraminger Hintergebirge: Haselschlucht (als *S. massalongi*, Schlüsslmayr 1999a, 2005) – **S**: NA: Königsbachtal S Wolfgangsee (CS); Hohe Tauern: Schwarzwand bei Hüttschlag (Koppe & Koppe 1969) – **St**: Gurktaler Alpen: Gragger Schlucht SW Neumarkt (Ernet & Köckinger 1998) – Ost-**T**: Hohe Tauern: Umbaltal unterhalb Clarahütte (als *S. carinthiaca*, Koppe-Brüder, unbelegt, daher zweifelhaft, Düll 1991) – **V**: Großwalsertal: Ladritschschlucht; Montafon: Einmündung Vermielbach bei St. Gallenkirch (Amann et al. 2013, Schröck et al. 2013: 150)

- Alpen, Karpaten, Nordeuropa, nordöstliches Nordamerika
- subarktisch-subalpin

Gefährdung: Die Vorkommen liegen meist in Bachschluchten bewaldeter Täler. Massiver Holzeinschlag und Forststraßenbau können zu verstärktem Abfluss und verheerenden Hochwasserschäden führen. Auch wasserbauliche Maßnahmen können Populationen zerstören. Wichtig ist, dass immer wieder neues Totholz, am besten größere Stammteile ins Bachökosystem gelangen. Bedrohte Populationen können durch bewussten Holznachschub auch unterstützt werden. *S. carinthiaca* (inkl. *S. massalongi*) gehört zu den Moosarten im Anhang II der FFH-Richtlinie der Europäischen Union. Ihr Erhalt ist in einem Schutzgebietsnetz zu sichern.

Anmerkung: POTEMKIN (1999) synonymisierte *S. carinthiaca* und *S. massalongi*. Da nur wenige österreichische Aufsammlungen nach den bekannten Bestimmungsmerkmalen klar einem der beiden Taxa zugeordnet werden können, wird hier diesem Konzept gefolgt. Die beiden als Varietäten einer Art zu führen (DAMSHOLT 2002, SÖDERSTRÖM et al. 2016) bringt keinen echten Vorteil, zumal die Nichtzuordenbarkeit des Großteils der Proben (kleine, sterile, gemmentragende Pflanzen) bestehen bleibt. Neben den Pflanzen von der Typuslokalität entsprechen auch jene von Flattnitz der Beschreibung von *S. carinthiaca*, hingegen jene aus dem Großwalsertal und den Gailtaler Alpen *S. massalongi*. In diesen Fällen handelt es sich um gut entwickelte, Perianthientragende Pflanzen, die zumindest auf die reale Existenz genetisch verschiedener Pflanzen hindeuten. Möglicherweise verursacht aber auch das härtere Klima an den beiden erwähnten Zentralalpenfundstellen die morphologischen Unterschiede. Kritische Studien an einem umfangreichen Material fehlen bislang.

6. *S. crassiretis* BRYHN

Ökologie: Olivgrüne bis rotbraune Decken in absonnigen, meist N-seitigen, kalkfreien Silikatfelsfluren oberhalb der Waldgrenze. Mit Vorliebe wächst sie auf Gesteinsdetritus in Felsnischen, seltener auf erdigen Felsbänken. Sporogone unbekannt; Ausbreitung über die stets reichlich entwickelten Brutkörper.

- s.–m. azidophytisch, m.–s. hygrophytisch, m. skiophytisch
- L 5, T 1, K 7, F 6, R 3

Soziologie: Im Andreaeion petrophilae oder bei reiferem Bewuchs im Racomitrietum lanuginosi. Wichtige Begleiter sind *Arctoa fulvella*, *Anastrophyllum assimile*, *Sphenolobus minutus*, *Gymnomitrion commutatum*, *G. concinnatum*, *G. corallioides*, *Diplophyllum albicans*, *D. taxifolium*, *Ditrichum zonatum*, *Polytrichum alpinum* und *Racomitrium lanuginosum*.

Verbreitung: Nur in den Zentralalpen; im Ostteil zerstreut, im Westen selten (Angaben aus T überwiegend zweifelhaft). (Subalpin) Alpin, ca. 1900 bis 2600 m.

K: Hohe Tauern: Gamsleitenkopf im Maltatal (HK & HvM), Gamskarspitz im Mörnigtal (HK); Gurktaler A: Klomnock (HAFELLNER et al. 1995); Koralpe: Speikkogel (HK & AS) – **S**: Hohe Tauern: Altenbergtal bei Muhr (BREIDLER 1894); Schladminger Tauern: Landwierseehütte (JK) – **St**: Niedere Tauern: Liegnitzhöhe und Höchstein bei Schladming, Hemelfeldeck, Rantenspitz und Lanschitzhöhe in der Krakau, Arkogel bei Schöder, Bösenstein und Hochheide bei Rottenmann, Maierangerkogel und Zinken bei Seckau (BREIDLER 1894), Deneck, Kl. und Gr. Bösenstein, Hochreichart, Seckauer Zinken, Schwaigerhöhe (HK); Gurktaler A: Eisenhut (BREIDLER 1894); Seetaler A: Zirbitzkogel (BREIDLER 1894, HK), Scharfes Eck, Wenzelalpe (HK); Stubalpe: Ameringkogel (BREIDLER 1894, HK) – Nord-**T**: Verwall: Rosannatal und Rendel (zweifelhaft, DÜLL 1991); Ötztaler A: bei Zaunhof im Pitztal, 1270 m (sehr zweifelhaft, DÜLL 1991); Ost-**T**: Hohe Tauern: oberhalb Dorfer See bei Kals (CS & HK)

- Alpen, Karpaten, Skanden, Sibirien, Alaska, Quebec, Grönland
- subarktisch-alpin

Gefährdung: In den hohen Zentralalpen nicht gefährdet; Populationen in niedrigeren, randlichen Teilen, wo die Art heute schon die kältesten Stellen besiedelt, werden längerfristig allerdings der Klimaerwärmung zu Opfer fallen. – Einige Angaben in BREIDLER (1894) könnten zur ähnlichen *S. degenii* gehören, die die gleichen Berge und Höhenlagen, wenn auch abweichende Habitate besiedelt.

7. ***S. curta*** (MART.) DUMORT. – Syn.: *Jungermannia curta* MART., *S. curta* var. *geniculata* (C. MASSAL.) MÜLL. FRIB., *S. rosacea* (CORDA) NEES

Ökologie: Blass gelbliche bis grüne, an exponierten Stellen oft rötlich überlaufene Rasen auf lehmiger, sandiger oder steiniger, kalkfreier Erde in Wäldern, meist deutlich unterhalb der Waldgrenze. Beliebt sind Forststraßen, sowohl die Böschungen als auch die Fahrbahnen oder nasse Straßengräben. Geht an solchen Standorten bei dünnen Erdauflagerungen auch auf angesprengte Silikatfelsen über. Diese Pionierart findet sich aber auch in den Trittrasen von Wanderwegen oder auf natürlichen Erosionsflächen, insbesondere an Waldbächen. Ausbreitung vegetativ und generativ via Gemmen und Sporen.

- s.–m. azidophytisch, meso- bis s. hygrophytisch, m. skio- bis m. photophytisch
- L 5, T 4, K 5, F 6, R 4

Soziologie: Eine Verbandskennart des Dicranellion heteromallae, u. a. im Pogonato urnigeri-Atrichetum undulati, im Nardietum scalaris, im Catharineetum tenellae oder im Calypogeietum trichomanis. Häufige Begleiter sind *Solenostoma gracillimum*, *Cephalozia bicuspidata*, *Nardia scalaris*, *Di-*

plophyllum albicans, D. obtusifolium, Ditrichum heteromallum, Calypogeia muelleriana, Pogonatum urnigerum oder *Atrichum undulatum*.

Verbreitung: Im Gesamtgebiet auftretend und meist verbreitet, nur in den Kalkgebieten selten. Häufiger als die anderen Arten der *S. curta*-Gruppe, aber oberhalb der Waldgrenze vermutlich fehlend. Planar bis montan, bis ca. 1700 m aufsteigend.

B – K – N – O – S – St – T – V – W: Dornbach (sub *S. compacta* in POKORNY 1854, siehe HEEG 1894), Neuwaldegg (sub *S. rosacea*, HEEG 1894), Ottakringer Wald (HZ)

- Europa, Makaronesien, Türkei, Sibirien, Japan, nördliches Nordamerika
- subboreal-montan

Gefährdung: Nicht gefährdet; sie wurde in den letzten Jahrzehnten durch massiven Forststraßenbau gefördert.

8. *S. cuspiduligera* (NEES) MÜLL. FRIB. – Syn.: *Jungermannia cuspiduligera* NEES, *S. bartlingii* (HAMPE) NEES

Foto: M. Lüth

Ökologie: Gläsern hellgrüne, oder leicht gebräunte Rasen an basenreichen, erdigen, humosen oder grusigen Pionierstandorten über Karbonat- und basenreichen Silikatgesteinen (z. B. Amphibolit), insbesondere in Karbonat-Schneeböden, N-exponierten alpinen Felsfluren, Kalk-Blockhalden, auf Humus und Gesteinsdetritus in Lücken von Alpinrasen und Polsterpflanzenfluren. Nicht selten in den Kalkgebieten auch an Weg- und Forststraßenböschungen. An Bächen und Flüssen im blockigen Ufersaum mitunter auch in tiefen Lagen. Sporogone unbekannt; Ausbreitung über die reichlich gebildeten Brutkörper.

- subneutro- bis basiphytisch, m.–s. hygrophytisch, s. skio- bis m. photophytisch
- L 4, T 2, K 6, F 6, R 7

Soziologie: Eine Verbandskennart des Distichion capillacei; in verschiedenen Ausprägungen des Solorino-Distichietum capillacei und besonders häufig im Timmietum norvegicae. An Forststraßen in Hochlagenvarianten des Dicranelletum rubrae. Selten auf Fels im Ctenidietum mollusci. An Bächen und Flüssen im Brachythecion rivularis. Häufige Begleiter sind *Blepharostoma trichophyllum* subsp. *brevirete*, *S. aequiloba*, *Distichium capillaceum*, *Ditrichum gracile*, *Jungermannia atrovirens*, *Solenostoma confertissimum*, *Preissia quadrata*, *Encalypta alpina*, *E. streptocarpa*, *Meesia uliginosa*, *Timmia norvegica*, *Anthelia juratzkana*, *Tayloria froelichiana* etc.

Verbreitung: In den Hochlagen der Alpen meist verbreitet, nur in den kalkfreien Teilen der Zentralalpen selten bis regional fehlend. An den Flüssen tief herabsteigend, etwa am Rhein oder an der unteren Drau. Fehlt in B und W. Planar bis subnival, ca. 350 bis 3000 m.

K: A: z bis v; Klagenfurter Becken: Drauufer in Lavamünd (HK & MS) – **N**: NA: Waxriegel am Schneeberg (Heeg 1894), Gipfelregionen von Schneeberg, Rax, Dürrenstein und Ötscher (HK) – **O**: NA: Leonsberg (Ricek 1977), in den Hochlagen von Totem Gebirge, Warscheneck und Haller Mauern v, Hoher Nock im Sengsengebirge (Schlüsslmayr 2005); Dachstein: v (GS) – **S**: A: v – **St**: NA: v; ZA: z – **T**: z bis v – **V**: z bis v

- Gebirge West- und Zentraleuropas, Skanden, NW-Russland, Kaukasus, Sibirien, Japan, nördliches Nordamerika, Grönland, Arktis, Gebirge Ostafrikas
- subarktisch-alpin

Gefährdung: Nicht gefährdet.

9. *S. degenii* Schiffn. ex Müll. Frib.

9a. var. *degenii*

Ökologie: In dunkelgrünen bis schwarzbraunen, lockeren, meist wenig ausgedehnten Decken in alpinen und subnivalen Lagen auf bewachsenen, detritusbedeckten Silikatfelsbänken, in mäßig feuchten bis ziemlich trockenen, moosreichen Felsrasen und Polsterpflanzenfluren über kalkfreiem bis kalkhaltigem Silikatgestein, an windexponierten, nicht lange schneebedeckten Stellen, sowohl in N-, als auch in S-Exposition, unter voller Besonnung bis mäßiger Beschattung; in der Montan- und Subalpinstufe selten an subneutralen, wechselfeuchten Felsflächen und in sickerfeuchten Spalten (so z. B. am Locus classicus in ungewöhnlich tiefer Lage an einem Wasserfall). Außerhalb Österreichs auch in basenreichen Niedermooren. Ausbreitung in den Alpen durch Blatt- und Sprossbruchstücke, Gemmen sind sehr selten (an nordeuropäischen Sumpfformen hingegen häufig).

- m. azido- bis subneutrophytisch, m. xero- bis s. hygrophytisch, m. skio- bis s. photophytisch
- L 8, T 2, K 6, F 5, R 5

Soziologie: In hochalpinen Windkantenrasen, z. B. in Nacktriedrasen (Oxytropido-Elynion) in nicht zu trockenen, moosreichen Ausbildungen, weiters in *Silene exscapa*-reichen Polsterpflanzenfluren, in den östlichen Zentralalpen auch im Androsacetum wulfenianae; subnival in Gesellschaft von Arten, die sowohl dem Androsacion alpinae als auch dem Drabion hoppeanae angehören. An den tiefstgelegenen Fundorten im Amphidietum mougeotii. Häufige Begleitarten in moosreichen alpinen Rasen sind *Sanionia uncinata*, *Dicranum spadiceum*, *Polytrichum alpinum*, *Brachythecium glareosum* var. *alpinum* oder *Aulacomnium turgidum*, bei deutlichem Basengehalt des Substrates *Hypnum hamulosum*, *H. cupressiforme* var. *subjulaceum*, *Plagiochila porelloides* oder *Tortella tortuosa*, auf ziemlich saurem Substrat selten auch *S. crassiretis* und *Anastrepta orcadensis*, an feuchten Felsen *Blindia acuta*.

Verbreitung: In den Gipfelregionen der Zentralalpen zerstreut bis recht verbreitet; unterhalb der Waldgrenze selten. Noch kein Nachweis aus Ost-T. (Montan) Subalpin bis nival, (1200) 1800–3080 m.

K: Hohe Tauern: Hinterseekamp im Gößnitztal, Zirmsee im Kl. Fleißtal, Grat zw. Herzog-Ernst-Spitze und Schareck, Feldseekopf, Grauleitenspitze, um die Schwarzhornseen am Ankogel, Gamsleitenkopf W Hafner, Säuleck-Gipfel; Nockberge: Falkert und Wintertalernock (Köckinger et al. 2008) – **S**: Hohe Tauern: Kreuzkogel S Badgastein (CS), Westgrat Schareck, Schmalzscharte in der Hafner-Gruppe (HK), N-Hang Grauleitenspitze (HK); Schladminger Tauern: Hochgolling, Scharnock und Landwierseehütte (JK) – **St**: Niedere Tauern: Schiedeck, Hochgolling, Kapuzinerberg, Kieseck, Ruprechtseck (HK), Höchstein (JK), Oberwölzer Schoberspitze, Schießeck, Hoher Zinken, Geierhaupt, Grieskogel, Seckauer Zinken, Hämmerkogel (HK); Seetaler A: Oberer Schlaferkogel (HK) – Nord-**T**: Ötztaler A: Stuibenfall bei Umhausen, ca. 1200 m (v. Degen, 1910, Locus classicus), unterm Mittelbergferner im Pitztal (zweifelhaft, Düll 1991); Stubaier A: Kirchdachspitze (HK & JK) – **V**: Silvretta: Vermuntkopf (Amann et al. 2013)

- Alpen, Karpaten, Schottland, Fennoskandien, Island, Sibirien, Arktis, nordöstliches Nordamerika
- arktisch-alpin

Gefährdung: Die Hochgebirgspopulationen sind nicht gefährdet; eventuell aber für Österreich noch nicht nachgewiesene, reliktische Moorpopulationen.

Anmerkungen: Boreale und arktische, auch südbayrische Formen von *S. degenii* var. *degenii* weichen von hochalpischen Pflanzen durch reiche Gemmenbildung und das primäre Vorkommen in Mooren ab (vgl. Schuster 1974, Paton 1999, Damsholt 2002). Gemmen wurden bislang an den österreichischen Alpen-Aufsammlungen nur in zwei Proben spärlich nachgewiesen; auch das Typusmaterial enthält keine Gemmen; siehe Originalbeschreibung in Müller (1906–1916: 497–500). Möglicherweise liegen unterschiedliche

Sippen vor. – Nach MÜLLER (1951–1958) fand Schiffner am Locus classicus nur *Scapania subalpina*, hielt diese für *S. degenii*, gab sie als Exsikkat heraus und vermengte beide Arten in SCHIFFNER (1932).

9b. var. ***dubia*** R.M. SCHUST.

Ökologie: An Silikatfelsen in subnivaler Lage in einer feuchten, subneutralen Felsspalte. Die Pflanzen tragen reichlich braune Brutkörper.

Soziologie: In einer hochalpinen Ausprägung des Amphidietum mougeotii in Gesellschaft von *Amphidium mougeotii* und *Blindia acuta.*

Verbreitung: Bislang erst ein Fundort in den Zentralalpen; der einzige Nachweis für Zentraleuropa. Subnival.

K: Hohe Tauern: Reißeckgruppe, zw. Kalte-Herberg-Scharte und Riekentörl, 2650 m (KÖCKINGER et al. 2008)

- Alpen, Skanden (1 Fundort im Jämtland, DAMSHOLT 2002), Minnesota, Grönland
- arktisch-alpin

Gefährdung: Potentiell gefährdet wegen extremer Seltenheit.

Anmerkung: Das vorliegende Material unterscheidet sich von var. *degenii* durch kleinere Oberlappen, stärker knotige Zellecken und eine massive Entwicklung von braunen Gemmen, von denen mehr als 10 % zweizellig sind. Die Pflanzen stimmen mit der Beschreibung in SCHUSTER (1974) überein.

10. ***S. gymnostomophila*** KAAL. – Syn.: *Diplophyllum gymnostomophilum* (KAAL.) KAAL.

Ökologie: Hell- bis dunkelgrüne, wenig ausgedehnte Rasen oder Einzelsprosse eingewebt zwischen anderen Moosen auf basenreichem, steinigem Humus in lückigen, meist südseitigen, schrofigen Alpinrasen, in sonnigen und absonnigen Karbonat- und basenreichen Silikatfelsfluren oder, mitunter in recht tiefer Lage, in Kaltluft-Kalkblockhalden. Als Polstergast in der Subnivalstufe. Eine vergleichsweise xerophile Art, deren Präferenz in der Morphologie ihren Ausdruck findet. Sporogone unbekannt; Ausbreitung über die reichlich gebildeten Brutkörper.

- subneutro- bis basiphytisch, m. xero- bis m. hygrophytisch, m. skio- bis s. photophytisch
- L 7, T 2, K 6, F 4, R 7

Soziologie: Eine Ordnungskennart der Ctenidietalia mollusci, aber nur selten im Ctenidion anzutreffen. Viel häufiger im Distichion capillacei, in diversen Varianten des Solorino-Distichietum capillacei mit *S. calcicola*, *S.*

aequiloba, Myurella julacea, Distichium capillaceum, Ditrichum flexicaule, Encalypta alpina, E. streptocarpa, Tortella tortuosa etc. In oberalpinen Rasen (Firmeten, Elyneten) und subnivalen Polsterpflanzenfluren, u. a. in Gesellschaft von *S. degenii, Hypnum revolutum* und *Brachythecium cirrosum*. Zentralalpin auch gerne als Polstergast im Amphidietum mougeotii, eingewebt in den dichten Polstern von *Amphidium mougeotii* und *Anoectangium aestivum*.

Verbreitung: In den Nordalpen zerstreut; in den Zentralalpen zerstreut bis selten; bislang erst zwei Nachweise aus den Südalpen. Fehlt in B und W. (Submontan) Montan bis subnival, (410) 800 bis ca. 3000 m.

K: Hohe Tauern: Brettersee am Brennkogel, zw. Winkl und Bruchetalm (HK), Kl. Fleißtal, Aichhorn W Apriach, unterhalb Sadnighaus im Astental (HK & HvM), Kruckelkar am Petzeck, zwischen Fraganter Hütte und Schobertörl, Feldseekopf (HK), Vorderer Gesselkopf und Greilkopf (Hafellner et al. 1995), Pöllatal, Faschaunernock und Reitereck (HK & HvM); Gurktaler A: Scharfes Eck der Grebenzen (HK); Seetaler A: Jägerstube W Reichenfels (HK); Saualpe: Honigöfen S Klippitztörl (HK & AS); Koralpe: Steinschober (HK & AS); Gailtaler A: Mitterstaff (HK & HvM); Karnische A: Schulterkofel (HK & HvM) – **N**: NA: Kaiserstein am Schneeberg (Zechmeister et al. 2013) – **O**: NA: Gr. Bach im Reichraminger Hintergebirge, Klinserscharte und Spitzmauer im Toten Gebirge, Weg zur Speikwiese auf dem Warscheneck (Schlüsslmayr 1997, 2000, 2005), Taubenkogel am Dachstein (GS) – **S**: NA: Scharflingeck am Schafberg (Morton in Koppe & Koppe 1969), Zinkenbachklamm (F. Koppe); Hohe Tauern: Schwarzwand bei Hüttschlag (Koppe & Koppe 1969, J. Saukel) – **St**: Eisenerzer A: Vordernberger Mauern (HK); Hochschwab: Klammhöhe bei Tragöss (HK); Niedere Tauern: Schiedeck, Hochgolling-Gipfel, Sauberg, Vetternkar, Murspitzen, Ruprechtseck, Sauofen, Tockneralm, Mittlere Gstemmerspitze auf der Planneralm, Plättentaljoch bei Oberwölz (HK); Seetaler A: Zirbitzkogel, Kreiskogel (HK); Stubalpe: Wölkerkogel (HK) – Nord-**T**: Allgäuer A: Muttekopf bei Holzgau (MR); Ost-**T**: Hohe Tauern: oberhalb Johannishütte bei Hinterbichl (Koppe & Koppe 1969); Steiner Alm bei Matrei (P. Geissler) – **V**: Allgäuer A: Elfer und Liechelkopf im Gemsteltal (MR); Rätikon: Geißspitze NW Lindauer Hütte, Grat oberhalb Tilisunahütte (Amann et al. 2013)

- Gebirge West- und Zentraleuropas, Nordeuropa, NW-Russland, Sibirien, nördliches Nordamerika, Arktis
- arktisch-alpin

Gefährdung: Nicht gefährdet. Wegen der geringen Größe und der Affinität zu moosarmen Vegetationstypen leicht zu übersehen.

11. *S. helvetica* Gottsche

Ökologie: In gelblich- bis braungrünen, lockeren Rasen an lehmig-sandigen, silikatischen, aber oft leicht basisch beeinflussten, lang schneebedeckten, feuchten Erdstandorten in höheren Lagen. An Wegböschungen, in

Trittrasen, Rasenlücken und auf lehmigen Schneeböden, selten in Quellfluren. Sporogone gelegentlich; Ausbreitung primär über Brutkörper.

- m. azido- bis subneutrophytisch, m.–s. hygrophytisch, m. skio- bis s. photophytisch
- L 6, T 2, K 7, F 6, R 5

Soziologie: Eine Ordnungskennart der Diplophylletalia albicantis und vorwiegend im Dicranellion heteromallae zu finden, u. a. im Pogonato urnigeri-Atrichetum undulati, Marsupelletum funckii oder im Nardietum scalaris. Gelegentlich auch in den Salicetea herbaceae oder im Cardamino-Montion auftretend. Häufige Begleitmoose sind *S. curta*, *Pellia neesiana*, *Marsupella funckii*, *Nardia scalaris*, *Pohlia drummondii*, *Cephalozia bicuspidata*, *Pogonatum urnigerum* oder *Oligotrichum hercynicum*; an leicht quelligen Stellen auch zusammen mit *Harpanthus flotovianus* auftretend.

Verbreitung: In den Alpen nach vorliegenden Angaben zerstreut, regional wohl auch verbreitet. Schlecht und ungleichmäßig erfasst und viele Angaben sind zweifelhaft. Fehlt in B und W. Montan bis alpin, ca. 800 bis 2500 m.

K: Hohe Tauern: Kegelesee im Kl. Zirknitztal (F. Koppe), Zirknitz und Mohar (F. Koppe), N Saustellscharte (HK & HvM), Lonzahöhe bei Mallnitz (sub *S. lingulata* in Koppe & Koppe 1969, rev. HK); Nockberge: Innerkrems (HK & HvM), Saureggeralm bei Innerkrems (Breidler 1894); Gailtaler A: SE Greifenburg (F. Koppe); Karnische A: Luggauer Törl (HK & MS), Naßfeldgebiet (J. Głowacki, GJO) – **N**: NA: Hochlagen von Dürrenstein und Schneeberg (Zechmeister et al. 2013) – **O**: NA: Hochsengs im Sengsengebirge, Weitgrubenkopf und Weitgrube im Toten Gebirge, Lagelsberg und Speikwiese am Warscheneck, Kotgraben am Bosruck, Gr. Pyhrgas (Schlüsslmayr 2000, 2005) – **S**: NA: Süßenalm am Schafberg (Ricek 1977), Mooseben im Gosaukamm (GS); Hohe Tauern: Kareck (Breidler 1894), Schwarzwand bei Hüttschlag (GSb, J. Saukel); Radstädter Tauern: bei Wagrain (GSb) – **St**: NA: Waaggraben bei Hieflau, Klosterkogel bei Admont, Seywaldlalm am Reiting (Breidler 1894); Niedere Tauern: Hochwurzen, Duisitzkar und Pietrachberg bei Schladming, Hagenbachgraben und Gotstal bei Kalwang, Rabengraben bei Mautern (Breidler 1894); Seetaler A: Lindertal (HK); Stubalpe: Speikkogel (HK); Oberes Murtal: Gößgraben bei Leoben (Breidler 1894) – **T**: Allgäuer A: Holzgau, Schochenalptal (MR); Karwendel: NE Solsteinhaus (HK); ZA: wohl z (überwiegend aber zweifelhafte Angaben) – **V**: NA: z; Silvretta: Wintertal S Gargellen (Amann et al. 2013)

- Alpen, deutsche Mittelgebirge (selten), Sudeten, Karpaten, Pyrenäen
- alpisch-präalpisch

Gefährdung: Nicht gefährdet.

Anmerkung: Die Abgrenzung gegen andere Arten der Curta-Gruppe, insbesondere gegen *S. scandica*, ist problematisch und auch *S. irrigua* kann in etwas xeromorpheren Ausprägungen sehr ähnlich sein. Alle Angaben bedürfen einer modernen Revision. – Kümmerliche, alpine Ausprägungen besitzen gelegentlich keinen deutlichen Kiel. Sie entsprechen morphologisch weitgehend *S. obcordata* (Berggr.) S. Arnell und wurden irrtümlich auch schon unter diesem Namen publiziert (Hafellner et al. 1995).

12. *S. irrigua* (Nees) Nees – Syn.: *Jungermannia irrigua* Nees

12a. subsp. ***irrigua***

Ökologie: Transparent hellgrüne bis braungrüne, lockere Rasen in schwach sauren Niedermooren, Sumpfwiesen und anmoorigen Quellfluren, mitunter auch an nassen Erd-Pionierstandorten, etwa Forststraßengräben. Sporogone gelegentlich; Ausbreitung wohl primär über die Brutkörper.

- m. azidophytisch, s. hygro- bis hydrophytisch, m.–s. photophytisch
- L 7, T 3, K 6, F 7, R 5

Soziologie: Der Schwerpunkt liegt in Caricetalia fuscae- und Scheuchzerietalia palustris-Gesellschaften höherer Lagen, vor allem in basenarmen Braunseggensümpfen, Trichophoreten oder im Caricetum rostratae; seltener finden wir sie im Cardamino-Montion oder im Dicranellion heteromallae. Häufige Begleitarten in Mooren sind *Gymnocolea inflata*, *Lophozia wenzelii*, *Dicranum bonjeanii*, *Warnstorfia exannulata*, *Straminergon stramineum* oder *Sphagnum subsecundum*. In Nasswiesen finden wir die Art mit *Hypnum pratense*, *Fissidens adianthoides* oder *Drepanocladus aduncus*.

Verbreitung: In den Zentralalpen zerstreut bis verbreitet; selten bis zerstreut in den Nord- und Südalpen. Selten im Alpenvorland; sehr selten im Rheintal und der Böhmischen Masse. Fehlt in B und W. Submontan bis alpin (hauptsächlich subalpin), ca. 400 bis 2300 m.

K: ZA: z bis v; Gailtaler A: zw. Gusenalm und Gusenscharte (HK & HvM); Karnische A: E Luggauer Törl (HK & MS) – **N**: Waldviertel: bei Gmünd (Heeg 1894); Wechsel: Schneegraben (Heeg 1894) – **O**: AV: „Kasstock" bei Mühlreith (Ricek 1977), Lachforst bei Neukirchen (Krisai 2011); NA: Unteres Filzmoos am Warscheneck (Schlüsslmayr 2005) – **S**: A: z bis v – **St**: NA: Grafenberger Alm und Ramsau am Dachstein, Moorgründe um Mitterndorf, Sackwiesensee am Hochschwab (Breidler 1894); W-St: Trag bei Schwanberg (Breidler 1894); ZA: v – **T**: NA: z; ZA: v – **V**: Rheintal: Lauteracher Ried (HZ); Pfänder bei Bregenz (Blumrich 1913); NA: z bis s (keine Nachweise aus dem Lechquellengebirge und den Lechtaler A); ZA: z

- Europa (exkl. Mediterraneis), Türkei, Kaukasus, Sibirien, Japan, nördliches Nordamerika
- boreal-montan

Gefährdung: In tieferen Lagen ist diese Sippe durch Moorentwässerung und Eutrophierung bzw. Bewirtschaftungsaufgabe von Sumpfwiesen in hohem Maße bedroht; in subalpinen Lagen, insbesondere in den Zentralalpen, deutlich weniger.

Anmerkung: Historische Angaben inkludieren zweifellos, neben der folgenden Unterart, auch die erst 1915 beschriebene *S. paludicola.*

12b. subsp. ***rufescens*** (Loeske) R.M. Schust. – Syn.: *S. irrigua* fo. *rufescens* Loeske

Ökologie: In schmutzig-grünen bis rotbraunen Rasen in subalpinen, sauren Niedermooren. Ausbreitung primär über Brutkörper.

- m. azidophytisch, s. hygro- bis hydrophytisch, m.–s. photophytisch
- L 8, T 2, K 7, F 7, R 4

Soziologie: Bisher vorwiegend in basenarmen Trichophoreten mit *Warnstorfia exannulata, W. sarmentosa, Straminergon stramineum, Lophozia wenzelii* oder *Gymnocolea inflata.*

Verbreitung: In den Nord- und Zentralalpen selten, aber bislang nur unzureichend erfasst. Montan und subalpin, ca. 1300 bis 2000 m.

K: Hohe Tauern: Gradenmoos im Gradental, Krumpenkar im Maltatal; Saualpe: Forstalpe (Köckinger et al. 2008) – **St**: Totes Gebirge: Augstwiesensee (RK, rev. HK) – **V**: Allgäuer Alpen: Schwarzwassertal; Rätikon: Rotes Brünnele im Nenzinger Himmel, Moor S Platzisalpe; Verwall: Zeinisjoch; Silvretta: Bielerhöhe (Amann et al. 2013)

- Alpen, Harz (Locus classicus), Nordeuropa, Sibirien, nordöstliches Nordamerika, Grönland, Arktis
- subarktisch-subalpin

Gefährdung: In den Almregionen durch Überweidung, Entwässerung und Düngung der umliegenden Almwiesen bedroht.

Anmerkung: Alpische Morphosen dieser primär nordischen Unterart sind meist nur an der Blattbasis etwas rot gefärbt, hingegen im hohen Norden oft gänzlich. Vermutlich ist dieser Unterschied dem hohen sommerlichen Lichtangebot in der Arktis und Subarktis zuzuschreiben.

13. *S. lingulata* H. Buch – Syn.: *S. buchii* Müll. Frib., *S. microphylla* Warnst.

Ökologie: Grüne bis braungrüne Rasen oder Decken auf kalkfreiem, feuchtem Silikatfels und -blöcken in luftfeuchter Lage, meist in schattigen Schluchten in Bachnähe; mit Vorliebe an Neigungsflächen, oft bei dünner Detritusauflage, aber auch in Spalten. Toleriert oder schätzt gelegentliche Überschwemmungen. Sporogone sind selten; Ausbreitung über die Brutkörper.

- m. azidophytisch, m.–s. hygrophytisch, s.–m. skiophytisch
- L 4, T 4, K 3, F 6, R 5

Soziologie: An den beiden Wuchsplätzen in Begleitung von *Marsupella emarginata, Barbilophozia sudetica, Scapania nemorea, Plagiochila porelloides* und *Plagiothecium cavifolium*. Die Zuordnung zum Diplophyllion albicantis, wie auch anderswo in Zentraleuropa, ist vertretbar.

Verbreitung: Nur in der Böhmischen Masse und bislang erst an zwei Fundstellen. Submontan, bei 500 und 530 m.

N: Waldviertel: am Kamp S Zwettl (HH) – **O**: Mühlviertel: Gr. Naarn N Pierbach (Schlüsslmayr 2011)

- West-, Zentral- und Nordeuropa, nordöstliches Nordamerika, Grönland
- subozeanisch-montan

Gefährdung: Hierzulande vor allem wegen extremer Seltenheit gefährdet; aber auch bedroht durch Überstauung der Wuchsorte, also durch die Anlage von Stauseen im Rahmen energiewirtschaftlicher Wasserkraftnutzung.

Anmerkung: Alle Angaben aus den Zentralalpen müssen bis auf weiteres als zweifelhaft gelten. Die Probe zur Angabe von Mallnitz in Koppe & Koppe (1969) aus dem Herb. Düll konnte überprüft werden werden; sie gehört zu *S. helvetica*.

14. *S. mucronata* H. Buch – Syn.: *S. praetervisa* Meyl., *S. mucronata* subsp. *praetervisa* (Meyl.) R.M. Schust.

Ökologie: Grüne oder gebräunte, wenig umfangreiche Räschen oder eingewebt in Beständen anderer Moose an mäßig feuchten, hellen bis schattigen Silikatfelsen (Neigungs-, Vertikalflächen und Spalten), die meist basenreich oder auch schwach kalkhaltig sind. Seltener an subneutralen, basenhaltigen, relativ trockenen Erdstandorten. In der Alpinstufe auf Gesteinsdetritus an geschützten Stellen in Silikatfelsfluren und in steinigen Alpinrasen; über Kalkschiefer auf Humus. Keine Nachweise von reinen Karbonatgesteinen oder lehmigen Erd-Pionierstandorten. Sporogone sind selten; Ausbreitung vorwiegend via Brutkörper.

- m. azido- bis subneutrophytisch, meso- bis m. hygrophytisch, s. skio- bis m. photophytisch
- L 5, T 3, K 7, F 5, R 5

Soziologie: Nicht selten im Amphidietum mougeotii, im Grimmio hartmanii-Hypnetum cupressiformis oder Diplophylletum albicantis; oberhalb der Waldgrenze in lückigen Elyneten, partiell mit Distichion-Elementen. Häufige Begleiter sind *Amphidium mougeotii, Trilophozia quinquedentata, Oxystegus tenuirostris, Bryoerythrophyllum recurvirostrum, Hypnum cupressiforme, Diplophyllum albicans, S. nemorea, Ctenidium molluscum, Mesoptychia heterocolpos*, im Hochgebirge u. a. *S. degenii, S. cuspiduligera, Lophoziopsis excisa* und *Saelania glaucescens*.

Verbreitung: In den Zentralalpen zerstreut; in den Nord- und Südalpen sehr selten. Fehlt in N und W. Montan bis subnival, ca. 800 bis 2950 m.

B: Süd-B: bei Welten (zweifelhaft, MAURER 1965) – **K**: Hohe Tauern: Zirmsee im Kl. Fleißtal (HK), Kesselkeessattel (als *S. praetervisa*, HK), Zirknitz und Mohar (F. Koppe), Kolmitzengraben bei Mörtschach (HK & HvM), Großfragant (J. Saukel), zw. Mallnitz und Häusleralm (HK), Auernig bei Mallnitz (KOPPE & KOPPE 1969), Grauleitenspitze (HK), Radlgraben (HK & HvM), N Greifenburg (F. Koppe); Gurktaler A: Saureggental (HK & AS), Bachergraben N Goggausee (HK & AS), Oberhof im Metnitztal (HK); Kömmelberg: Kortnikkogel (HK); Gailtaler A: Goldeck (HK) – **O**: NA: Buchdenkmal im Pechgraben bei Großraming (SCHLÜSSLMAYR 1996, 2005) – **S**: Hohe Tauern: Edelweißspitze (als *S. praetervisa*, JK), Reitalpe bei Hüttschlag (KOPPE & KOPPE 1969); Schladminger Tauern: Landawierseen und Hochgolling (als *S. praetervisa*, JK), Weißpriachtal (KRISAI 1985) – **St**: Niedere Tauern: Gstoder NW Oberwölz (HK); Stubalpe: Kothgraben S Kleinfeistritz, Speikkogel, Hirscheggersattel (HK); Gleinalpe: Gamsgraben bei Frohnleiten (HK) – Nord-**T**: Samnaungruppe: Fimbertal (DÜLL 1991); Ötztaler A: Stuibenfall bei Umhausen (DÜLL 1991); Stubaier A: am Saigesfall im Sellrain (V. Schiffner, Hep. Eur. Exs.); Tuxer A: Voldertal (DÜLL 1991); Ost-**T**: Hohe Tauern: Prosseggklamm (KOPPE & KOPPE 1969) – **V**: Kleinwalsertal: Breitachschlucht NE Riezlern (als *S. praetervisa*, MR)

- Europa (exkl. Mediterraneis), Kaukasus, Sibirien, Japan, nördliches Nordamerika, Grönland
- subboreal-montan

Gefährdung: Österreichweit nicht gefährdet; regional aber wegen Seltenheit.

Anmerkung: *S. mucronata* und die etwas später beschriebene *S. praetervisa* werden heute meist als zwei getrennte Arten geführt. Die Mehrzahl der österreichischen Aufsammlungen erscheint aber morphologisch intermediär und daher nicht zuordenbar. Auch hinsichtlich der ökologischen Ansprüche nehmen die österreichischen Formen im Vergleich zu den Literaturangaben eine intermediäre Stellung ein. *S. praetervisa* wird daher als Synonym geführt.

Foto: H. Köckinger

15. *S. nemorea* (L.) GROLLE – Syn.: *Jungermannia nemorea* L., *J. nemorosa* L., nom. illeg., *S. nemorosa* (L.) DUMORT., nom. illeg.

Ökologie: Hellgrüne bis braune, oft kräftige und nicht selten ausgedehnte Rasen oder Decken an kalkfreien, feuchtschattigen Silikatfelsen und -blöcken (in tiefen Lagen oft an Bächen), auf saurer, meist lehmiger Erde und auf Totholz (hier meist zarte Pflanzen) in Wäldern. Selten an Baumbasen und auf Torf in sauren Heidemooren. Sporogone häufig, Brutkörper regelmäßig vorhanden.

- s. azidophytisch, meso- bis s. hygrophytisch, s.–m. skiophytisch
- L 4, T 4, K 5, F 6, R 2

Soziologie: Eine Kennart des Diplophylletum albicantis; außerdem im Brachythecietum plumosi, auf lehmiger Erde im Nardietum scalaris oder im Hookerietum lucentis, auf Totholz in allen Gesellschaften des Nowellion curvifoliae.

Verbreitung: Im Gesamtgebiet verbreitet bis zerstreut, die eigentliche Hochgebirgsregion aber meidend. Planar bis montan; steigt bis maximal 1600 m auf.

B – **K** – **N** – **O** – **S** – **St** – **T** – **V** – **W**: Pfaffenberg und Ottakringer Wald (HZ)

- Europa, Türkei, Sibirien, östliches Nordamerika
- westlich temperat-montan

Gefährdung: Nicht gefährdet.

16. *S. paludicola* LOESKE ex MÜLL. FRIB.

Ökologie: Grüne bis gelbbraune oder rötlich dunkelbraune, hohe, aber meist wenig ausgedehnte Rasen in basenarmen bis mäßig basenreichen Nieder- und Übergangsmooren höherer Lagen. Sporogone unbekannt; Gemmen fehlen im Gebiet; Ausbreitung wohl durch Fragmentierung.

- m. azidophytisch, s. hygro- bis hydrophytisch, m.–s. photophytisch
- L 8, T 3, K 6, F 7, R 5

Soziologie: In Gesellschaften der Caricetalia fuscae und des Caricion lasiocarpae, häufig in Trichophoreten. Wir finden sie in Begleitung von *Warnstorfia exannulata*, *W. sarmentosa*, *Straminergon stramineum*, *Sphagnum subsecundum*, *S. teres*, *S. warnstorfii*, *Gymnocolea inflata*, *Scapania irrigua*, *Aulacomnium palustre*, *Campylium stellatum*, *Tomentypnum nitens* etc.

Verbreitung: In den Nord- und Zentralalpen zerstreut bis selten; ein Nachweis aus den Südalpen. Selten im westlichen Alpenvorland und in der Flyschzone. Eine Angabe für die Böhmische Masse. Fehlt in B und W. (Submontan) Montan und subalpin, ca. 500 bis 2000 m.

K: Hohe Tauern: nördliche Schobergruppe; Gurktaler A: Moor am Erlacher Bock (Hafellner et al. 1995), Kar SW Zunderwand (HK), Schiestelboden (HK & HvM); Saualpe: Forstalpe (W. Franz), zw. Zingerlekreuz und Ladinger Spitz (HK & AS); Karnische A: Watschiger Alm am Naßfeld (HK) – **N**: Waldviertel: bei Schrems (Ricek 1982); NA: Obersee bei Lunz (Ricek 1984, RK), Moor E Rotmoos bei Lunz, „Auf den Mösern" bei Neuhaus (HZ) – **O**: AV: Polhamer Moor bei Utzweih (Ricek 1977), Enknachmoor (CS) und Seeleitensee im Ibmer Moor-Gebiet (als *S. paludosa*, Krisai 2011); Flyschzone: Gipfel des Lichtberges (Ricek 1977); NA: Moosalm (Ricek 1977), Feichtaumoor im Sengsengebirge, Moor W Astein am Hengstpass, Oberes Filzmoos am Warscheneck (Grims 1985, Schlüsslmayr 2005) – **S**: NA: Dientener Sattel (H. Wagner in SZU, Heiselmayer & Türk 1979, CS), Moor bei der Grünmaisalm am Hochkönig, Mooseben im Gosaukamm (GS); Hohe Tauern: Siebenmöser der Gerlosplatte (CS), Krimmler Fälle in einem Moor (Gruber et al. 2001); Obertauern (Krisai 1985); Lungau: Überlingalm (Krisai 1966), Seetaler See (RK, CS) – **St**: Totes Gebirge: Zlaimalm bei Aussee (Müller 1906–1916), Moor zw. Hasenkogel und Feuerkogel E Bad Aussee (RK); Niedere Tauern: Neualm E Hochschwung, Unterer Zwieflersee beim Sölkpass (HK); Gurktaler A: Salzriegelmoor am Lasaberg und Umgebung, Schrenkenbühelmoos, Reißeck W Turrach (HK); Seetaler A: Hohe Rannach, Winterleitental, Lindertal, Rotheide (HK); Fischbacher A: Schwarzriegel am Stuhleck (RK) – Nord-**T**: Lechtaler A: Steisbachtal bei St. Anton (Düll 1991); Verwall: Rosannatal bei St. Anton (Müller 1906–1916); Stubaier A: Längental im Sellrain (Düll 1991); Ost-**T**: Hohe Tauern: Dorfertal bei Kals (CS & HK) – **V**: z bis v in den nordöstlichen Kalkgebirgen, z im Verwall und in der Silvretta, fehlt im Nordwesten und im Rätikon (Amann et al. 2013)

- Europa (exkl. Mediterraneis), Sibirien, nördliches Nordamerika, Japan
- boreal-montan

Gefährdung: Als Art der Hochlagenmoore vor allem durch Überweidung, Düngung angrenzender Almweiden und Entwässerung bedroht; regional durch die Anlage von Schipisten und Beschneiungsteichen.

Anmerkung: Die Proben aus den österrreichischen Alpen sind weitgehend gemmenfrei. Die Zuschreibung und Unterscheidung von *S. irrigua* erfolgte daher allein auf Basis des Blattbaus. Dennoch lässt sich die überwiegende Mehrzahl der Proben einigermaßen gut zuordnen (siehe hingegen MEINUNGER & SCHRÖDER 2007). Wünschenswert wäre eine tiefgreifende molekulartaxonomische Studie über diesen Formenkreis. Wenn sie vorliegt und verbesserte Unterscheidungsmöglichkeiten bietet, sollte das österreichische Probenmaterial einer Revision unterzogen werden. – Historische Angaben für *S. irrigua* schließen partiell sicher diese Art ein, etwa jene aus den Mooren des Ennstals und Ausseerlands bei BREIDLER (1894).

17. *S. paludosa* (MÜLL. FRIB.) MÜLL. FRIB. – Syn.: *S. undulata* var. *paludosa* MÜLL. FRIB.

Foto: M. Lüth

Ökologie: Hell gelbgüne bis partiell weinrot überlaufene Rasen in basenarmen, lang schneebedeckten Quellfluren mit stagnierendem Wasser, seltener in sauren Niedermooren, vernässten Almweiden und ebensolchen Zwergstrauchheiden. Brutkörper fehlen; Ausbreitung via Sporen.

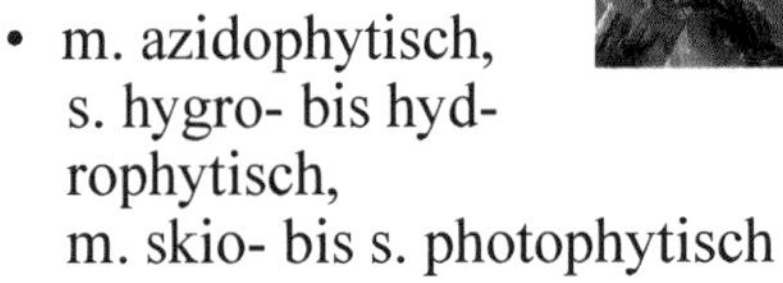

- m. azidophytisch, s. hygro- bis hydrophytisch, m. skio- bis s. photophytisch
- L 7, T 2, K 6, F 8, R 5

Soziologie: Im Cardamino-Montion, naturgemäß insbesondere im Scapanietum paludosae (ZECHMEISTER 1993), aber auch in sauren Schnabelseggenriedern (Caricetum rostratae) beheimatet. Häufige Begleiter sind *S. uliginosa*, *S. subalpina*, *S. undulata*, *Philonotis seriata*, *Dichodontium palustre*, *Straminergon stramineum*, *Warnstorfia exannulata*, *Bryum schleicheri* var. *latifolium*, *Brachythecium rivulare*, *Rhizomnium magnifolium*, in Almweiden auch *Rhytidiadelphus squarrosus*. Ihre ökologische Nische wird im Osten der Zentralalpen zunehmend von *Harpanthus flotovianus* übernommen.

Verbreitung: In den westlichsten Zentralalpen zerstreut bis verbreitet, im Osten selten. Nur wenige Vorkommen knapp südlich des Alpenhauptkamms; aus Kärnten bislang kein Nachweis, nahebei aber im steirischen Teil der Gurktaler Alpen. In den Nordalpen selten im äußersten Westen. Montan bis alpin, ca. 1100 bis 2200 m.

S: Hohe Tauern: Ammertaler Öd (FG & HK), unterhalb Kratzenbergsee im Hollersbachtal (HK), Schwarzwand bei Hüttschlag (J. Saukel), Schwarzwand, Flugkopf, Hödeggalm (Koppe & Koppe 1969) – **St**: Niedere Tauern: Hohensee bei St. Nikolai (JK), Gaaler Hintertal, Ringkogel bei Gaal (HK); Gurktaler A: Salzriegelmoor am Lasaberg bei Stadl (Koppe & Koppe 1969, GSb), Paaler Moor S Stadl (RK, rev. HK), Kilnprein W Turrach (HK) – Nord-**T**: Verwall: v (Loeske 1908); Ötztaler A: am Hochzeiger, oberhalb Mittelberg, bei Obergurgl und unterhalb Timmelsjoch (Düll 1991); Stubaier A: Längental im Sellrain (Düll 1991), Neue Regensburger Hütte (Dürhammer et al. 2005), Götzenser Alpe (Handel-Mazzetti 1904) – **V**: Allgäuer A: Bolgenach und Tiefgraben im Balderschwanger Tal (CS), Schwarzwassertal (CS, MR), Oberes Walmendinger Alpel (MR); Westrätikon: Panüelalpe im Nenzinger Himmel (GA); Osträtikon, Verwall und Silvretta: z bis v (Amann et al. 2013)

- Gebirge West- und Zentraleuropas, Nordeuropa, Kaukasus, Sibirien, Japan, nördliches Nordamerika, Grönland
- subalpin-subarktisch

Gefährdung: Vorkommen in Almgebieten sind durch Überbestockung und folglich massiven Trittschäden im Umfeld der als Tränken benutzten Quellen gefährdet.

18. *S. parvifolia* Warnst.

Ökologie: Grüne bis gebräunte, zarte Räschen auf dicker, schwarzer Humusdecke in einer Zwergstrauchheide in Nordexposition oberhalb der Waldgrenze. Sporogone selten; Ausbreitung via Brutkörper.

- s.–m. azidophytisch, mesophytisch, m. skio- bis m. photophytisch
- L 5, T 2, K 4, F 5, R 3

Soziologie: In einem Vaccinietum in Begleitung von *Sphenolobus minutus*, *Fuscocephaloziopsis pleniceps*, *Barbilophozia lycopodioides*, *Polytrichum strictum*, *P. longisetum*, *Sphagnum capillifolium*, *Dicranum elongatum* und *D. scoparium*.

Verbreitung: Erst einmal aus den östlichen Nordalpen nachgewiesen; weitere Vorkommen sind wahrscheinlich. Subalpin.

O: Haller Mauern: N-Aufstieg zum Scheiblingstein, ca. 1800 m (Schlüsslmayr 1998, 2005)

- Schottland, Gebirge Zentraleuropas, Nordeuropa, Sibirien, nordöstliches Nordamerika, Arktis
- subarktisch-alpin

Gefährdung: Wegen Seltenheit potentiell gefährdet.

Anmerkung: Dieses Taxon wird von manchen Autoren nur als Form von *S. scandica* angesehen (z. B. in DAMSHOLT 2002).

19. *S. scandica* (ARNELL & H. BUCH) MACVICAR – Syn.: *Martinellia scandica* ARNELL & H. BUCH

Ökologie: Hellgrüne bis rotbraune Rasen oder Räschen auf feuchtem, oft detritusbedecktem, kalkfreiem Silikatfels und in Blockhalden, oberhalb der Waldgrenze bisweilen auch als Pionier auf saurer Erde und Gesteinsgrus in Gebüschfluren oder lückigen Zwergstrauchheiden. Sporogone selten; Ausbreitung mittels Sporen.

- s.–m. azidophytisch, m.–s. hygrophytisch, m. skio- bis s. photophytisch
- L 7, T 3, K 6, F 6, R 3

Soziologie: Vor allem im Diplophylletum albicantis in Begleitung von *Barbilophozia sudetica, B. hatcheri, B. barbata, Diplophyllum albicans, D. taxifolium, Andreaea rupestris, Pohlia nutans* oder *Marsupella funckii.*

Verbreitung: Die Verbreitung ist nur sehr unzureichend bekannt; möglicherweise handelt es sich um eine verbreitete Sippe. Angaben liegen primär aus den Zentralalpen vor, daneben noch wenige aus der Flysch- und Grauwackenzone. Ein Nachweis aus dem westlichen Donautal. Keine Meldungen aus B, N, Ost-T und W. Submontan bis alpin, 430 bis 2100 m.

K: Hohe Tauern: Tauerntal bei Mallnitz (KOPPE & KOPPE 1969), Radlgraben W Gmünd (HK & HvM) – **O**: Donautal: Rannatal (GRIMS 2004, SCHLÜSSLMAYR 2011) – **S**: NA: Dientener Sattel (HEISELMAYER & TÜRK 1979), oberhalb Reit bei Filzmoos (KOPPE & KOPPE 1969); Hohe Tauern: Schwarzwand bei Hüttschlag, Reitalpental (KOPPE & KOPPE 1969); Niedere Tauern: bei Wagrain (GSb) – **St**: Seetaler A: Lindertal (HK); Stubalpe: Größenberg, Polzgraben (HK) – Nord-**T**: Ötztaler A: zweimal im Pitztal (DÜLL 1991) – **V**: Allgäuer A: Burstalpe im Balderschwanger Tal, 1235 m (AMANN et al. 2013)

- West-, Nord- und Zentraleuropa, Kaukasus, Sibirien, Japan, Alaska, nordöstliches Nordamerika, Grönland
- subarktisch-montan

Gefährdung: Nicht gefährdet; vermutlich oft übersehen oder verkannt.

Anmerkung: Die Abgrenzung gegen andere Arten der Curta-Gruppe, insbesondere gegen *S. helvetica* und *S. parvifolia*, ist problematisch. Alle Angaben bedürfen einer modernen Revision.

20. *S. scapanioides* (C. MASSAL.) GROLLE – Syn.: *S. vexata* C. MASSAL., *S. glaucocephala* var. *scapanioides* (C. MASSAL.) DAMSH.

Ökologie: Gelbgrüne Räschen auf feucht-schattigem, wenig zersetztem Totholz an Bächen in Schluchtwäldern der Kalkgebirge. Wie bei allen „Scapaniellen" ist eine deutliche Affinität zu periodisch überschwemmten Standorten zu erkennen. Auch verbautes Holz wird akzeptiert, etwa Holzverbauungen an Forststraßenböschungen mit Hangdruckwasser. Sporogone sehr selten; Ausbreitung primär via Brutkörper.

- m. azido- bis subneutrophytisch, s. hygrophytisch, s.–m. skiophytisch
- L 3, T 4, K 7, F 6, R 5

Soziologie: Eine Verbandskennart des Nowellion curvifoliae; gerne zusammen mit *Nowellia, Riccardia palmata, Liochlaena lanceolata, Blepharostoma, Plagiochila porelloides, Rhizomnium punctatum*, selten mit *S. carinthiaca* oder *Hypnum fertile*. Auch einzelne Basenzeiger können dabei sein, u. a. *Rhynchostegium murale* oder *Ctenidium molluscum*.

Verbreitung: Selten in den Südalpen; ein Nachweis aus den östlichen Nordalpen. Submontan und montan, ca. 500 bis 1000 m.

K: Gailtaler A: unterer Marchgraben E Weißensee (HK & HvM); Karawanken: äußerer Strugarzagraben im Bärental (HK & AS), Eselgraben im Loibltal (HK & AS), Kupitzklamm SE Eisenkappel (KÖCKINGER & SUANJAK 1999) – **O**: NA: Hölleitenbachgraben im Pechgraben bei Großraming (SCHLÜSSLMAYR 1997, 2005)

- Alpen (primär Südalpen), endemisch
- alpisch

Gefährdung: Siehe *S. carinthiaca*.

Anmerkung: Dieses Taxon wird gelegentlich als mit *S. glaucocephala* (TAYLOR) AUSTIN synonym geführt (MÜLLER 1951–1958, POTEMKIN 2002) oder als eine Varietät dieser Art betrachet (DAMSHOLT 2002). In Österreich wurden allerdings noch keine Pflanzen gefunden, die morphologisch *S. glaucocephala* entsprechen.

21. *S. subalpina* (NEES ex LINDENB.) DUMORT. – Syn.: *Jungermannia subalpina* NEES ex LINDENB.

Ökologie: Hell gelbliche bis grasgrüne, gelegentlich rotbraun pigmentierte, kräftige Rasen in kalkfreien Quellfluren, an Bergbächen, überrieselten Silikatfelsen, im Sprühregen von Wasserfällen, an steinigen Forststraßenböschungen mit Hangdruckwasser, gelegentlich auch auf Niedermoortorf. Sporogone nicht selten, Brutkörper häufig.

- m. azidophytisch, s. hygro- bis hydrophytisch, m. skio- bis s. photophytisch
- L 6, T 2, K 6, F 8, R 5

Soziologie: Eine Ordnungskennart der Hygrohypnetalia und vor allem in verschiedenen Hochlagenausprägungen des Scapanietum undulatae zu finden (Marstaller 2006); alternativ natürlich auch verschiedenen Gesellschaften innerhalb des Cardamino-Montion zuzurechnen (Geissler 1976, Zechmeister 1993). Häufige Begleitarten sind *S. undulata*, *S. uliginosa*, *S. paludosa*, *Harpanthus flotovianus*, *Rhizomnium magnifolium*, *Philonotis seriata*, *Solenostoma obovatum*, *S. sphaerocarpum*, *Dichodontium palustre* oder *Warnstorfia exannulata.*

Verbreitung: In den Zentralalpen meist verbreitet; naturgemäß in den kalkreichen Teilen selten. Fehlt in B, O und W. Montan bis alpin, ca. 1000 bis 2600 m.

K: ZA: v bis z – **N**: Semmeringgebiet: Graben NE Tratenkogel SW Prein (Zechmeister et al. 2013) – **S**: ZA: v – **St**: ZA: v (siehe Głowacki 1914) – **T**: ZA: v bis z – **V**: ZA: v

- Gebirge West- und Zentraleuropas, Nordeuropa, Sibirien, Japan, nördliches Nordamerika, Grönland, Arktis
- subarktisch-subalpin

Gefährdung: Österreichweit nicht gefährdet; am niederösterreichischen Alpenostrand allerdings selten.

Anmerkung: Xeromorphe Ausprägungen aus hohen Lagen nähern sich der Beschreibung von *S. obscura* (Arn. & C.E.O. Jensen) Schiffn. an. Ob diese den Artstatus verdient und ob sie auch in Österreich vorkommt, bedarf der Klärung.

22. *S. uliginosa* (Sw. ex Lindenb.) Dumort. – Syn.: *Jungermannia undulata* var. *uliginosa* Sw. ex Lindenb., *S. obliqua* (Arnell) Schiffn.

Ökologie: Schmutzig dunkelgrüne bis tief rotbraune, hochwüchsige und oft ausgedehnte Rasen in kalkfreien Quellfluren und Quellmooren. Typisch für die Bestände sind das wenig steile Gelände mit langsamer Durchrieselung und die lange Schneebedeckung. Gemmen und auch Sporogone sind selten; die Ausbreitung erfolgt wohl primär über Fragmentierung.

- m. azidophytisch, s. hygro- bis hydrophytisch, m.–s. photophytisch
- L 8, T 2, K 5, F 8, R 5

Soziologie: Bei enger Einnischung vor allem im Scapanietum uliginosae innerhalb des Cardamino-Montion (Zechmeister 1993). Häufige Begleiter sind *Nardia compressa*, *S. undulata*, *S. paludosa*, *Philonotis seriata*, *Soleno-*

stoma obovatum, *Blindia acuta*, *Dichodontium palustre* und *Anthelia julacea*, überleitend zu Trichophoreten auch *Warnstorfia exannulata*.

Verbreitung: Nur in den Zentralalpen; im Westteil verbreitet, sonst meist zerstreut und in den östlichen Randketten selten. Fehlt in B, N, O und W. (Montan) Subalpin und alpin, ca. 1400 bis 2600 m.

K: Hohe Tauern: Gößnitztal, Melenböden in der Großfragant (HK), SE Osnabrücker Hütte (HK & AS), Krumpenkar am Kölnbreinspeicher (HK & HvM), Lackenboden im Dösnertal, Schwarzsee im Teuchltal, oberstes Gnoppnitztal (HK); Gurktaler A: Laußnitzalm und Laußnitzalm und -see (HK & CS), Bärengrubenalm SW Innerkrems (HK & HvM), Wolitzenhütte (G. Wendelberger in Hb. RK, rev. HK); Saualpe: Forstalpe (HK & AS); Koralpe: Gr. Kar und Pontniger Alm (HK & AS) – **S**: Kitzbühler A: NW Almdorf Königsleiten und Wildkogelgebiet (CS); Hohe Tauern: Krimmler Achental (CS), „Felbersee" (Sauter 1871), Hollersbachtal (CS, HK), Amertal (PP), Gasteinertal (CS); Niedere Tauern: Wagrainer Haus bei Kleinarl (GSb), Landwierseen (JK); Nockberge: Karneralm bei Ramingstein (RK) – **St**: Niedere Tauern: Hexstein bei Irdning, Hohensee und Schwarzsee bei St. Nikolai, Grubersee und Günstengraben bei Schöder, Rantengraben in der Krakau (Breidler 1894), Untertal bei Schladming, Planneralpe, beim Gr. Scheibl- und Gefrorenensee am Bösenstein (Maurer 1970), Ursprungalm SW Schladming (HK); Gurktaler A: Umgebung des Salzriegelmoors am Lasaberg, Kilprein (HK); Seetaler A: Lavantkar (HK); Stubalpe: Speikkogel (HK) – Nord-**T**: Verwall: v (Loeske 1908), Bendeltal bei St. Anton (Jack 1898); Ötztaler A: Gepatsch im Kaunertal (Jack 1898); Gaisbergtal bei Obergurgl (Breidler 1894), Stablalm bei Windau, Timmelsjoch, Hochsölden, oberes Mittelbergtal, Fuldaer Höhenweg (Düll 1991); Stubaier A: Roßkogel (A. Kerner in Dalla Torre & Sarnthein 1904), Laponisalpe im Gschnitztal (Düll 1991), Sendes bei Axams, Stockach im Sellrain, Längental (Jack 1898); Kühtai (A. Schäfer-Verwimp), Franz-Senn-Hütte (Matouscheck 1903), Neue Regensburger Hütte (Dürhammer et al. 2005); Zillertaler A: Zemmtal (Matouschek 1903); Kitzbühler A: Märzengrund (T. Herzog); Ost-**T**: Hohe Tauern: Messerlingwand (Breidler 1894), Schlattenkees in Innergschlöss (Jack 1898); bei Matrei (Düll 1991) – **V**: ZA: v

- Gebirge West- und Zentraleuropas, Nordeuropa, W-Russland, westliches Nordamerika, Grönland
- westlich arktisch-alpin

Gefährdung: Österreichweit nicht gefährdet; regional eventuell durch Schipistenbau oder Überstauung. Randalpine Populationen (z. B. auf der Kor-, Stub- und Saualpe) werden allmählich der Klimaerwärmung zum Opfer fallen.

23. *S. umbrosa* (SCHRAD.) DUMORT. – Syn.: *Jungermannia umbrosa* SCHRAD., *S. convexa* (SCOP.) PEARS.

Ökologie: Weißlich gelbgrüne oder rötlich überlaufene Rasen auf Totholz und kalkfreiem, feuchtem Silikatfels (meist Vertikalflächen) oder Steinen in luftfeuchten, montanen Bergwäldern; selten auf saurer, verdichteter Erde in Trittrasen. Sporogone sind häufig; ebenso werden reichlich Gemmen produziert.

- s. azidophytisch, m.–s. hygrophytisch, s.–m. skiophytisch
- L 4, T 3, K 4, F 6, R 2

Soziologie: Eine Kennart des Riccardio palmatae-Scapanietum umbrosae auf Totholz; außerdem im Brachydontietum trichodis und Diplophylletum albicantis auf Gestein. Häufige und charakteristische Begleiter auf Holz sind *Lophozia ascendens*, *L. guttulata*, *Crossocalyx*, *Riccardia palmata*, *Schistochilopsis incisa*, *Calypogeia suecica*, *Tritomaria exsecta* oder *Liochlaena lanceolata*, auf Gestein u. a. *S. nemorea*, *Diplophyllum albicans*, *Cephalozia bicuspidata*, *Marsupella sprucei*, *M. emarginata* und *Brachydontium trichodes*.

Verbreitung: In den Nordalpen zerstreut; in den Zentralalpen verbreitet bis zerstreut; in den Südalpen zerstreut bis verbreitet. In den Hochlagen der Böhmischen Masse zerstreut. Sehr selten im Alpenvorland und in der Flyschzone. Fehlt in B und W. Montan und subalpin, ca. 600 bis 1900 m.

K: ZA: z bis v (kein Nachweis von der Saualpe); SA: z bis v – **N**: Waldviertel: bei Großgerungs und Weitra (HEEG 1894), Friedental W Harmanschlag (HH); NA: am Dürrenstein und bei Reichenau (HEEG 1894), Erzgraben, Rothwald, Seebachtal und „Auf den Mösern" bei Neuhaus (HZ); Semmering: Sonnwendstein (HEEG 1894), Tratenkogel SW Prein (HK); Wechsel: mehrfach (HEEG 1894) – **O**: Mühlviertel: mehrfach im Böhmerwald, Vorderer Schanzer Berg bei Sandl, Stampfenbachtal bei Gutau (SCHLÜSSLMAYR 2011), bei Sandl und Bad Kreuzen (POETSCH & SCHIEDERMAYR 1872); AV: bei Hocheck im Kobernaußerwald (RICEK 1977); Flyschzone: Schacher bei Schlierbach (POETSCH & SCHIEDERMAYR 1872); NA: z – **S**: NA: z; ZA: v – **St**: A: v – Nord-**T**: NA: wohl z (kaum erfasst); ZA: v bis s; Ost-**T**: Pölland (SAUTER 1894) – **V**: z bis v (aus dem Bodenseeraum nur historische Angaben, BLUMRICH 1913)

- Europa, Azoren, W-Russland, Türkei, nördliches Nordamerika
- nördlich subozeanisch-montan

Gefährdung: Nicht gefährdet.

24. *S. undulata* (L.) DUMORT. – Syn.: *Jungermannia undulata* L., *S. dentata* DUMORT., *S. intermedia* (HUSN.) PEARSON

Foto: M. Lüth

Ökologie: Hell-, gelb- oder schmutziggrüne bis rotbraune oder purpurrote, oft ausgedehnte, hohe Rasen an silikatischen Uferblöcken und Felsen an und in kalkarmen Fließgewässern (auch submers), in blockigen, kalkfreien Quellfluren, an überrieselten Silikatfelsen oder bloß feuchten Steinen, selten auf periodisch überschwemmtem Totholz oder in nassen Gräben an Forststraßen. Weitgehend an die Gebirgsregionen gebunden; im Alpenvorland selten an Waldquellen über kalkfreien Schotterböden. Gemmen und Sporogone sind häufig.

- m. azidophytisch, s. hygro- bis hydrophytisch, s. skio- bis s. photophytisch
- L x, T 3, K 5, F 8, R 5

Soziologie: Eine Kennart des Scapanietum undulatae innerhalb der Hygrohypnetalia und in dieser Gesellschaft in der Montanstufe der Silikatgebirge sehr häufig; in der Böhmischen Masse auch gerne im Hygrohypnetum ochracei. In subalpinen Lagen der Zentralalpen oft massenhaft und dominant in verschiedenen Gesellschaften des Cardamino-Montion. Typische Begleitmoose tieferer Lagen sind *Chiloscyphus polyanthos*, *Brachythecium rivulare*, *Racomitrium aciculare*, *Hygrohypnum ochraceum*, *H. eugyrium* (Mühlviertel), *Fontinalis squamosa*, *F. antipyretica* oder *Platyhypnidium riparioides*. An und oberhalb der Waldgrenze finden wir die Art mit *S. subalpina*, *S. uliginosa*, *Philonotis seriata*, *Jungermannia exsertifolia* subsp. *cordifolia* (westliche ZA), *Harpanthus flotovianus* (östliche ZA), *Solenostoma obovatum*, *Marsupella aquatica*, *Dichodontium palustre* oder *Racomitrium macounii* subsp. *macounii* vergesellschaftet.

Verbreitung: In den Zentralalpen verbreitet und in den kalkarmen Teilen in der Regel häufig. In den Nordalpen sehr selten; in den Südalpen im silikatreichen Westen zerstreut, sonst sehr selten. Verbreitet und häufig in der Böhmischen Masse. Selten im westlichen Alpenvorland, im Klagenfurter Becken und in der Südsteiermark. Fehlt in B und W. Collin bis alpin, ca. 300 bis 2500 m.

K: ZA: v; Klagenfurter Becken und SA: s bis z – **N**: Waldviertel: v; Wachau: Klosterleiten bei Melk (HH); Tratenkogel SW Prein (HK); Wechsel: v – **O**: Mühlviertel und Donautal: v; Sauwald (FG); AV: mehrfach im Hausruck- und Kobernaußerwald (Ricek 1977), Schachawald S Altheim (Krisai 2011), Salletwald E St. Willibald (FG) – **S**: ZA: v – **St**: ZA und Grauwackenzone: v; Grazer Bergland: W Willersdorf (Maurer et al. 1983); Süd-St: Karwald bei Leibnitz (Breidler 1894) – **T**: ZA: v – **V**: NA: s; ZA: v

- Europa, Makaronesien, nördliches Asien, Nordamerika, Nordafrika
- westlich temperat-montan

Gefährdung: Nicht gefährdet.

25. *S. verrucosa* Heeg

Ökologie: Auffallend weißlich gelbgrüne, exponiert hellbraune Rasen an großen Silikatblöcken an Bächen in schluchtartigen Tälern; meist an Vertikalflächen in der Hochwasserzone; außerdem an Felswänden aus basenreichen Schiefern auf sickerfeuchten Vertikalflächen oder in Felsspalten; an Wasserfällen auch über basenarmem Gestein; selten auf mineralisch imprägniertem Totholz oder sogar epiphytisch im Sprühnebel von Wasserfällen. Sporogone vermutlich unbekannt; Ausbreitung mittels stets reichlich gebildeter Brutkörper.

Foto: H. Köckinger

- m. azido- bis subneutrophytisch, m.–s. hygrophytisch, s.–m. skiophytisch
- L 4, T 4, K 7, F 6, R 5

Soziologie: An Waldbächen im Brachythecion rivularis in Begleitung von *Blindia acuta*, *Dichodontium pellucidum*, *Brachythecium rivulare*, *Plagiochila porelloides*, *Mesoptychia bantriensis* oder *Didymodon spadiceus*.

An Felswänden meist im Amphidietum mougeotii mit *Amphidium mougeotii, Metzgeria conjugata, M. pubescens, Isopterygiopsis muelleriana, Distichium capillaceum, Trilophozia quinquedentata, Lejeunea cavifolia* und *Oxystegus tenuirostris.*

Verbreitung: Ein östliches Element mit Reliktcharakter, dessen europäischer Verbreitungsschwerpunkt in Österreich liegt. In den Zentralalpen meist selten, nur in den Hohen Tauern und Gurktaler Alpen Kärntens zerstreut; in den Südalpen selten und auf Silikatenklaven beschränkt. In Osttirol noch zu erwarten. Montan und subalpin, ca. 700 bis 1800 m.

K: Hohe Tauern: Gößnitzfall (Müller 1906–1916), Wangenitztal (HK), Kolmitzengraben bei Mörtschach (HK & HvM); Rollweg S Fraganter Hütte (HK), Polinikfall bei Obervellach (Breidler 1894), Raggaschlucht, Lamnitzgraben S Winklern und Zleinitzgraben S Lainach (HK & HvM), am Mödritschbach NE Leppen, Seebachtal und Dösnertal bei Mallnitz (HK), Bernitschbach-Wasserfall NE Napplach, Nigglaigraben W Sachsenburg (HK & HvM), Lodronsteig und Pflüglhof im Maltatal (HK), Radlgraben, Pölla- und Lasörntal (HK & HvM); Gurktaler A: Trefflinger Graben N Seeboden (HK), Kaninggraben N Radenthein, Laufenberger Bach W Radenthein (HK & AS), oberes Metnitztal (HK); Saualpe: Löllinggraben (HK & AS); Stubalpe: Waldensteiner Graben (HK & AS); Koralpe: Fraßgraben und Rassinggraben (HK); Gailtaler A: Fellbachgraben (HK & AS) und Tiboldgraben N Stockenboi (HK & HvM); Lesachtal: Gailufer bei Nostra (HK & MS); Karawanken: Kokragraben bei Arnoldstein (HK & AS, 2016), Trögerngraben (HK & AS) – **S**: Hohe Tauern: Krimmler Fälle (Loeske 1909, Gruber et al. 2001), Untersulzbachfall (CS & PP), unteres Habachtal (CS) – **St**: Niedere Tauern: Riesachfall bei Schladming (Breidler 1894) – Nord-**T**: Ötztaler A: an der Ötztaler Ache zw. Habichen und Piburger See (Düll 1991); Stubaier A: Kematener Wasserfall (V. Schiffner, Hep. Eur. Exsic.); Zillertaler A: beim Stillupfall, gegen Lacknersbrunn und beim Karlssteg (Loeske 1909)

- Alpen, Pyrenäen, Südkarpaten, Türkei, Kaukasus, China, Ostsibirien
- subozeanisch-subalpin

Gefährdung: Vorkommen an Bachufern sind durch verheerende Hochwässer und auch die oft nachfolgenden wasserbaulichen Maßnahmen gefährdet.

4. *Schistochilopsis* (N. Kitag.) Konstant.

1. *S. grandiretis* (Lindb. ex Kaal.) Konstant. – Syn.: *Lophozia grandiretis* (Lindb. ex Kaal.) Schiffn., *Jungermannia grandiretis* Lindb. ex Kaal., *Massularia grandiretis* (Lindb. ex Kaal.) Schljakov

Ökologie: Blass-, gelb- oder grasgrüne, mitunter purpurn angehauchte Decken oder vereinzelt kriechende Sprosse über basenreichem, schwarzem Humus in moosreichen, rasendurchsetzten, N-exponierten Karbonat-Felsflu-

Foto: C. Schröck

Foto: H. Köckinger

ren (auch über Kalkschiefer); in tiefen Lagen nur in Karbonat-Grobblockhalden mit Windröhrensystem im Bereich der Ausströmöffnungen. Sporogone gelegentlich gebildet; Brutkörper regelmäßig vorhanden.

- subneutro- bis neutrophytisch, s. hygrophytisch, m. skiophytisch
- L 5, T 2, K 7, F 6, R 7

Soziologie: Eine Kennart des Distichion capillacei; häufig in Begleitung von *Blepharostoma trichophyllum* subsp. *brevirete*, *Trilophozia quinquedentata*, *Distichium capillaceum*, *Pohlia cruda*, *Ditrichum gracile*, *Mnium thomsonii*, *Isopterygiopsis pulchella*, *Cyrtomnium hymenophylloides*, *Orthothecium rufescens* oder *Tayloria froelichiana*.

Verbreitung: In den Nordalpen selten bis zerstreut; in den Zentralalpen selten; ein Nachweis aus den Südalpen. Fehlt in B, N und W. Montan bis alpin, ca. 900 bis 2500 m.

K: Hohe Tauern: Kl. Fleißtal, Lanisch im Pöllatal, Bretterach in der Großfragant; Gailtaler A: Reißkofel (Köckinger et al. 2008) – **O**: NA: Kasberg, Aufstieg zur Rinnerhütte im Toten Gebirge, Brunnsteiner See am Warscheneck, Gr. Pyhrgas in den Haller Mauern (Schlüsslmayr 1998, 2005), Krippenbrunn am Dachstein (GS) – **S**: NA: Schafberg (F. Koppe); Hohe Tauern: Altenbergtal bei Muhr (GSb), Schwarzwand bei Hüttschlag (J. Saukel); Radstädter Tauern: Kitzstein (GSb), Obertauern (CS) – **St**: Eisenerzer A: Haarkogel am Reiting (HK); Hochschwab: Jassing (HK) und Moor auf der Klammhöhe bei Tragöß (HK & HvM) – Nord-**T**: Allgäuer A: zw. Landsberger

Hütte und Lachenspitze S Tannheim, Muttekopf, Schochenalptal und Rothornspitze bei Holzgau (MR); Stubaier A: Matreier Grube S Maria Waldrast (HK); Zillertaler A: oberes Wildlahnertal und Steinernes Lamm bei Schmirn (HK); Ost-**T**: Hohe Tauern: Ködnitztal (Herzog 1944) – **V**: Allgäuer A: N-Flanke Hoher Ifen (CS), Ifenmauer und -platte (Reimann 2008), Quellgebiet Subersach, Schwarzwassertal, Walser Hammerspitze (MR); Lechquellengebirge: Klesialpe, Breithorn (HK); Lechtaler A: Rüfikopf SE Lech (HK); Rätikon: N-Seite Sulzfluh, Lünerkrinne, Obere Sporaalpe (HK)

- Alpen, Nordeuropa, Sibirien, nordöstliches Nordamerika, Arktis
- subarktisch-alpin

Gefährdung: Nicht gefährdet.

2. *S. incisa* (Schrad.) Konstant. – Syn.: *Lophozia incisa* (Schrad.) Dumort., *Jungermannia incisa* Schrad.

Ökologie: Bläulich- oder gelblichgrüne, selten grasgrüne, pigmentfreie Rasen auf feucht-schattigem Totholz und auf kalkfreiem Silikatfels sowie Blockhalden in Bergwäldern, selten auf lehmiger Erde oder mäßig feuchtem Torf in Mooren. Oberhalb der Waldgrenze meist auf Humus in Zwergstrauchheiden, Gebüschen und eher trockenen Felsfluren. Sporogone und Brutkörper sind häufig.

- s. azidophytisch, m.–s. hygrophytisch, s.–m. skiophytisch
- L 4, T 3, K 6, F 6, R 2

Soziologie: Eine Ordnungskennart der Cladonio digitatae-Lepidozietalia reptantis; u. a. im Riccardio palmatae-Scapanietum umbrosae oder im Leucobryo glauci-Tetraphidetum pellucidae, selten im Nardietum scalaris. Zu den häufigen Begleitern gehören *Lophozia guttulata*, *L. ascendens*, *Lepidozia reptans*, *Tritomaria exsecta*, *Scapania umbrosa*, *Calypogeia integristipula*, *Leucobryum juniperoideum* oder *Tetraphis pellucida.*

Verbreitung: In den westlichen und mittleren Nordalpen verbreitet, im Ostteil zerstreut; in den Zentralalpen verbreitet bis zerstreut, ebenso in den Südalpen. In der Böhmischen Masse selten bis zerstreut; sehr selten im Alpenvorland, in der Flyschzone und im südöstlichen Vorland. (Submontan) Montan bis alpin, ca. 500 bis 2300 m.

B: Süd-B: zw. Rechnitz und Hirschenstein (Latzel 1941) – **K**: A: v bis z – **N**: Waldviertel: z; NA: z; Wechsel: z – **O**: Mühlviertel: Klafferbachtal im Böhmerwald, Rosenhofer Teiche bei Sandl (Schlüsslmayr 2011); Sauwald: Hörzinger Wald bei Kopfing, Kl. Kößlbach (Grims 1985); AV: bei Vöcklabruck (Poetsch & Schiedermayr 1872); Flyschzone: Mondseeberg und Kulmspitz (Ricek 1977); NA: v im Westen, s im Osten (Schlüsslmayr 2005) – **S**: A: v – **St**: A: v – **T** – **V**

- Europa (exkl. Mediterraneis), Kaukasus, Türkei, Sibirien, Himalaya, Japan, nördliches Nordamerika, Grönland
- boreal-montan

Gefährdung: Nicht gefährdet; außeralpin allerdings recht selten.

Anmerkung: Alte Angaben schließen die folgende Sippe ein.

3. *S. opacifolia* (CULM. ex MEYL.) KONSTANT. – Syn.: *Lophozia opacifolia* CULM. ex MEYL., *L. incisa* subsp. *opacifolia* (CULM. ex MEYL.) R.M. SCHUST. & DAMSH.

Foto: M. Lüth

Ökologie: Blass gelblichgrüne, seltener bläulich- oder grasgrüne, meist wenig ausgedehnte Decken auf meist basenarmer, feuchter Erde in Silikat-Schneeböden (selten bei oberflächlicher Versauerung auch über Kalk), lang schneebedeckten Alpinrasen, feuchten, alpinen Felsfluren in Nordlage, alpinen Quellfluren und sandigen Pionierfluren, ausnahmsweise auch einmal in einem Kleinseggenried. Sporogone relativ selten (vielleicht wegen der alpinen Lage); Ausbreitung primär mittels Brutkörpern.

- s.–m. azidophytisch, s. hygro- bis hydrophytisch, m. skio- bis s. photophytisch
- L 7, T 2, K 6, F 7, R 4

Soziologie: Vor allem in den Salicetea herbaceae, im Hygrocaricetum curvulae, im Cardamino-Montion und bei Baseneinfluss auch im Distichion; häufig zusammen mit *Fuscocephaloziopsis albescens*, *Nardia scalaris*, *Diplophyllum taxifolium*, *Lophozia wenzelii*, *Barbilophozia sudetica*, *Moerckia blyttii*, *Conostomum tetragonum* und *Polytrichum sexangulare.*

Verbreitung: In den Hochlagen der Zentralalpen verbreitet bis zerstreut; in den Nordalpen selten (kein Nachweis für den Salzburger Anteil); in den Südalpen zerstreut. Fehlt in B, N und W. (Montan) Subalpin und alpin, (1070) 1600 bis 2600 m.

K: ZA: v bis z in den Hochlagen; Gailtaler A: Goldeck (HK) und Staff (HK & HvM), Reißkofel (HK); Karnische A: Luggauer Törl, Hochweißsteinhütte und Raudenspitze (HK & MS), Rauchkofel (HK & AS), Hochwipfel (HK & HvM), zw. Naßfeldpass und Watschiger Alm (HK) – **O**: NA: Speikwiese am Warscheneck, Gr. Pyhrgas und Scheiblingstein in den Haller Mauern (Schlüsslmayr 1997, 2005) – **S**: ZA: v – **St**: Dachstein: Sinabell (GS); Eisenerzer A: Zeiritzkampel, Höchstein, Eis. Reichenstein (HK); Niedere Tauern: v; Seetaler A (HK); Stubalpe (HK); Fischbacher A: Stuhleck (HK) – **T**: Allgäuer A: Schochenalpseen und Rothornspitze (MR); ZA: v – **V**: Allgäuer Alpen: Lappachalpe und Tiefgraben im Balderschwanger Tal 1070–1370 m (CS), zw. Kanzelwand und Gundsattel (MR); Lechtaler A: Grat S Stuttgarter Hütte, Rüfikopf, Wösterhorn (HK); Lechquellengebirge: zw. Mohnensattel und Gaisbühlalpe, zw, Madloch- und Mittagspitze (HK); Gerachkamm: Dünserberg (GA); Rätikon: Nenzinger Himmel (GA), Schafgufel, Lünerkrinne (HK), im Ostteil v; ZA: v (Amann et al. 2013)

- Gebirge West-, Nord- und Zentraleuropas, Sibirien, subarktisches Nordamerika, Arktis
- arktisch-alpin

Gefährdung: Nicht gefährdet.

8. *Antheliaceae* R.M. Schust.

1. *Anthelia* (Dumort.) Dumort.

1. *A. julacea* (L.) Dumort. – Syn.: *Jungermannia julacea* L.

Foto: M. Lüth

Ökologie: Weißlich- bis bläulichgraue, oft ausgedehnte, dichte Decken in kalkfreien, alpinen Quellmooren und -fluren mit langer Schneebedeckung und geringem Durchfluss; mitunter auch auf Schneeböden vordringend; selten an N-exponierten, periodisch überrieselten Silikatfelsen oder im Sprühnebel von Wasserfällen bis in die mittlere Montanstufe absteigend. Sporogone sind selten; die Ausbreitung erfolgt wohl primär über Blatt- und Sprossbruchstücke.

- m. azidophytisch, hydrophytisch, m.–s. photophytisch
- L 8, T 2, K 6, F 8, R 4

Soziologie: Eine Verbandskennart des Racomitrion acicularis (Marsupello-Scapanion), bei MARSTALLER (2006) unter den Hygrohypnetalia geführt, aber auch als Teil der Montio-Cardaminetalia zu verstehen. Die Art ist typisch für das Nardietum compressae (GEISSLER 1976) bzw. die am längsten schneebedeckten Trichophoreten. Meist assoziiert mit *Nardia compressa* und *Trichophorum caespitosum*, weniger häufig mit *Scapania uliginosa*, *S. undulata*, *Marsupella sphacelata*, *Philonotis seriata*, *Sphagnum compactum* und *Blindia acuta*, an trockeneren Stellen mit *Polytrichum sexangulare*. An periodisch überrieselten Felsen kann sie auch in Begleitung von *Gymnomitrion alpinum*, *Bryum muehlenbeckii* oder *Racomitrium macounii* subsp. *alpinum* gefunden werden.

Verbreitung: Auf die Zentralalpen beschränkt; im Westteil zerstreut bis verbreitet, östlich der Schladminger Tauern aber bereits selten, wie auch generell südlich des Alpenhauptkamms. Montan bis alpin, 1100 bis ca. 2700 (3400?) m.

K: Hohe Tauern: Großelendtal (als *J. huebeneriana*, W. Reichardt in W, rev. HK; GSb), Mörnigtal am Polinik, oberstes Teuchltal (HK) – **S**: Hohe Tauern: Krimmler Fälle (als *J. huebeneriana*, 1864, leg. P. Patzalt in W, det A.E. Sauter, rev. HK, GRUBER et al. 2001), Schwarzwand bei Hüttschlag (J. Saukel); Niedere Tauern: Landwierseen (JK) – **St**: Niedere Tauern: im Westteil z, im Osten s (BREIDLER 1894, HK); Gurktaler A: Eisenhut und Würflinger Höhe (BREIDLER 1894); Seetaler A: Obere Winterleiten und Scharfeck (BREIDLER 1894), Lavantkar (HK); Gleinalpe (zweifelhaft, BREIDLER 1894) – Nord-**T**: Verwall: nahe Heilbronner Hütte (DÜLL 1991); Ötztaler A: Rifflsee, Wurmbachtal, Vent und Rotmoostal (DÜLL 1991), Gaisbergtal bei Obergurgl (Maurer, GZU), am Hinteren Spiegelkogel angeblich noch in 3400 m, det. K. Müller (PITSCHMANN & REISIGL 1954); Stubaier A: Sellrain bei Stockach, nahe Nürnberger Hütte (JACK 1898); Ost-**T**: Hohe Tauern: Grünsee an der Messerlingwand (JACK 1898, DÜLL 1991), Obersee am Staller Sattel (RK); Defreggengebirge: Gsieser Törl (A. Schäfer-Verwimp) – **V**: ZA: v

- Gebirge Europas, Kaukasus, Türkei, Himalaya, Ostasien, nördliches Nordamerika, Arktis
- arktisch-alpin

Gefährdung: Österreichweit nicht gefährdet; randalpine Populationen sind hingegen infolge der Klimaerwärmung akut vom Erlöschen bedroht.

Anmerkung: Alte Literaturangaben gehören meist zur folgenden, spät beschriebenen Art.

2. ***A. juratzkana*** (LIMPR.) TREVIS. – Syn.: *A. julacea* subsp. *juratzkana* (LIMPR.) MEYL., *A. nivalis* LINDB., *Jungermannia juratzkana* LIMPR.

Foto: M. Lüth

Ökologie: Hellgraue bis bläuliche, dünne bis dicke Krusten auf mineralischer Feinerde, Gesteinsgrus, Humus oder seltener Braunlehm auf Silikat- und Karbonat-Schneeböden, in N-exponierten, alpinen Felsfluren mit langer Schneebedeckung oder in Lücken alpiner Rasen und subnivaler Polsterpflanzenfluren. Extrem selten auf Detritus in schattig-kalten Felsnischen an Wasserfällen in der Montanstufe. Sporogone sind häufig; die Ausbreitung erfolgt also primär über Sporen.

- s. azido- bis neutrophytisch, m.–s. hygrophytisch, m. skio- bis s. photophytisch
- L 7, T 1, K 6, F 6, R x

Soziologie: Die Kennart im Dichodontio-Anthelietum juratzkanae (SCHLÜSSLMAYR 2005) des Arabidion caeruleae über Karbonatgrund bzw. eine der Kennarten des Cardamino alpinae-Anthelietum juratzkanae (ENGLISCH 1993) des Salicion herbaceae über Silikatgrund. Typische Begleiter auf Kalkschneeböden sind *Dichodontium pellucidum*, *Tayloria froelichiana*, *Asterella lindenbergiana*, *Peltolepis quadrata*, *Solenostoma confertissimum* oder *Timmia norvegica*. Auf Silikatschneeböden wächst die Art mit *Gymnomitrion brevissimum*, *Nardia breidleri*, *Fuscocephaloziopsis albescens*, *Pohlia obtusifolia*, *P. drummondii*, *Kiaeria starkei*, *K. falcata* und *Polytrichum sexangulare*.

Verbreitung: In den Hauptketten der Alpen verbreitet und oft häufig; in den randlichen Teilen, vor allem südlich des Alpenhauptkamms, aber selten; nur ausnahmsweise unterhalb der Waldgrenze auftretend. (Montan) Subalpin bis nival, ca. 1400 bis 3150 m.

K: Hohe Tauern: v; Nockberge: z; Saualpe: Forstalpe (HK & AS); Koralpe: GEISSLER (1989), Hühnerstütze (HK & AS); Karnische A: am W-Rand v, Hochwipfel (HK & HvM); Gailtaler A: Staff (HK & HvM), Goldeck, Dobratsch (HK) – **N**: NA: Ötscher (FÖRSTER 1881), Schneeberg und Rax (HEEG 1894, HK), Dürrenstein-Gipfel (HK) – **O**: NA: Edeltal im Höllengebirge (RICEK 1977), Hoher Nock im Sengsengebirge (FITZ 1957), in den Gipfelregionen des Toten Gebirges, Warschenecks und der Haller Mauern v (SCHLÜSSLMAYR 2005), Dachstein: v (GS) – **S**: A: z bis v – **St**: NA: v bis z; Niedere Tauern, Gurktaler und Seetaler A: v; Koralpe (BREIDLER 1894); Stubalpe: Ameringkogel (BREIDLER 1894) – **T** – **V**

- Gebirge Europas, Kaukasus, Sibirien, Japan, Neuguinea, nördliches Nordamerika, Arktis, westliches Südamerika, Südgeorgien, Neuseeland
- arktisch-alpin

Gefährdung: Österreichweit nicht gefährdet; wie bei vorigen Art drohen, klimatisch bedingt, die Bestände auf den niedrigeren Gebirgen allmählich zu verschwinden.

9. *Arnelliaceae* NAKAI

1. *Arnellia* LINDB.

1. ***A. fennica*** (GOTTSCHE) LINDB. – Syn.: *Jungermannia fennica* GOTTSCHE

Foto: T. Hallingbäck

Ökologie: Hell seegrüne bis hellbraune, opake Decken oder vereinzelte Kriechsprosse an absonnigen, meist N-exponierten, kalkhaltigen Schieferfelsen (Kalkschiefer, Tonschiefer), seltener auf Kalk, oft in humosen Nischen an wenig ausgeprägten Schrofen in Rasenhängen, auf Gesteinsdetritus in kleinen Balmen an Felswandbasen, selten in Lücken von Alpinrasen. Sporogone sind sehr selten; Ausbreitung mittels Gemmen.

- subneutro- bis neutrophytisch, meso- bis m. hygrophytisch, m. skiophytisch
- L 5, T 2, K 7, F 5, R 6

Soziologie: Im Solorino-Distichietum capillacei in Schrofennischen an Rasenhängen (Seslerio-Caricetum sempervirentis) in Begleitung von *Distichium capillaceum*, *Trilophozia quinquedentata*, *Scapania cuspiduligera*,

Ditrichum gracile, *Plagiochila porelloides*, *Pohlia cruda*, *Plagiopus oederiana*, *Myurella julacea*, *M. tenerrima* oder *Bryoerythrophyllum recurvirostrum*, selten mit *Metzgeria pubescens* oder sogar *Lophocolea minor*.

Verbreitung: In den Kalkschieferzügen der Hohen Tauern selten; angeblich auch in den westlich anschließenden Zillertaler Alpen; ebenfalls selten in den Radstädter Tauern. Ein Nachweis aus den steirischen Nordalpen; zwei Funde aus der Latschurgruppe der Südalpen. Subalpin und alpin, ca. 1800 bis 2300 m.

K: Hohe Tauern: „Felsstufen unweit der Pasterzenzunge" am Großglockner, 1900 m (K. Loitlesberger in V. Schiffner, Hep. Eur. Exsicc., Müller 1906–1916), NW-Seite Makernigspitze (HK & HvM), N-Seite Bretterach in der Großfragant (J. Saukel, HK), NE-Seite Lonzaköpfl bei Mallnitz (HK); Gailtaler A: Martennock (HK), Staff (HK & HvM) – **S**: Hohe Tauern: Embachkar am Schwarzkopf im Fuschertal, 2100 m (Kern 1915); Radstädter Tauern: Kitzstein (GSb), Gamsleitenspitze (GSb, HK) – **St**: Eisenerzer A: Seiwaldlalm am Reiting (in Breidler 1894 irrtümlich als *Odontoschisma sphagni*, GJO, rev. J. Breidler, Głowacki 1914, t. HK) – Nord-**T**: Zillertaler A (zweifelhaft, Düll 1991); Ost-**T**: Hohe Tauern: Großbachtal S Umbaltal (HK)

- Alpen, Tatra, subarktisches Nordeuropa, Sibirien, subarktisches Nordamerika, Rocky Mountains, Arktis
- arktisch-alpin

Gefährdung: Die Art bevorzugt die unteralpine Zone und ist zumindest in den Hohen Tauern nicht gefährdet, wo es überall Möglichkeiten gibt, in höhere Regionen aufzusteigen. Längerfristig klimatisch bedroht erscheinen hingegen die isolierten Vorkommen in der Latschurgruppe, wo sie auf die kältesten Stellen dieser Berge beschränkt ist.

10. *Calypogeiaceae* Arnell

1. *Calypogeia* Raddi

1. *C. arguta* Nees & Mont.

Ökologie: Blassgrüne, zarte Decken auf kalkfreier, mäßig aber konstant feuchter, lehmiger oder grusiger Erde an schattigen Waldwegböschungen an natürlichen Laubwaldstandorten in relativ warmer Lage. Im Rheindelta als Pionier auf basenarmem Niedermoortorf an Entwässerungsgräben in Pfeifengraswiesen und auf feuchtem Rohhumus unter Gebüsch. Unter normalen mitteleuropäischen Klimabedingungen im Winter weitgehend absterbend und daher im Frühjahr nur noch schwer nachweisbar. Optimalentwicklung im Herbst. Vegetative Vermehrung durch massig entwickelte Brutkörper an aufrechten Brutsprossen.

Foto: C. Schröck

s.–m. azidophytisch, m–s. hygrophytisch, s.–m. skiophytisch

- L 4, T 6, K 3, F 6, R 4

Soziologie: Eine Kennart des Calypogeietum fissae. Begleiter an den Fundstellen sind *Calypogeia fissa*, *Cephalozia bicuspidata*, *Riccardia multifida*, *Pellia epiphylla*, *Dicranella heteromalla* und massig *Atrichum undulatum*.

Verbreitung: Nur aus wärmebegünstigten Lagen Vorarlbergs von wenigen Fundstellen nachgewiesen. Nächstgelegene Vorkommen im Schwarzwald, in der NW-Schweiz und im südlichen Tessin. Submontan, ca. 400 bis 650 m.

V: Rheintal: Rohrspitz im Rheindelta; Vorderer Bregenzerwald: Roßbad bei Langenegg; Walgau: Stein bei Göfis, Vermülsbachtobel bei Schlins (Amann et al. 2013)

- West-, Süd- und westliches Zentraleuropa, SW-Skandinavien, Makaronesien, Kleinasien, Kaukasus, Ostasien, Afrika, Ozeanien
- subozeanisch

Gefährdung: Nicht gefährdet. Vermutlich ist diese ozeanische Art im Zuge der Klimaerwärmung in West-Ost-Ausbreitung. Möglicherweise handelt es sich daher in Österreich um einen Neubürger (Erstnachweis 2002).

Anmerkung: Die Art wird in Van Dort et al. (1996) für die Gailtaler Alpen (nahe Weißbriach) angegeben. Aufgrund der mittelmontanen Höhenlage ist ein Irrtum zu vermuten (unbelegt).

2. *C. azurea* Stotler & Crotz – Syn.: *C. trichomanis* auct., *Kantia trichomanis* (L.) Gray

Ökologie: Bläulichgrüne Decken an kalkfreien, sandig-lehmigen, feuchten Erdstandorten, auf schattigen Silikatfelsen und -blöcken, Rohhumus (gerne auf Fichtenstreu) und Totholz in Wäldern und Gebüschen, mitunter auch in feuchten Heiden und in Mooren. Toleriert etwas basenreichere Substrate als die anderen Arten der Gattung. Sporogone und Brutkörper sollen selten sein.

- m. azidophytisch, m.–s. hygrophytisch, s.–m. skiophytisch
- L 4, T 4, K 6, F 6, R 4

Soziologie: Die einzige Kennart des Calypogeietum trichomanis; mit höherer Stetigkeit aber auch auf Erde im Nardietum scalaris oder im Pellietum epiphyllae. Auf feuchtem Fels u. a. im Diplophylletum albicantis oder auf Sandstein im Brachydontietum trichodis; auf Totholz in den Verbänden Tetraphidion und Nowellion.

Verbreitung: In den Alpen verbreitet und oft häufig (regional seltener, etwa in Teilen Tirols). Außerhalb der Alpen zerstreut; im westlichen Donautal selten; regional fehlend in waldarmen, warmen Tieflagengebieten, z. B. im östlichen Pannonikum. Kein Nachweis aus W. Collin bis subalpin; bis ca. 2000 m aufsteigend.

B: Süd-B: v (partiell eventuell *C. muelleriana*, Latzel 1941, Maurer 1965) – **K** – **N**: Waldviertel und Wachau: z; A und Flyschzone: v – **O**: Mühlviertel: nur im Norden und Osten (Schlüsslmayr 2011); Donautal: s (Schlüsslmayr 2011); AV: z; NA und Flyschzone: v (Schlüsslmayr 2005) – **S** – **St** – **T** – **V**

- Europa (exkl. Mediterrraneis), Kaukasus, Türkei, Sibirien, Japan, nordöstliches Nordamerika
- subboreal-montan

Gefährdung: Nicht gefährdet.

3. *C. fissa* (L.) Raddi – Syn.: *Mnium fissum* L.

Ökologie: Blassgrüne Decken auf sandig-lehmiger, kalkfreier Erde, etwa an Weg- und Bachböschungen an natürlichen Laubwaldstandorten in warmen Gebieten; selten auf Flyschsandstein, auf Humus über Kalkgrund und auf Totholz. In Tieflagenmooren mitunter auf Torf, insbesondere in alten Torfstichen, oder in Bruchwäldern auf nassem Rohhumus. Brutkörper und Sporogone werden häufig ausgebildet.

- s.–m. azidophytisch, meso- bis m. hygrophytisch, s.–m. skiophytisch
- L 4, T 5, K 4, F 5, R 3

Soziologie: Eine Kennart des Calypogeietum fissae, wo sie gerne vergesellschaftet mit *Dicranella heteromalla*, *Cephalozia bicuspidata*, *Pellia epiphylla*, *Atrichum undulatum* oder *Diplophyllum albicans* auftritt. Außerdem nicht selten im Hookerietum lucentis und im Fissidentetum bryoidis.

Verbreitung: Eine wärmeliebende Art. Verbreitet in der Flyschzone der Nordalpen; zerstreut (regional verbreitet) im Alpenvorland, am östlichen und südöstlichen Alpenrand, im Klagenfurter Becken und im Rheintal. Selten in den wärmeren Alpentälern. Fehlt in der westlichen Böhmischen Masse. Keine Nachweise aus T und W. Wegen später taxonomischer Klärung der Gattung regional noch schlecht erfasst. Planar bis montan; bis ca. 900 m aufsteigend.

B: Leithagebirge: bei Loretto und Müllendorf (Schlüsslmayr 2001), Mittel-B: im Ödenburger Gebirge bei Ritzing (Szücs & Zechmeister 2016); Günser Gebirge: Glashütten-Langeck, Lockenhaus und Sattel zw. Hirschenstein und Geschriebenstein (Latzel 1941); Süd-B:bei Welten und Rudersdorf (Maurer 1965) – **K**: Klagenfurter Becken: z bis v; Fresach im Drautal (HK & AS); Gailtaler A: Schwaig am Goldeck (HK), Auerlinggraben und Kreuzberg (van Dort et al. 1996), zw. Heiligengeist und Mittewald (HK & AS); W-Karawanken: Kokragraben bei Arnoldstein (HK & AS) – **N**: Wachau: Jauerling, Trenning S Mühldorf und W Schwallenbach (HH); AV: Seitenstetten (V. Schiffner, Hep. eur. exsicc.); Wienerwald: Vorderschöpfl (HH in SZU), Mitterschöpfl (HZ) – **O**: AV: z; Flyschzone: v; NA: bei Großraming, Molln, Unterlaussa, in der Haselschlucht im Hintergebirge und am Laudachsee (Schlüsslmayr 2005) – **S**: AV: Stadt Salzburg: im Leopoldskroner Moor (Gruber 2001), Feldberg N Fuschlsee (PP), Wenger Moor (CS); NA: Kuchleralm E Schafberg (PP) – **St**: Grazer Bergland: Gsöllberg, Göttelsberg (Maurer et al. 1983); im südöstlichen Vorland trotz fehlender Funddaten wohl v – **V**: Rheintal und -hang zw. Feldkirch und Bregenz: v; im nördlichen Bregenzerwald z

- West-, Süd- und Zentraleuropa, Makaronesien, südwestliches Nordeuropa, Türkei, Himalaya, Nordafrika (in Nordamerika eine andere Unterart)
- subozeanisch-mediterran

Gefährdung: Nicht gefährdet.

4. *C. integristipula* Steph. – Syn.: *C. meylanii* H. Buch, *C. neesiana* var. *meylanii* (H. Buch) R.M. Schust.

Ökologie: Hell- bis seegrüne Decken auf stark zersetztem, oft nur mäßig feuchtem Totholz, wo sie die dominante Art der Gattung ist; zudem im Waldschatten an sauren Erdstandorten, auf kalkfreien Silikatfelsen (z. B. in tiefschattigen Nischen) und in Blockhalden; in Mooren als Pionier auf offenem Torfboden oder „epiphytisch" an den Basen der Latschenstämme; im Hochgebirge auf Humus in Zwergstrauchheiden und unter subalpinen Gebüschen. Sporogone selten; Brutkörper werden hingegen reichlich gebildet.

- s. azidophytisch, mesophytisch, s.–m. skiophytisch
- L 4, T 4, K 5, F 5, R 2

Soziologie: Die einzige Kennart des Calypogeietum integristipulae; von größerer Bedeutung auch im Bazzanio tricrenatae-Mylietum taylori oder im Leucobryo glauci-Tetraphidetum pellucidae. Zu den häufigen Begleitern zählen *Lepidozia reptans*, *Tetraphis pellucida*, *Dicranum montanum*, *Lopho-*

zia ventricosa, *Leucobryum juniperoideum*, *Dicranella heteromalla*, *Dicranodontium denudatum* oder *Plagiothecium laetum*.

Verbreitung: Die häufigste Art der Gattung und im Gesamtgebiet verbreitet; regional wegen der späten Trennung von *C. neesiana* aber schlecht erfasst. Bislang noch kein Nachweis aus W. Collin bis alpin; bis ca. 2300 m aufsteigend.

B: Süd-B: bei Grafenschachen (als *C. neesiana*, MAURER 1965); Mittel-B: bei Glashütten-Langeck (als *C. neesiana*, LATZEL 1941) – **K** – **N** – **O** – **S** – **St** – **T** – **V**

- Europa (exkl. Mediterraneis), Kaukasus, Sibirien, Japan, nördliches Nordamerika
- westlich subboreal-montan

Gefährdung: Nicht gefährdet.

5. *C. muelleriana* (SCHIFFN.) MÜLL. FRIB. – Syn.: *C. neesiana* var. *laxa* MEYL. ex MÜLL. FRIB., *C. trichomanis* var. *erecta* MÜLL. FRIB., *Kantia muelleriana* SCHIFFN.

Foto: M. Lüth

Ökologie: Bleichgrüne, feucht transparente Decken an nährstoffarmen, kalkfreien, zumeist sehr humiden Erdstandorten, z. B. an feucht-schattigen Bachböschungen oder an Quellrändern; in niederschlagsreichen Gebieten allerdings auch auf recht trockenen, ausgehagerten Böden in Buchenwäldern; außerdem als Pionier auf feuchtem Silikatfels (u. a. auf Sandstein), auf Humus in Zwergstrauchheiden oder auf Torf in Mooren.

- s.–m. azidophytisch, meso- bis m. hygrophytisch, s.–m. skiophytisch
- L 4, T 4, K 6, F 5, R 3

Soziologie: Einzige Kennart des Calypogeietum muellerianae an sauren Erdrainen; hier mit *C. fissa*, *Atrichum undulatum*, *Cephalozia bicuspidata*, *Dicranella heteromalla*, *Pogonatum aloides* oder *Diphyscium foliosum*; außerdem u. a. im Pogonatetum aloidis, im Nardietum scalaris und auf Fels im Diplophylletum albicantis.

Verbreitung: In den Zentralalpen zerstreut bis verbreitet; in den Nordalpen selten bis zerstreut; in den Südalpen zerstreut. In der Böhmischen Masse, dem Alpenvorland und der Flyschzone zerstreut. Noch kein Nachweis aus B. Planar bis alpin; bis ca. 2300 m aufsteigend.

K: A: z; Klagenfurter Becken: v – **N**: Waldviertel und Wachau: z; A: z – **O**: Mühlviertel und Donautal: z (Schlüsslmayr 2011); AV: z; Flyschzone: Föhramoos bei Oberaschau (Ricek 1977), bei Schlierbach und im Kleinramingtal (Schlüsslmayr 2005); NA: mehrfach um Windischgarsten (Schlüsslmayr 2005) – **S**: AV: Stadt Salzburg (Gruber 2001), Wörlemoos E Unzing, bei Jauchsdorf (CS); NA: Tiefsteinklamm bei Wenig (CS), Dientener Sattel (Heiselmayer & Türk 1979); Kitzbühler A: Nadernachbachtal N Krimml (CS); Hohe Tauern: Krimmler Fälle (Gruber et al. 2001), Untersulzbachfall (CS), Schwarzwand und Tofereralm bei Hüttschlag (J. Saukel); Niedere Tauern: Jägersee bei Kleinarl (GSb) – **St**: NA: wohl s; sonst v – Nord-**T**: Paznauntal: bei Galtür (Düll 1991); Ötztaler A: z (Düll 1991); Inntal: bei Tulfes (Düll 1991); Tuxer A: Voldertal (RD & HK); Ost-**T**: Hohe Tauern: bei Kals (Düll 1991) – **V**: z bis v – **W**: Pfaffenberg (HZ)

- Europa (exkl. Mediterraneis), Makaronesien, Kaukasus, Sibirien, nördliches Nordamerika
- subboreal-montan

Gefährdung: Nicht gefährdet.

6. *C. neesiana* (C. Massal. & Carestia) Müll. Frib. – Syn.: *C. neesiana* var. *repanda* (Müll. Frib.) Meyl., *Kantia trichomanis* var. *neesiana* C. Massal. & Carestia

Ökologie: Blass grau-, see- oder gelbgrüne, mitunter leicht gebräunte Decken oder vereinzelte Kriechsprosse auf besonders saurem, feuchtem Humus in meist hochmontanen und subalpinen Wäldern oder in absonnigen, subalpinen Latschenfluren und feuchten Zwergstrauchheiden; seltener auf Totholz oder sauren Erdstandorten. Als früher Pionier auf nacktem Torf in Mooren und Moorwäldern, der sich vereinzelt auch noch zwischen den Sprossen lebender Torfmoose hält; in tiefen Lagen fast ausschließlich in Moorgebieten. Sporogone sind selten; Ausbreitung via Gemmen.

- s. azidophytisch, m. hygrophytisch, s. skio- bis m. photophytisch
- L 5, T 3, K 6, F 6, R 1

Soziologie: Die einzige Kennart des Calypogeietum neesianae, das dem Leucobryo glauci-Tetraphidetum pellucidae nahe steht (Schlüsslmayr 2005). Häufige Begleiter auf Humus sind *Tetraphis pellucida*, *Sphenolobus minutus*, *Mylia taylorii*, *Dicranodontium denudatum*, *Lophozia ventricosa* oder *Ptilidium cilare*. In Mooren finden wir die Subassoziation „mylietosum anomalae“, in der *Fuscocephaloziopsis connivens*, *Mylia anomala* und *Kurzia pauciflora* hinzu kommen.

Verbreitung: In den Zentralalpen verbreitet (regional zerstreut); in den Nordalpen zerstreut bis verbreitet (in N selten); in den Südalpen relativ selten. In der Böhmischen Masse im Norden zerstreut bis selten. Keine Nachweise aus dem Donautal. Selten im Klagenfurter Becken. Fehlt in B und W. Submontan bis alpin; bis ca. 2200 m aufsteigend.

K: ZA: z bis v (Schwerpunkt in den Nockbergen); Klagenfurter Becken: Plöschenberg bei Köttmannsdorf (HK & AS), Watzelsdorfer Moos (MS); Gailtaler A: Staff (HK & HvM), Reißkofel (HK); Karawanken: Matzener Boden bei Gotschuchen (HK & AS) – **N**: Waldviertel: Gr. Heide bei Karlstift (CS), Schönfelder Überländ (HZ); Dunkelsteinerwald: Schenkenbrunnenbachtal (HH); NA: Rothwald am Dürrenstein (HZ), Leckermoos bei Göstling (HZ) – **O**: Mühlviertel: in den Mooren des Nordens z (SCHLÜSSLMAYR 2011); NA: z – **S**: Stadt Salzburg: Leopoldskroner- und Hammerauer Moor (GRUBER 2001); NA: z; ZA: v bis z – **St** – **T** – **V**: z bis v

- Gebirge West- und Zentraleuropas, Nordeuropa, Sibirien, östliches Nordamerika
- boreal-montan

Gefährdung: Nicht gefährdet.

7. *C. sphagnicola* (ARNELL & J. PERSS.) WARNST. & LOESKE – Syn.: *C. paludosa* WARNST., *C. submersa* (S.W. ARNELL) WARNST., *Kantia sphagnicola* ARNELL & J. PERSS.

Ökologie: Blassgrüne, leicht glänzende Räschen, häufiger verstreute Einzelsprosse, in den Bultbereichen, seltener Schlenken von Hochmooren oder an den Wänden alter Torfstiche. Im Hochgebirge auf den Bülten subalpiner Komplexmoore. Sporogone sind selten; Ausbreitung via Brutkörper.

- s. azidophytisch, s. hygro- bis hydrophytisch, m. skio- bis s. photophytisch
- L 7, T 3, K 4, F 7, R 1

Soziologie: Eine Ordnungskennart der Sphagnetalia medii (STEINER 1992); gelegentlich auch im Rhynchosporion albae. Sie wächst mit Vorliebe auf *Sphagnum capillifolium*- oder *S. fuscum*-Bülten oder zwischen den Sprossen von *Polytrichum strictum* in Begleitung von *Fuscocephaloziopsis connivens*, *F. loitlesbergeri*, *F. lunulifolia*, *Cephaloziella elachista*, *C. spinigera*, *Mylia anomala* oder *Kurzia pauciflora*.

Verbreitung: In den Nord- und Zentralalpen zerstreut (lokal verbreitet, etwa im Bregenzerwald oder im Salzkammergut); kein Nachweis aus den Südalpen. In den Moorgebieten des westlichen Alpenvorlands und der Flyschzone zerstreut. In der Böhmischen Masse selten. Fehlt in B, Ost-T und W. Submontan bis subalpin; ca. 500 bis 2000 m.

K: Gurktaler A: Moor am Erlacher Bock, Schwarzsee auf der Turracher Höhe (HK & AS), Autertalmoor (CS), Moore am Flattnitzbach (HK), Freundsamer Moos (CS); Saualpe: Hauptkamm (HK & AS); Koralpe: W-Rand Seeebenmoor (HK & AS) – **N**: Waldviertel: bei Karlstift auf der Gr. Heide (J. Saukel), in der Durchschnittsau (CS), Sepplau, Gemeindeau bei Heidenreichstein (HZ), Frauenteich bei Gmünd (Ricek 1982); NA: Leckermoos bei Göstling (HZ), Moor E Rotmoos bei Lunz (HZ), Moor im Erzgraben S Annaberg (HZ, RK) – **O**: Mühlviertel: Hirschlackenau am Bärenstein im Böhmerwald und im Tannermoor bei Liebenau (Schlüsslmayr 2011), Sepplau bei Sandl (Schröck et al. 2014); Sauwald: Filzmoos bei Hötzenedt und bei Münzkirchen (Grims 1985); AV: Moorwald bei Steinwag (RK), Jacklmoos bei Geretsberg und Ibmer Moor (Krisai 2011, Schröck et al. 2014), Kreuzbauernmoor bei Fornach (Ricek 1977); Flyschone: Wild- und Kühmoos bei Mondsee, Föhramoos bei Straß, Haslauer Moor bei Oberaschau, Gipfel des Lichtberges, bei Than nahe Aurach (Ricek 1977), Wiehlmoos bei Mondsee (Schröck et al. 2014); NA: Moorboden am Laudachsee am Traunstein (als *C. paludosa* fo. *compacta*, V. Schiffner, Hep. eur. exsicc.), Laudachsee, Wolfswiese bei Steinbach, Radinger Mooswiesen, Filzmoos bei Vorderstoder, Pyhrnmoor, Filzmöser am Warscheneck (Schlüsslmayr 2002b, Schlüsslmayr 2005), Moosalm E Schafberg, Zerrissenes Moos bei Gosau, Löckenmöser und Hornspitzgebiet bei Gosau, Leckernmoos bei Bad Ischl und Pitzingmoos im Toten Gebirge (Schröck et al. 2014) – **S**: Stadt Salzburg: beim Gneiser Fußballplatz (Gruber 2001); NA: Hochmoor bei Strobl (Koppe & Koppe 1969), Moor W Schönleiten NE Golling (CS); Kitzbühler A: Wasenmoos am Pass Thurn, Schweibergmoos N Maishofen, SE Almdorf Königsleiten (CS); Lungau: Überlingmoore (Krisai 1966), Seetaler See (RK, CS), Konradenmoos, Moore am Schwarzenberg (CS) – **St**: NA: Zlaimmöser (HZ), Knoppenmoos bei Mitterndorf, Rotmoos bei Weichselboden (CS); Niedere Tauern: Moor am Tanneck S Trieben (HK); Gurktaler A: Salzriegelmoor am Lasaberg (GSb), Schrenkenbühelmoos bei Krakauschatten, Kothhütte E Königstuhl, Paalgraben S Stadl (HK); Seetaler A: W Türkenkreuz (HK); Koralpe: Seebenmoor (HK & AS) – Nord-**T**: NA: Muggemoos S Leutasch (CS), Moore am Roßstand und NW Leiten am Sonnwendjoch (HZ); Verwall: bei St. Anton (Loeske 1908, Düll 1991) – **V**: Rheintalhang: Götzner Moos (GA); Bregenzer Wald: Oberfallenberg gegen Bödele (Murr 1915), Fornacher Moos (HK), Schollenmoos bei Alberschwende, Fohramoos am Bödele und bei der Lustenauer Hütte (CS); Bregenzerwaldgebirge: Saluveralpe (HZ); Allgäuer A: Sausteig, Krähenbergmoor, Sumoos bei Schönenbachvorsäß, Neuschwandalpe, Glatzegg, Salgenreute, Bolgenach, Kojenmoos, Außerkürenwald, Hörnlepass und Straußbergmoor (CS); Verwall: Dürrnwaldalpe, Schwarzsee und Wiegensee am Zeinisjoch (CS)

- Europa (exkl. Mediterraneis), Makaronesien, Türkei, Japan, Nordamerika, Grönland, südliches Südamerika, Neuseeland, Tasmanien
- nördlich subozeanisch

Gefährdung: Besonders in tiefen Lagen durch Moorentwässerung und Eutrophierung bedroht. Die noch vorhandenen Populationen sind oft sehr klein und wohl nur noch ein kläglicher Rest einstiger Bestände.

8. *C. suecica* (ARNELL & J. PERSS.) MÜLL. FRIB. – Syn.: *Kantia suecica* ARNELL & J. PERSS.

Ökologie: Olivgrüne bis hellbraune Decken, häufiger aber in zerstreuten Einzelsprossen zwischen anderen Moosen auf feuchtem Totholz in luftfeuchten Wäldern. Diese enge Bindung an morsches Holz (meist Nadelholz) ist ungewöhnlich, zumal fast alle Begleiter unterschiedliche saure Substrate tolerieren. Sporogone und Brutkörper jeweils selten.

Foto: H. Köckinger

- s. azidophytisch, m.–s. hygrophytisch, s.–m. skiophytisch
- L 4, T 4, K 4, F 6, R 2

Soziologie: Eine Kennart des Riccardio palmatae-Scapanietum umbrosae innerhalb des Nowellion, aber auch in Gesellschaften des Tetraphidion präsent. Häufige Begleitarten sind *Riccardia palmata*, *R. latifrons*, *Nowellia*, *Fuscocephaloziopsis catenulata*, *F. lunulifolia*, *F. leucantha*, *Scapania umbrosa*, *Blepharostoma*, *Schistochilopsis incisa*, *Lophozia guttulata*, *Crossocalyx*, *Herzogiella seligeri* etc.

Verbreitung: In den Alpen verbreitet bis zerstreut. Selten in der Böhmischen Masse und im Alpenvorland. Im südöstlichen Vorland und im Klagenfurter Becken zerstreut. Fehlt in W. Collin bis montan; bis ca. 1600 m aufsteigend.

B: Süd-B: bei Eisenhüttl, Rudersdorf, Pinkafeld und am Hirschenstein (MAURER 1965) – **K**: v (dringt aber nur wenig in die Hohen Tauern und Nockberge ein) – **N**: Waldviertel: bei Harmanschlag und im Kamptal (ZECHMEISTER et al. 2013); NA: z (ZECHMEISTER et al. 2013) – **O**: Mühlviertel: Tobau bei Wullowitz (SCHLÜSSLMAYR 2011); AV: Redlthal und auf der Hohen Schranne (RICEK 1977); NA: z bis v – **S**: NA: W Unken, W Lenzing, Blühnbachtal, Marchgraben N Pichl, Postalm, Weißenbachtal S Strobl, Larzenbachtal N Hüttau, Spulmoos NE Abtenau (CS), Filblingsee S Fuschlsee (PP); Zillertaler A: Wildgerlostal (SCHRÖCK et al. 2004); Hohe Tauern: Krimmler Fälle (GRUBER et al. 2001), Untersulzbachfall, Mühlbachtal S Niedernsill, Kötschachtal bei Badgastein (CS); Radstädter Tauern: Hirschlacke im Kleinarltal (GSb), Jägersee (CS) – **St**: Ausseerland: bei Mitterndorf; Hochschwab: Neuwald in Tragöß (MAU-

RER 1961b), Meßnerin (HK); Niedere Tauern: Schupfenberg bei Öblarn, Wirtsalm bei Hohentauern, Pischinggraben bei Kalwang (MAURER 1961b), Etrachgraben bei Krakaudorf (HK); Seetaler A: Winterleitental (HK); Stubalpe: Granitz- und Schwarzenbachgraben am Größenberg (HK); Murtal: Dremelberg bei Knittelfeld, Rennfeld bei Bruck, Zlatten- und Trafössgraben (MAURER 1961b); Grazer Bergland: bei St. Radegund (MAURER et al. 1983), Ost-St: am Stuhleck, bei Hausmannstätten und Vasoldsberg (MAURER 1970); Süd-St: Ottenberg bei Ehrenhausen (MAURER 1970) – Nord-**T**: Verwall: bei St. Anton (DÜLL 1991); Inntal: bei Imst, Hall und Tulfes (DÜLL 1991); Tuxer A: Voldertal (DÜLL 1991); Zillertaler A: Scheulingswald bei Mayrhofen (LOESKE 1909); Kitzbühler A: bei Kitzbühel (WOLLNY 1911), Krotengraben bei Fieberbrunn (HK); Kaisergebirge (H. Smettan u. a. in DÜLL 1991); Ost-**T**: Hohe Tauern: bei Kals und Matrei (DÜLL 1991); Lienzer Dolomiten: SE Lienz (HK) – **V**: z bis v, fehlt im Rheintal

- Europa (exkl. Mediterraneis), Makaronesien, Kaukasus, Nordamerika
- subozeanisch-montan

Gefährdung: Nicht gefährdet.

11. *Endogemmataceae* KONSTANT.

1. *Endogemma* KONSTANT.

1. *E. caespiticia* (LINDENB.) KONSTANT., VILNET & A.V. TROITSKY – Syn.: *Jungermannia caespiticia* LINDENB., *Aplozia caespiticia* (LINDENB.) DUMORT., *Solenostoma caespiticium* (LINDENB.) STEPH.

Ökologie: Gläsern hell- bis gelbgrüne Rasen im frühen Pionierbewuchs auf offener, sandig-lehmiger oder steiniger, kalkfreier Erde, häufig auf neuen Forststraßen, sowohl an den Böschungen als auch auf der Fahrbahn. Daneben gibt es Meldungen von verdichteten, lehmigen Kahlstellen einer Schipiste, einem sandigen Bachufer oder einer Abraumhalde eines Bergwerks. Ein epheme-

Foto: S. Koval

res Moos, das rasch wieder verschwindet. Sporgone sind selten; Brutkörper werden reichlich gebildet und dienen primär der Ausbreitung.

- s.–m. azidophytisch, m. hygrophytisch, m. skio- bis s. photophytisch
- L 7, T 4, K 4, F 6, R 3

Soziologie: Eine Verbandskennart des Dicranellion heteromallae; genannt für das Pogonato urnigeri-Atrichetum undulati, das Nardietum scalaris und das Dicranello heteromallae-Oligotrichetum hercynici (Schlüsslmayr 2011). Unter den Begleitarten finden sich *Solenostoma gracillimum*, *Diplophyllum obtusifolium*, *Nardia scalaris*, *Ditrichum heteromallum*, *D. lineare*, *Pogonatum urnigerum*, *P. aloides* oder *Oligotrichum hercynicum*.

Verbreitung: In den östlichen Zentralalpen zerstreut; bislang keine Nachweise westlich vom Zillertal. Verbreitungsschwerpunkt südlich des Alpenhauptkamms. Zerstreut im oberösterreichischen Anteil der Böhmischen Masse. Selten im Klagenfurter Becken und in der Grauwackenzone. Fehlt in B, N, Ost-T, V und W. (Submontan) montan; ca. 450 bis 1500 m.

K: Hohe Tauern: S Fraganter Hütte (HK), Danielsberg (HK & AS); Gurktaler A: Trefflinger Graben N Seeboden (HK), oberhalb Wiederschwing, Teuchengraben (HK & AS), zw. Metnitz und Maria Höfl, Priegertrate und Ratschgraben N Straßburg (HK); Saualpe: nahe Diex, Messnerkogel N Griffen (MS); Stubalpe: am Teißingbach (HK), Packsattel (MS) und Waldensteiner Graben (HK & AS); Koralpe: Rassinggraben (HK); Klagenfurter Becken: S Hafnersee in der Sattnitz (MS), Hirschenau (Głowacki 1910) – **O**: Mühlviertel: im Böhmerwald am Zwieselberg, Hochficht und im Klafferbachtal, im Waldaisttal und bei Königswiesen (Schlüsslmayr 2011); Sauwald: Diersbach (Grims 1985) – **S**: Hohe Tauern: Krimmler Achental (Gruber et al. 2001), nahe Untersulzbachfall (CS), Tofertal im Großarltal (J. Saukel) – **St**: Ennstal: Frauenberg (CS); Eisenerzer A: Hoher Schilling bei Vordernberg (HK); Niedere Tauern: Scharnitzgraben bei Pusterwald, zw. Hohentauern und St. Johann (HK); Stubalpe: Paisberg (HK); Oberes Murtal: Feistritzgraben bei Rotenthurm, Hahnleiten SW Weißkirchen, Schoberegg SE Weißkirchen (HK); Stubalpe: Stüblergraben bei Kleinfeistritz (HK); Gleinalpe: Schlacherhube NE Rachau (HK); Fischbacher A: Stuhleck (HK) – Nord-**T**: Zillertaler A: Zillergrund (Matouschek 1905, Vana 1974)

- West-, Nord- und Zentraleuropa, Sibirien, Alaska, New York
- nördlich subozeanisch

Gefährdung: Nicht gefährdet; die Art wurde durch massiven Forststraßenbau in den letzten Jahrzehnten stark gefördert. Sie dürfte in voll erschlossenen Waldgebieten allerdings bereits wieder rückläufig sein. Durch Bodenverletzungen im Zuge von Holzbringungarbeiten werden aber auch weiterhin ausreichend geeignete Habitate zur Verfügung stehen.

12. *Geocalycaceae* H. KLINGGR.

1. *Geocalyx* NEES

1. *G. graveolens* (SCHRAD.) NEES – Syn.: *Jungermannia graveolens* SCHRAD.

Ökologie: Gelb- oder hellgrüne, opake, schwach ölig glänzende Decken über anderen Moosen, auf Rohhumus, Totholz und feuchtschattigem Silikatfels oder -blöcken in luftfeuchten Wäldern, oft in Bachnähe. Sporogone sind selten; Gemmen fehlen.

Foto: M. Reimann

- s.–m. azidophytisch, m.–s. hygrophytisch, s.–m. skiophytisch
- L 4, T 5, K 5, F 6, R 3

Soziologie: Eine Klassenkennart der Cladonio-Lepidozietea reptantis, die sich in den Alpen vor allem in Gesellschaften des Tetraphidion pellucidae findet. Für das Mühlviertel wird sie für das Diplophylletum albicantis genannt. Häufige Begleitarten sind u. a. *Blepharostoma trichophyllum*, *Lepidozia reptans*, *Dicranodontium denudatum*, *Plagiochila porelloides*, *Jamesoniella autumnalis*, *Mylia taylorii*, *Sphenolobus minutus*, *Schistochilopsis incisa* und *Dicranum scoparium*. Im Diplophylletum wächst die Art zusammen mit *Scapania nemorea* und *Diplophyllum albicans*.

Verbreitung: In niederschlagsreichen Gebieten der Nord- und Zentralalpen selten; nur ein Nachweis aus den Südalpen. In der Böhmischen Masse sehr selten. Fehlt in B, Ost-T und W. Submontan bis montan (subalpin); ca. 400 bis 1400 (1950) m.

K: Karawanken: Kokragraben bei Arnoldstein (HK & AS, 2016) – **N**: Waldviertel: bei Karlstift und Königswald bei Pisching am Ostrong (HEEG 1894) – **O**: Mühlviertel: Käfermühlbachgraben bei St. Thomas/Blasenstein und bei St. Georgen am Walde (SCHLÜSSLMAYR 2011); NA: Sattlau und Sulzgraben bei Bad Ischl (LOITLESBERGER 1889) – **S**: um Salzburg (SAUTER 1871); NA: Zinkenbachklamm am Wolfgangsee (KOPPE & KOPPE 1969), bei Filzmoos im Tal der Warmen Mandling (KOPPE & KOPPE 1969, GS); „Pinzgau bei Zell" (SAUTER 1871) – **St**: Dachstein: Seemauer am Ödensee (HK); Salzatal: Karl-August-Steig bei Großreifling (HK); Stubalpe: Schwarzenbachgraben E Kathal (HK); Ost-St: Arbesbachgraben bei Birkfeld (Breidler 1894) – Nord-**T**: Allgäuer A: Vilsalpe bei Tannheim und Schochenalptal (MR); Verwall: Rosannaschlucht bei St. Anton (Loeske 1908); Ötztaler A: oberhalb Mandarfen-Mittelberg im Pitztal und oberhalb der Ötztaler Ache bei Habichen (Düll 1991); Zillertaler A: Scheulingswald bei Mayrhofen (Loeske 1909) – **V**: Walgau: Auwald an der Ill bei Satteins (Loitlesberger 1894); Allgäuer A: Laublisbachtal bei Schönenbachvorsäß (Reimann 2008), Gattertobel, Breitachtal und Schwarzwassertal (MR); Rätikon: Salonienbach im Rellstal (Loitlesberger 1894); Montafon: bei Tschagguns (Jack 1898)

- Europa (exkl. Mediterraneis), Makaronesien, Kaukasus, Sibirien, Nordamerika
- subboreal-montan

Gefährdung: Diese Art ist gewissermaßen der Gegenentwurf eines Pioniers. Sie charakterisiert über lange Zeit unveränderte Habitate, also Urwälder und Schluchten, in denen die Zeit stehen geblieben ist. Kein Wunder, dass sie heute überall rückläufig ist.

13. *Gymnomitriaceae* H. Klinggr.

1. *Gymnomitrion* Corda

1. *G. adustum* Nees emend. Limpr. – Syn.: *Marsupella adusta* (Nees emend. Limpr.) spruce

Ökologie: In dunkelbraunen, dichten Räschen auf kalkfreiem Silikatgestein auf Schneeböden. Die Art besiedelt überwiegend flache Steine, aber auch verdichteter silikatischer Grus und tonige Erde (an der Typuslokalität?) sind als Substrate denkbar. Brutkörper fehlen; Sporogone bilden sich regelmäßig.

- s.–m. azidophytisch, m.–s. hygrophytisch, s. photophytisch
- L 8, T 1, K 4, F 6, R 3

Soziologie: Eine Verbandskennart des Andreaeion petrophilae mit Beziehungen zum Andreaeion nivalis innerhalb der Grimmietea alpestris. Sie kann alternativ aber auch den Salicetea herbaceae, also den Silikat-Schneebodengesellschaften, zugeordnet werden. Als unmittelbare Begleiter wurden *G. brevissimum* und *Andreaea rupestris* var. *alpestris* festgestellt.

Verbreitung: Sehr selten am Hauptkamm der Zentralalpen. Subalpin und alpin, ca. 2000 bis 2300 m.

S: Hohe Tauern: Reitalpental bei Hüttschlag (zu prüfen, Koppe & Koppe 1969) – **St**: Niedere Tauern: Kar der Grünen Lacke am Bösenstein (HK) – **V**: Silvretta: zw. Kromertal und Hochmadererjoch (Amann et al. 2013)

- Westeuropa, Makaronesien, Alpen, Karpaten, Bulgarien, Island, Norwegen
- subozeanisch-alpin

Gefährdung: Wegen extremer Seltenheit gefährdet.

Anmerkungen: Die Typuslokalität befindet sich auf dem Untersberg bei Salzburg, allerdings auf bayrischer Seite. Dort wächst sie nach SAUTER (1858) „*...auf nackter Erde unter dem Berchtesgadner hohen Thron ...*“. – Einige historische Angaben aus T, S und St gehören zu *G. brevissimum*.

2. *G. alpinum* (GOTTSCHE ex HUSN.) SCHIFFN. – Syn.: *Marsupella alpina* (GOTTSCHE ex HUSN.) BERNET, *Sarcoscyphus alpinus* GOTTSCHE ex HUSN.

Ökologie: Braungrüne bis dunkel rotbraune, schwach glänzende, dichte Rasen auf periodisch überrieselten Neigungsflächen von Silikatfelsen an länger schneebeckten Stellen. Brutkörper fehlen; Sporogone sind selten.

Foto: C. Schröck

- s.–m. azidophytisch, s. hygrophytisch, m.–s. photophytisch
- L 7, T 2, K 4, F 6, R 3

Soziologie: Die soziologische Zugehörigkeit ist unklar. Beziehungen bestehen zum Andreaeion nivalis, zum A. petrophilae, zum Scapanietum undulatae und zum Cardamino-Montion. Als Begleitarten wurden notiert: *Nardia compressa*, *Anthelia julacea*, *Racomitrium aquaticum*, *R. macounii* subsp. *alpinum*, *Gymnomitrion concinnatum*, *Diplophyllum albicans*, *Marsupella sphacelata*, *Bryum muehlenbeckii* und als Rarität *Campylopus atrovirens*.

Verbreitung: Nur in den westlichen Zentralalpen; am W-Rand selten bis zerstreut, sonst sehr selten. Subalpin und alpin; 1900 bis 2700 m.

Nord-**T**: Verwall: am Riffler (LOESKE 1908); am Scheidsee, gegen das Blankahorn, am Faselpfadferner, an der Rendelspitze (DÜLL 1991); Ötztaler A: am Taschachgletscher (DALLA TORRE & SARNTHEIN 1904), am Fuldaer Höhenweg (DÜLL 1991); Stubaier A: im Sellrain (DÜLL 1991); Kitzbühler A: Roßwildalpe bei Kelchsau (WOLLNY 1911) – **V**: Verwall: Albonaalpe (K. Loitlesberger in SCHIFFNER 1910); Silbertaler Winterjöchle, zw. Zeinisjoch und Breitspitze; Silvretta: östlich Hochmadererjoch und zw. Kromertal und Hochmadererjoch (Amann et al. 2013)

- Westeuropa, Südnorwegen, Pyrenäen, Alpen, Böhmerwald, Sudeten, Karpaten, Japan, westliches Nordamerika
- subozeanisch-alpin

Gefährdung: Gesamtösterreichisch wegen Seltenheit als potentiell gefährdet anzusehen, auch wenn sie für V in Schröck et al. (2013) nur als „Least concern" eingestuft werden konnte.

Anmerkung: Historische Angaben für S sind unbestätigt, aber nicht auszuschließen; eine Angabe für St erwies sich hingegen als irrig.

3. *G. brevissimum* (Dumort.) Warnst. – Syn.: *Marsupella brevissima* (Dumort.) Grolle, *Acolea brevissima* Dumort., *G. confertum* (Limpr.) Limpr., *G. varians* (Lindb.) Schiffn., *M. varians* (Lindb.) Müll. Frib., *Sarcoscyphus confertus* Limpr.

Ökologie: Braune bis schwarze, dichte und oft ausgedehnte, niedrige Rasen oder Räschen auf extremen Silikat-Schneeböden mit sehr kurzer Vegetationszeit. Besiedelt wird mineralischer, selten humusreicher Boden, aber auch wenig geneigte Silikatfelsflächen. Keine Brutkörper; Sporogone werden häufig ausgebildet.

- s.–m. azidophytisch, m.–s. hygrophytisch, s. photophytisch
- L 9, T 1, K 6, F 6, R 3

Soziologie: Innerhalb der Salicetea herbaceae primär dem Cardamino alpinae-Anthelietum juratzkanae zuzurechnen. Typische Begleitmoose sind *Nardia breidleri*, *Anthelia juratzkana*, *Fuscocephaloziopsis albescens*, *Kiaeria falcata*, *K. starkei*, *Pohlia obtusifolia*, *Polytrichum sexangulare* etc.

Verbreitung: In den Hochlagen der Zentralalpen verbreitet bis selten; in den Nordalpen sehr selten; keine Nachweise aus den Südalpen. Fehlt in B, N und W. (Subalpin) alpin bis nival; 1900 bis 3450 m.

K: Hohe Tauern: z bis v; Koralpe: Speikkogel (Geissler 1989) – **O**: NA: Krippenstein am Dachstein (van Dort & Smulders 2010) – **S**: Hohe und Niedere Tauern: v (wenn auch wenig belegt) – **St**: Schladminger Tauern: v; Wölzer Tauern: Röthelkirchel (= Rettelkirchspitze) (Breidler 1894); Rottenmanner Tauern: Bösenstein (Breidler 1894, HK), Gefrorener See (Maurer 1970), Hochheide (HK); Gurktaler A: Würflinger Höhe (Breidler 1894); Seetaler A: Kreiskogel (HK) – **T**: Allgäuer A: Schwarze Milz (MR); ZA: z bis v – **V**: Allgäuer A: Diedamskopf, Ifenmauer und -platte (MR); Rätikon: Liechtensteiner Höhenweg im Nenzinger Himmel (GA); Verwall: um die Reutlinger Hütte, E Eisentaler Spitze (GA), Obermurich, Maroiköpfe, Albonagrat (HK), zw. Zeinisjoch und Fädnerspitze (CS); Silvretta: Vergaldener

Joch, Heimspitze (F. Gradl, BREG), zw. Wiesbadner Hütte und Radsattel, Klostertal SW Bielerhöhe, E Valzifenzer Joch, Tal E Hochmadererjoch (HK)

- Schottland, Pyrenäen, Alpen, Skanden, Karpaten, Bulgarien, NW-Russland, Himalaya, westliches Nordamerika, Grönland, Island
- arktisch-alpin

Gefährdung: Wie alle Schneebodenmoose auf niedrigeren Bergen durch die Klimaerwärmung gefährdet. In den Nordalpen vermutlich akut bedroht.

4. *G. commutatum* (LIMPR.) SCHIFFN. – Syn.: *Marsupella commutata* (LIMPR.) BERNET, *Sarcoscyphus commutatus* LIMPR.

Ökologie: Braungrüne bis dunkel kastanienbraune, dichte, polsterartige Rasen in absonnigen, meist N-exponierten, alpinen Silikatfelsfluren; meist auf mineralischer, kalkfreier Erde auf feuchten Felsbänken oder in Felsnischen, selten unmittelbar auf Fels, bei vergleichsweise kurzer (selten langer) Schneebedeckung. Keine Brutkörper; Sporogone unbekannt. Die Ausbreitung erfolgt wohl über Blatt- und Sprossbruchstücke.

- s.–m. azidophytisch, m. hygrophytisch, m. skio- bis m. photophytisch
- L 6, T 1, K 7, F 5, R 3

Soziologie: Dem Gymnomitrietum concinnati innerhalb des Andreaeion petrophilae zuzuordnen; partiell auch im Andreaeetum petrophilae und im Racomitrietum lanuginosi zu finden. Häufige Begleiter sind *G. concinnatum*, *G. corallioides*, *Racomitrium fasciculare*, *Ditrichum zonatum*, *Barbilophozia sudetica*, *Diplophyllum albicans*, *Pogonatum urnigerum*, an lang schneebedeckten Felsbasen auch *Fuscocephaloziopsis albescens*.

Verbreitung: In den Hochlagen der Zentralalpen zerstreut bis verbreitet; ein Nachweis aus den westlichen Nordalpen; selten in den Silikatenklaven der Südalpen. (Subalpin) alpin; ca. 1900 bis 2700 m.

K: Hohe Tauern und Nockberge: z bis v; Koralpe: Speikkogel (GEISSLER 1989); Gailtaler A: Goldeck (HK) und Staff (HK & HvM); Karnische A: Raudenspitze (HK & MS), Hochwipfel (HK & HvM) – **S**: Kitzbühler Alpen: Schmittenhöhe (KERN 1915); Hohe Tauern: Kareck und Altenbergtal bei Muhr, Ehrenfeuchtenhöhe und Pihapper bei Mittersill, Felbertauern, Keeskar im Obersulzbachtal (BREIDLER 1894); Schladminger Tauern: Hochgolling (JK), Obertauern (KRISAI 1985) – **St**: Niedere Tauern: v; Gurktaler Alpen: Tschaudinock, Kilnprein, Reißeck, Eisenhut (BREIDLER 1894); Koralpe (BREIDLER 1894); Seetaler A: Zirbitzkogel, Scharfes Eck (BREIDLER 1894, HK), Wenzelalpe (HK); Stubalpe: Ameringkogel (BREIDLER 1894, HK), Größenberg (HK) – Nord-**T**: Allgäuer A: Rothornspitze (MR); Verwall: Geißspitzjoch und oberes Moostal (DÜLL 1991); Silvretta: Predigtberg bei Galtür (DÜLL 1991); Stubaier A: Kühtai (A. Schäfer-Verwimp, HK), Rosskogel, Hammerspitze

(HK); Tuxer A: Patscherkofel (V. Schiffner), Glungezer (V. Schiffner in Müller 1906–1916); Zillertaler A: bei der Geraer Hütte (HK); Ost-**T**: Hohe Tauern: Kals-Matreier Törl (Müller 1906–1916) – **V**: „*Montefuner Tal, 2300 m, 1868, leg. Jack*" (Typus); Rätikon: zw. Hätaberger Joch und Latschätzkopf; Verwall: Madererspitze, Glattingrat S Wald; Silvretta: Ochsental, S Silvretta Stausee, Klostertal, Hochmaderjoch, Riedkopf bei Gargellen (Amann et al. 2013)

- Alpen, Karpaten, Island, Grönland, nordwestliches Nordamerika, Japan
- arktisch-alpin

Gefährdung: Nicht gefährdet. Der europäische Verbreitungsschwerpunkt liegt in Österreich.

5. *G. concinnatum* (Lightf.) Corda – Syn.: *Cesia concinnata* (Lightf.) Lindb., *Jungermannia concinnata* Lightf.

Ökologie: Hellgrüne bis hellbraune, dichte Rasen an absonnigen, überwiegend N-seitigen, kalkfreien Silikatfelsen und -blöcken, auf Gesteinsdetritus oder unmittelbar auf Gestein, exponiert oder geschützt in tiefen Nischen, bei geringer oder mäßig langer Schneebedeckung, meist oberhalb der geschlossenen Wälder. Außerdem auf exponierter und komprimierter Mineralerde in lückigen Zwergstrauchheiden, Alpinrasen und subnivalen Polsterpflanzenfluren bzw. auf windexponierten Steinpflasterböden. Brutkörper fehlen; Sporogone sind häufig.

- s.–m. azidophytisch, meso- bis m. hygrophytisch, s. skio- bis s. photophytisch
- L x, T 2, K 6, F 5, R 3

Soziologie: Eine der Kennarten des Gymnomitrietum concinnati, aber auch im nahestehenden Andreaeetum petrophilae präsent. Sie ist aber auch namensgebendes Element einer windexponierten Zwergstrauchgesellschaft, des Gymnomitrio concinnati-Loiseleurietum procumbentis, wo sie in der Lückenflora dominiert. Zu den häufigen Begleitarten zählen *G. corallioides*, *G. commutatum*, *Marsupella emarginata*, *M. apiculata*, *M. funckii*, *M. sprucei*, *Barbilophozia sudetica*, *Diplophyllum taxifolium*, *D. albicans*, *Nardia scalaris*, *Schistochilopsis opacifolia*, *Andreaea rupestris*, *Racomitrium fasciculare*, *R. lanuginosum*, *Ditrichum zonatum*, *Kiaeria starkei* oder *Polytrichum alpinum*.

Verbreitung: In den Zentralalpen verbreitet und in kalkarmen Teilen oft häufig (bislang kein Nachweis aus dem niederösterreichischen Teil); in den Nordalpen nur im äußersten Westen zerstreut; in den Südalpen im Westen verbreitet, sonst selten. (Montan) subalpin bis nival, ca. 1100 bis 3400 m.

K: ZA: v; Gailtaler A: Goldeck (HK) und Staff (HK & HvM); Karnische A: am W-Rand v, Hochwipfel (HK & HvM) – **S**: ZA: v – **St**: Eisenerzer Alpen: Leobner bei Wald (Breidler 1894); ZA: v – **T**: Allgäuer A: Rothornspitze bei Holzgau (MR); ZA: v – **V**: Allgäuer A: Elfer, Liechel- und Bärenkopf über dem Gemsteltal, mehrfach auf den Bergen bei Riezlern (MR); ZA: v

- Gebirge Europas, NW-Russland, Kaukasus, Himalaya, Sibirien, Japan, nördliches Nordamerika, Arktis
- subarktisch-alpin

Gefährdung: Nicht gefährdet.

Anmerkung: Schattenformen ähneln dem subatlantischen *G. obtusum* Lindb., einer Art, die für Österreich bislang aber nicht gesichert nachgewiesen ist (zweifelhafte Angaben aus T in Düll 1991).

6. *G. corallioides* Nees – Syn.: *Cesia corallioides* (Nees) Carruth.

Foto: M. Lüth

Ökologie: Weißgraue, dichte Polster und Rasen in windexponierten, nicht lange schneebedeckten, kalkfreien, alpinen Silikatfelsfluren und auf Blockhalden; sub- und unteralpin meist in N-Exposition, darüber in allen Lagen. Typisch sind Vorkommen auf Graten und Gipfeln; mitunter begegnet man ihr aber auch in geschützten Nischen. Der Ausgang der Polsterentwicklung sind in der Regel schmale Felsspalten; nur so findet sie ausreichend Halt in ihrem exponierten Lebensraum. Außerdem begegnet man ihr in niedrigen, rasenförmigen Ausprägungen auf mineralischem, kompaktem, ausgehagertem Boden in lückigen Alpinrasen und Polsterpflanzenfluren sowie auf subnivalen, windexponierten Steinpflasterböden, selten in Gletscheralluvionen, ausnahmsweise und vermutlich nur ephemer in der Montanstufe auf sehr nährstoffarmen Schrofen und Gesteinsgrus an jungen Forststraßenböschungen. Große Polster dürften ein beträchtliches Alter erreichen. Brutkörper fehlen; Sporogone sind häufig.

- s. azidophytisch, m. xero- bis mesophytisch, m. skio- bis s. photophytisch
- L 7, T 1, K 6, F 4, R 2

Soziologie: Eine Verbandskennart des Andreaeion petrophilae; hier am besten dem Andreaeetum petrophilae zuzuordnen. Beziehungen bestehen aber auch zu hochalpinen Ausprägungen des Racomitrio-Polytrichetum piliferi. Häufige Begleiter an exponiertem Fels sind u. a. *Grimmia incurva*, *G. donniana*, *Andreaea rupestris*, *Dicranoweisia crispula* oder *Polytrichum piliferum*. An feuchteren, absonnigen Stellen kommen *G. concinnatum*, *G. revolutum*, *Diplophyllum taxifolium*, *Grimmia elongata*, *G. torquata*, *Racomitrium fasciculare* oder *R. lanuginosum* hinzu.

Verbreitung: Klassisches Gipfelmoos und auch die höchststeigende Lebermoosart Österreichs. Am Zentralalpenhauptkamm verbreitet, in den randlichen Ketten zerstreut bis selten; in den Nordalpen selten und nur ganz im Westen; selten bis zerstreut in den westlichen Südalpen. (Montan) subalpin bis nival; (1100) 1800 bis 3739 m (Weißkugel-Gipfel, Pitschmann & Reisigl 1954).

K: Hohe Tauern und Nockberge: v; Saualpe: Forstalpe und Geierkogel (HK & AS); Stubalpe: Peterriegel (HK); Koralpe: Hühnerstütze (HK & AS), Brandhöhe (Latzel 1926); Gailtaler A: Goldeck (HK) und Staff (HK & HvM); Karnische A: am W-Rand z, Hochwipfel (HK & HvM) – **S**: ZA: v bis z – **St**: ZA: v bis z in den Gipfellagen – **T**: Allgäuer A: Rothornspitze N Holzgau (Reimann 2008); ZA: v – **V**: Allgäuer A: Elfer-Westhang, Liechelkopf-Westhang und Bärenkopf-Osthang im Gemsteltal (MR); ZA: v

- Gebirge West- und Zentraleuropas, Nordeuropa, Kaukasus, Sibirien, Japan, subarktisches Nordamerika, Arktis
- arktisch-alpin

Gefährdung: Vorerst nicht gefährdet.

7. *G. revolutum* (Nees) H. Philib. – Syn.: *Apomarsupella revoluta* (Nees) R.M. Schust., *Marsupella revoluta* (Nees) Dumort., *Sarcoscyphus revolutus* Nees

Ökologie: Glänzend schwarze, feucht eher rotbraune, dichte Polster an absonnigem, meist N-exponiertem, feuchtem Silikatfels in alpiner bis nivaler Lage; nur an kalten Nordwänden bis nahe an die Waldgrenze herabsteigend. Geht nur selten auf detritusbedeckten Fels über und tritt daher oft ohne Begleitmoose auf.

Foto: J. Kučera

Meidet Felsflächen mit langer Schneebedeckung. Brutkörper fehlen; Sporogone sind extrem selten.

- s.–m. azidophytisch, m.–s. hygrophytisch, m. skio- bis s. photophytisch
- L 7, T 1, K 7, F 6, R 3

Soziologie: Charakterisiert die kältesten Ausprägungen des Andreaeetum petrophilae. Auch wenn sie häufig in artreinen Polstern auftritt, so finden sich doch gelegentlich Beimischungen von *G. corallioides*, *G. concinnatum*, *G. commutatum*, *Grimmia elongata*, *G. torquata*, *Diplophyllum albicans*, *Andreaea rupestris*, *A. heinemannii*, *Ditrichum zonatum* oder *Racomitrium lanuginosum*.

Verbreitung: Am Hauptkamm der Zentralalpen zerstreut bis verbreitet; seltener in den randlichen Ketten. Ein Nachweis aus den westlichen Südalpen. (Subalpin) alpin bis nival, (1500) 1900 bis 3020 m (vermutlich noch viel höher steigend).

K: Hohe Tauern: Hirtenfuß und Stanziwurten bei Heiligenblut (Breidler 1894), Gößnitztal (HK), Mohar (HK & AS), Sadnig (HK), Zellinkopf bei Winklern, Saustellscharte (HK & HvM), Feldseekopf (HK), Gamsleitenkopf im Maltatal (HK & HvM), Hochalmsee W Gr. Stapnik, Gr. Reißeck (HK), Hühnersberger Alpe bei Gmünd, Kamm vom Bartlmann zum Winkelnock, Sonnblick, Wandspitz, Reitereck und Faschaunernock (Breidler 1894), Drischaufeleck, Kreuzeck, Polinik und Mörnigtal in der Kreuzeckgruppe (HK); Nockberge: Kl. Rosennock und Klomnock (HK & AS); Karnische A: Raudenspitze (HK & MS) – **S**: Hohe Tauern: Riffelscharte bei Gastein (Sauter 1871), N Tauernmoossee im Stubachtal, Pfalzkogel nahe Glocknerstraße (CS), Kareck, Oblitzen, Altenbergtal, Schrovin und Großeck bei Muhr, Stubachtal, Zwölferkogel, Felbertauern, Pihapper, Stubenkogel bei Mittersill, Keeskar im Obersulzbachtal (Breidler 1894); Niedere Tauern: Lanschitzkar (Breidler 1894), Scharnock, Landwierseen und Hochgolling (JK) – **St**: Niedere Tauern: im Westen v, nach Osten zunehmend seltener, reicht bis zum Grieskogel bei Gaal (HK); Gurktaler Alpen: Eisenhut und Kilnprein (Breidler 1894) – Nord-**T**: Verwall: am Riffler (Loeske 1908); Ötztaler A: Timmelsjoch und Gaisbergtal (Düll 1991); Stubaier A: Längental (Düll 1991) und Pirchkogel bei Kühtai (Dalla Torre & Sarnthein 1904), Sendestal bei Axams, Rosskogel und Hornthaler Joch (Jack 1898), Almindalpe im Fotschertal, Schwarzhorn bei Kematen (Handel-Mazzetti 1904), Hammer- und Kirchdachspitze (HK & JK); Tuxer Alpen: Haneburger (Leithe 1885), Wattener Lizum (Handel-Mazzetti 1904); Zillertaler A: Steinernes Lamm bei der Geraer Hütte (HK); Floite bei 1500 m (J. Juratzka in Loeske 1909); Kitzbühler A: Kleiner Rettenstein (Breidler 1894); Ost-**T**: Hohe Tauern: Rothenkogel und Zunig bei Matrei, Messerlingkogel, Dorfer Alm am Großvenediger (Breidler 1894), Johannishütte bei Hinterbichl, Messerlingwand, zw. Goldriegel und Gurner bei Kals (Düll 1991), Dorfer See N Kals (CS & HK) – **V**: Verwall: Madererspitze (Amann et al. 2013); Silvretta: Innergweilalpe, Riedkopf, Hochmaderer, Grat S Hochmadererjoch, Rotbühelspitze,

Schafboden S Neualpe, Vermuntkopf und Wiesbadener Hütte im Ochsental (AMANN et al. 2013), Vergaldener Joch (F. Gradl in BREG)

- Alpen, Skanden, Karpaten, Bulgarien, Himalaya, China, Taiwan, Japan, Borneo, Neuguinea, British Columbia, subarktisches Kanada, Grönland
- reliktisch arktisch-alpin

Gefährdung: Nicht gefährdet. Europäisches Häufigkeitsmaximum in Österreich.

2. *Marsupella* DUMORT.

1. *M. apiculata* SCHIFFN. – Syn.: *Gymnomitrion apiculatum* (SCHIFFN.) MÜLL. FRIB., *G. condensatum* auct., *M. condensata* auct.

Foto: M. Lüth

Ökologie: Grüne bis rötlich-braungrüne, schwach glänzende, dichte Rasen aus *Gymnomitrion*-artigen Sprossen an absonnigen, meist N-exponierten, kalkfreien Silikatfelsen in der Alpinstufe. Besiedelt werden feuchter Gesteinsdetritus und humusreiche Erde, meist auf Felsbänken mit relativ langer Schneebedeckung, seltener Felsspalten. Auch in den höchstgelegenen, felsbetonten Schneeböden knapp unterhalb der Gletscherzone präsent. Keine Brutkörper; Sporogone sind selten.

- s.–m. azidophytisch, m.–s. hygrophytisch, m. skio- bis m. photophytisch
- L 6, T 1, K 6, F 6, R 3

Soziologie: Eine Verbandskennart des Andreaeion petrophilae; am ehesten dem Gymnomitrietum concinnati zuzuordnen. Sie wächst häufig mit *G. concinnatum*, *G. commutatum*, *Barbilophozia sudetica*, *Schistochilopsis opacifolia*, *Nardia scalaris*, *Andreaea rupestris*, *Racomitrium fasciculare* oder *Kiaeria starkei*. In felsigen Schneebodenfluren der Salicetea herbaceae finden wir sie in Begleitung von *Marsupella condensata*, *M. boeckii*, *Anthelia juratzkana* und diversen Laubmoosen.

Verbreitung: Am Hauptkamm der Zentralalpen zerstreut, regional verbreitet (in S und T unzureichend erfasst), in den randlichen Ketten selten. (Subalpin) alpin bis nival, ca. 1900 bis 3400 m.

K: Hohe Tauern: Kl. Sadnig, Säuleck (HK), Kleinelendtal (GSb), Bartlmann und Hochalpe bei Malta (Breidler 1894), am Polinik, nahe Gerbershütte und am Schwarzriesenkopf in der Kreuzeckgruppe (HK); Nockberge: Roter Riegel am Laußnitzsee (HK & CS), Bärenaunock SW Innerkrems (HK & HvM) – **S**: Hohe Tauern: von der Ehrenfeuchtenhöhe gegen den Zwölferkogel bei Mittersill (Breidler 1894), Kreuzkogel S Badgastein (CS) – **St**: Niedere Tauern: Seckauer Zinken, Hochreichart, Bösenstein, Knallstein, Rotheck, Putzentaler Törl, Liegnitzhöhe, Hochgolling (Breidler 1894, HK), Hornfeldspitze (HK & HvM); Seetaler A: Winterleitental, Ochsenlacken, Wenzelalmkogel (HK) – Nord-**T**: Verwall: Rendelspitze (Düll 1991); Ötztaler A: Schwarzkogel bei Hochsölden, Hinterer Spiegelkogel in 3400 m (Pitschmann & Reisigl 1954); Stubaier A: Kra im Sellrain (Düll 1991), Fotschertal (Handel-Mazzetti 1904); Tuxer A: Tulfeiner Jöchl (Düll 1991); Ost-**T**: Hohe Tauern: Felbertauern (Düll 1991) – **V**: Ost-Rätikon, Verwall und Silvretta: z bis v (Amann et al. 2013)

- Gebirge Europas, Island, Sibirien, Japan, nordwestliches Nordamerika, Grönland, Arktis
- arktisch-alpin

Gefährdung: Nicht gefährdet.

2. *M. aquatica* (Lindenb.) Schiffn. – Syn.: *M. emarginata* var. *aquatica* (Lindenb.) Dumort., *Sarcoscyphus aquaticus* (Lindenb.) Breidl.

Ökologie: Dunkelgrüne bis schwarze oder rotbraune, kräftige, oft flutende Rasen an Silikatblöcken und -fels in basenarmen, rasch fließenden Quell- und Bergbächen oder an überrieselten, geneigten Felsflächen. Sie wächst in den Alpen meist oberhalb der Waldgrenze, steigt in nordseitigen Sturzbächen und Wasserfällen aber mitunter in die Montanstufe herab. Sporogone relativ selten; Ausbreitung über Bruchstücke.

- m. azidophytisch, hydrophytisch, m. skio- bis s. photophytisch
- L 7, T 2, K 6, F 8, R 5

Soziologie: Eine Kennart des Marsupelletum emarginatae, das eigentlich auf *M. aquatica* beruht. Diese Art war zur Zeit der soziologischen Bearbeitungen (Geissler 1976, Zechmeister 1993) bei *M. emarginata* einbezogen. Die echte *M. emarginata* kommt zwar auch an Quellbächen im Cardamino-Montion vor, allerdings nur auf nicht häufig überrieselten Blockflächen. Typische Begleitarten sind *Scapania undulata*, *S. subalpina*, seltener *S. uliginosa*, *Philonotis seriata*, *Blindia acuta* oder *Dichodontium palustre*.

Verbreitung: Am Hauptkamm der Zentralalpen zerstreut (regional häufig), selten in den randlichen Ketten. Ein kleines Areal auf den Höhen des Böhmerwalds; reliktär im Rannatal. Fehlt in B, N und W. (Submontan) montan bis alpin; (300) 800 bis 2200 m.

K: Hohe Tauern: Gößnitztal (HK), mehrfach in den Bergen des Maltatals (Breidler 1894), Roßalm im Hintereggental in der Reißeckgruppe, Mörnig- und Teuchltal und unterhalb Gerbershütte in der Kreuzeckgruppe (HK); Gurktaler A: Bärengrubenalm SW Innerkrems (HK & HvM), Kamplnock N Millstättersee (HK); Saualpe: Forstalpe (HK & AS); Koralpe: Pontniger Alm (HK & AS) – **O**: Mühlviertel: im Böhmerwald am Plöckenstein, im Klafferbachtal, Oberschwarzenberg und Hochficht (Schlüsslmayr 2011); Donautal: Rannatal (Schlüsslmayr 2011) – **S**: Hohe Tauern: Krimmler Fälle (Breidler 1894, Gruber et al. 2001), Muritzental (Breidler 1894), bei Hüttschlag (Koppe & Koppe 1969); Radstädtertauern (Sauter 1871); Schladminger Tauern: Landwierseehütte (JK), Lessachtal (Krisai 1985) – **St**: Niedere Tauern: vom Bösenstein nach Westen vielfach (Breidler 1894); Seetaler A: Lavantkar (HK) – Nord-**T**: Verwall: Zeinisjoch (Breidler 1894, Koppe & Koppe 1969); Ötztaler A: Pitztal (Düll 1991); Zillertaler A: Valsertal (HK); Ost-**T**: Messerlingwand (Breidler 1894), Tauernhaus bei Matrei (Koppe & Koppe 1969) – **V**: Verwall: Satteinseralpe (Loitlesberger 1894), Nenzigastalpe (F. Gradl in BREG, GA), Untermurich, Albonatal (HK), Alpkogel am Zeinisjoch (Koppe & Koppe 1969), Zeinisjoch, Silbertaler Winterjöchle (CS); Silvretta: unteres Vermunttal (Jack 1898), am Silvretta-Stausee (Koppe & Koppe 1969), Garneraschlucht (GA), vom Kromertal gegen Hochmadererjoch (HK)

- West- und Nordeuropa, Azoren, Alpen, deutsche Mittelgebirge, Böhmerwald, Karpaten, Kaukasus, Sibirien, nördliches Nordamerika
- boreal-montan

Gefährdung: Nicht gefährdet.

3. *M. boeckii* (Austin) Kaal. – Syn.: *M. nevicensis* (Carrington) Kaal., *Sarcoscyphus boeckii* Austin, *S. capillaris* Limpr., *S. capillaris* var. *irriguus* Limpr.

Ökologie: Rotbraune bis schwarze, sehr zarte Räschen mit drahtartigen, entferntblättrigen sterilen Sprossen auf feuchtem bis nassem, kalkfreiem Gesteinsdetritus an absonnigen, meist N-seitigen Silikatfelsen in der Alpinstufe, u. a. auf periodisch überronnenen Neigungsflächen oder auch in schattig-feuchten Felsnischen, meist an Stellen mit langer Schneebedeckung. Zudem auf extremen, felsbetonten und lebermoosdominierten Schneeböden. Brutkörper fehlen; Sporogone sind sehr selten. Ausbreitung wohl über Sprossbruchstücke.

- s.–m. azidophytisch, m.–s. hygrophytisch, m. skio- bis m. photophytisch
- L 5, T 1, K 4, F 6, R 3

Soziologie: Diese Art kann einerseits dem Andreaeion petrophilae, insbesondere dem Gymnomitrietum concinnati zugerechnet werden, andererseits auch den Salicetea herbaceae. Sie wurde wohl nie soziologisch erfasst. Zu ihren Begleitmoosen gehören *Marsupella apiculata*, *Gymnomitrion concinnatum*, *Anthelia juratzkana*, *Fuscocephaloziopsis albescens* var. *islandica*, *Cephalozia bicuspidata* oder *Andreaea rupestris*.

Verbreitung: Am Hauptkamm der Zentralalpen selten bis zerstreut. Etwas isoliert am höchsten Gipfel der Stubalpe. Bislang kein Nachweis für Nord-T. (Subalpin) alpin; ca. 1800 bis 2700 m.

K: Hohe Tauern: nahe Elberfelder Hütte im Gößnitztal (HK), Sameralm, Hochalpe, Bartlmann und Winkelnock bei Malta (BREIDLER 1894), Polinik und oberstes Mörnigtal (HK), Maresenspitze (K. Koppe in Herb. R. Düll als *Cephalozia ambigua*, rev. HK); Schladminger Tauern: Hochgolling und Landwierseen (JK) – **St**: Niedere Tauern: Hochwildstelle (BREIDLER 1894), Schrein, Schimpelscharte, Hornfeldspitze (HK); Stubalpe: Ameringkogel (BREIDLER 1894, HK) – Ost-**T**: Hohe Tauern: Dorfer See bei Kals, Messerlingwand, Innergschlöß, Felbertauern (KOPPE & KOPPE 1969) – **V**: Zeinisjoch (zweifelhaft, KOPPE & KOPPE 1969)

- Gebirge West- und Zentraleuropas, Nordeuropa, Ural, Sibirien, Alaska, British Columbia, Maine, Grönland
- arktisch-alpin

Gefährdung: Nicht gefährdet.

4. *M. condensata* (ÅNGSTR. ex C. HARTM.) KAAL. – Syn.: *Sarcoscyphus aemulus* LIMPR.

Ökologie: In rotbraunen, dichten bis lockeren Räschen oder Rasen auf feinem, feuchtem bis nassem Gesteinsdetritus über kalkfreiem Silikatgestein, sowohl an felsigen, lang schneebedeckten, hochalpinen Nordhängen als auch auf extremen, lebermoosdominierten Silikat-Schneeböden, knapp unterhalb der Gletscherregion. Sporogone sind selten; Brutkörper fehlen; Ausbreitung wohl über Sprossfragmentation.

- s.–m. azidophytisch, s. hygrophytisch, m.–s. photophytisch
- L 7, T 1, K 6, F 6, R 3

Soziologie: Den Salicetea herbaceae zuzordnen; es existieren aber auch Beziehungen zum Andreaeion petrophilae. Unter den Begleitmoosen sind *M. apiculata*, *Gymnomitrion concinnatum*, *Barbilophozia sudetica*, *Anthelia juratzkana*, *Kiaeria falcata* und *Polytrichum sexangulare*.

Verbreitung: Am Hauptkamm der Zentralalpen selten (noch kein Nachweis für S). Alpin bis nival; ca. 2200 bis 3400 m.

K: Hohe Tauern: Hochalpe bei Malta (BREIDLER 1894), Brunnkarsee oberhalb Osnabrücker Hütte (HK & AS) – **St**: Schladminger Tauern: Haiding im Giglachtal (BREIDLER 1894), Höchstein (JK), zw. Kircheleck und Lachkogel (HK) – Nord-**T**: Ötztaler A: Hinterer Spiegelkogel, 3400 m (PITSCHMANN & REISIGL 1954), Schwarzkogel bei Hochsölden (DÜLL 1991); Tuxer A: Hanneburger Spitze (V. Schiffner, Hep. eur. exsicc., MÜLLER 1906–1916); Ost-**T**: Hohe Tauern: angeblich bei Matrei (DÜLL 1991)

- Alpen, Schottland, Karpaten, Skanden, NW-Russland, Alaska, British Columbia, Yukon, Grönland, Island, Spitzbergen
- arktisch-alpin

Gefährdung: Wie alle Schneebodenmoose durch die Klimaerwärmung bedroht. In den höchsten Ketten der Zentralalpen existieren aber noch ausreichend Möglichkeiten, die Wuchsorte in höhere, heute noch vergletscherte Bereiche zu verlagern.

Anmerkung: Der Name wurde in der historischen Literatur vor 1900 fälschlich für *M. apiculata* verwendet.

5. *M. emarginata* (EHRH.) DUMORT. – Syn.: *Jungermannia emarginata* EHRH., *Sarcoscyphus densifolius* NEES, *S. ehrhartii* CORDA

Ökologie: Olivgrüne bis dunkelbraune, selten tiefrote Polsterrasen an feuchten, kalkfreien Silikatfelsen und -blöcken, meist an Vertikalflächen; in tiefen Lagen nur im Schatten und in der Regel in luftfeuchten Schluchten, oberhalb der Waldgrenze aber auch im Volllicht. Außerdem auch häufig auf bei Hochwässern überschwemmten Silikatblöcken an Bächen und in subalpinen Quellfluren. Selten findet man sie auf saurer, mineralischer Erde. Brutkörper fehlen; Sporogone sind häufig.

- s.–m. azidophytisch, m.–s. hygrophytisch, s. skio- bis s. photophytisch
- L x, T 3, K 5, F 6, R 3

Soziologie: An Felswänden und Blockflächen im Diplophylletum albicantis in Gesellschaft von *Diplophyllum albicans*, *Scapania nemorea* oder *Heterocladium heteropterum*. An Bächen und in Quellfluren im Scapanietum undulatae mit *Scapania undulata*, *S. subalpina*, *M. sphacelata*, *Solenostoma obovatum*, *S. sphaerocarpum*, *Philonotis seriata* oder *Racomitrium macounii* subsp. *macounii*, allerdings in der Regel nur in trockeneren Randzonen. Selten auch im Nardietum scalaris, Andreaeetum petrophilae oder im Brachydontietum trichodis.

Verbreitung: In den Zentralalpen verbreitet bis zerstreut; sehr selten in den Nordalpen; zerstreut in den westlichen Südalpen. In der Böhmischen Masse zerstreut (häufig im Böhmerwald). Fehlt in B und W. Submontan bis alpin; ca. 450 bis 2600 m.

K: ZA: v bis s; westliche SA: z – **N**: Waldviertel: Tal der Kl. Ysper (HZ); Wechsel: Schneegraben (Heeg 1894), Steinerne Stiege am Niederwechsel (HZ) – **O**: Mühlviertel: v im Böhmerwald (Poetsch & Schiedermayr 1872, Schlüsslmayr 2011), selten im Osten im Waldaisttal, an der Gr. Naarn N Pierbach und im Kl. Yspertal (Schlüsslmayr 2011); Donautal: Rannatal (Grims 1985, 2004); Sauwald: Tiefenbach bei Kopfing, Kl. Kößlbach (FG) – **S**: NA: Warme Mandling bei Filzmoos (GS); ZA: v – **St**: ZA: v – **T**: ZA: v – **V**: Bregenzerwald: Bödele (CS); Allgäuer A: Balderschwanger Tal (CS), Quellgebiet Subersach, Schwarzwassertal, Oberes Walmendinger Alpel (MR); ZA: v

- Europa (exkl. Mediterraneis), Makaronesien, Kaukasus, Türkei, Sibirien, Japan, Nordamerika, Grönland
- westlich temperat-montan

Gefährdung: Nicht gefährdet.

Anmerkung: In den Zentralalpen sehr variabel in Färbung und Gestalt. Möglicherweise liegt mehr als eine Sippe vor. Gerötete Pflanzen in subalpinen Quellfluren könnten der var. *pearsonii* (Schiffn.) M.F.V. Corley angehören. Die Abtrennung von *M. aquatica* auf Artniveau erscheint voreilig und bedarf weiterer Studien.

6. *M. funckii* (F. Weber & D. Mohr) Dumort. – Syn.: *Jungermannia funckii* F. Weber & D. Mohr, *M. badensis* Schiffn., *M. hungarica* Boros & Vajda, *M. pygmaea* (Limpr.) Steph., *Sarcoscyphus funckii* (F. Weber & D. Mohr) Nees

Ökologie: Dunkelgrüne bis schwarze Rasen auf sandig-lehmiger bis grusiger, saurer, mäßig feuchter und kalkfreier Erde, selten auch auf Detritus über Silikatgestein. An hellen Wegrändern und -böschungen in Gebirgswäldern oder in lückigen Zwergstrauchheiden, Weide- und Alpinrasen. Sporogone sind selten; Ausbreitung über Bruchstücke.

- s. azidophytisch, meso- bis m. hygrophytisch, m.–s. photophytisch
- L 7, T 3, K 5, F 5, R 2

Soziologie: Eine Verbandskennart des Dicranellion heteromallae; hier vor allem im Nardietum scalaris anzutreffen. Häufige Begleitarten sind *Ditrichum heteromallum*, *D. lineare*, *Diplophyllum taxifolium*, *Cephalozia bicuspidata*, *Ceratodon purpureus*, *Oligotrichum hercynicum*, *Pogonatum urnigerum*, *Polytrichum piliferum* oder *P. perigoniale*.

Verbreitung: In den Zentralalpen verbreitet; in den Nordalpen selten (im äußersten Westen zerstreut); in den Südalpen selten bis zerstreut. In der Böhmischen Masse selten; sehr selten (und meist verschollen) im Alpenvorland, in der Flyschzone, im südöstlichen Vorland, im Klagenfurter Becken und im Rheintal. (Submontan) montan bis subnival, ca. 400 bis 3020 m.

B: Süd-B: „ziemlich verbreitet“ (zweifelhaft, LATZEL 1941) – **K**: ZA: v; Klagenfurter Becken: westliche Sattnitz (MS), Hirschenau bei Völkermarkt (GŁOWACKI 1910), Dobrowa bei Mittlern (HK); Gailtaler A: Goldeckgebiet (HK); Karnische A: z – **N**: Waldviertel: bei Karlstift und Traunstein (HEEG 1894); Oberbergern im Dunkelsteinerwald (HEEG 1894); Wienerwald: Neulengbach (HEEG 1894); Wechsel: v (HEEG 1894); NA: Preiner Gscheid, Plateaus von Dürrenstein und Rax (HEEG 1894), Gipfelregion des Schneeberges (HZ) – **O**: Mühlviertel: Viehberg bei Sandl (SCHLÜSSLMAYR 2011); Donautal: Bad Mühllacken (SCHIEDERMAYR 1894), bei Grein (POETSCH & SCHIEDERMAYR 1872); AV: bei Kremsmünster, Ried/Innkreis und Vöcklabruck (POETSCH & SCHIEDERMAYR 1872); Flyschzone: Wachtberg bei Weyregg (RICEK 1977); NA: Katergebirge und Plassen bei Hallstatt (LOITLESBERGER 1889), nahe Riederhütte im Höllengebirge (RICEK 1977), Hochsengs im Sengsengebirge, Widerlechnerstein am Warscheneck (SCHLÜSSLMAYR 2005) – **S**: AV: Radecker Wald bei Stadt Salzburg (GRUBER 2001); NA: Untersberg (SCHWARZ 1858); ZA: v – **St**: NA: in der Grauwackenzone z, sonst s; ZA: v; Grazer Bergland: Schöckl (BREIDLER 1894); Ost-St: Ringwarte bei Hartberg (SABRANSKY 1913) – **T**: Allgäuer A: mehrfach oberhalb Holzgau, Landsberger Hütte bei Tannheim (MR); Inntal: Thierberg bei Kufstein (JURATZKA 1862); ZA: v – **V**: Hirschberg und Pfänder bei Bregenz (LOITLESBERGER 1894, BLUMRICH 1913), Letze bei Feldkirch (J. Blumrich in BREG); NA: z; ZA: v – **W**: Hameauberg bei Neuwaldegg und am Hermannskogel (HEEG 1894)

- West- und Zentraleuropa, südliches Nord- und nördliches Südeuropa, Makaronesien, Kaukasus, Türkei, Japan, Tennessee
- westlich temperat-montan

Gefährdung: In den hohen Lagen der Zentralalpen vielerorts häufig und ungefährdet. Einstige Tieflagenvorkommen sind allerdings weitgehend erloschen. Das kann klimatische Ursachen haben oder auch mit der zunehmenden Eutrophierung der Standorte zusammenhängen.

7. ***M. ramosa*** MÜLL. FRIB.

Ökologie: Dunkelgrüne, schwarzbraune oder schwarze Rasen auf sandig-lehmiger, kalkfreier Erde an Kahlstellen in subalpinen Weiden und alpinen Rasen, seltener auf mineralischem Detritus über flachen Silikatblöcken. Die Art ist typisch für die Flyschberge der westlichen Nordalpen. Das optimale Substrat entsteht aus der Verwitterung des Flyschsandsteins. Aber auch aus Tonschiefern, Radiolariten und ähnlichen Gesteinen, die man als Enklaven in den Nordalpenkalken findet, sowie aus Gesteinen der Grauwackenzone können sich geeignete Substrate bilden. Sporogone selten; Ausbreitung über Bruchstücke.

- s.–m. azidophytisch, meso- bis m. hygrophytisch, m.–s. photophytisch
- L 8, T 2, K 7, F 5, R 3

Soziologie: Diese soziologisch noch nicht behandelte Art kann wohl dem Nardietum scalaris (Syn. Marsupelletum funckii) zugeordnet werden. Es bestehen aber auch Beziehungen zu den Salicetea herbaceae. Als Begleiter wurden *M. funckii*, *Solenostoma sphaerocarpum*, *Nardia scalaris*, *Cephalozia bicuspidata*, *Scapania helvetica*, *Oligotrichum hercynicum* und *Polytrichum sexangulare* festgestellt.

Verbreitung: In den Nord- und Zentralalpen selten, aber auch wenig beachtet. Verbreitungsschwerpunkt in Vorarlberg. Subalpin und alpin, ca. 1800 bis 2200 m.

S: Hohe Tauern: Schwarzwand bei Hüttschlag (V. Schiffner & J. Baumgartner in W); Radstädter Tauern: Glingspitze und Grießkareck (GSb) – **St**: Eisenerzer A: Moosalm am Wildfeld (HK) – Nord-**T**: Verwall: Moosbachtal und Maiensee bei St. Anton (V. Schiffner, Hep. eur. exsicc., Müller 1906–1916); Ost-**T**: Hohe Tauern: Innergschlöß (zweifelhaft, Düll 1991) – **V**: Bregenzerwaldgebirge: Hintere Ugaalpe, Ragazzer Schrofen; Allgäuer A: Schwarzwassertal; Lechtaler Alpen: Wösterhorn (Amann et al. 2013)

- Alpen (endemisch?)
- alpisch

Gefährdung: Nicht gefährdet.

Anmerkung: Ein problematisches Taxon mit einer wenig verlässlichen Merkmalskombination. Alle Aufsammlungen sind revisionsbedürftig. — Bei Váňa (1999) und Váňa et al. (2010) wird das Taxon mit *M. funckii* synonymisiert. Allerdings kommen solche Pflanzen vorwiegend im Nordalpenraum vor und zumindest in einem Fall fand sich auch ein Mischbestand mit *M. funckii* s. str. Auch Meinunger & Schröder (2007) berichten von solchen Mischrasen. Um für zukünftige Studien eine gute Datengrundlage zu haben, wird der Artstatus beibehalten.

8. *M. sparsifolia* (Lindb.) Dumort. – Syn.: *Sarcoscyphus styriacus* Limpr., *S. sparsifolius* Lindb.

Ökologie: Braungrüne bis schwarze, mittelgroße Polsterrasen auf Silikatfels und -blöcken, meist über mineralischem Detritus. Oberhalb der Waldgrenze an trocken-sonnigen Stellen, darunter eher an feucht-schattigen Orten, insbesondere in absonnigen Blockhalden. Brutkörper fehlen; Sporogone sind recht häufig.

- s.–m. azidophytisch, m.–s. hygrophytisch, m. skio- bis s. photophytisch
- L 7, T 2, K 5, F 6, R 3

Soziologie: Eine Kennart des Andreaeetum petrophilae, wo sie in Begleitung von *Barbilophozia sudetica*, *Sphenolobus minutus*, *Gymnomitrion concinnatum*, *Dicranoweisia crispula*, *Andreaea rupestris* oder *Racomitrium sudeticum* vorkommt.

Verbreitung: Nur in den Zentralalpen, wo sie den niederösterreichischen Anteil erreicht, hingegen in Vorarlberg fehlt. Überwiegend historische Angaben. Montan bis alpin, ca.1400 bis 2700 m.

K: Nockberge: Anderlsee, Blutige Alm bei Innerkrems (BREIDLER 1894); Hohe Tauern: Tandelalm, Melnikalm, Sameralm, Kleinelend (BREIDLER 1894) – **N**: Wechsel: Weiseggkogel, Schöberkuppe und Steinerne Stiege (HEEG 1894) – **S**: Hohe Tauern: Schwarzwand bei Hüttschlag, Stubachtal (BREIDLER 1894) – **St**: Niedere Tauern: Bösenstein, Hohenseealm, Knallstein, Schimpelkar, Breunereck (= Brennerfeldeck), Rantengraben, Mahrkar, Dürrenbachtal, Giglachtal, Schiedeck, Krahbergzinken; Gurktaler A: Würflingerhöhe, Dieslingsee; Stubalpe: Weißensteineralm; Wechsel; Eisenerzer Alpen: Zeiritzkampel (BREIDLER 1894); Seetaler A: nahe Lavantsee (HK) – Nord-**T**: Verwall: mehrfach bei St. Anton (DÜLL 1991); Ötztaler A: oberhalb Rifflsee im Pitztal und Brunnenkogel bei Sölden (DÜLL 1991); Ost-**T**: Hohe Tauern: Messerlingwand (KOPPE & KOPPE 1969)

- Gebirge West- und Zentraleuropas, Nordeuropa, Nordamerika, Grönland, Azoren, Südafrika, Neuseeland
- subarktisch-alpin

Gefährdung: Die Anzahl neuerer Nachweise ist gering. Möglicherweise wurde die unauffällige Art aber nur übersehen oder verkannt. Eine reale Gefährdung ist unwahrscheinlich.

Anmerkung: Leicht mit *M. funckii* und kräftigeren Formen von *M. sprucei* zu verwechseln; viele Angaben daher revisionsbedürftig.

9. *M. sphacelata* (GIESEKE ex LINDENB.) DUMORT. – Syn.: *Jungermannia sphacelata* GIESEKE ex LINDENB., *M. joergensenii* SCHIFFN., *M. sullivantii* (DE NOT.) A. EVANS, *Sarcoscyphus sphacelatus* (GIESEKE ex LINDENB.) NEES, *S. sphacelatus* var. *erythrorhizus* LIMPR.

Foto: M. Lüth

Ökologie: Dunkelgrüne bis schwarzbraune oder schwarze Rasen auf nassem Silikatgestein, meist Blöcken, an kleinen Bergbächen und in Quellfluren mit langsam fließendem Wasser; weiters an periodisch überrieselten Neigungsflächen von Silikatfelsen in lang schneebedeckten Bereichen; selten auch auf nassem Grus und Niedermoortorf oberhalb der Waldgrenze. Sporogone sind selten; die Ausbreitung erfolgt primär über Bruchstücke.

- s.–m. azidophytisch, m. hygro- bis hydrophytisch, m. skio- bis s. photophytisch
- L 7, T 2, K 4, F 7, R 3

Soziologie: Eine Verbandskennart des Racomitrion acicularis sowie des Cardamino-Montion. Nach GEISSLER (1976) Kennart ihres Marsupelletum sphacelatae, aber auch im Nardietum compressae prominent vertreten, das bereits zu den Salicetea herbaceae überleitet. Typische Begleiter in Quellfluren sind *Scapania undulata*, *Philonotis seriata*, *Solenostoma obovatum*, *Racomitrium macounii* subsp. *macounii* oder *Blindia acuta*. In Trichophoreten mit maximaler Schneebedeckungsdauer finden wir sie im Nardietum compressae zusammen mit *Anthelia julacea*, *Nardia compressa* und *Polytrichum sexangulare*. An periodisch überronnenem Fels wächst sie assoziiert mit *Racomitrium macounii* subsp. *alpinum*, *Bryum muehlenbeckii*, *Cephaloziella grimsulana*, *Blindia acuta*, selten auch mit *Gymnomitrion alpinum*.

Verbreitung: In den Zentralalpen zerstreut bis verbreitet (den Randketten aber oft fehlend); in den Nordalpen fast nur im Westen; keine Nachweise aus den Südalpen. In der Böhmischen Masse auf die Höhen des Böhmerwalds beschränkt. Fehlt in B, N und W. Montan bis alpin, (700) 1000 bis 2600 m.

K: Hohe Tauern: z bis v; Gurktaler A: Klomnock (HK); Koralpe: Pontniger Alm (HK & AS) – **O**: Mühlviertel: im Böhmerwald am Plöckenstein, Dreieckmark und am Gegenbach NW Oberschwarzenberg (POETSCH & SCHIEDERMAYR 1872, SCHLÜSSLMAYR 2011) – **S**: NA: Mooseben im Gosaukamm (GS); ZA: wohl v in den Gneisketten (schlecht erfasst) – **St**: ZA: v in den Hochlagen – **T**: ZA: z bis v (schlecht erfasst) – **V**: Bregenzerwaldgebirge: NE Furkajoch und Oberdamüls (HZ); Allgäuer A: Tiefgraben im Balderschwanger Tal (CS), Quellgebiet der Subersach, Schwarzwassertal (MR), ZA: v

- Gebirge West- und Zentraleuropas, Azoren, Nordeuropa, Russland, Kaukasus, Japan, nördliches Nordamerika, Grönland
- nördlich subozeanisch-montan

Gefährdung: Die kleinen, reliktischen Populationen im Böhmerwald sind aus klimatischen Gründen gefährdet.

10. *M. sprucei* (LIMPR.) BERNET – Syn.: *M. ustulata* SPRUCE, *M. ustulata* var. *sprucei* (LIMPR.) R.M. SCHUST., *Sarcoscyphus neglectus* LIMPR., *S. neglectus* var. *ustulatus* (SPRUCE) BREIDL., *S. sprucei* LIMPR.

Ökologie: Dunkelgrüne bis schwarzbraune Räschen oder Überzüge auf feuchtschattigen, kalkfreien Silikatblöcken oder auch kleinen flachen Steinen in hochmontanen Wäldern und subalpinen Gebüschen. Ein konkurrenzscheuer Pionier mit besonderer Vorliebe für Steine auf feuchten Fußwegen, die unter ständigem Tritteinfluss stehen und deshalb dauerhaften Pionierbewuchs aufweisen. Abweichend aussehende Formen auf feuchtem, kaltem Silikatfels an N-exponierten Hängen in der Alpinstufe. Brutkörper fehlen; Sporogone sind hingegen häufig.

- s.–m. azidophytisch, m.–s. hygrophytisch, s.–m. skiophytisch
- L 4, T 3, K 6, F 6, R 3

Soziologie: Sie gilt als Kennart des Andreaeetum petrophilae mit Beziehungen zum Diplophylletum albicantis, kommt aber auch sehr gerne und konstant in Hochlagenausprägungen des Brachydontietum trichodis vor. Häufige und typische Begleitarten sind *M. emarginata*, *Cephalozia bicuspidata*, *Scapania nemorea*, *Diplophyllum albicans*, *Barbilophozia sudetica*, *Solenostoma sphaerocarpum* und *Brachydontium trichodes.*

Verbreitung: In den Zentralalpen zerstreut (regional verbreitet); in den Nordalpen selten und nur im äußersten Westen; keine Nachweise aus den Südalpen. Montan bis alpin, ca. 1000 bis 2700 m.

K: Hohe Tauern: Noßberger Hütte im Gradental (Koppe & Koppe 1969, RD), Gößnitztal (HK), Emberger Alm (van Dort et al. 1996), Maltatal (HK & AS), zw. Gößgraben und Sameralm (GSb); Seetaler A: Hohenwart (HK); Koralpe: Kl. Kar (Latzel 1926) – **S**: Zillertaler A: Wildgerlostal (Schröck et al. 2004); Hohe Tauern: Adambaueralm bei Muhr, Schwarzwand bei Hüttschlag, Ehrenfeuchtenhöhe bei Mittersill (Breidler 1894), Schwarzwand bei Hüttschlag (GSb), Rotgüldensee (HK); Radstädter Tauern: Kardeiskopf bei Hüttschlag (Koppe & Koppe 1969); Schladminger Tauern: Landwierseehütte (JK), Lessachtal (Krisai 1985); Gurktaler Alpen: Aineck (Breidler 1894) – **St**: Niedere Tauern: Schwarzsee in der Kleinsölk, Hochgolling, Rabengraben und Gotstal bei Kalwang, Geierkogel bei Trieben (Breidler 1894), Etrachgraben bei Krakaudorf, Unterer Zwieflersee beim Sölkpass, Zinkenbachgraben bei Seckau (HK); Stubalpe: Planalm und Gopitzgraben am Größenberg, Steinmoaralm am Ameringkogel (HK) – Nord-**T**: Verwall: mehrfach bei St. Anton (Düll 1991); Ost-**T**: Hohe Tauern: beim Tauernhaus und in Innergschlöß (Koppe & Koppe 1969) – **V**: Bregenzerwald: Bödele, Schoppernau; Allgäuer A: Schwarzwassertal und Oberes Walmendinger Alpel (Amann et al. 2013), Bärgunttal und zw. Kanzelwand und Gundsattel (MR); Verwall: NW Sonnenkopf (Amann et al. 2013)

- Gebirge West- und Zentraleuropas, Nordeuropa, Sibirien, nördliches Nordamerika, Grönland, Feuerland, Neuseeland
- boreal-montan, arktisch-alpin

Gefährdung: Nicht gefährdet.

Anmerkung: Diese Art wird heute als „Sammelart“ geführt. Ob alle zwergigen parözischen Marsupellen der Alpen zurecht zu einer Art vereint bleiben können, bedarf gründlicher Studien mit modernen Methoden.

3. *Nardia* Gray

1. *N. breidleri* (Limpr.) Lindb. – Syn.: *Alicularia breidleri* Limpr.

Ökologie: Grüne bis rotbraune, zarte Räschen auf sandigem, kalkfreier Erde auf meist flachen Silikat-Schneeböden bei sehr langer Schneebedeckungsdauer. Brutkörper fehlen; Sporogone sollen angeblich nicht selten sein.

- s. azidophytisch, s. hygrophytisch, s. photophytisch
- L 9, T 1, K 6, F 7, R 2

Soziologie: Innerhalb der Salicetea herbaceae vor allem im Cardamino alpinae-Anthelietum juratzkanae in Begleitung von *Gymnomitrion brevissimum*, *Anthelia juratzkana*, *Conostomum tetragonum*, *Pohlia obtusifolia*, *Kiaeria falcata*, *Fuscocephaloziopsis albescens* und *Polytrichum sexangulare*.

Verbreitung: Am Hauptkamm der Zentralalpen selten bis zerstreut. Eine zweifelhafte Angabe für die Nordalpen. (Subalpin) alpin, (1800) 2000 bis 2600 m.

K: Hohe Tauern: Gradental in der Schobergruppe (Breidler 1894), Schareck bei Heiligenblut (Breidler 1894), Kar N Saustellscharte (HK & HvM), Etschlsattel am Ankogel (HK & HvM), Brunnkarsee E Osnabrücker Hütte (HK & AS), Kleinelend und Hochalpe im Maltatal (Breidler 1894), Hochalmseen E Hochalmspitze, Seealm am Säuleck, Schwarzsee im obersten Teuchltal (HK) – **S**: NA: „Auf Erde in Firnmulden des Steinernen Meeres“ (zweifelhaft, Kern 1915); Hohe Tauern: Muritzental, Felbertauern, Unter- und Obersulzbachtal (Breidler 1894); Radstädter Tauern: Gamsleiten (Breidler 1894), Glingspitze (GSb), NE Haselloch (HK & PP); Schladminger Tauern: N Obertauern (Geissler 1989) – **St**: Schladminger Tauern: Hochwildstelle, Schiedeck, Giglachtal (Breidler 1894), Klafferkessel und beim Ob. Sonntagkarsee S Schladming (HK); Seckauer Tauern: Zinkenschütt (HK) – Nord-**T**: Ötztaler A: Timmelsjoch; Stubaier A: Gschnitztal (V. Schiffner); Tuxer A: zw. Mölserscharte und Klammerjoch (Handel-Mazzetti 1904); Ost-**T**: Hohe Tauern: zw. Johannis- und Defreggerhütte am Venediger (Koppe & Koppe 1969), Ganzer Alpe bei Innergschlöß (Düll 1991), Berger Törl bei Kals (Głowacki 1915) – **V**: Silvretta: Tal östlich Hochmadererjoch (Amann et al. 2013)

- Alpen, Karpaten, Skanden, Schottland, NW-Russland, Sibirien, Japan, nordwestliches Nordamerika, Grönland
- subarktisch-alpin

Gefährdung: In den niedrigeren Gebirgsketten, speziell in den Niederen Tauern, wo sie über keine wesentlichen Aufstiegsmöglichkeiten verfügt, durch den Klimawandel bedroht.

2. *N. compressa* (HOOK.) GRAY – Syn.: *Alicularia compressa* (HOOK.) NEES, *Jungermannia compressa* HOOK.

Ökologie: Olivgrüne bis rotbraune, oft hohe Rasen in kalkfreien Quellfluren und Quellmooren in meist relativ flachem Gelände mit langsamem Wasserdurchfluss und langer Schneebedeckung; mitunter auch an periodisch überrieselten Neigungsflächen von Silikatfelsen. Brutkörper fehlen; Sporogone sind sehr selten.

Foto: C. Schröck

- m. azidophytisch, hydrophytisch, s. photophytisch
- L 9, T 3, K 3, F 9, R 5

Soziologie: Eine Verbandskennart des Cardamino-Montion; hier namensgebend für das Nardietum compressae (GEISSLER 1976), das meist Übergänge zu Trichophoreten mit längstmöglicher Schneebedeckungsdauer aufweist. Bei etwas rascherer Wasserführung bisweilen auch im Scapanietum undulatae präsent. Charakteristische Begleitarten sind *Anthelia julacea*, *Scapania undulata*, *S. uliginosa*, *Blindia acuta*, *Philonotis seriata* und *Warnstorfia exannulata*.

Verbreitung: In den Hochlagen der Zentralalpen zerstreut bis verbreitet; in den Randketten selten. Subalpin und alpin, ca. 1500 bis 2800 m.

K: Hohe Tauern: Melenböden in der Großfragant (HK), Tandelalm und Kleinelend im Maltatal (BREIDLER 1894), Kleinelendtal (GSb), SE Osnabrücker Hütte (HK & AS), oberstes Teuchltal und nahe Feldner Hütte (HK), Gnoppnitztal (F. Koppe); Gurktaler A: Anderlsee bei Innerkrems (BREIDLER 1894), Bärengrubenalm SW Innerkrems und NE Eisentalhöhe (HK & HvM), Kamplnock N Millstätter See (HK); Koralpe: Gr. Kar (HK & AS) – **S**: Kitzbühler A: Wildkogelgebiet (CS); Hohe Tauern: N-Seite Felbertauern (KERN 1907), Hollersbachtal (JACK 1898), (ehem.) Tauernmoos im Stubachtal, Muritzental bei Muhr (BREIDLER 1894), Pockartsee in Gastein, Kratzenbergsee (SAUTER 1871), Palfner See in Gastein (CS), Schwarzwand bei Hüttschlag (J. Saukel); Schladminger Tauern: Zwerfenbergsee (BREIDLER 1894), Lessachtal (KRISAI 1985); Nockberge: Aineck (PP) – **St**: Niedere Tauern: im Westteil v, nach Osten seltener werdend, reicht bis zu den Scheiblseen am Bösenstein (BREIDLER 1894, HK); Gurktaler Alpen: Kothalm bei Turrach (BREIDLER 1894, HK), Kilnprein (HK); Stubalpe: Speikkogel (HK) – Nord-**T**: Verwall: bei St. Anton (LOESKE 1908); Ötztaler A: Rotmoostal bei Obergurgl (BREIDLER 1894), Neuenbergalm, Lußbachtal, Timmelsjoch, Ramolhaus (DÜLL 1991); Zillertaler A: oberes Valsertal (HK); Kitzbühler A: Langer Grund bei Kelchsau (WOLLNY 1911); Ost-**T**: Hohe Tauern: Messerlingwand N Matrei (BREIDLER 1894), Innergeschlöß (DÜLL 1991) – **V**: ZA: v

- Gebirge West- und Zentraleuropas, westliches Nordeuropa, Kaukasus, Türkei, Kamtschatka, Japan, China, westliches Nordamerika, Südgrönland
- subozeanisch-montan

Gefährdung: In den randlichen Teilen der Zentralalpen droht dieser Art aus klimatischen Gründen der baldige Exitus.

3. ***N. geoscyphus*** (DE NOT.) LINDB. – Syn.: *Alicularia geoscyphus* DE NOT., *A. minor* (NEES) LIMPR., *A. silvrettae* GOTTSCHE

Ökologie: In grünen bis hellbraunen, meist wenig ausgedehnten Rasen auf mäßig trockener bis feuchter, kalkfreier, aber nicht selten basenreicher, lehmiger, sandiger oder humoser Erde an hellen Standorten, u. a. an Hohlwegböschungen, Forststraßen, in Forstgärten, auf übererdeten Felsen, an Kahlstellen in Weiden etc. Oberhalb der Waldgrenze meist auf humusreicher, vergleichsweise trockener Erde in lückigen Zwergstrauchheiden, Weiderasen, Alpinrasen und Silikatfelsfluren, die auch kalkhaltig sein können. Reiner Karbonatuntergrund wird gemieden. Brutkörper fehlen; Sporogone sind häufig.

- m. azido- bis subneutrophytisch, mesophytisch, m. skio- bis m. photophytisch
- L 6, T 3, K 6, F 5, R 5

Soziologie: Gilt als Kennart des Nardietum scalaris, bevorzugt im Alpenraum aber eher etwas xerophilere Gesellschaften des Dicranellion heteromallae. Bei deutlichem Basengehalt des Substrats finden wir sie auch im Solorino-Distichietum capillacei.

Verbreitung: In den Zentralalpen zerstreut bis verbreitet; in den Nordalpen nur im äußersten Westen; in den Südalpen selten. Ebenfalls selten in der Böhmischen Masse, im Alpenvorland, im südöstlichen Vorland und im Klagenfurter Becken. Fehlt in W. Submontan bis alpin, ca. 400 bis 2500 m.

B: Mittel-B: Kloster Marienberg und Glashütten-Langeck (LATZEL 1941) – **K**: Hohe Tauern: v bis z; Gurktaler A: Roter Riegel und Bonner Hütte (HK & CS),

Gruft (HK & AS), Oberhof im Metnitztal (HK); Koralpe: Hühnerstütze (HK & AS), bei Bach E Lavamünd (HK & MS); Klagenfurter Becken: Frankenstein NW Völkermarkt (MS); Gailtaler A: zw. Martennock und Goldeck (HK), zw. Kapelleralm und Gusenalm (HK & HvM), Dobratsch (HK); Karnische A: Torkarspitze (HK & MS), Rauchkofel (HK & AS) – **N**: Waldviertel: Herschenberg bei Groß-Eibenstein (Ricek 1982), SW Gutenbrunn (HH) – **O**: Mühlviertel: Zwieselberg im Böhmerwald, Unterweißenbach, E Königswiesen und SE Bad Kreuzen (Schlüsslmayr 2011); Donautal: Sarmingtal bei Sarmingstein (Schiedermayr 1894); AV: bei Redl, Frankenburg, Mühlreith und Vöcklabruck (Ricek 1977) – **S**: Hohe Tauern: Muritzental bei Muhr, Obersulzbachtal (Breidler 1894), Edelweißspitze, Seidlwinkltal (JK), Schwarzwand bei Hüttschlag (J. Saukel); Niedere Tauern: Wagrainer Haus im Kleinarltal (GSb), Scharnock und Landwierseen (JK) – **St**: ZA: z bis v; Grazer Umland: Petersberg und Reinerkogel (Breidler 1894) – **T**: Allgäuer A: zw. Landsberger Hütte und Lachenspitze (MR); ZA: z bis v (schlecht erfasst) – **V**: Bregenzerwaldgebirge: bei Laterns (HZ); Allgäuer A: Lappachalpe im Balderschwanger Tal (CS), zw. Gundsattel und Kanzelwandbahn (MR); ZA: z bis v

- Europa (exkl. Mediterraneis), Makaronesien, Kaukasus, Sibirien, Japan, nördliches Nordamerika, Grönland, Arktis
- boreal

Gefährdung: Diese Art ist in tieferen Lagen wohl rückläufig. Das kann bei einem borealen Florenelement klimatische Ursachen haben, aber auch an der Eutrophierung der Landschaft durch atmosphärischen Stickstoffeintrag liegen.

Anmerkung: Angaben für *N. insecta* (u. a. für S oder T) beziehen sich wohl durchwegs auf Formen von *N. geoscyphus* mit etwas tieferem Blatteinschnitt.

4. *N. scalaris* Gray – Syn.: *Alicularia scalaris* (Gray) Corda

Ökologie: Hell- oder gelbgrüne, selten rotbraun überlaufene, mitunter ausgedehnte Rasen auf feuchter bis nasser, sandig-lehmiger, kalkfreier Erde an Forststraßen, Waldwegen, natürlichen Erdanrissen, übererdeten oder auch kahlen, jungfräulichen Silikatfelsschrofen oder erdigen Quellrändern in Wälden. Oberhalb der Waldgrenze in feuchten, absonnigen Gebüschfluren, Zwergstrauchheiden, feuchten und auch länger schneebedeckten Alpinrasen sowie auf Erde und Gesteinsdetritus in absonnigen Silikatfelsfluren. Brutkörper fehlen; Sporogone sind häufig.

- s.–m. azidophytisch, m.–s. hygrophytisch, m. skio- bis m. photophytisch
- L 5, T 3, K 5, F 6, R 3

Soziologie: Die Hauptkennart des Nardietum scalaris, aber auch in anderen Dicranellion heteromallae-Gesellschaften auftretend, u. a. im Pogonato urnigeri-Atrichetum undulati; unter nasseren Bedingungen außerdem im Pellietum epiphyllae. Häufige Begleiter unter den Erdmoosen sind *Solenostoma gracillimum*, *Diplophyllum obtusifolium*, *Ditrichum heteromallum* oder *Pogonatum urnigerum*. Als Pionier auf feuchtem Fels häufig auch im Diplophylletum albicantis. Im Hochgebirge eine der häufigsten Lebermoosarten, etwa im Rhododendro-Vaccinion, im Alnion viridis oder im Hygrocaricetum curvulae, assoziiert mit *Diplophyllum taxifolium*, *Moerckia blyttii* und *Cephalozia bicuspidata*; in feuchten Felsfluren weiters im Gymnomitrietum concinnati und an länger schneebedeckten Felsbasen auch in Begleitung von typischen Salicetea herbaceae-Elementen, etwa *Fuscocephaloziopsis albescens* und *Polytrichum sexangulare*.

Verbreitung: Im Gesamtgebiet präsent. Verbreitet und häufig in den Zentralalpen und der Böhmischen Masse; selten bis zerstreut in den Nord- und Südalpen. Zerstreut im westlichen Alpenvorland, der Flyschzone und im Klagenfurter Becken; sonst selten. Planar bis subnival; bis ca. 2900 m aufsteigend.

B: Süd-B: bei Bernstein und zw. Rechnitz und Hirschenstein (Latzel 1941) – **K**: ZA: v; Klagenfurter Becken: z; SA: z bis s – **N**: Waldviertel: v; Dunkelsteinerwald: bei Oberbergern (Heeg 1894); Wienerwald: bei Rekawinkel (Heeg 1894); NA: z; Wechsel: wohl v – **O**: Mühlviertel und Donautal: v; AV und Flyschzone: z; NA: mehrfach S und E Windischgarsten (Schlüsslmayr 2005) – **S**: NA: z; ZA: v – **St**: NA: z; ZA: v; im südlichen Vorland s – **T**: Allgäuer A: Holzgau, Schochenalptal (MR); ZA: v – **V**: Pfänderstock bei Bregenz (Blumrich 1913); NA: z; ZA: v – **W**: Neuwaldegg (Heeg 1894), Dornbach (Pokorny 1854), Ottakringer Wald (HZ)

- Europa (exkl. Mediterraneis), Makaronesien, Kaukasus, Indien, Nepal, Nordamerika, Arktis, Nordafrika
- westlich temperat-montan

Gefährdung: Nicht gefährdet.

4. *Prasanthus* Lindb.

1. *P. suecicus* (Gottsche) Lindb. – Syn.: *Gymnomitrion suecicum* Gottsche

Ökologie: Gläsern silbergraue, buckelige, dicke Krusten auf windexponierten, flachen, vegetationsarmen Steinpflasterböden in hochalpiner Lage über steinig-sandigem Substrat. Die exponierten „Buckel“ der Bestände erscheinen in der Regel abgestorben; lebende Pflanzen findet man in den „Mulden“ dazwischen. Daraus lässt sich ableiten, dass die „Buckel“ zuvor „Mulden“ waren und durch ihr eigenes Wachstum oder auch Frostwechselvorgänge im Boden in eine exponierte Postition gelangten. Die Standorte sind höhenbedingt zwar relativ lang schneebedeckt, während der Vegetationszeit aber windgeschuldet recht trocken. Brutkörper fehlen; Sporogone sind nicht selten.

Foto: M. Lüth

- s.–m. azidophytisch, m. xero- bis m. hygrophytisch, s. photophytisch
- L 9, T 1, K 7, F 5, R 3

Soziologie: Die soziologische Zuordnung ist schwierig. Unter den Begleitpflanzen finden sich Salicetea herbaceae-Elemente neben Andreaeion petrophilae-Arten, u. a. *Isopaches decolorans*, *Gymnomitrion corallioides*, *G. concinnatum*, *Anthelia juratzkana*, *Conostomum tetragonum*, *Polytrichum alpinum*, *Salix herbacea* und *Primula glutinosa*.

Verbreitung: Nur in den Hohen Tauern, selten. Alpin und subnival, ca. 2000 bis 2800 m.

K: Hohe Tauern: Greilkopf E Hagener Hütte (Hafellner et al. 1995), oberhalb Saustellscharte im Wurtengebiet (HK & HvM) – **S**: Hohe Tauern: Altenbergtal bei Muhr, Stubenkogel bei Mittersill, Keeskar im Obersulzbachtal (Breidler 1894) – Ost-**T**: Hohe Tauern: bei Hinterbichl N der Johannishütte und am Umbalkees (Koppe & Koppe 1969)

- Alpen (selten auch im Mont Blanc-Gebiet), Tatra, Skanden, NW-Russland, Sibirien, Grönland, Spitzbergen
- reliktisch arktisch-alpin

Gefährdung: Primär wegen extremer Seltenheit gefährdet. Eine der Kärntner Populationen ist durch ein schitouristisches Erschließungsprojekt bedroht.

14. *Harpanthaceae* ARNELL

1. *Harpanthus* NEES

1. *H. flotovianus* (NEES) NEES – Syn.: *Jungermannia flotoviana* NEES

Ökologie: Gras- oder gelbgrüne bis rötlich hellbraune, schwammige, oft recht hohe Rasen in kalkfreien, steinigen Quellfluren und an Quellbächen mit geringem Gefälle, meist oberhalb der Waldgrenze, aber auch nicht selten in den Bergwäldern bei nicht zu starker Beschattung; mitunter im Pionierbewuchs an steinigen Wegböschungen mit Hangdruckwasser; außerdem in basenarmen Niedermooren und anmoorigen, lichten Wäldern der Hochlagen (über Kalk nur an solchen Standorten). Nach einer alten Angabe wurde die Art ehemals selbst in Erlenbruchwäldern in Tallage gefunden. Brutkörper und Sporogone sind sehr selten; die Ausbreitung erfolgt primär über Blatt- und Sprossbruchstücke.

- m. azidophytisch, s. hygro- bis hydrophytisch, m. skio- bis s. photophytisch
- L 7, T 2, K 6, F 7, R 5

Soziologie: Im Cardamino-Montion bzw. im Racomitrion acicularis häufig in Begleitung von *Dichodontium palustre*, *Philonotis seriata*, *P. fontana*, *Scapania undulata*, *Solenostoma obovatum*, *Saccobasis polita* oder *Rhizomnium magnifolium*; an Waldbächen weiters gerne in Gesellschaft von *Porella cordaeana*, *Plagiothecium platyphyllum* oder *Riccardia multifida*; an nassen Erd-Pionierstandorten u. a. mit *Cephalozia bicuspidata*, *Nardia scalaris* und *Pellia neesiana*; an Moorstandorten vor allem in Gesellschaften der Caricetalia fuscae als untergeordneter Begleiter von *Warnstorfia exannulata*, *Straminergon stramineum* und *Sphagnum*-Arten.

Verbreitung: In den Hochlagen der östlichen Zentralalpen zerstreut bis verbreitet, nach Westen allmählich seltener werdend, in V sehr selten. Im Osten der Nordalpen selten (vor allem im südlichen Salzkammergut); kein Nachweis aus den Südalpen. Im Böhmerwald nur an einer Stelle. Fehlt in B und W. Montan bis alpin (hauptsächlich subalpin), (800) 1000 bis 2250 m.

K: Hohe Tauern: im oberen Gößnitztal (HK), Lanisch im Pöllatal (HK & HvM), Tandelalpe bei Malta und Polinik bei Obervellach (BREIDLER 1894), Gaugen und Dolzer in der Kreuzeckgruppe (VAN DORT et al. 1996); Nockberge: im W-Teil v; Seetaler A: Feldalm und Hohenwart (HK); Saualpe: Forstalpe und Ladingerspitz (HK & AS); Stubalpe: Petererkogel (HK); Koralpe: Wirthalm und Gösler Wald S Weinebene (HK & AS) – **N**: Wechsel: Kammregion und im Schneegraben zw. Hohem Umschuss und der Marienseer Schwaig (HEEG 1894) – **O**: Mühlviertel: Plöckenstein (Aufstieg zum Dreiländereck) im Böhmerwald (SCHLÜSSLMAYR 2011); NA: Torfstube im Hornspitzgebiet bei Gosau (SCHRÖCK et al. 2014); Hütteneckalm bei Bad Ischl (K. Loitlesberger in MÜLLER 1906–1916) – **S**: Zillertaler A: Wildgerlostal

(Schröck et al. 2004); Hohe Tauern: Krimmler Achental (CS), Tauernmoos im Stubachtal, Grieskogel bei Kaprun, Muritzental bei Muhr (Breidler 1894), Schwarzwand bei Hüttschlag (J. Saukel), zw. Mittersill und Lambach und bei Zell am See (Sauter 1871); Radstädter Tauern: Ennskraxen, Wagrainer Haus, Wagrain (GSb); Schladminger Tauern: Landwierseen (JK); Lungau: Sauerfelder Berg und Schwarzenberg bei Tamsweg (CS); Nockberge: Aineck (Breidler 1894) – **St**: Totes Gebirge: Wandlkogel, Zlaimalm und Schneckenalm bei Bad Mitterndorf (Breidler 1894); Eisenerzer Alpen: Kaiserau bei Admont und Wagenbänklalm bei Trieben (Breidler 1894); Hochschwab: Filzmoos (Breidler 1894); Niedere Tauern: v; Gurktaler A: v; Seetaler A: v; Stubalpe: Speikkogel, Hirscheggersattel (HK); Gleinalpe: Hochalpe, Gößgraben und Pöllerkogel bei Leoben (Breidler 1894); Koralpe (Breidler 1894); Wechsel (J. Juratzka in Breidler 1894); Fischbacher A: Heugraben bei Krieglach (Breidler 1894) – Nord-**T**: Verwall: bei St. Anton (Loeske 1908, Düll 1991); Ötztaler A: Rotmoostal (Düll 1991), Schönwies bei Obergurgl (Geissler 1976); Stubaier A: bei Sellrain und Lisens (Düll 1991); Tuxer A: Patscherkofel (Jack 1898); Zillertaler A: Stilluptal (Loeske 1909); Kitzbühler A: Kurzer Grund und Anstieg zur Roßwildalpe bei Kelchsau, Kesselbodenalpe beim Kl. Rettenstein (Wollny 1911); Ost-**T**: Hohe Tauern: Messerlingwand (Breidler 1894), Peischlachalpe und Pfortscharte (Herzog 1944) – **V**: Verwall: Albonaalpe (Loitlesberger 1894); Silvretta: zw. Zeinisjoch und Breitspitze (Amann et al. 2013)

- Westeuropa (selten), Alpen (vor allem im Osten), deutsche Mittelgebirge (selten), Sudeten, Karpaten, Nordeuropa, NW-Russland, Sibirien, Japan, nördliches Nordamerika, Grönland, Spitzbergen
- boreal-montan

Gefährdung: In den östlichen Zentralalpen ist diese Art nicht gefährdet. Ganz anders sieht es in der Böhmischen Masse und in den Nordalpen aus. Die ehemals zahlreichen Vorkommen im Bayrischen Wald und im deutschen Anteil des Böhmerwalds sind seit langem unbestätigt (Meinunger & Schröder 2007). Somit dürfte auch das einzige Vorkommen am Plöckenstein hochgradig bedroht sein. Möglicherweise kommt diese boreal-kontinentale Art mit der zunehmenden Ozeanisierung des Klimas nicht zurecht. In den Nordalpen ist die Art zumindest sehr selten und an empfindliche Moorhabitate gebunden. Eine gezielte Nachsuche an alten Fundstellen wäre wünschenswert.

2. *H. scutatus* (F. Weber & D. Mohr) Spruce – Syn.: *Jungermannia scutata* F. Weber & D. Mohr

Ökologie: Hell- oder gelbgrüne, mitunter leicht rötlich überlaufene Rasen oder versprengte Einzelsprosse auf feucht-schattigem Totholz oder absonnigen, humiden Silikatblockhalden oder -felsen, selten auf lehmiger Erde, in luftfeuchten Wäldern niederschlagsreicher Gebiete. Brutkörper und Sporogone sind selten.

Foto: H. Köckinger

- s. azidophytisch, m.–s. hygrophytisch, s.–m. skiophytisch
- L 4, T 4, K 3, F 6, R 2

Soziologie: Eine Ordnungskennart der Cladonio digitatae-Lepidozietalia reptantis; insbesondere im Riccardio palmatae-Scapanietum umbrosae, im Jamesonielletum autumnalis, im Anastrepto orcadensis-Dicranodontietum denudati und im Bazzanio tricrenatae-Mylietum taylori, seltener im Diplophylletum albicantis. Die Begleitflora ist auf Totholz und Gestein recht ähnlich. Das Moos wächst gerne zusammen mit *Dicranodontium denudatum*, *Fuscocephaloziopsis leucantha*, *F. lunulifolia*, *Cephalozia bicuspidata*, *Mylia taylorii*, *Diplophyllum albicans*, *Scapania nemorea* oder *Rhizomnum punctatum*.

Verbreitung: In den Nordalpen zerstreut (aber keine Angaben aus dem Tiroler Teil), in den Zentralalpen selten, ebenso in den Südalpen. Sehr selten in der Böhmischen Masse. Fehlt in B, Ost-T und W. Submontan und montan, ca. 400 bis 1100 m.

K: Gurktaler A: Innere Wimitz und Teuchengraben (HK & AS); Koralpe: hinterer Fraßgraben (HK), Rainzgraben (HK & AS); Kömmelberg: SE St. Margarethen (HK); Gailtaler A: SE Greifenburg (F. Koppe); Karnische A: Mauthner Klamm (HK & MS), S Weidenburg und Würmlach (HK & HvM); Karawanken: Kokragraben bei Arnoldstein (HK & AS, 2016), Trögerngraben bei Eisenkappel (HK & AS) – **N**: Waldviertel: bei Karlstift, Gutenbrunn und Pöggstall (Heeg 1894); NA: Losbichl bei Lunz, Thalhofriese N Reichenau und Redtengraben bei Prein (Heeg 1894), Rothwald am Dürrenstein (HZ) – **O**: Donautal: Rannatal (Grims 2004, Schlüsslmayr 2011); AV: Schacher bei Kremsmünster (zweifelhaft, Poetsch & Schiedermayr 1872); NA: Gosau (CS), Echerntal bei Hallstatt (RK), Laudachsee, Kremsursprung bei Micheldorf, Hopfing und Bodinggraben bei Molln, Haselschlucht und Wasserboden im Hintergebirge, Aufstieg zur Rinnerhütte im Toten Gebirge, Aufstieg zur Laglalm in den Haller Mauern (Schlüsslmayr 2005) – **S**: NA: Untersberg (Schwarz 1858); Kaltenhausen bei Hallein und bei St. Gilgen (Sauter 1871), Bluntautal und Irrgarten bei Golling (Heiselmayer & Türk 1979), am Zinkenbach, Königsbach und bei St. Gilgen (Koppe & Koppe 1969), E Faistenau (G. Philippi); Hohe Tauern: Krimmler Fälle (Sauter 1871), Untersulzbachfall (CS) – **St**: Dachstein: Krungler Wald bei Mitterndorf und beim Ödensee (Breidler 1894); Ennstaler A: Hinterwinkel und Brucksattel im Gesäuse (Suanjak 2008), auf der Waag und im Hartelsgraben bei Hieflau (Breidler 1894); Hochschwab: Siebensee und Schöfwald bei Wildalpen (Breidler 1894); Oberes Murtal: Weitental bei St. Stephan, Bürgerwald und Schladnitzgraben bei Leoben (Breidler 1894); Ost-St: Weißenbachgraben und Außeregg bei Birkfeld (Breidler 1894) – Nord-**T**: Zillertaler A: Dornaubergklamm und Scheulingswald (Loeske 1909); Kitzbühler A: Kurzer Grund bei Kelchsau und bei Kitzbühel (Wollny 1911) – **V**: Tieftobel und Rappenlochtobel am Pfänder (Blumrich 1913); Bregenzer Wald: Wirtatobel E Bregenz (Loitlesberger 1894), zw. Schnepfau und Au, Grebentobel bei Bezau und Bezegg bei Andelsbuch (J. Blumrich in BREG), bei Bizau (GA); Allgäuer A: Leckenholzalpen, Schönenbachvorsäß und E Bibersteinalpe im Balderschwanger Tal (CS), Schwarzwassertal (MR); Großwalsertal: Lutztobel bei Thüringen (GA), zw. Garsella und Sonntag (HK); Stadtschrofen bei Feldkirch (Loitlesberger 1894); Winklertobel im Klostertal (Loitlesberger 1894); Kristberg bei Silbertal (F. Gradl in BREG); Montafon: Fratte (Loitlesberger 1894), bei Tschagguns (Jack 1898), Gauertal (F. Gradl in BREG)

- Europa (exkl. Mediterraneis und Subarktis), Japan, östliches Nordamerika
- nördlich subozeanisch-montan

Gefährdung: Eine Art naturnaher, luftfeuchter Wälder und somit empfindlich gegenüber forstlichen Eingriffen. Sie ist wenig ausbreitungsfreudig und hat somit schlechte Chancen, einmal verlorene Wuchsorte wieder zu erobern.

15. *Hygrobiellaceae* Konstant. & Vilnet

1. *Hygrobiella* Spruce

1. *H. laxifolia* (Hook.) Spruce – Syn.: *Cephalozia laxifolia* (Hook.) Lindb., *C. notarisiana* C. Massal., *Gymnocolea huebeneriana* (Nees) Dumort., *G. laxifolia* (Hook.) Dumort., *Jungermannia huebeneriana* Nees, *J. laxifolia* Hook.

Ökologie: Dunkelgrüne bis schwärzlich rotbraune, meist flutende bzw. hängende oder liegende Rasen an überrieselten Vertikal- und Neigungsflächen von Silikatfelsen, in der Bergwaldstufe nur im Sprühnebel von Wasserfällen; selten auf feuchtem Sand in lang schneebedeckter Lage. Brutkörper fehlen; Sporogone sind selten.

- m. azidophytisch, s. hygro- bis hydrophytisch, m. skio- bis s. photophytisch
- L 7, T 2, K 6, F 8, R 5

Soziologie: Eine Ordnungskennart der Hygrohypnetalia. Auf nassem Fels in der Alpinstufe wurden als Begleiter *Blindia acuta*, *Scapania undulata* und *Marsupella aquatica* festgestellt, an montanen Wasserfällen u. a. *Anomobryum julaceum*, *Pohlia filum*, *Jungermannia pumila* und ebenfalls *Blindia*; auf nassem Sand an einem Bergsee wuchs sie zusammen mit *Cephalozia ambigua*.

Verbreitung: In den Zentralalpen selten; wenige Fundorte zwischen den Stubaier Alpen und den Schladminger Tauern, vorwiegend nördlich des Alpenhauptkamms. Montan bis alpin, 860 bis 2500 m.

S: „Centralkette" und „im Pinzgau" (SAUTER 1871); Hohe Tauern: Krimmler Fälle (GRUBER et al. 2001), Untersulzbachfall (CS); Radstädter Tauern: Klingspitze (GSb) – **St**: Schladminger Tauern: zw. Preintaler Hütte und Unterem Sonntagkarsee (HK) – Nord-**T**: Stubaier A: oberhalb der Nürnberger Hütte (F. Stolz in MATOUSCHEK 1903, det. J.B. Jack); Kitzbühler A: Anstieg zur Roßwildalpe bei Kelchsau, Kl. Rettenstein (WOLLNY 1911), Schwebenkopf und Schafsidlkopf (W. Wollny in MÜLLER 1906–1916); Ost-**T**: Dorfer See N Kals (RK, det. CS)

- Gebirge West- und Zentraleuropas, Skanden, NW-Russland, Japan, nördliches Nordamerika, Grönland
- subarktisch-subalpin

Gefährdung: Wegen extremer Seltenheit gefährdet.

16. *Jungermanniaceae* RCHB.

1. *Eremonotus* LINDB. & KAAL. ex PEARSON

1. *E. myriocarpus* (CARRINGTON) PEARSON – Syn.: *Anastrophyllum myriocarpum* (CARRINGTON) R.M. SCHUST. & DAMSH., *Anomomarsupella cephalozielloides* R.M. SCHUST., *Hygrobiella myriocarpa* (CARRINGTON) SPRUCE, *Jungermannia myriocarpa* CARRINGTON

Ökologie: Dunkelgrüne bis kastanienbraune Überzüge, dünne Decken oder selten kleine Pölsterchen in feucht-schattigen Spalten und Nischen, seltener auf offenen Felsflächen von meist N-exponierten, basenreichen, mitunter auch kalkhaltigen Silikatfelswänden und -schrofen, vorwiegend oberhalb der Waldgrenze. In der Alpinstufe auch im Pionierbewuchs auf frischem Gesteinsdetritus auf feuchten Felsbänken. An Wasserfällen mitunter tief herabsteigend. Die Art findet sich dort mit Vorliebe in der Sprühnebelzone, wo sie sogar die Zenitflächen von Blöcken toleriert. Brutkörper und Sporogone sind selten; die Ausbreitung erfolgt wohl über die brüchigen, drahtartigen Sprosse.

- subneutrophytisch, s. hygrophytisch, m. skiophytisch
- L 5, T 2, K 4, F 7, R 6

Soziologie: Ein charakteristisches Element des Amphidietum mougeotii, das sich primär durch die Trias von *Amphidium mougeotii*, *Anoect-*

angium aestivum und *Blindia acuta* definiert. Als weitere Begleiter wurden unter ziemlich basischen Verhältnissen *Blindia caespiticia*, *Hymenostylium recurvirostrum* oder *Orthothecium intricatum* festgestellt, unter eher sauren *Amphidium lapponicum*, *Tetrodontium repandum* oder selbst *Gymnomitrion concinnatum*. Auf Gesteinsdetritus fand sich die Art mit *Scapania cuspiduligera*, *Blepharostoma trichophyllum* subsp. *brevirete*, *Distichium capillaceum*, *Meesia uliginosa* und *Jungermannia polaris*, also in typischer Distichion-Begleitflora. Eine Kennart des Hygrohypnion dilatati (Marstaller 2006) ist sie sicher nicht.

Verbreitung: Am Hauptkamm der Zentralalpen zerstreut (ziemlich verbreitet nur in den Niederen Tauern), vielen Randketten fehlend; in den Nordalpen rar und nur ganz im Westen; in den Südalpen selten. Montan bis alpin, ca. 1000 bis 2400 m.

K: Hohe Tauern: oberstes Gößnitztal, Wangenitztal, beim Dösner See (HK), Gößgraben (Hafellner et al. 1995), nahe Blauer Tumpf im Maltatal (HK & AS), Raggaschlucht (HK & HvM); Nockberge: Wintertalernock (HK); Gailtaler A: zw. Martennock und Goldeck (HK); Karnische A: Torkarspitze (HK & MS); Karawanken: Huda jama S Waidisch (HK & AS) – **S**: Zillertaler A: Leitenkammerklamm im Wildgerlostal (Schröck et al. 2004); Hohe Tauern: Krimmler Fälle (Gruber et al. 2001), Untersulzbachfall (CS) – **St**: Niedere Tauern: Sauberg, Murspitzen, zw. Kampspitze und Giglachsee, Schiedeck, Lämmerkar, Landauersee, zw. Preintaler Hütte und Unterem Sonntagkarsee, Schimpelspitze, Schießeck, Plättentaljoch N Oberwölz, Eberlsee N Gr. Griesstein, Grieskogel N Gaal (HK) – Nord-**T**: Allgäuer A: Rothornspitze (MR); Samnaungruppe: beim Furglersee (HK); Kitzbühler A: oberhalb der Roßwildalpe bei Kelchsau am Anstieg zum Schwebenkopf (Wollny 1911); Ost-**T**: Hohe Tauern: Eingang ins Landecktal (E. Riehmer in Urmi 1978) – **V**: Allgäuer A: Tiefgraben und Bolgenach im Balderschwanger Tal (CS), Breitachtal unterhalb Gh. Walserschanz (Urmi 1978), Schwarzwassertal, Bärgunttal und zw. Kuhgehren- und Hammerspitze (MR); Rätikon: Salonienbach im Rellstal (Loitlesberger 1894), Gargellner Köpfe (HK); Verwall: Silbertaler Winterjöchl (CS); Silvretta: am unteren Vermielbach S St. Gallenkirch (HK), Garneraschlucht S Gaschurn (CS), S Silvretta-Stausee (HK)

- Irland, Großbritannien, Pyrenäen, Alpen, Tatra, Bulgarien, Skanden, Japan, China, Grönland
- arktisch-alpin

Gefährdung: Nicht gefährdet.

2. *Jungermannia* L.

1. *J. atrovirens* Dumort. – Syn.: *Aplozia atrovirens* (Dumort.) Dumort., *A. lanceolata* (L.) Dumort., *A. riparia* (Taylor) Dumort., *J. lanceolata* L., nom. rejic. prop., *J. tristis* Nees, *Solenostoma atrovirens* (Dumort.) Müll. Frib., *S.*

sphaerocarpoideum (De Not.) Paton & E.F. Warb., *S. triste* (Nees) Müll. Frib.

Ökologie: Blass- oder olivgrüne bis schwarze, kräftigen Rasen oder dünne Überzüge an nassen oder feuchten Karbonatstandorten, u. a. an schattigen Felsen, in Quellfluren, an Bach- und Flussufern, an terrestrischen Pionierstandorten, in Niedermooren und auf Schneeböden. Eine Art mit sehr breiter Standortsamplitude. Brutkörper fehlen; Sporogone finden sich gelegentlich.

- neutro- bis basiphytisch, s. hygro- bis hydrophytisch, s. skio- bis m. photophytisch
- L 4, T 4, K 5, F 7, R 8

Soziologie: An Fließgewässern z. B. im Brachythecion rivularis und im Cinclidotion fontinaloidis, in Kalk-Niedermooren im Caricion davallianae, in Quellfluren im Cratoneurion und Adianthion, auf Fels und auf Schneeböden im Ctenidion mollusci und im Distichion capillacei sowie auf Erde im Dicranelletum rubrae.

Verbreitung: In den Nord- und Südalpen verbreitet und oft häufig; in den Zentralalpen selten bis verbreitet. Im Alpenvorland und entlang der Donau zerstreut; außeralpin sonst selten. Dem Großteil der Böhmischen Masse fehlend. Planar bis nival; bis ca. 3000 m aufsteigend.

B: Leithagebirge: Steinbruch bei Loretto (Schlüsslmayr 2001) – **K**: ZA: s bis v; SA: v – **N**: im AV und entlang der Donau z; NA: v – **O**: AV: z; NA: v – **S**: in der Stadt Salzburg häufig (Gruber 2001); NA: v; ZA: s bis v – **St**: NA: v; ZA: z; Süd-St: Aflenzer Steinbrüche bei Leibnitz (Breidler 1894) – Nord-**T**: NA: v; ZA: z; Ost-**T**: Hohe Tauern: v bis s; SA: v – **V**: NA: v; ZA: nur W Gargellen (HK) – **W**: Donau bei Kagran (Heeg 1894), Pfaffenberg (HZ)

- Europa, Makaronesien, Vorderasien, Sibirien, Japan, nördliches Nordamerika, Marokko
- westlich temperat-montan

Gefährdung: Nicht gefährdet.

2. *J. borealis* Damsh. & Váňa – Syn.: *Aplozia oblongifolia* Jörg.

Ökologie: Schwarzgrüne, lockere Bestände aus kriechenden Sprossen auf sandigen, basenreichen, wenig bewachsenen Schneeböden über Kalkschiefer in der subnivalen Zone. Brutkörper fehlen; Sporophyten sind sehr selten.

- subneutro- bis basiphytisch, m.–s. hygrophytisch, m.–s. photophytisch
- L 7, T 1, K 6, F 6, R 7

Soziologie: Im Drabion hoppeanae in Begleitung von *Mesoptychia badensis*, *Syntrichia norvegica*, *Pohlia wahlenbergii*, *Dichodontium pellucidum* und *Bryum*-Arten.

Verbreitung: In den Zentralalpen sehr selten; nur zwei Fundorte in den zentralen Hohen Tauern. Subnival.

Ost-**T**: Hohe Tauern: Venedigergruppe: zw. Bonn-Matreier Hütte und Stotzkopf, ca. 2750 m (HK); Muntanitzgruppe: S Wellachköpfe, 2600 m (HK, t. J. Váňa)

- Alpen, Karpaten, Schottland, Wales, Skanden, N-Russland, Sibirien, W-Küste Nordamerikas, Südgrönland, Island
- subarktisch-alpin

Gefährdung: Wegen Seltenheit gefährdet. Bei gezielter Suche aber zweifellos noch an weiteren Orten auffindbar.

Anmerkung: Die Angabe für den Vorderen Gesselkopf (K/S) in HAFELLNER et al. (1995) erwies sich nach Revision durch J. Váňa als irrig.

3. *J. exsertifolia* subsp. ***cordifolia*** (DUMORT.) VÁŇA – Syn.: *Aplozia cordifolia* DUMORT., *J. cordifolia* HOOK., nom. illeg., homon. post., *Solenostoma cordifolium* (DUMORT.) STEPH.

Foto: C. Schröck

Ökologie: Dunkelgrüne bis rötlich-schwarze, sehr kräftige Rasen mit aufsteigenden Sprossen an Blöcken in subalpinen Silikat-Quellfluren und -bächen, seltener in kleinen, montanen Waldbächen. Die Art steht meist tief im Wasser, mitunter gänzlich submers, und ihre Standorte fallen nie trocken. Brutkörper fehlen; Sporogone sind selten.

- m. azidophytisch, hydrophytisch, m. skio- bis s. photophytisch
- L 7, T 2, K 6, F 9, R 5

Soziologie: Eine Kennart des Solenostomo cordifolii-Scapanietum undulatae, das bei MARSTALLER (2006) im Hygrohypnion dilatati geführt wird. ZECHMEISTER (1993) zieht diese Gesellschaft, unter dem späteren Synonym Solenostomo-Hygrohypnetum (GEISSLER 1976), zum Cardamino-Montion. Beide Sichtweisen sind sicherlich vertretbar und Ausdruck der mangelnden Überlappung der Systeme von Moos- und Gefäßpflanzengesellschaften. Typische Begleitarten sind *Hygrohypnum smithii*, *H. duriusculum*, *Scapania undulata*, *Palustriella commutata* var. *falcata*, *Philonotis seriata* oder *Bryum pseudotriquetrum*.

Verbreitung: Nur im äußersten Westen der Zentralalpen; im Vorarlberger Anteil ziemlich verbreitet; in Tirol nur im Verwall. Montan bis alpin, ca. 1400 bis 2400 m.

Nord-**T**: Verwall: bei St. Anton, im Moostal und am Anstieg zum Faselfadferner (DÜLL 1991) – **V**: Rätikon: Tilisuna (VOLK & MUHLE 1994; F. Gradl in BREG), Gampadelltal bei Schruns (BREIDLER 1894), Innergweilalpe (AMANN et al. 2013), Röbi- und Sarotlaalpe NW Gargellen (VOLK & MUHLE 1994); Verwall: Unterer Maroisee, zw. Netzaalpe und Augstenboden, Versal und Zeinisjoch (AMANN et al. 2013); Burtschakopf S Klösterle (RK), Nenzigastalpe (LOITLESBERGER 1894); Silvretta: Vergalda, Rossberg und Wintertal in Gargellen (AMANN et al. 2013)

- W-Europa, Pyrenäen, Alpen, Schwarzwald, Eifel, Karpaten, Kaukasus, Nordeuropa, Kamtschatka, nördliches küstennahes Nordamerika, Grönland
- subarktisch-subalpin

Gefährdung: In ihrem kleinen österreichischen Areal ist sie lokal durch die Anlage von Stauseen und Schipisten bedroht und einige Vorkommen dürften so bereits erloschen sein. Die Mehrzahl der Fundstellen erscheint aber gegenwärtig ungefährdet.

Anmerkung: Weitere Angaben aus Nord-T, Ost-T, S, St und K sind nachweislich oder wahrscheinlich irrig.

4. *J. polaris* LINDB. – Syn.: *Aplozia schiffneri* LOITL., *J. pumila* subsp. *polaris* (LINDB.) DAMSH., *Solenostoma polare* (LINDB.) R.M. SCHUST., *S. pumilum* subsp. *polare* (LINDB.) R.M. SCHUST., *S. schiffneri* (LOITL.) MÜLL. FRIB.

Ökologie: Graugrüne bis schwärzliche, meist reichlich mit Perianthien besetzte Räschen auf Erde und silikatischem Detritus an basenreichen bis kalkhaltigen Silikat- und Kalkschieferfelsen (selten über Kalk oder Dolomit), meist in N-Exposition auf Felsbänken und in Spalten bei recht langer Schneebedeckung. In subnivaler Lage auch auf mineralischer Erde in Rasenlücken und Polsterpflanzenfluren oder auf Karbonat-Schneeböden. Brutkörper fehlen; Sporogone sind häufig.

- subneutro- bis neutrophytisch, m.–s. hygrophytisch, m. skio- bis s. photophytisch
- L 7, T 1, K 6, F 6, R 7

Soziologie: Vorwiegend im Distichion capillacei zu finden, vor allem in verschiedenen Varianten des Solorino saccatae-Distichietum capillacei. Auf eindeutigen Schneeböden ist sie vermutlich dem Dichodontio-Anthelietum juratzkanae (SCHLÜSSLMAYR 2005) zuzurechnen. Relativ selten trifft man sie außerdem in Initialvarianten des Amphidietum mougeotii. Häufige Begleitarten auf Gesteinsdetritus und Erde sind *Scapania cuspiduligera*, *Blepharostoma trichophyllum* subsp. *brevirete*, *Anthelia juratzkana*, *Solenostoma confertissimum*, *Encalypta alpina*, *Bryum elegans*, *Cyrtomnium hymenophylloides*, *Tayloria froelichiana* oder *Timmia norvegica*. In lückigen Elyneten in subnivaler Lage wächst sie mit *Scapania degenii*, *Isopaches decolorans* oder *Tayloria hornschuchii*. Im Amphidietum begleitet sie *Eremonotus*, *Blindia acuta* und *Amphidium mougeotii*. Auf nassem, basenreichem Fels finden wir sie sogar assoziiert mit *Blindia caespiticia* und *Hymenostylium recurvirostrum*.

Verbreitung: In den Zentralalpen selten bis zerstreut (Schwerpunkt in den Niederen Tauern); ungleichmäßig erfasst. In den Nord- und Südalpen sehr selten. (Subalpin) alpin bis nival, 1900 bis 3000 m.

K: Hohe Tauern: zw. Margaritzenstausee und Stockerscharte (HK & JK), Vorderer Gesselkopf (HAFELLNER et al. 1995), Westerfrölkespitze, Grauleitenspitze, Bretterach in der Fragant (HK); Karnische A: Torkarspitze und Raudenspitze (HK & MS) – **S**: Hohe Tauern: Vorderer Gesselkopf (HAFELLNER et al. 1995); Schladminger Tauern: N Obertauern (GEISSLER 1989), Landwierseehütte (JK) – **St**: Eisenerzer A: Eis. Reichenstein (HK); Niedere Tauern: W-Fuß Giglachalmspitze (B. Emmerer & J. Hafellner in GZU, det. HK), zw. Kampspitze und Giglachseen, Hochgolling-Gipfel, Lämmerkar, Ruprechtseck, Tockneralm, Schimpelspitze (HK), Hornfeldspitze (HK & HvM), Großhansl N Oberwölz (HK); Seetaler A: Wenzelalpe (HK) – Nord-**T**: Ötztaler A: Platztal (HK); Stubaier A: Blaser (DALLA TORRE & SARNTHEIN 1904, VÁŇA 1973); Hammerspitze (HK); Ost-**T**: Hohe Tauern: nahe Sudetendeutsche Hütte (HK) – **V**: Lechquellengebirge: Spillersee (K. Müller in VÁŇA 1973a); Allgäuer A: Ifenplatte am Hohen Ifen (AMANN et al. 2013)

- Gebirge West-, Nord- und Zentraleuropas, Sibirien, subarktisches Nordamerika, Grönland, Island, Arktis
- arktisch-alpin

Gefährdung: Nicht gefährdet.

5. *J. pumila* WITH. – Syn.: *Aplozia pumila* (WITH.) DUMORT., *Haplozia rivularis* (SCHIFFN.) SCHIFFN., *Jungermannia karl-muelleri* GROLLE, *Solenostoma oblongifolium* (MÜLL. FRIB.) MÜLL. FRIB., *S. pumilum* (WITH.) MÜLL. FRIB.

Ökologie: In dunkelgrünen bis schwärzlichen, lockeren Rasen auf feuchtschattigen Silikatblöcken und -felsbasen an Waldbächen. Die Standorte werden bei Hochwässern regelmäßig überschwemmt. Selten an dauerfeuchten oder periodisch überrieselten Felsflächen abseits von Fließgewässern, insbesondere auf Flyschsandstein. Brutkörper fehlen; Sporogone sind häufig.

- m. azidophytisch, s. hygrophytisch, s.–m. skiophytisch
- L 4, T 4, K 4, F 7, R 5

Soziologie: Eine Verbandskennart des Racomitrion acicularis, wo sie im Scapanietum undulatae und im Brachythecietum plumosi vorkommt, u. a. mit *Scapania undulata*, *Blindia acuta*, *Dichodontium pellucidum*, *Sciuro-hypnum plumosum* oder *Thamnobryum alopecurum*. Mitunter finden wir sie auch im Brachydontietum trichodis in Begleitung von *Campylostelium saxicola*, *Fissidens pusillus*, *Scapania nemorea* und *Rhizomnium punctatum*.

Verbreitung: In den Zentralalpen selten bis zerstreut (in Unterkärnten ziemlich verbreitet). In den Nordalpen selten und nur im äußersten Westen; ebenso selten in den Südalpen. In der Böhmischen Masse nur im östlichen Mühlviertel. Selten in der Flyschzone und im Alpenvorland. Fehlt in B, N, Ost-T und W. Submontan und montan, ca. 300 bis 1400 m.

K: Hohe Tauern: S Winklern, Zleinitzgraben und Raggaschlucht (HK & HvM), Mödritschbach NE Leppen (HK), Nigglaigraben bei Sachsenburg (HK & HvM); Gurktaler A: Oberhof im Metnitztal (HK); Sau-, Stub- und Koralpe: z bis v; Klagenfurter Becken: Finsterbachgraben am Ossiachersee, Hoher Gallin (HK), Grafenbachgraben am S-Fuß der Saualpe (Głowacki 1910); Karawanken: Korpitschgraben bei Arnoldstein, hinterer Trögerngraben bei Eisenkappel (HK & AS) – **O**: Mühlviertel: Harrachstal, Waldaisttal, Stampfenbachtal, Pesenbachschlucht bei Mühllacken, Gr. Naarn N Pierbach, Kl. Naarn SE Bad Zell, Gießenbachtal NE Grein (Schlüsslmayr 2011); AV: Hofberg bei Frankenburg im Hausruckwald (Ricek 1977); Flyschzone: Frauengraben bei Reindlmühl (S. Biedermann), Trichtlgraben im Kleinramingtal (Schlüsslmayr 2005), bei Steyr und Losenstein (wohl irrig, Poetsch & Schiedermayr 1872) – **S**: Stadt Salzburg: Radecker Wald (Gruber 2001); Hohe Tauern: Krimmler Fälle (Gruber et al. 2001) – **St**: Niedere Tauern: Mitteregger Graben bei Irdning (Breidler 1894), Schladming (V. Schiffner in Váňa 1973a), oberhalb Riesachfall (HK); Stubalpe: Stüblergraben E Kleinfeistritz (HK); Ost-St: Fresenbachgraben und Keppeldorfer Graben bei Anger, Haslauer Graben bei Birkfeld und Steinbachgraben bei Vorau (Breidler 1894) – Nord-**T**: Tuxer A: Volderbad (V. Schiffner in Váňa 1973a) – **V**: Allgäuer A: mehrfach im Balderschwanger Tal; Montafon: Partenen (Amann et al. 2013); Verwall: Kristberg (K. Loitlesberger in BREG), Winklertobel im Klostertal (Loitlesberger 1894); Albonaalpe (F. Gradl in BREG)

- Europa, Makaronesien, Sibirien, Japan, Java, Nordamerika, Grönland, Tansania
- westlich temperat-montan

Gefährdung: Nicht gefährdet.

3. *Liochlaena* NEES

1. *L. lanceolata* NEES – Syn.: *Jungermannia leiantha* GROLLE, *Jungermannia lanceolata* auct. non L.

Foto: H. Köckinger

Ökologie: Grüne bis rötlich-braune, mitunter ausgedehnte Decken auf feucht-schattigem Totholz in luftfeuchten Wäldern, vorwiegend Schluchtwäldern und gerne in Bachnähe; vergleichsweise selten auf feuchtem Silikatgestein. In niederschlagsreichen Gebieten akzeptiert sie auch Waldböden, humusbedeckte Kalkblöcke sowie kalkfreie, meist lehmige, feuchte Erdstandorte. Ausnahmsweise kommt sie auf Humus unter Latschen noch in subalpiner Lage vor. Brutkörper auf aufrechten Trieben selten; Sporogone häufig.

- s.–m. azidophytisch, m.–s. hygrophytisch, s.–m. skiophytisch
- L 4, T 4, K 5, F 6, R 3

Soziologie: Eine Klassenkennart der Cladonio digitatae-Lepidozietea reptantis. Auf Totholz finden wir sie mit höherer Stetigkeit im Lophocoleo-Dolichothecetum seligeri (z. B. mit *Herzogiella seligeri*, *Rhizomnium punctatum*, *Tetraphis pellucida*, *Blepharostoma trichophyllum*, *Calypogeia suecica* oder *Lophocolea heterophylla*), im Jamesonielletum autumnalis und im Anastrepto orcadensis-Dicranodontietum denudati, wo sie jeweils die frühen Pionierarten überwächst; auf Silikatgestein hauptsächlich im Diplophylletum albicantis, auf Lehm im Calypogeietum trichomanis oder im Hookerietum lucentis, auf Humus unter Latschen in Begleitung von *Sphenolobus minutus*, *Pohlia cruda* oder *Blepharostoma trichophyllum* s. str.

Verbreitung: In den Nordalpen verbreitet; in den Zentralalpen selten bis zerstreut (der Hauptkette der Hohen und westlichen Niederen Tauern weitgehend fehlend); zerstreut bis verbreitet in den Südalpen. Zerstreut in der Flyschzone; selten im Alpenvorland und in der Böhmischen Masse; zerstreut im südöstlichen Vorland und im Klagenfurter Becken. Fehlt in B und W. Collin bis montan (subalpin), ca. 200 bis 1400 (2100) m.

K: ZA: z in der Kreuzeckgruppe und im Ostteil, sonst fehlend; Klagenfurter Becken: mehrfach in der Sattnitz; SA: z bis v – **N**: Waldviertel: bei Pöggstall (Heeg 1894), Mayerhofen am Ostrong (HZ), Friedental W Harmanschlag (HH); Wienerwald: Troppberg (HZ), Rekawinkel (Heeg 1894); NA: v – **O**: Mühlviertel: Kesselbachschleuse im Böhmerwald, Maxldorf bei Liebenau und Klammleitenbach bei Königswiesen (Schlüsslmayr 2011); AV: Ziegelstadel bei Frankenmarkt (Ricek 1977); Flyschzone: z; NA: v – **S**: AV: Stadt Salzburg (Gruber 2001), Feldberg N Fuschlsee (PP); NA: v – **St**: NA: v; östliche Niedere Tauern: Hagenbachgraben, Gotstal und Pischinggraben bei Kalwang, Wirtsalm bei Trieben (Breidler 1894); Oberes Murtal: bei Knittelfeld und Leoben (Breidler 1894), Mittergraben E Weißkirchen, Tiefental E Eppenstein (HK); Mittleres Murtal: Kirchkogel, Haidenberg und Zlattengraben bei Kirchdorf (Maurer 1961b); Grazer Umland: St. Radegund, Mühlgraben (Maurer et al. 1983), Stiftingtal, Gaisberg, Plabutsch, Judendorf und Rein (Breidler 1894); Ost-St: bei Radkersburg, Klöch, Gleichenberg, Birkfeld und Friedberg (Breidler 1894) – Nord-**T**: Inntal: bei Hötting (Matouschek 1903); Ötztaler A: bei Wenns und St. Leonhard (Dalla Torre & Sarnthein 1904, Düll 1991); Zillertaler A: Scheulingswald bei Mayrhofen und Zemmtal (Loeske 1909); Kitzbühler A: Krotengraben bei Fieberbrunn (HK); Ost-**T**: Defreggental: bei Lavant und Hopfgarten (H. Simmer in Dalla Torre & Sarnthein 1904) – **V**: NA: z bis v

- Europa, Makaronesien, Kaukasus, Sibirien, Nordamerika
- boreal-montan

Gefährdung: Gesamtösterreichisch nicht gefährdet; in der Böhmischen Masse allerdings selten.

2. *L. subulata* (A. Evans) Schljakov – Syn.: *Jungermannia subulata* A. Evans, *Aplozia lanceolata* var. *prolifera* Breidl., *A. lanceolata* var. *gemmipara* Heeg

Ökologie: Hell- bis grasgrüne, selten rötlich-braune, lockere Rasen mit aufsteigenden Brutkörpertrieben auf feucht-schattigem Silikatgestein in luftfeuchten Schluchtwäldern, gerne an bachnahen, periodisch überschwemmten, vertikalen Felsflächen oder auch an den Stirnflächen von Blöcken; außerdem, und in den Kalkgebirgen primär, auf Totholz als Folgeart, die die frühen Pioniere allmählich verdrängt. Selten akzeptiert sie lehmige Erdraine oder Humus. Brutkörper werden auf aufsteigenden Trieben regelmäßig ausgebildet; Sporogone dürften zumindest aus Österreich unbekannt sein.

- m. azidophytisch, m.–s. hygrophytisch, s.–m. skiophytisch
- L 4, T 5, K 7, F 6, R 4

Soziologie: Auf Totholz in verschiedenen Gesellschaften des Nowellion und Tetraphidion präsent, u. a. mit *Rhizomnium punctatum*, *Lepidozia reptans*, *Cephalozia bicuspidata*, *Riccardia palmata*, *Nowellia*, *Blepharostoma*, in den Nordalpen auch häufig mit *L. lanceolata* in Mischrasen. Auf Silikatgestein findet sie sich u. a. im Diplophylletum albicantis und im Brachythecietum plumosi zusammen mit *Diplophyllum albicans*, *Scapania nemorea*, *Heterocladium heteropterum*, *Oxystegus tenuirostris*, *Blindia acuta* und *Sciuro-hypnum plumosum*.

Verbreitung: Eine kontinental verbreitete Art; fehlt im Westen Österreichs. In den Nordalpen und der Flyschzone östlich vom Traunsee zerstreut bis selten; in den Zentralalpen zerstreut in den tieferen Teilen der Gurktaler Alpen und im Steirisch-Kärntnerischen-Randgebirge, selten auch noch am Wechsel und seinen Ausläufern; in den Kärntner Südalpen zerstreut. Im Klagenfurter Becken zerstreut, im südöstlichen Vorland selten. Submontan und montan, ca. 400 bis 1200 m.

K: Gurktaler A: Laufenberger Bach S Radenthein, Sauerwaldgraben E Arriach (HK & AS), Wasserfall W Tiffnerwinkl, Görzberg bei Zedlitzdorf (HK); Sau-, Stub- und Koralpe: z bis v; Klagenfurter Becken: zw. Sekull und Hasendorf am Wörthersee (HK & AS), Elsgraben E Launsdorf (HK), Kaltenbrunn NE Völkermarkt (HK & AS), Feistritzgraben bei St. Luzia (HK); Gailtaler A: Weißenbachgraben NW Mittewald bei Villach (HK & AS), Schönboden bei Reisach, Kirchbachgraben N Kirchbach (HK & HvM); Karnische A: Aßitzbach S Weidenburg (HK & HvM), Garnitzenklamm, Feistritzgraben W Achomitz (HK); Karawanken: Babniakgraben SE St. Johann im Rosental (HK), Huda jama (HK & AS) – **N**: NA: Ötschergräben S Ötscherhias und Rothwald am Dürrenstein (Zechmeister et al. 2013); Wechsel: bei Mariensee (als *Aplozia lanceolata* var. *gemmipara*, Heeg 1894) – **O**: Flyschzone: Moosbach bei Gmunden (K. Loitlesberger in Váňa 1973b), Schlierbach (W, Váňa 1973b), Tiefenbach bei Grünburg, Rädlbach bei Dambach und Trichtlgraben im Kleinramingtal (Schlüsslmayr 2005); NA: Pechgraben bei Großraming, Gschliefgraben am Traunstein, Kremsursprung bei Michldorf, Krumme Steyrling, Breitenau und Hilgerbach bei Molln, Schallhirt- und Wasserboden im Hintergebirge, Küpfern bei Weyer und Teufelskirche im Sengsengebirge (Schlüsslmayr 2002b, Schlüsslmayr 2005) – **St**: Ennstaler A: Spitzenbachgraben bei St. Gallen (HK); Salzatal: zw. Palfau und Wildalpen und Radmer bei Hieflau (Breidler 1894); Graggerschlucht bei Neumarkt (HK); Seetaler A: Hölltal W Kathal (HK); Stubalpe: Schwarzenbachgraben E Kathal (HK); Gleinalpe: Rupprechter Graben bei Übelbach (J. Breidler in Vana 1973b); Grazer Umland: bei Judendorf (Breidler 1894); Ost-St: Bärengraben bei Friedberg (Breidler 1894); West-St: Klause bei Deutschlandsberg (Breidler 1894); Süd-St: Buchkogel bei Wildon (J. Breidler in Vana 1973), Gleichenberger Kogel (Breidler 1894)

- Zentral- und Osteuropa, Schweden (selten), Kaukasus, Sibirien, Indien, Thailand, Korea, Japan, Hawaii, Minnesota, Missouri
- temperat-montan

Gefährdung: Nicht gefährdet.

4. *Mesoptychia* (LINDB.) A. EVANS

1. *M. badensis* (GOTTSCHE ex RABENH.) L. SÖDERSTR. & VÁŇA – Syn.: *Leiocolea badensis* (GOTTSCHE ex RABENH.) JÖRG., *Jungermannia acuta* LINDENB., *J. badensis* GOTTSCHE, *J. sauteri* DE NOT., *Lophozia badensis* (GOTTSCHE) SCHIFFN., *L. gypsacea* SCHIFFN.

Foto: H. Köckinger

Ökologie: Blass- bis dunkelgrüne, meist reichlich mit Perianthien bedeckte Räschen an karbonatischen Pionierstandorten, vor allem auf kalkhaltiger, feuchter Erde und Kalk- oder Dolomitgrus auf und an Forststraßen, auch sekundär nach Kalkschotteraufbringung in ursprünglich kalkfreien Gebieten. Außerdem auf Schwemmsand an Bächen und Flüssen bzw. an vergleichbaren Sekundärstandorten. Auf Karbonatgestein steigt sie bis in die Subnivalstufe auf und besiedelt vorwiegend feuchte Felsnischen (besonders gerne an Nagelfluh); weiters findet sie sich an Mauern; mitunter selbst auf basenreichen, sandigen Schneeböden. Brutkörper fehlen; Sporogone sind häufig.

- neutro- bis basiphytisch, s. hygrophytisch, s. skio- bis m. photophytisch
- L 5, T 3, K 6, F 7, R 8

Soziologie: Sehr konstant im Dicranelletum rubrae, u. a. mit *Dicranella varia*, *Aneura pinguis*, *Trichostomum viridulum*, *Pellia endiviifolia* und *Pohlia wahlenbergii*. Auf Alluvionen ist sie ein häufiger Bestandteil des Tortelletum inclinatae. An Felsstandorten im Gebirge wächst sie in Distichion-Gesellschaften.

Verbreitung: In den Alpen verbreitet bis zerstreut (partiell unzureichend erfasst); nur den reinen Silikatgebieten fehlend. Im Alpenvorland, der Flyschzone, im südöstlichen Vorland und im Klagenfurter Becken zerstreut. In der Böhmischen Masse und im Pannonikum selten. Noch kein Nachweis aus W. Collin bis alpin, ca. 300 bis 2700 m.

B: Leithagebirge: Kürschnergrube bei Loretto (SCHLÜSSLMAYR 2001) – **K**: A: v bis z (den reinen Silikatgebirgen fehlend); im Klagenfurter Becken nur im Süden – **N**: Wachau: bei Spitz und am Jauerling (HEEG 1894), zw. Dürrtal und Schwallenbach

(HAGEL 2015); Wienerwald, entlang der Donau, AV und NA: z bis v; Wiener Becken: Leithaprodersdorf (HZ) – **O**: Mühlviertel: Klammmühle bei Kefermarkt (SCHLÜSSLMAYR 2011); Donautal: Donauufer bei Urfahr (SCHIEDERMAYR 1894), Donauufer bei Untermühl (SCHLÜSSLMAYR 2011); AV, Flyschzone und NA: z bis v – **S** – **St** – **T**: wohl z bis v (kaum erfasst) – **V**: z bis v

• Europa, Türkei, Iran, Sibirien, nördliches Nordamerika, Arktis
• boreal-montan

Gefährdung: Nicht gefährdet.

2. *M. bantriensis* (HOOK.) L. SÖDERSTR. & VÁŇA – Syn.: *Leiocolea bantriensis* (HOOK.) JÖRG., *Jungermannia bantriensis* HOOK., *Lophozia bantriensis* (HOOK.) STEPH., *L. bantriensis* var. *subcompressa* (LIMPR.) SCHIFFN., *L. hornschuchiana* (NEES) MACOUN

Ökologie: Hell- bis braungrüne, kräftige Rasen in basenreichen Quellfluren und Niedermooren, an Kalkblöcken und -felsen an Bach- und Flussufern, im Hochgebirge auch an feuchten bis nassen, absonnigen Karbonat- und basenreichen Silikatfelsen, mitunter auch bei langer Schneebedeckung. Brutkörper fehlen; Sporogone sind selten.

• subneutro- bis basiphytisch, s. hygro- bis hydrophytisch, m. skio- bis s. photophytisch
• L 6, T 3, K 6, F 8, R 7

Soziologie: In hochmontanen bis subalpinen Lagen im Cratoneurion in Gesellschaft von *Palustriella commutata* s. l., *P. decipiens*, *Philonotis calcarea*, *Bryum schleicheri* s. str., *B. pseudotriquetrum*, *Marchantia polymorpha* subsp. *montivagans* und *Aneura pinguis* anzutreffen, außerdem in basenreichen Niedermooren, insbesondere im Caricion davallianae mit *Scorpidium cossonii*, *Campylium stellatum* oder *Fissidens adianthoides*, an Fließgewässern vor allem im Brachythecietum rivularis, in der Alpinstufe in betont nassen Ctenidion- und Distichion-Gesellschaften, selten im Amphidietum.

Verbreitung: In den Alpen zerstreut (regional selten oder auch verbreitet). In der Flyschone und im Klagenfurter Becken selten. Kein Nachweis aus der Böhmischen Masse. Fehlt in B und W. Submontan bis alpin, ca. 400 bis 2400 m.

K: A: z (für die Karawanken nur historische Angaben); Klagenfurter Becken: bei Viktring (HK & AS) – **N**: NA: auf dem Göller und bei Prein (HEEG 1894), Lechnergraben und nahe Legsteinhütte am Dürrenstein (HK); Wechsel: Kampstein (HEEG 1894), bei Kirchberg (H. Wagner, SZU) – **O**: Flyschzone: Oberaschau und im „Moos" bei Attersee (RICEK 1977), Kleinramingtal (SCHLÜSSLMAYR 2005); NA: z – **S**: A: z bis v – **St**: A: z bis v – Nord-**T**: NA: wohl z (kaum erfasst); Inntal: bei Nauders (DALLA TORRE & SARNTHEIN 1904), Taschenlehn (DÜLL 1991); Verwall: Rosannatal

(LOESKE 1908); Ötztaler A: Loch im Kaunertal (DÜLL 1991), Radurschltal (HK); Stubaier A: bei Kühtai (DÜLL 1991); Tuxer A: Voldertal (RD & HK); Zillertaler A: bei Mayrhofen (LOESKE 1909); Ost-**T**: Hohe Tauern: Prosseggklamm und Putzkögerle bei Matrei (DÜLL 1991), Steineralpe bei Matrei (BREIDLER 1894) – **V**: z

- Europa (exkl. Mediterraneis), Kaukasus, Sibirien, westliches Nordamerika (zweifelhaft im Osten)
- boreal-montan

Gefährdung: Ehemalige Tieflagenvorkommen sind vielerorts durch Entwässerungsmaßnahmen oder die Fassung von Quellen erloschen. In den Hochlagen ist die Art hingegen weniger gefährdet.

3. ***M. collaris*** (NEES) L. SÖDERSTR. & VÁŇA – Syn.: *Leiocolea collaris* (NEES) SCHLJAKOV, *Jungermannia collaris* NEES, *J. muelleri* NEES ex LINDENB., *L. alpestris* (F. WEBER) ISOV., *L. muelleri* (NEES ex LINDENB.) JØRG., *Lophozia alpestris* (F. WEBER) A. EVANS, *L. collaris* (NEES) DUMORT., *L. muelleri* (NEES ex LINDENB.) DUMORT.

Foto: G. Amann

Ökologie: In hell- bis braungrünen Decken bzw. Rasen oder eingewebt unter anderen Moosen auf feuchtem und meist beschattetem Karbonat- und basenreichem Silikatgestein, an Felswänden, Schrofen, Blöcken oder ihren Verwitterungsprodukten, bis hin zu steinigen Wegböschungen. In tieferen Lagen findet sich die Art auch als Pionier auf offenen Felsflächen, oberhalb der Waldgrenze hingegen primär auf basenreichem Humus und Detritus in Nischen und Spalten oder im Schutz kräftigerer Moose. In der Alpinstufe wächst sie allenthalben und meist spärlich auch in Rasenlücken oder auf Karbonat-Schneeböden. Brutkörper fehlen; Sporogone sind selten.

- subneutro- bis basiphytisch, meso- bis m. hygrophytisch, s. skio- bis m. photophytisch
- L 5, T 3, K 6, F 5, R 7

Soziologie: Eine Ordnungskennart der Ctenidietalia mollusci und dort speziell im Ctenidion und im Distichion in einer ganzen Reihe von Gesellschaften präsent. Selten begegnen wir ihr auf basenreichem Silikatgestein im Amphidietum mougeotii. Auf kalkiger Erde begleitet sie *M. badensis* im Dicranelletum rubrae. An Flussufern teilt sie im Brachythecion rivularis ihren Lebensraum mit *M. bantriensis*.

Verbreitung: In den Nord- und Südalpen verbreitet und häufig; in den Zentralalpen verbreitet bis selten (regional fehlend). Außeralpin zerstreut bis selten; der westlichen Böhmischen Masse fehlend. Noch kein Nachweis aus W. Collin bis alpin, ca. 250 bis 2700 m.

B – **K** – **N**: Waldviertel und Wachau: z (HAGEL 2015); Wienerwald (HEEG 1894); NA: v – **O**: AV und Flyschzone: z; NA: v – **S** – **St** – **T** – **V**

- Europa, Kaukasus, Türkei, Sibirien, nördliches Nordamerika, Grönland, Arktis
- boreal-montan

Gefährdung: Nicht gefährdet.

4. *M. gillmanii* (AUSTIN) L. SÖDERSTR. & VÁŇA – Syn.: *Leiocolea gillmanii* (AUSTIN) A. EVANS, *Jungermannia gillmanii* AUSTIN, *Lophozia gillmanii* (AUSTIN) R.M. SCHUST., *L. kaurinii* (LIMPR.) STEPH.

Ökologie: Hell- bis braungrüne, lockere Rasen oder versprengte Sprosse unter anderen Moosen an absonnigen, vor allem N-exponierten Felswänden aus Kalkschiefer, kalkhaltigem Glimmerschiefer, Amphibolit und Grünschiefer oberhalb der Waldgrenze, wo sie feucht-schattige Felsnischen oder mit Gesteinsdetritus versetzten Humus an Felswandbasen besiedelt. Die Standorte sind betont kalt und partiell lange schneebedeckt. Trotz Basiphilie bislang kein Nachweis aus den Kalkgebirgen. Offenbar benötigt die Art den Mineralreichtum, den reine Karbonate nicht bieten können. Brutkörper fehlen; Sporogone sollen häufig sein.

- subneutro- bis neutrophytisch, s. hygrophytisch, m. skiophytisch
- L 5, T 1, K 6, F 6, R 7

Soziologie: An den bisherigen Fundstellen wächst die Art im Distichion capillacei, insbesondere in chionophilen Varianten des Solorino saccatae-Distichietum capillacei. Unter den Begleitmoosen sind *Tayloria froelichiana*, *Philonotis tomentella*, *Blepharostoma trichophyllum* subsp. *brevirete*, *Encalypta alpina*, *Timmia norvegica*, *Scapania cuspiduligera*, *Saccobasis polita*, *Pohlia cruda*, *Orthothecium intricatum*, *O. chryseon* und *Schistochilopsis opacifolia*.

Verbreitung: Erst wenige Nachweise aus den Zentralalpen; vermutlich wurde die Art aber auch noch übersehen. Subalpin und alpin, ca. 1900 bis 2300 m.

K: Hohe Tauern: Bretterach in der Großfragant; Nockberge: Gruft E Turracherhöhe (Köckinger et al. 2008) – **S**: Hohe Tauern: Schwarzwand bei Hüttschlag (J. Saukel) – **St**: Schladminger Tauern: zw. Kampspitze und Giglachseen, Lämmerkar nahe Riesachsee (HK)

- Nordeuropa, Schottland, Alpen, Karpaten, NW-Russland, Sibirien, nördliches Nordamerika, Arktis
- östlich subarktisch-alpin

Gefährdung: Wegen Seltenheit gefährdet.

5. *M. heterocolpos* (Thed. ex Hartm.) L. Söderstr. & Váňa – Syn.: *Leiocolea heterocolpos* (Thed. ex Hartm.) H. Buch, *Jungermannia heterocolpos* Thed. ex Hartm., *Lophozia heterocolpos* (Thed. ex Hartm.) M. Howe

Foto: M. Lüth

Ökologie: Grüne oder gelbgrüne bis hell- oder rotbraune, lockere Decken oder vereinzelte Kriechsprosse mit aufsteigenden Brutkörpertrieben zwischen anderen Moosen an feuchtschattigen Karbonat- und basenreichen Silikatfelsen, wo sie in Spalten oder auf Felsbänken vor allem auf dünnen Humusauflagen siedelt. Ebenso beliebt sind Kaltluftblockhalden, insbesondere die Plätze vor den Ausströmöffnungen und die Ränder der Humuskronen der Blöcke. Der pH-Wert sollte aber nie in den deutlich sauren Bereich absinken. Oberhalb der Waldgrenze findet man sie gelegentlich auch in lückigen Kalkalpinrasen und auf basenreichen Schneeböden. Brutkörper sind häufig, Sporogone sehr selten.

- subneutro- bis neutrophytisch, meso- bis m. hygrophytisch, m. skiophytisch
- L 4, T 3, K 6, F 5, R 7

Soziologie: Eine Ordnungskennart der Ctenidietalia mollusci. In Ctenidion-Gesellschaften trifft man sie aber recht selten; viel beständiger hingegen im Distichion capillacei, insbesondere im Solorino saccatae-Distichietum capillacei. Häufige Begleitarten sind *Scapania cuspiduligera*, *Trilophozia quinquedentata*, *Solenostoma confertissimum*, *Blepharostoma trichophyllum* subsp. *brevirete*, *Sauteria alpina*, *Isopterygiopsis pulchella*, *Meesia uliginosa*, *Timmia norvegica* oder *Tayloria froelichiana*. Außerdem begegnet man ihr auch im Amphidietum mougeotii, eingewebt in den Polstern von *Amphidium mougeotii* und *Anoectangium aestivum*, und in manchen kalkarmen Regionen vorwiegend in dieser Gesellschaft.

Verbreitung: In den Alpen meist zerstreut (regional selten oder fehlend). Kein Nachweis aus der Böhmischen Masse. Fehlt in B und W. Submontan bis alpin, ca. 450 bis 2500 m.

K: Hohe Tauern: z (in der Kreuzeck- und Reißeckgruppe fehlend); Nockberge: z; Saualpe: Reisberg (Latzel 1926); Klagenfurter Becken: Krastal N Villach (HK & AS); Gailtaler A: Weißenbachgraben W Mittewald (HK & AS), Dobratsch (HK); Karnische Alpen: Hochweißsteinhütte (HK & MS), Rauchkofel (HH); Karawanken: Kokragraben bei Arnoldstein (HK & AS), nahe Klagenfurter Hütte im Bärental (HK) – **N**: NA: Thalhofriese bei Reichenau (Heeg 1894); Wienerwald: nahe Klosterneuburg (Heeg 1894); Wechselgebiet: Kl. Klause bei Aspang (Heeg 1894) – **O**: NA: im Ostteil z (Schlüsslmayr 2005) – **S**: NA: Bluntautal (Heiselmayer & Türk 1979); Hohe Tauern: Krimmler Fälle (Kern 1915), Untersulzbachtal (FG & HK), Schwarzwand bei Hüttschlag (GSb, J. Saukel) – **St**: Dachstein: Grafenbergalm (HK); Ennstaler A: Hartelsgraben bei Hieflau (Breidler 1894); Hochschwab: Palfau und am Brunnsee im Salzatal (Breidler 1894), Pfarrerlacke in Tragöß (HK); Niedere Tauern: Schiedeck, Murspitzen, Lämmerkar, Hasenohren N Bauleiteck, Plättentaljoch (HK), Scharnitzgraben bei Pusterwald und Pischinggraaben bei Kalwang (Breidler 1894); Grazer Umland: Einöd, Lineck und Rein (Breidler 1894) – Nord-**T**: Karwendel: Halltal (V. Schiffner in Düll 1991); Verwall: bei St. Anton (Düll 1991); Ötztaler A: Gaisbergtal (HK); Stubaier A: Sondesbach im Gschnitztal (Dalla Torre & Sarnthein 1904); Zillertaler A: Steinernes Lamm (HK); Ost-**T**: Hohe Tauern: Zedlach bei Virgen (HK), bei Matrei (Düll 1991), Dorfertal bei Kals (CS & HK), Ködnitztal (Herzog 1944) – **V**: Bregenzerwald: Sienspitze bei Schönenbachvorsäß (CS); Allgäuer A: Schwarzwassertal (MR, CS), Quellgebiet der Subersach, Ifenmauer und -platte (MR), Wildenbachtal (CS); Rätikon: Waldtobel bei Tschagguns (F. Gradl in BREG), SE Nonnenalpe, N Wilder Mann, am Valzifenzbach S Gargellen (HK); Verwall: Zeinisjoch (CS)

- Gebirge West- und Zentraleuropas, Nordeuropa, Kaukasus, Sibirien, Himalaya, nördliches Nordamerika, Grönland, Island, Arktis
- subarktisch-alpin(dealpin)

Gefährdung: Nicht gefährdet.

Anmerkung: Die var. *harpanthoides* (Bryhn & Kaal.) L. Söderstr. & Váňa wurde in den Zentralalpen der Steiermark gefunden (Seetaler A:

Oberbergerkogel, NE-Seite, Marmorschrofen, ca. 2100 m, HK). Der taxonomische Wert dieser Sippe erscheint unklar.

6. *M. turbinata* (RADDI) L. SÖDERSTR. & VÁŇA – Syn.: *Leiocolea turbinata* (RADDI) H. BUCH, *Jungermannia turbinata* RADDI, *Lophozia turbinata* (RADDI) STEPH.

Foto: M. Lüth

Ökologie: Blassgrüne, zarte Räschen an warmen Habitaten. Sie wurde zweimal an Tuffquellen (in K unter einer S-seitigen Kalkfelswand, in N an einer Flussuferböschung) gefunden, außerdem einmal auf einer Heißlände über basenreichem Schotter in einer Au. Brutkörper fehlen; aus Österreich wurden bisher keine Sporogone bekannt.

- basiphytisch, m.–s. hygrophytisch, m. skio- bis m. photophytisch
- L 5, T 8, K 4, F 6, R 9

Soziologie: Die Tuff-Standorte können dem Adianthion zugereichnet werden; der Heißländenstandort nur grob den Barbuletalia unguiculatae. In der dazugehörigen Herbarprobe konnten als Begleiter *Dicranella howei* und *Didymodon fallax* festgestellt werden.

Verbreitung: Eine betont wärmebedürftige Art; sehr selten im Klagenfurter Becken und an der unteren Donau. Planar bis montan, bei 150 und 600 m.

K: Klagenfurter Becken: NW Klein St. Veit (KÖCKINGER et al. 2008) – **N**: Donauauen bei Haslau (HZ, t. HK) – **W**: Kreuzgrund in der Lobau (HZ, det. HK)

- Süd- und Westeuropa, selten in Zentraleuropa, Klein- und Vorderasien, Kanaren
- subozeanisch-mediterran

Gefährdung: Wegen extremer Seltenheit gefährdet.

Anmerkung: Unter *Jungermannia turbinata* in der alten floristischen Literatur geführte Funde gehören zu *M. badensis*.

17. *Solenostomataceae* Stotler & Crand.-Stotl.

1. *Solenostoma* Mitt.

1. *S. confertissimum* (Nees) Schljakov – Syn.: *Jungermannia confertissima* Nees, *Aplozia lurida* Breidl., *A. breidleri* Müll. Frib., *Haplozia scalariformis* (Nees) Dumort., *S. levieri* (Steph.) Steph.

Ökologie: Gelb- oder reingrüne bis hellbraune Rasen auf feuchter, basenreicher, sandig-lehmiger oder humusreicher Erde und Gesteinsdetritus über Karbonatgrund oder basenreichen Silikaten an unterschiedlichen, offenen Pionierstandorten im Gebirge, etwa an Wegböschungen, natürlichen Erosionsflächen, Anrissen an Bachufern oder auf Alluvionen, oder auch an geschützten Stellen, etwa in erdigen Felsspalten (selten direkt auf Gestein), an feucht-schattigen Basen nordseitiger Wände oder auf basenreichen Schneeböden. Brutkörper fehlen; Sporogone sind nicht selten.

- m. azido- bis neutrophytisch, m.–s. hygrophytisch, m. skio- bis m. photophytisch
- L 5, T 2, K 6, F 6, R 6

Soziologie: In montanen Lagen vor allem im Dicranelletum rubrae, alpin hingegen primär im Distichion capillacei, seltener im Ctenidion mollusci auftretend, außerdem prominent in Schneebodengesellschaften, etwa im Asterelletum lindenbergianae oder im Dichodontio-Anthelietum juratzkanae. Zu den häufigen Begleitarten zählen u. a. *Pellia endiviifolia*, *Didymodon fallax*, *Mnium thomsonii*, *Dicranella varia*, *Pohlia cruda*, *Nardia geoscyphus*, *Aneura pinguis*, *Preissia quadrata*, *Mesoptychia collaris*, *Moerckia flotoviana* und *Campylium stellatum*. Auf Kalk-Schneeböden finden wir die Art zusammen mit *Asterella lindenbergiana*, *Peltolepis quadrata*, *Sauteria*, *Anthelia juratzkana*, *Scapania cuspiduligera*, *Tayloria froelichiana*, *Bryum elegans* oder *Timmia norvegica*.

Verbreitung: In den Alpen zerstreut bis verbreitet (in den Tiroler Nordalpen nicht erfasst). Außeralpische Angaben sind durchwegs zweifelhaft. Fehlt in W. Montan bis alpin, ca. (500) 1000 bis 2400 m.

B: Mittel-B: zw. Rattersdorf und Hammer (zweifelhaft, Latzel 1941) – **K**: Hohe Tauern und Nockberge: z bis v; Saualpe: Löllinggraben (HK & AS); Stubalpe: Waldensteiner Graben (HK & AS); Koralpe: Fraßgraben (HK); Gailtaler A: z; Karnische A: Rauchkofel und Valentinalm (HK & AS), Dellacher Alm SE Hermagor (HK & HvM); Karawanken: Petzen (HK & MS) – **N**: NA: Luxboden am Schneeberg (Heeg 1894), Ochsenboden am Schneeberg, Trinksteinsattel auf der Rax (HK) – **O**: Flyschzone: bei Freudenthal und Angern (zweifelhaft, Ricek 1977); NA: z – **S**: NA: Untersberg (Schwarz 1858), Dientener Sattel (Heiselmayer & Türk 1979); Zillertaler A: Wildgerlostal (Schröck et al. 2004); Hohe Tauern: Krimmler Fälle (Breidler 1894, Gruber et al. 2001), Storz bei Muhr, Schwarzwand bei Hüttschlag (Breidler

1894), Edelweißspitze und Seidlwinkltal (JK); Schladminger Tauern: Landwierseen, Hochgolling (JK), Lessachtal (Krisai 1985); Gurktaler A: Bergwerk bei Ramingstein (J. Saukel) – **St**: A: v bis z – Nord-**T**: Verwall: Moosbachtal (Düll 1991); Ötztaler A: Neuenbergalm im Pitztal, mehrfach im Ötztal (Düll 1991); Zillertaler A: Steinernes Lamm (HK); Kitzbühler A: Wildseeloder (HK); Ost-**T**: Hohe Tauern: Gschlösstal (Breidler 1894), Messerlingwand (Dalla Torre & Sarnthein 1904), Steiner Alm bei Matrei (P. Geissler), Dorfertal bei Kals (CS & HK) – **V**: z

- Gebirge West- und Zentraleuropas, Nordeuropa, Kaukasus, Sibirien, Himalaya, Japan, nördliches Nordamerika, Grönland, Arktis
- arktisch-alpin

Gefährdung: Nicht gefährdet.

2. *S. gracillimum* (Sm.) R.M. Schust. – Syn.: *Jungermannia gracillima* Sm., *Aplozia crenulata* (Mitt.) Lindb., *J. genthiana* Huebener, *S. crenulatum* Mitt.

Ökologie: Gelb- oder blassgrüne bis tief rote, lockere Überzüge auf lehmiger, sandiger oder grusiger, kalkfreier Erde, vor allem an frischen Forststraßenböschungen, aber auch an natürlichen Pionierstandorten, etwa an Rutschhängen an Bacheinschnitten oder auf den erdigen Wurzeltellern umgestürzter Bäume. Selten und kurzlebig auch auf jungfräulichem Gestein. Brutkörper fehlen; Sporogone sind häufig.

- m. azidophytisch, meso- bis m. hygrophytisch, m. skio- bis m. photophytisch
- L 6, T 4, K 5, F 5, R 4

Soziologie: Eine Verbandskennart des Dicranellion heteromallae; hochstet vor allem im Pogonato urnigeri-Atrichetum undulatae, aber auch in einer Reihe weiterer Pioniergesellschaften präsent. Typische Begleitarten sind *Diplophyllum obtusifolium*, *Nardia scalaris*, *Pellia epiphylla*, *P. neesiana*, *Blasia*, *Ditrichum heteromallum*, *Dicranella heteromalla*, *D. rufescens*, *Pogonatum urnigerum*, *P. aloides*, *Oligotrichum hercynicum* etc.

Verbreitung: Im Gesamtgebiet präsent; meist verbreitet, aber in den Kalkgebieten auf Silikatenklaven beschränkt. Fehlt lediglich im Pannonischen Tiefland. Planar bis subalpin; bis ca. 1800 m aufsteigend.

B: Mittel-B: im Ödenburger Gebirge bei Ritzing (Szücs & Zechmeister 2016); Süd-B: v (Maurer 1965) – **K**: ZA: v; Klagenfurter Becken: v; SA: z – **N**: v (exkl. NA) – **O**: Flyschzone und NA: z bis s, sonst v – **S**: AV: bei Salzburg (Sauter 1871); ZA: v – **St**: v (exkl. NA) – **T**: Allgäuer A: Holzgau, Schochenalptal (MR); ZA: z – **V**: z bis v – **W**: Glasgraben (HZ)

- Europa, Makaronesien, Türkei, Kaukasus, Vorderasien, östliches Nordamerika, Mittelamerika, Jamaika, Nordafrika
- westlich temperat

Gefährdung: Nicht gefährdet; wurde in den letzten Jahrzehnten durch Forststraßenbau massiv gefördert.

3. *S. hyalinum* (LYELL) MITT. – Syn.: *Jungermannia hyalina* LYELL, *Eucalyx hyalinus* (LYELL) CARRINGTON, *Nardia hyalina* (LYELL) CARRINGTON, *Plectocolea hyalina* (LYELL) MITT.

Ökologie: Blass- oder gelbgrüne, oft rötlich überlaufene, lockere Rasen auf lehmiger, sandiger und grusiger, kalkfreier Erde, vor allem an Forststraßenböschungen, Wegen und Kahlstellen in Wiesen und Weiden, auf erdbedecktem Gestein, aber auch ephemer kahle, feuchte Felsflächen erobernd, insbesondere an Bachblöcken. Brutkörper fehlen; Sporogone werden gelegentlich ausgebildet.

- m. azidophytisch, m.–s. hygrophytisch, s. skio- bis m. photophytisch
- L 5, T 4, K 5, F 6, R 4

Soziologie: Wie *S. gracillimum* eine Verbandskennart des Dicranellion heteromallae und oft mit dieser zusammen im Pogonatetum aloidis oder im Pogonato urnigeri-Atrichetum undulatae vorkommend. Weitere typische Begleiter sind *Pellia neesiana*, *P. epiphylla*, *Blasia*, *Diplophyllum obtusifolium*, *Nardia scalaris*, *Scapania curta*, *Ditrichum heteromallum*, *Dicranella rufescens*, *Pogonatum urnigerum*, *P. aloides* etc. Auf Gestein tritt die Art im Diplophylletum albicantis und entlang von Waldbächen im Brachythecietum plumosi auf.

Verbreitung: Im Gesamtgebiet meist zerstreut; in den Kalkgebirgen selten, ebenso in den Tieflagen. Collin bis subalpin, ca. 300 bis 1800 m.

B: Süd-B: v (MAURER 1965) – **K**: ZA: v; Klagenfurter Becken: s; SA: z – **N**: Waldviertel: bei Mitterschlag (HZ); Donautal: Schwarze Wand im Strudengau (HZ), z in der Wachau und ihren Seitentälern; Wienerwald: bei Rekawinkel und Weidlingbach (HEEG 1894), Troppberg (HZ); NA: bei Lunz (HEEG 1894), Tratenkogel SW Prein (HK); Wechsel: wohl v – **O**: z – **S**: AV: bei Salzburg (SAUTER 1871); ZA: v – **St**: v, nur in den NA z – **T**: ZA: wohl z (kaum erfasst) – **V**: z – **W**: Neuwaldegg (HEEG 1894), Glasgraben (HZ)

- Europa, Makaronesien, Türkei, Sibirien, Korea, Japan, Nordamerika, Grönland, Nordafrika
- temperat-montan

Gefährdung: Nicht gefährdet.

4. *S. obovatum* (NEES) C. MASSAL. – Syn.: *Jungermannia obovata* NEES, *J. subelliptica* (LINDB. ex KAAL.) LEVIER, *Eucalyx obovatus* (NEES) CARINGTON, *Plectocolea obovata* (NEES) MITT., *E. subellipticus* (LINDB. ex KAAL.) BREIDL., *Jungermannia obovata* subsp. *minor* (CARRINGTON) DAMSH., *Nardia subelliptica* LINDB. ex KAAL., *N. obovata* var. *minor* (CARRINGTON) SCHLJAKOV, *P. subelliptica* (LINDB. ex KAAL.) A. EVANS, *S. subellipticum* (LINDB. ex KAAL.) R.M. SCHUST.

Foto: M. Lüth

Ökologie: Dunkelgrüne, selten rotbraune, dichte Polsterrasen in humosen oder sandigen Nischen zwischen Silikatblöcken in kalkfreien, kalten Quellfluren und an kleinen Bergbächen, mitunter auch auf überrieselten Felsflächen. Daneben gibt es gelbgrüne bis rotbraune, vergleichsweise kümmerliche Räschen (Subelliptica-Morphosen) auf Erdblößen in Weide- und Alpinrasen oder auf feuchtem Gestein, insbesondere auf Flyschsandstein. Brutkörper fehlen; Sporogone sind häufig.

- m. azidophytisch, m. hygro- bis hydrophytisch, m. skio- bis s. photophytisch
- L 7, T 2, K 6, F 8, R 5

Soziologie: Eine Verbandskennart des Cardamino-Montion und des Hygrohypnion dilatati. Häufige Begleitarten sind *Scapania undulata*, *Philonotis seriata*, *Blindia acuta*, *Dichodontium palustre*, *Marsupella aquatica*, *Solenostoma sphaerocarpum*, *Rhizomnium magnifolium*, *Hygrohypnum dilatatum* etc. Zwergige Ausprägungen (Subelliptica-Morphosen) finden sich z. B. auf feuchten Flyschsandsteinblöcken im Brachydontietum trichodis mit *Campylostelium saxicola*, *Brachydontium trichodes* und *Barbilophozia sudetica* oder im Hochgebirge auf mäßig lang schneebedeckter, silikatgrusiger oder toniger Erde zusammen mit *Nardia geoscyphus*, *Scapania helvetica*, *Pellia neesiana*, *Dichodontium pellucidum*, *Pohlia drummondii*, *Polytrichum alpinum* und *Anthelia juratzkana*.

Verbreitung: In den Hochlagen der Zentralalpen verbreitet bis zerstreut; in den Nordalpen selten (meist in Subelliptica-Morphosen); in den Südalpen selten und nur im Westen. Sehr selten in der Böhmischen Masse. Fehlt in

B und W. Montan bis alpin (hauptsächlich subalpin), ca. 700 bis 2500 m.

K: ZA: z bis v; Karnische Alpen: Luggauer Törl (HK & MS), Naßfeldgebiet (VANA 1975) – **N**: Waldviertel: Lohnbachfall (HZ); NA: Kohlenbergbau nächst Lunz (als *Nardia subelliptica*, HEEG 1894); Wechsel: Schneegraben (HEEG 1894) – **O**: Mühlviertel: Klafferbachtal im Böhmerwald (SCHLÜSSLMAYR 2011); NA: am Laudachsee (als *Jungermannia subelliptica*, SCHLÜSSLMAYR 2005) – **S**: ZA: v – **St**: Eisenerzer A: Seiwaldlalm am Reiting, Kalblinggatterl bei Admont (BREIDLER 1894); Rax: Heukuppe (V. Schiffner in W, t. HK); ZA: v bis z – **T**: ZA: v – **V**: Bregenzerwald: Weg vom Bödele zur Lustenauer Hütte (CS); Allgäuer A: zw. Starzeljoch und Ochsenhofer Scharte (MR); Klostertal: Winklertobel (als *Nardia subelliptica*, LOITLESBERGER 1894); W-Rätikon: zw. Innergamp und Mattlerjoch (GA); ZA: v

- Gebirge West- und Zentraleuropas, Nordeuropa, Türkei, Ostsibirien, nördliches küstennahes Nordamerika, Grönland
- boreal-montan

Gefährdung: In der Böhmischen Masse aus klimatischen Gründen vermutlich akut bedroht, in den Alpen hingegen nicht.

Anmerkung: *S. subellipticum* wurde durch SHAW et al. (2015) aufgrund mangelnder molekularer Unterscheidbarkeit synonymisiert. Offenbar handelt es sich um eine Kümmerform trockenerer Habitate.

5. *S. sphaerocarpum* (HOOK.) STEPH. – Syn.: *Jungermannia sphaerocarpa* HOOK., *Aplozia amplexicaulis* (DUMORT.) DUMORT., *A. nana* (NEES) BREIDL., *A. sphaerocarpa* (HOOK.) DUMORT., *A. tersa* (NEES) BERNET, *J. amplexicaulis* DUMORT., *J. nana* NEES, *J. scalariformis* NEES, *J. sphaerocarpa* var. *nana* (NEES) FRYE & L. CLARK, *J. tersa* NEES

Ökologie: Grüne bis schwarzbraune Rasen auf Silikatblöcken und -felsen in kalkfreien, kalten Quellfluren und in der Überschwemmungszone von Bergbächen; gewässerfern auch häufig an feucht-schattigen Silikatfelsen; oberhalb der Waldgrenze weiters in basenarmen Pionierfluren über Gesteinsdetritus und auch in meist zwergigen Morphosen auf Silikat-Schneeböden.

- s.–m. azidophytisch, m. hygro- bis hydrophytisch, s. skio- bis m. photophytisch
- L 5, T 3, K 6, F 7, R 3

Soziologie: An Bergbächen vor allem im Scapanietum undulatae in Begleitung von *Scapania undulata*, *Solenostoma obovatum*, *Marsupella aquatica* oder *Philonotis seriata*. An humiden Felsen in der Montanstufe finden wir die Art im Diplophylletum albicantis mit *Diplophyllum albicans*, *Marsupella emarginata*, *Scapania nemorea* oder *Dicranodontium denudatum*; in der Alpinstufe begleiten die Art im Andreaeion petrophilae *Racomitrium sudeticum*, *Andreaea* *rupestris*, *Nardia scalaris*, *Marsupella apiculata*, *M. boeckii*, *Schistochilopsis opacifolia* oder *Gymnomitrion concinnatum*.

Verbreitung: In den Zentralalpen verbreitet bis zerstreut. In den eigentlichen Nordalpen nur im äußersten Westen; in der steirischen Grauwackenzone zerstreut; in den Südalpen am Westrand zerstreut. In der Böhmischen Masse selten. Fehlt in W. Weitere außeralpine Angaben zweifelhaft. Montan bis alpin (hauptsächlich subalpin), ca. 600 bis 2500 m.

B: Süd-B: Weg von Stuben nach Bernstein (zweifelhaft, LATZEL 1941) – **K**: ZA: v bis z; Karnische A: mehrfach am W-Rand, Hochwipfel (HK & HvM) – **N**: Waldviertel: zw. Hohenstein und Nöhagen (HEEG 1894), Groß-Eibenstein bei Gmünd (RICEK 1982); Semmering- und Wechselgebiet: z (HEEG 1894) – **O**: Mühlviertel: im Böhmerwald am Plöckenstein, Hochficht, Dreiländereck und im Klafferbachtal (SCHLÜSSLMAYR 2011), E Sandl gegen Gugu (FITZ 1957), Rannatal (GRIMS 2004) – **S**: ZA: v – **St**: Grauwackenzone: z; ZA: v – **T**: ZA: v – **V**: Allgäuer A: Hälekopf (MR); Lechquellengebirge: zw. Mohnensattel und Gaisbühlalpe (HK); ZA: v

- Gebirge West- und Zentraleuropas, Nordeuropa, NW-Russland, Kaukasus, Türkei, Japan, Nordamerika, Grönland, Arktis, westliches Südamerika, Gebirge Zentralafrikas
- boreal-montan

Gefährdung: Nicht gefährdet.

18. *Blepharostomataceae* W. FREY & M. STECH

1. *Blepharostoma* (DUMORT.) DUMORT.

1. ***B. trichophyllum*** (L.) DUMORT. – Syn.: *Jungermannia trichophylla* L.

1a. subsp. ***brevirete*** (BRYHN & KAAL.) R.M. SCHUST. – Syn.: *B. trichophyllum* var. *brevirete* BRYHN & KAAL.

Foto: M. Lüth

Ökologie: Gelbliche bis hellbraune, zarte Räschen oder Überzüge auf basenreichem Humus oder Gesteinsdetritus an absonnigen, meist N-exponierten, kalten, feucht-schattigen Karbonat- und basenreichen Silikatfelsen, gerne in Spalten, Nischen und wenig bewachsenen, lang schneebedeckten Felsbänken oder auf Karbonat-Schneeböden. Konstant auch in Kalk-Kaltluftblockhalden im Bereich der Ausströmöffnungen. Seltener auf basenreichem Humus in Quellfluren oder in Lücken von Alpinrasen. In Dolomitschluchten oder an Bergbächen mitunter weit in die Montanstufe herabsteigend. Brutkörper fehlen angeblich; Sporogone gelegentlich ausgebildet.

- subneutro- bis neutrophytisch, m.–s. hygrophytisch, s. skio- bis m. photophytisch
- L 5, T 2, K 6, F 6, R 7

Soziologie: In Distichion-, seltener kryophilen Ctenidion-Gesellschaften, u. a. im Solorino-Distichietum capillacei oder im Plagiopodo oederi-Orthothecietum rufescentis. Häufige Begleitarten sind *Scapania cuspiduligera*, *Distichium capillaceum*, *Ditrichum gracile*, *Meesia uliginosa*, *Orthothecium rufescens*, *Gymnostomum aeruginosum*, *Mesoptychia collaris*, *M. heterocolpos*, *Solenostoma confertissimum*, *Anthelia juratzkana*, *Tayloria froelichiana*, *Preissia quadrata* etc. Selten auch in Pionierstadien des Amphidietum mougeotii mit *Blindia acuta* und *Eremonotus*.

Verbreitung: In den Gipfelregionen der Nord- und Südalpen verbreitet; in den Zentralalpen verbreitet bis regional fehlend. Immer noch mangelhaft erfasst. (Montan) subalpin bis subnival, ca. (800) 1200 bis 2800 m.

K: Hohe Tauern: v (fehlt in der Reißeckgruppe); Gurktaler A: nur im Ostteil; Saualpe: Geierkogel (HK & AS); Koralpe: Rassinggraben (HK), Speikkogel (HK & AS); SA: z bis v – **N**: NA: Dürrenstein, Ötscher, Rax und Schneeberg (Zechmeister et al. 2013) – **O**: NA: in den Gipfelregionen v – **S**: Hohe Tauern: Edelweißspitze, Hochtor, Seidlwinkeltal, Schwarzenberghütte (JK) – **St**: NA: v; Niedere Tauern: v; Seetaler A: mehrfach (HK) – Nord-**T**: Karwendel: Solsteinhaus (HK); Ötztaler A: Hohe Mut (Düll 1991); Stubaier A: Kirchdachspitze (HK); Tuxer A: Glungezer (Düll 1991); Zillertaler A: Geraer Hütte (HK); Ost-**T**: Lienzer Dolomiten (HK) – **V**: NA: v; Silvretta: z (Amann et al. 2013)

- Alpen, Karpaten, Nordeuropa, Sibirien, subarktisches Nordamerika, Arktis
- arktisch-alpin

Gefährdung: Nicht gefährdet.

1b. subsp. ***trichophyllum***

Ökologie: Hellgrüne bis gelbliche Räschen oder Überzüge auf Totholz, saurem Humus, Rohhumus, kalkfreiem Silikatgestein, selten auch an Baumbasen und lehmiger Erde in Wäldern. Oberhalb der Waldgrenze auf Humus in Gebüschfluren, Zwergstrauchheiden und absonnigen Silikatfelsfluren. Brutkörperbildung durch Ablösung der oberen Lappenzellen; Sporogone häufig.

- s.–m. azidophytisch, m. hygrophytisch, s.–m. skiophytisch
- L 4, T 4, K 5, F 5, R 2

Soziologie: Eine Ordnungskennart der Cladonio digitatae-Lepidozietalia reptantis und hier vor allem auf Totholz im Nowellion curvifoliae und im Tetraphidion pellucidae mit hoher Stetigkeit präsent.

Verbreitung: Im Gesamtgebiet verbreitet; nur in den niederschlags- und waldarmen Teilen der Tieflagen selten. Planar bis alpin; steigt bis ca. 2600 m auf.

B – K – N – O – S – St – T – V – W: Dornbach (Pokorny 1854)

- Europa (exkl. Mediterraneis), Azoren, Kaukasus, Türkei, Sibirien, China, Japan, Arktis, Nord- und Mittelamerika, Gebirge Zentralafrikas
- subboreal-montan

Gefährdung: Nicht gefährdet.

19. *Herbertaceae* Müll. Frib. ex Fulford & Hatcher

1. *Herbertus* Gray

1. *H. sendtneri* (Nees) Lindb. – Syn.: *Schisma sendtneri* Nees, *Sendtnera sauteriana* Nees, *Herberta sendtneri* (Nees) Lindb., *H. straminea* auct. non (Dum.) Trev.

Foto: G. Rothero

Ökologie: Gelb- bis dunkelbraune, im Tiefschatten selten grüne, kräftige Polsterrasen in subalpinen und alpinen Silikat-Grobblockhalden an N- und NW-Hängen, wo sie in feucht-schattigen Nischen zwischen den Blöcken siedelt, die kaum je direkter Besonnung ausgesetzt sind. Die Schneebedeckung dauert bis in den Frühsommer. Die höchstgelegenen Vorkommen bei stärkerer Exponiertheit an kalkfreien Felsschrofen in N-Exposition in Gratlagen. Brutkörper und Sporogone sind unbekannt, Ausbreitung durch Blatt- und Sprossbruchstücke.

- s. azidophytisch, m. hygrophytisch, s. skio- bis m. photophytisch
- L 5, T 2, K 5, F 6, R 2

Soziologie: Gams (1930) stellt die *Herbertus*-Bestände zum Racomitrietum lanuginosi, was aber primär auf die höher gelegenen Vorkommen zutrifft. In der Subalpinstufe gehört die Art dem Bazzanio tricrenatae-Mylietum taylori an. Die Blockhalden sind meist stark von *Rhododendron ferrugineum* und *Vaccinium*-Arten durchsetzt, weshalb eine grobe Zuordnung zum Rhododendretum ferruginei ebenfalls gerechtfertigt erscheint. Wichtige Begleitarten sind *Bazzania tricrenata*, *Anastrophyllum assimile*, *Mylia taylorii*, *Diplophyllum taxifolium*, *Anastrepta orcadensis*, *Polytrichum alpinum*, *Racomitrium lanuginosum*, *Dicranum scoparium* etc.

Verbreitung: Reliktär in niederschlagsreichen Teilen der westlichen Zentralalpen; in den nördlichen Stubaier Alpen und den nordwestlichen Tuxer Alpen zerstreut, in den Kitzbühler Alpen, Zillertaler Alpen und westlichen Hohen Tauern selten bis sehr selten. Subalpin und alpin, ca. 1600 bis 2700 m.

S: Zillertaler A: Schneckenköpfe oberhalb Wildgerlostal (CS); Hohe Tauern: N-Seite Felber Tauernpass (Breidler 1894, CS) – Nord-**T**: Stubaier A: Rosskogel (= Inzinger Berg, Locus classicus, dort bis in jüngste Vergangenheit mehrfach nachgewiesen), Kühtai nahe Plenderleseen (A. Schäfer-Verwimp, HK, u. a.), beim Flaurlinger See (Matouschek 1903), Kreuzjoch (Peikart in Dalla Torre & Sarnthein 1904), Längental und W-Hang des Neunerkogels (GSb), Almindalpe im Fotschertal und Schwarzhorn (Handel-Mazzetti 1904), Finstertal bei Kühtai (Jack 1898); Tuxer A: Patscherkofel, Viggarspitze, Glungezer, Rosenjoch (Jack 1898); Kitzbühler A: Lämpersberg (Müller 1951–1958), Kl. Rettenstein (Sauter 1871) und Rossgrubkogel (Breidler 1894)

- Ostalpen, ehemals lokal im Thüringer Wald (Meinunger & Köckinger 2002), Himalaya, pazifisches N-Amerika (British Columbia, Alaska)
- alpisch-dealpin

Gefährdung: Einzelne Populationen dürften durch die Anlage von Stauseen vernichtet worden sein. Die Gefährdung durch touristische Erschließungsmaßnahmen ist aufgrund des speziellen Habitats relativ gering. Lokal könnte unmäßiges Sammeln zu einem Verschwinden der Art führen.

Anmerkung: Nach Gams (1930) ein Interglazialrelikt, das die letzte Eiszeit auf Nunatakkern im heutigen Verbreitungsgebiet überdauert hat.

20. *Lepidoziaceae* LIMPR.

1. *Bazzania* GRAY

1. *B. flaccida* (DUMORT.) GROLLE – Syn.: *B. implexa* (NEES) K. MÜLL., *B. denudata* auct. eur. non (TORREY) TREV., *B. tricrenata* var. *implexa* NEES, *Pleuroschisma flaccidum* DUMORT., *P. implexum* (NEES) MEYL.

Ökologie: Grüne bis braune, lockere oder dichte Decken an beschatteten, kalkfreien Silikatfelsen und -blöcken (oft Vertikalflächen) in meist luftfeuchten Wäldern; im Kalkgebirge hingegen bevorzugt auf isolierenden Humusdecken, z. B. auf Kaltluft-Blockhalden, selten auch epiphytisch, insbesondere an Bergahorn. Die leicht abfallenden Blätter dienen der vegetativen Ausbreitung; Sporogone sind unbekannt.

Foto: M. Lüth

- s.–m. azidophytisch, m. hygrophytisch, s.–m. skiophytisch
- L 4, T 4, K 5, F 5, R 3

Soziologie: Eine Verbandskennart des Tetraphidion pellucidae, wo sie vor allem im Anastrepto orcadensis-Dicranodontietum denudati häufiger auftritt. Darüberhinaus findet man sie im Diplophylletum albicantis oder im trockeneren Grimmio hartmanii-Hypnetum cupressiformis. Als Epiphyt wächst sie z. B. im Antitrichietum curtipendulae. Charakteristische Begleitarten sind *Scapania nemorea*, *Diplophyllum albicans*, *Hypnum andoi*, *Dicranodontium denudatum*, *Paraleucobryum longifolium*, *Plagiothecium laetum*, *Leucobryum juniperoideum*, *Tetraphis*, *Blepharostoma* oder *Lepidozia reptans*.

Verbreitung: In den Zentralalpen zerstreut bis verbreitet; in den Nordalpen zerstreut; in den Südalpen selten bis zerstreut. In der Böhmischen Masse und der Flyschzone selten, im Alpenvorland und im südöstlichen Vorland sehr selten. Fehlt in W. Submontan bis subalpin, ca. 300 bis 2000 m (Angaben aus höheren Lagen unwahrscheinlich).

B: Günser Gebirge: Gößbachtal bei Hammer (als *B. tricrenata*, aber wohl diese Art, LATZEL 1941) – **K**: Hohe Tauern: z; Gurktaler A: v im Ostteil; Sau-, Stub-

und Koralpe: v; SA: z im Westen; Karawanken: Huda jama S Waidisch (HK & AS) – **N**: Waldviertel: Spielberg, Schönfelder Überländ und Rottalmoor (HZ); NA: Lunzer See (Grolle 1972), Rothwald am Dürrenstein (HH in SZU, FG, HZ), „Auf den Mösern" bei Neuhaus, Erzgraben S Annaberg (HZ); Wechsel (sub var. *implexa*, Pokorny 1854) – **O**: Mühlviertel: Tal der Gr. Mühl, Wolfsschlucht bei Bad Kreuzen (Schlüsslmayr 2011); Donautal: Rannatal, Pesenbachschlucht (Schlüsslmayr 2011); Sauwald: Kl. und Gr. Kößlbachtal, Schefberg (als *B. tricrenata*, FG); Flyschzone: Trichtlgraben (Schlüsslmayr 2005); AV: Innenge bei Wernstein (als *B. tricrenata*, FG); NA: Buchdenkmal bei Großraming und mehrfach am Fuß des Toten Gebirges (Schlüsslmayr 1996, 2005) – **S**: NA: Zinkenbachklamm (Grolle 1972, GSb); Zillertaler A: Wildgerlostal (Schröck et al. 2004); Hohe Tauern: Krimmler Fälle (Gruber et al. 2001), Felbertal (Grolle 1972), Hintersee (CS), Untersulzbachtal (FG & HK, CS), Obersulzbachtal, Stubachtal, Schödertal (CS); Radstädter Tauern: SE Essersee (HK & PP); Schladminger Tauern: Lessachtal (Krisai 1985) – **St**: Hochschwab: Mooslöcher bei Wildalpen (RK, HK), Antengraben zw. Wildalpen und Weichselboden (HK); Niedere Tauern: Riesachfall bei Schladming (Grolle 1972); Seetaler A: Winterleitental (HK); Oberes Murtal: Reiflinggraben bei Judenburg, Granitzgraben SE Eppenstein (HK); Grazer Bergland: bei Göttelsberg (als *B. tricrenata*, aber wohl diese Art, Maurer et al. 1983); W-St: Teigitschgraben SW Voitsberg (HK) – Nord-**T**: Kaisergebirge (H. Smettan u. a. in Düll 1991); Verwall: bei St. Anton (Düll 1991); Ötztaler A: Pitztal und Ötztal (Düll 1991, Grolle 1972); Tuxer A: Weertal bei Schwaz (Grolle 1972); Zillertal (Grolle 1972); Ost-**T**: Angaben zweifelhaft – **V**: Allgäuer A: Leckenholzalpe, Gemsteltal; Bregenzerwald: Hofstättenalpe, Dürrenbachtal; Rheintalhang: Kobelachschlucht; Walgau: Flana bei Röns; Rätikon: Saminatal; Montafon: Zelfen bei Tschagguns, S Partenen; Silvretta: Untervermunt; Verwall: SE Langen (Amann 2006, Amann et al. 2013)

- Alpen, Pyrenäen, deutsche Mittelgebirge, Karpaten, Kaukasus
- temperat-subkontinental (dealpin)

Gefährdung: Nicht gefährdet.

Anmerkung: Eine taxonomische Abklärung des *B. tricrenata*-Formenkreises in Mitteleuropa erfolgte erst durch Grolle (1972). Ältere Literaturangaben sind ohne Belegrevision nicht auswertbar.

2. *B. tricrenata* (Wahlenb.) Lindb. – Syn.: *B. triangularis* (Lindb.) Pearson, *B. triangularis* (Schleich. ex Steud.) Lindb., nom. illeg., *Jungermannia deflexa* Mart., *J. tricrenata* Wahlenb., *Mastigobryum deflexum* (Mart.) Nees

Ökologie: Olivgrüne bis gelb- oder rotbraune Decken an kalten, absonnigen, meist N-exponierten, mäßig feuchten Silikatfelsen und -blockhalden, gerne im Tiefschatten in den Höhlungen zwischen den Blöcken; in Kalkgebieten nur hochmontan bis subalpin auf Totholz und auf isolierenden Humusauflagen; in luftfeuchten und niederschlagsreichen Gebieten außerdem manchmal epibryisch an Moosvorhängen über Karbonatfels oder an den Basen lebender Bäume; selten auf lehmiger Erde oder auf Torf in Mooren; oberhalb der Waldgrenze auch auf Humus in absonnigen Zwergstrauchheiden und alpinen Rasen. Brutkörper fehlen; Sporogone sind sehr selten. Die Ausbreitung erfolgt wohl über Blattbruchstücke.

Foto: M. Lüth

- s.–m. azidophytisch, m.–s. hygrophytisch, s.–m. skiophytisch
- L 4, T 2, K 5, F 6, R 3

Soziologie: Eine Verbandskennart des Tetraphidion pellucidae; hier vor allem im Anastrepto orcadensis-Dicranodontietum denudati bei weiter Verbreitung, hingegen im Bazzanio tricrenatae-Mylietum taylori nur in der Montanstufe der Zentralalpen. Charakteristische Begleitmoose sind *Mylia taylorii*, *Anastrepta orcadensis*, *Dicranodontium denudatum*, *D. uncinatum*, *Kurzia trichoclados*, *Lophozia longiflora*, *L. ventricosa*, *Sphenolobus minutus*, *Diplophyllum albicans*, *D. taxifolium* etc. Gelegentlich findet man auch Mischrasen mit *B. trilobata* und *B. flaccida*. Bemerkenswert sind epibryische Vorkommen über Kalkmoosen, etwa zusammen mit *Frullania tamarisci* über Vorhängen von *Neckera crispa*. Höchstgelegene Populationen gehören dem Racomitrietum lanuginosi an. Hier begleiten sie in kalten, absonnigen Silikatfelsfluren u. a. *Racomitrium lanuginosum*, *Anastrophyllum assimile*, *Anastrepta*, *Paraleucobryum enerve*, *Ptilidium cilare* und *Sphenolobus minutus*.

Verbreitung: In den Zentralalpen verbreitet bis zerstreut; in den Nordalpen selten bis verbreitet; in den Südalpen selten bis zerstreut. In der Böhmischen Masse selten. Fehlt in B und W. Montan bis alpin, ca. 600 bis 2700 m.

K: ZA: v; SA: im Westen z, Vellacher Kotschna (HK & MS) – **N**: Waldviertel: bei Karlstift und Rapottenstein (Heeg 1894), Rottalmoor, Lohnbachfall (HZ); NA: Ötscher-Gipfel und Voralpe bei Hollenstein (Förster 1881), Hochkar und Ötscher (Heeg 1894), Seebachtal bei Lunz, Rothwald am Dürrenstein (HZ); Semmering: Tratenkogel SW Prein (HK); Wechsel: Hoher Umschuss (Heeg 1894) – **O**: Mühlviertel: auf den Gipfeln des Böhmerwalds, Gr. Mühl bei Altenfelden und bei Königswiesen (Schlüsslmayr 2011); NA: z (Schlüsslmayr 2005) – **S**: NA: z; ZA: v – **St**: NA: s bis z; ZA: v bis z – **T**: Lechtaler A: bei Stampach-Namlos (Düll 1991); ZA: v bis z – **V**:

Rheintalhang: oberhalb Götzis (GA); Bregenzer Wald: bei Bizau und Au (GA); Allgäuer A, Osträtikon und ZA: v

- Europa (exkl. Mediterraneis), Türkei, Himalaya, China, Japan, Nord- und Mittelamerika
- boreal-montan

Gefährdung: Nicht gefährdet.

3. ***B. trilobata*** (L.) GRAY – Syn.: *Jungermannia trilobata* L., *Mastigobryum trilobatum* (L.) GOTTSCHE, LINDENB. & NEES

Foto: H. Köckinger

Ökologie: Dunkel- oder smaragdgrüne, glänzende, oft ausgedehnte, hohe Polsterrasen und Decken auf sauren Waldböden, Rohhumus, Totholz, Baumwurzeln, Silikatgestein unterschiedlicher Morphologie, Torf und kalkfreier Erde in Wäldern. Besonders häufig ist die Art in Moorrandwäldern. Brutkörper fehlen; Sporogone sind sehr selten; Ausbreitung über Blattbruchstücke.

- s. azidophytisch, meso- bis m. hygrophytisch, m. skio- bis m. photophytisch
- L 5, T 5, K 5, F 5, R 2

Soziologie: Die Art gilt als Ordnungskennart der Piceetalia excelsae, also der zwergstrauchreichen, bodensauren Nadelwälder. Innerhalb der reinen Moosgesellschaften finden wir sie vor allem im Tetraphidion pellucidae prominent vertreten, z. B. im Bazzanio tricrenatae-Mylietum taylori, im Leucobryo-Tetraphidetum pellucidae und im Anastrepto orcadensis-Dicranodontietum denudati. Auf lehmigem Boden gedeiht sie mit höherer Stetigkeit im Calypogeietum trichomanis.

Verbreitung: Meist verbreitet, aber nur wenig in die eigentlichen Hochgebirge eindringend. Fehlt in W. Planar bis subalpin; bis ca. 1800 m aufsteigend.

B – K – N – O – S – St – T – V

- Europa (exkl. Mediterraneis), Makaronesien, Kaukasus, NE-Asien, Alaska, östliches Nordamerika
- subboreal

Gefährdung: Nicht gefährdet.

Anmerkung: Die var. *depauperata* (MÜLL. FRIB.) GROLLE wurde in Österreich bislang nicht gefunden.

2. *Kurzia* G. MARTENS

1. *K. pauciflora* (DICKS.) GROLLE – Syn.: *Jungermannia pauciflora* DICKS., *Lepidozia setacea* auct. non (G. WEBER) MITT., *Microlepidozia setacea* auct. non (G. WEBER) JÖRG., *Telaranea setacea* sensu MÜLLER (1951–1958) non (G. WEBER) MÜLL. FRIB.

Ökologie: Dunkelgrüne bis braune, zarte Filze auf feuchtem bis nassem, beschattetem Torf und über degenerierten Moosen auf Bulten in Hochmooren (selten in Übergangsmooren), außerdem auf kahlem Torf in Torfstichen, wo die Art nasse Torfwände bevorzugt. Brutorgane fehlen; Sporogone sind selten.

Foto: M. Lüth

- s. azidophytisch, s. hygrophytisch, m. skio- bis s. photophytisch
- L 7, T 4, K 4, F 7, R 1

Soziologie: Ein charakteristisches Element der Oxycocco-Sphagnetea und insbesondere im Sphagnion medii präsent. Die Art bevorzugt Bultbereiche aus *Sphagnum capillifolium*, *S. fuscum*, *S. rubellum*, *S. magellanicum* und *Polytrichum strictum*, wo sie an Stellen schlechten Torfmooswachstums oder lokaler Erosionen mit anderen Pionieren um den Wuchsort buhlt. Typische Begleiter sind *Mylia anomala*, *Fuscocephaloziopsis connivens*, *F. loitlesbergeri*, *F. pleniceps*, *Cephaloziella elachista*, *Calypogeia sphagnicola* und *Dicranella cerviculata*.

Verbreitung: In Österreich mit ozeanischer Verbreitungstendenz. Im westlichen Alpenvorland, in der Flyschzone und den Nordalpen zerstreut (in

N aber nur ein Fundort); in den Zentralalpen sehr selten (nur zwei Nachweise südlich des Alpenhauptkamms); kein Nachweis aus den Südalpen. Kein Nachweis aus der Böhmischen Masse. Fehlt in B, Ost-T und W. Submontan und montan, ca. 400 bis 1550 m.

K: Gurktaler A: Andertalmoor bei St. Lorenzen (Köckinger et al. 2008) – **N**: NA: Leckermoos bei Göstling (HZ) – **O**: AV: Ibmer Moos und Tarsdorfer Filzmoos (Krisai 2011), Frankinger Möser und Pfarrermoos im Ibmer-Moorgebiet (Schröck et al. 2014); Flyschzone: Wiehlmoos bei Mondsee und Fohramoos bei Oberaschau (Schröck et al. 2014), Haslauer Moos bei Oberaschau (Ricek 1977); NA: Hütteneck bei Goisern (Grims 1985), Laudachmoor am Traunstein, Feichtaumoor im Sengsengebirge und Filzmöser am Warscheneck (Schlüsslmayr 2005); Laudachsee, Moosalm, Zerrissenes Moos, Wiesmoos und Rotmoos bei Gosau, Leckernmoos und Gr. Langmoos bei Bad Ischl (Schröck et al. 2014) – **S**: AV: Stadt Salzburg: Glaneggermoor (Sauter 1871), Hammerauer Moor (Gruber 2001), Moor bei Koppl (HH in SZU, CS), Wenger Moor am Wallersee (G. Friese in SZU), Ursprungmoor bei Elixhausen (RK), Pragerfischer am Wallersee, Waidmoos S Hackenbuch, Egelseen SE Mattsee, Zellhofer Moor NE Mattsee, Wasenmoos NE Bimwinkl (CS); NA: Moor beim Bhf. Mandling (GSb), Seewaldsee und Spulmoos NE Abtenau (CS); Kitzbühler A: Wasenmoos am Pass Thurn, Schweibergmoos N Maishofen (CS); Lungau: Seetaler See (CS) – **St**: Moore des Ausseerlandes und des Ennstals (Breidler 1894), Knoppenmoos, Rödschitzmoor und Ödenseemoor bei Mitterndorf, Filzmoos am Pötschenpass (CS); Pürgschachenmoor bei Admont (H. Wagner in SZU); Salzatal: Rotmoos bei Weichselboden und Siebensee bei Wildalpen (Breidler 1894, CS, HK); Sackwiese am Hochschwab (Breidler 1894) – Nord-**T**: NA: Tannheimer Berge: Teufelsküche bei Schattwald (R. Lübenau), Muggemoos S Leutasch, Schwemm bei Walchsee, Strubtal E Waidring (CS) – **V**: Rheintalhang: Pfänder bei Bregenz (Blumrich 1913), Götzner Moos (GA); Bregenzer Wald: Farnacher Moos, am Bödele, Schwarzmoos auf der Bergvorsäß, Brünneliseggalpe und bei der Lustenauer Hütte (CS), Bezegg bei Andelsbuch (J. Blumrich in BREG); Allgäuer A: Krähenbergmoos, Kojenmoos, Schönenbachvorsäß, Leckner Tal, Glatzegg, Salgenreute, Bolgenach, im Kleinwalsertal N Schwende und E Gh. Hörnlepass (CS); Verwall: Wildried im Silbertal (RK)

- Europa (exkl. Mediterraneis), Makaronesien, Alaska, östliches Nordamerika
- subozeanisch

Gefährdung: Eine konkurrenzscheue und austrocknungsempfindliche Art, die als eine der ersten Arten bei Eingriffen in den Wasserhaushalt von Hochmooren verschwindet. Vielen erhaltenen Mooren fehlt es auch an kleinräumigen Störungen, weshalb eine Pionierart wie diese nur schwer neue Wuchsplätze findet. Die meisten Tieflagenmoore sind für Rotwild heute nicht mehr erreichbar; auch werden Moore heute in der Regel nicht mehr beweidet. Als Art, die gerade die hochmontane Stufe erreicht, kann sie auch nicht von der größeren Dynamik in den subalpinen Mooren profitieren.

Anmerkung: Die beiden *Kurzia*-Arten wurden in der floristischen Literatur des 19. Jhd. noch als eine Art geführt. Eine Aufgliederung der alten Literaturangaben, in der Regel auch die Bestimmung von Neuaufsammlungen, erfolgte lediglich nach den unterschiedlichen Habitatpräferenzen.

2. *K. trichoclados* (MÜLL. FRIB.) GROLLE – Syn.: *Lepidozia trichoclados* MÜLL. FRIB., *Microlepidozia trichoclados* (MÜLL. FRIB.) JØRG., *Telaranea trichoclados* (MÜLL. FRIB.) MÜLL. FRIB.

Ökologie: Grüne bis gelbbraune Filze auf saurem, konstant feuchtem Humus über Gestein in humiden, schattigen Silikat-Blockhalden an Nordhängen in der Montanstufe. Selten treffen wir sie über Kalk unter vergleichbaren Bedingungen bzw. auf Rohhumus unter subalpinen Latschenbeständen in absonniger Lage. Moorhabitate werden in der Regel nur in der subalpinen Stufe akzeptiert. Ausnahmsweise findet man sie auch auf Totholz oder auf saurem Waldboden, etwa in einem Föhrenwald über Quarzitfels. In den Zentralalpen existieren die höchstgelegenen Populationen in zwergstrauchreichen Felsschrofenfluren in der unteren Alpinstufe. Vegetative Ausbreitung durch stammbürtige Bulbillen; Sporogone sind selten.

- s.–m. azidophytisch, s. hygrophytisch, m. skiophytisch
- L 5, T 3, K 3, F 6, R 3

Soziologie: Eine Verbandskennart des Tetraphidion pellucidae; vor allem im Bazzanio tricrenatae-Mylietum taylori, seltener im Anastrepto orcadensis-Dicranodontietum denudati oder im Leucobryo glauci-Tetraphidetum pellucidae. Häufige Begleitarten sind *Mylia taylorii*, *Sphenolobus minutus*, *Lophozia longiflora*, *L. ventricosa*, *Bazzania tricrenata*, *Dicranodontium denudatum*, *D. uncinatum*, *D. asperulum*, *Dicranum flexicaule*, *Schistochilopsis incisa*, *Anastrepta*, *Tetraphis*, *Sphagnum quinquefarium* etc. In der Subalpinstufe begegnen wir ihr auf Torf in betont sauren Trichophoreten mit reichen *Mylia taylorii*-Beständen.

Verbreitung: In den Zentralalpen zerstreut, aber in den Randketten im Süden und Osten selten oder fehlend; in den Nord- und Südalpen selten. Fehlt in B, N und W. Montan bis alpin, ca. 1000 bis 2400 m.

K: Hohe Tauern: Großfragant (HK), Wastelbauerhütte im Maltatal (HK & HvM), Gößgraben (HK & AS), Mörnig- und Teuchltal (HK), Emberger Alm (VAN DORT et al. 1996); Stubalpe: Lichtengraben N St. Leonhard (HK & AS); Gailtaler A: Staff (HK & HvM); Karnische A: Nostraalm (HK & MS) – **O**: NA: Katergebirge und Zimnitz (als *J. setacea*, LOITLESBERGER 1889), Leonsberg und Brunnkogel im Höllengebirge (als *T. setacea*, RICEK 1977), im Toten Gebirge am Weg zum Röllsattel und Aufstieg zur Welser Hütte (SCHLÜSSLMAYR 2000, 2005) – **S**: NA: Untersberg (SCHWARZ 1858, SAUTER 1871); Blockchaos im Loferer Hochtal (KERN 1915), Schafberg und Reit bei Filzmoos (KOPPE & KOPPE 1969); Zillertaler A: Wildgerlostal (SCHRÖCK et al. 2004);

Hohe Tauern: Krimmler Fälle (LOESKE 1904, GRUBER et al. 2001), Obersulzbachtal, Untersulzbachtal, Stubachtal (CS), Reitalpe bei Hüttschlag (KOPPE & KOPPE 1969); Niedere Tauern: Ennskraxen, Wagrain, Wagreiner Haus (GSb), Obertauern (KRISAI 1985) – **St**: Dachstein: Brandriedl (BREIDLER 1894); Niedere Tauern: z; Stubalpe: Kickerloch (HK); Wechsel: Waldbach im Lafnitztal (HK) – Nord-**T**: Allgäuer A: zw. Vilsalp- und Traualpsee (MR); ZA: z; Ost-**T**: Angaben in DÜLL (1991) zweifelhaft – **V**: Allgäuer A: Schwarzwassertal, Schneiderkürenwald bei Riezlern (MR, CS); Klostertal: Winklertobel (LOITLESBERGER 1894); Rätikon: N-Flanke Sulzfluh und W Innergweilalpe (HK); Verwall: Satteinseralpe (LOITLESBERGER 1894), Sonnenkopf, Obermurich und Unterer Maroisee (HK), Zeinisjoch (CS); Silvretta: Illfälle (LOITLESBERGER 1894), zw. Nova Stoba und Burg (HK) und W Gundalatscherberg (GA) S Gaschurn

- Westeuropa, westliches Nordeuropa, Gebirge Zentraleuropas, British Columbia
- subozeanisch-montan

Gefährdung: In den Alpen bevorzugt sie Standorte, die für den Menschen wirtschaftlich nicht von Interesse sind. Allerdings kann großflächiger Holzeinschlag im Nahbereich der Standorte das spezielle, sehr humide Kleinklima in diesen Blockhalden negativ beeinflussen und somit die Art zum Verschwinden bringen.

Anmerkung: Die subozeanische, nur bei Vorhandensein von Gametangienständen unterscheidbare ***K. sylvatica*** (A. EVANS) GROLLE wird in MEINUNGER & SCHRÖDER (2007) für eine Fundstelle in den deutschen Allgäuer Alpen aus einem Moorwald bei 1400 m angegeben, außerdem von einer Kiesgrube aus dem östlichen Niederbayern. An vergleichbaren Standorten könnte die Art in V oder vor allem im Inn-, Mühl- und Waldviertel vorkommen.

3. *Lepidozia* (DUMORT.) DUMORT.

1. *L. reptans* (L.) DUMORT. – Syn.: *Jungermannia reptans* L.

Ökologie: Dunkel- bis gelbgrüne Decken auf relativ trockenem bis feuchtem, beschattetem Totholz, kalkfreiem Silikatgestein, saurem Humus, Rohhumus oder lehmiger Erde. Mitunter kriecht sie auch über Wurzeln und steigt die Stammbasen von Nadelbäumen empor. Brutkörper fehlen; Sporogone sind häufig.

Foto: M. Lüth

- s. azidophytisch, meso- bis m. hygrophytisch, s.–m. skiophytisch
- L 4, T 4, K 5, F 5, R 2

Soziologie: Eine Ordnungskennart der Cladonio digitatae-Lepidozietalia reptantis. In einer Vielzahl von azidophilen Totholz-, Gesteins- und Erdmoosgesellschaften präsent und oft eine der häufigsten Arten.

Verbreitung: Im Gesamtgebiet verbreitet und meist häufig; lediglich im Pannonischen Tiefland selten bis fehlend. Planar bis subalpin; bis ca. 2000 m aufsteigend.

B – K – N – O – S – St – T – V – W: Wienerwald (HEEG 1894)

- Europa, Makaronesien, Kaukasus, Türkei, Himalaya, China, Sibirien, Japan, Nordamerika
- westlich temperat

Gefährdung: Nicht gefährdet. Ziemlich austrocknungstolerant und daher auch in betont kontinental getönten, niederschlagsarmen Gebieten noch vorhanden.

21. *Lophocoleaceae* VANDEN BERGHEN

1. *Chiloscyphus* CORDA

1. *C. pallescens* (EHRH. ex HOFFM.) DUMORT. – Syn.: *C. fragilis* (ROTH) SCHIFFN., *C. lophocoleoides* NEES, *C. polyanthos* var. *fragilis* (ROTH) MÜLL. FRIB., *C. polyanthos* var. *pallescens* (EHRH. ex HOFFM.) HARTM., *Jungermannia pallescens* EHRH. ex HOFFM.

Ökologie: Blassgrüne bis -gelbliche, feucht transparente, lockere Rasen oder versprengte Einzelsprosse an basenreichen, höchstens mäßig sauren, feuchten, absonnigen Standorten, insbesondere an feuchten steinigen bis lehmigen Erdböschungen und vernässten Forststraßen, auf nassen Waldböden, in Kalk-Quellfluren, Feuchtwiesen und auf Gestein an Bach- und Flussufern. Brutkörper fehlen; Sporogone sind häufig.

Foto: H. Köckinger

- m. azido- bis basiphytisch, s. hygro- bis hydrophytisch, m. skiophytisch
- L 5, T 4, K 5, F 7, R 7

Soziologie: Diese Art ist eher an Gefäßpflanzengesellschaften gebunden als an Moosgesellschaften und lässt sich nur schwer einordnen. Ebenso gibt es eine breite Palette an Begleitarten, die allerdings in der Summe basen- und feuchtigkeitsliebend sind. Zu ihnen gehören *Calliergonella cuspidata, Cratoneuron filicinum, Rhizomnium punctatum, Bryum pseudotriquetrum, Campylium stellatum, Pellia endiviifolia, Brachythecium rivulare, Plagiomnium undulatum* etc.

Verbreitung: In den Alpen meist verbreitet (in den kalkarmen Anteilen nur zerstreut). Außeralpin ebenfalls ziemlich verbreitet, aber in der Böhmischen Masse nur zerstreut bis selten. Planar bis subalpin; bis ca. 2000 m aufsteigend.

B: Süd-B: Fischteich bei Güssing, bei Bernstein und Welten (Maurer 1965) – **K** – **N**: Waldviertel: z; sonst meist v – **O**: im Mühlviertel und Donautal s, sonst meist v – **S** – **St** – **T** – **V**: z bis v – **W**: Dornbach, Hütteldorf und Hadersdorf (Pokorny 1854)

- Europa, Makaronesien, Kaukasus, Sibirien, Himalaya, Japan, Nordamerika
- subboreal

Gefährdung: Nicht gefährdet.

2. *C. polyanthos* (L.) Corda – Syn.: *C. polyanthos* var. *rivularis* (Schrad.) Gottsche, Lindenb. & Nees, *Jungermannia polyanthos* L.

Ökologie: Hell- bis schwärzlich-grüne Decken und Rasen auf feuchtem bis nassem Silikatgestein, meist Blöcken, in basenarmen, beschatteten Waldbächen, oft flutend und gänzlich submers, manchmal an den Ufern auch auf Totholz oder Wurzelbasen übergehend; außerdem in basenarmen Waldquellen, in Moortümpeln von sauren Niedermooren (auch subalpin) oder im Lagg und in nassen Bruchwäldern an Hochmoorrändern, sekundär auch in Torfstichen. Brutkörper fehlen; Sporogone sind häufig.

- s.–m. azidophytisch, s. hygro- bis hydrophytisch, s.–m. skiophytisch
- L 4, T 4, K 5, F 8, R 4

Soziologie: In Fließgewässern vor allem im Racomitrion acicularis auftretend, insbesondere im Scapanietum undulatae, aber auch im Hygrohypnetum ochracei und im Brachythecietum plumosi. Wichtige Begleitarten sind *Scapania undulata, Racomitrium aciculare, Dichodontium pellucidum, Platyhypnidium riparioides, Brachythecium rivulare,* in der Böhmischen

Masse und in Zentralalpentälern auch *Fontinalis squamosa* und *Hygrohypnum ochraceum.*

Verbreitung: In der Böhmischen Masse verbreitet und häufig. In den Zentralalpen nur in den randlichen, niedrigeren Ketten verbreitet, im Bereich des Alpenhauptkamms lediglich zerstreut; in der Flyschzone zerstreut; in den Nord- und Südalpen selten. Im Alpenvorland und anderen Tieflagenregionen selten. Planar bis subalpin; bis ca. 2000 m aufsteigend.

B: Leithagebirge: bei Purbach und Stotzing (SCHLÜSSLMAYR 2001); Süd-B: v (MAURER 1965) – **K**: ZA: im Osten v, im W nur in den Tälern; Klagenfurter Becken: Falkenberg N Klagenfurt (HK); Karawanken: E Zell-Pfarre (HK & AS) – **N**: Waldviertel, Wachau und Wechsel: v; NA: s – **O**: Mühlviertel und Donautal: v; AV: Tiefenbach im Hausruckwald und bei Munderfing (RICEK 1977); Flyschone: z (RICEK 1977, SCHLÜSSLMAYR 2005); NA: s (SCHLÜSSLMAYR 2005) – **S**: AV: Stadt Salzburg (GRUBER 2001); Flyschzone: z; ZA: v bis s – **St** – **T** – **V**: im Nordwesten v, sonst sehr z – **W**: Dornbacher Park (POKORNY 1854), Überschwemmungsgebiet am linken Donauufer (HEEG 1894)

- Europa, Makaronesien, Kaukasus, Türkei, Sibirien, Himalaya, Japan, Nordamerika, Grönland, Nordafrika
- subboreal

Gefährdung: Nicht gefährdet.

2. *Lophocolea* (DUMORT.) DUMORT.

1. *L. bidentata* (L.) DUMORT. – Syn.: *Jungermannia bidentata* L., *L. cuspidata* (NEES) LIMPR., *L. alata* (NEES) SCHIFFN.

Ökologie: Blass gelblich-grüne, meist kriechende, lockere Bestände an feucht-schattigem Silikatgestein und Totholz an Waldbächen, auf feuchten Silikatblöcken und -steinen, auf Rohhumus, über Waldbodenmoosen, an erdigen Rutschhängen an Bächen und an feuchten Wegböschungen. Diese Sippe bevorzugt saurere and nährstoffärmere Standorte als die Schwestersippe (siehe unten). Brutkörper fehlen; Sporogone sind häufig.

- s.–m. azidophytisch, m.–s. hygrophytisch, s.–m. skiophytisch
- L 4, T 4, K 5, F 6, R 4

Soziologie: Diese Art wurde soziologisch bisher kaum erfasst.

Verbreitung: Gesicherte Angaben liegen lediglich aus wenigen Bundesländern vor, weil diese Art aus taxonomischen und nomenklatorischen Gründen bis in jüngste Vergangenheit nur von wenigen Autoren unterschieden wurde. Real dürfte sie aber nur in W fehlen. Collin bis montan; bis ca. 1200 m aufsteigend.

B: Süd-B: zw. Günseck und Bernstein (Latzel 1941) – **O**: Flyschzone: beim Wildmoos bei Mondsee, Klauswald bei Thalham und im „Moos“ bei Attersee (Ricek 1977) – **St**: Niedere Tauern: Rabengraben bei Mautern (Breidler 1894); Gurktaler Alpen: Kuhalpe bei St. Lamprecht (HK); Oberes Murtal: Kleingößgraben bei Leoben (Breidler 1894), Granitzgraben SE Weißkirchen (HK); Wechsel: Waldbach im oberen Lafnitztal (HK) – **V**: am Pfänderhang E Bregenz und in der Achau bei Kennelbach (Blumrich 1913)

- Europa, China, Japan, Indien, Nord- und Mittelamerika, Afrika, Neuseeland
- westlich temperat

Gefährdung: Nicht gefährdet; bislang meist nicht unterschieden.

Anmerkung: Die Nomenklaturhistorie zum Formenkreis um *L. bidentata* weist leider alptraumhafte Züge auf. Nach J. Váňa (in lit.) ist der Typus von *L. bidentata* in LINN autözisch, während der Lektotypus von *L. coadunata* in S offenbar nur Pflanzen mit Perianthien enthält und somit als diözisch betrachtet werden muss. Das bedeutet auch, das die z. B. bei Müller (1951-1958) *L. cuspidata* genannte, vergleichsweise seltene Art nun *L. bidentata* heißen muss, die kommune Sippe hingegen *L. coadunata*.

2. *L. coadunata* (Sw.) Mont. – Syn.: *Chiloscyphus coadunatus* (Sw.) J.J. Engel & R.M. Schust., *L. bidentata* auct. *L. latifolia* Nees

Foto: H. Köckinger

Ökologie: Blass gelblich-grüne, aufsteigende oder aufrechte, lockere Rasen an meist nährstoffreichen, oft durch den Menschen geprägten Standorten, u. a. in feuchteren Zier- und Parkrasen, an grasigen Wegböschungen, auf Feuchtwiesen, Waldwegen und älteren Forststraßen sowie dazugehörigen Böschungen, in hochstaudenreichen, feuchten, eher lichten Wäldern, auf übererdeten Gesteinsblöcken, seltener auf Totholz und am Stammgrund von Laubbäumen, insbesondere bei periodischer Überflutung an Bächen und in Auwäldern. Brutkörper fehlen; Sporogone sind selten.

- m. azidophytisch, meso- bis s. hygrophytisch, m. skio- bis m. photophytisch
- L 6, T 4, K 5, F 5, R 5

Soziologie: Eher an Gefäßpflanzengesellschaften gebunden. Tritt zwar in einer Vielzahl von Moosgesellschaften auf, ist aber nirgends von Bedeutung.

Verbreitung: Im Gesamtgebiet meist verbreitet und oft häufig, aber nur wenig in die eigentlichen Hochgebirge eindringend. Planar bis montan; bis ca. 1700 m aufsteigend.

B – **K**: im Westen nur z – **N** – **O** – **S** – **St** – **T** – **V** – **W**

- Europa, Makaronesien, Türkei, Himalaya, Nordamerika, Tunesien
- westlich temperat

Gefährdung: Nicht gefährdet; mit Tendenz zum Kulturfolger.

Anmerkung: siehe Anm. zur vorigen Art.

3. ***L. heterophylla*** (SCHRAD.) DUMORT. – Syn.: *Chiloscyphus profundus* (NEES) J.J. ENGEL & R.M. SCHUST.

Foto: G. Amann

Ökologie: Hell- bis gelbgrüne, flache Überzüge auf Totholz, Silikatgestein, saurer Erde, Rohhumus, Torf und Borke an den Basen von Nadel-, selten Laubbäumen. Ein früher Pionier, der rasch von anderen Moosen überwachsen wird. Knapp oberhalb der Waldgrenze noch in subalpinen Gebüschen an den Stammbasen und Ästen von Grünerlen, Latschen und Alpenrosen oder auf Rohhumus darunter. Brutkörper werden gelegentlich ausgebildet; Sporogone sind häufig.

- s. azidophytisch, meso- bis m. hygrophytisch, s.–m. skiophytisch
- L 4, T 4, K 5, F 5, R 3

Soziologie: Eine Klassenkennart der Cladonio-Lepidozietea reptantis und in zahlreichen Pioniergesellschaften präsent. Zu den häufigsten Begleitarten zählen *Dicranum montanum*, *Herzogiella seligeri*, *Ptilidium pulcherrimum*, *Blepharostoma trichophyllum*, *Nowellia* und *Hypnum cupressiforme*.

Verbreitung: Im Gesamtgebiet verbreitet und oft häufig. Planar bis subalpin; bis ca. 1800 m aufsteigend.

B – K – N – O – S – St – T – V – W

- Europa, Makaronesien, Kaukasus, Türkei, Sibirien, Himalaya, Indien, Japan, Nordamerika, Grönland, Tunesien
- temperat

Gefährdung: Nicht gefährdet.

4. *L. minor* NEES – Syn.: *Chiloscyphus minor* (NEES) J.J. ENGEL & R.M. SCHUST.

Ökologie: Gelbgrüne, zarte Überzüge und Decken meist über und zwischen anderen Moosen an trockenen Wegböschungen über subneutraler bis basischer Erde, in lückigen Halbtrockenrasen, an halbschattigen und ziemlich trockenen Karbonat- und basenreichen Silikatfelsen unter Gebüschen und in lichten, meist S-seitigen Wäldern; an moosreichen, nicht zu trockenen Mauern; außerdem über Moosen und dünnen Humusauflagen an wechselfeuchten, hellen Bachuferblöcken, wo sie bei periodischer Überflutung ausreichend basen- und nährstoffversorgt wird. Als Epiphyt bevorzugt sie ebenfalls überschwemmungsexponierte Baumbasen von Au- und Uferbäumen, aber auch Straßenstaub kann zur Ansiedlung an Bäumen führen. In kontinental getönten Gebirgen übersteigt sie manchmal die Waldgrenze und findet sich dann in sonnigen Schrofenfluren, vor allem über Kalkschiefer. Brutkörper sind immer vorhanden; Sporogone sind extrem selten.

- subneutro- bis neutrophytisch, m. xero- bis m. hygrophytisch, m. skio- bis m. photophytisch
- L 5, T 4, K 7, F 5, R 7

Soziologie: Wegen ihrer meist epibryischen Lebensweise ist sie soziologisch nur schwer einzuordnen. Unter den Begleitern finden sich *Brachytheciastrum velutinum*, *Sciuro-hypnum populeum*, *Campylium calcareum*, *Amblystegium confervoides*, *Bryoerythrophyllum recurvirostrum*, *Didymodon fallax*, *Plagiomnium cuspidatum*, *Encalypta streptocarpa*, *Fissidens dubius* und *Hypnum cupressiforme*. Bemerkenswert ist ein unteralpines Vorkommen in einem schrofigen Seslerio-Caricetum sempervirentis nahe der Pasterze am Großglockner, wo sie in der Begleitflora von *Arnellia fennica* festgestellt wurde.

Verbreitung: In Österreich mit kontinentaler Verbreitungstendenz. Am niederösterreichischen Alpenostrand und in der Wachau verbreitet, ebenso in Unterkärnten; sonst meist zerstreut; in den niederschlagsreichen Teilen der Nordalpen hingegen selten. Planar bis montan (subalpin); bis maximal 2100 m aufsteigend.

B: Leithagebirge: z (RICEK 1984, SCHLÜSSLMAYR 2001,); Mittel-B: im Ödenburger Gebirge bei Ritzing (SZÜCS & ZECHMEISTER 2016); Süd-B: Schlossberg von Güssing, am Eisenberg und bei Rechnitz (MAURER 1965) – **K**: z bis v im Osten, s bis z im Westen – **N**: in der Wachau und den Thermenalpen v, sonst z – **O**: Mühlviertel: Klammühle bei Kefermarkt, Knollmühle bei St. Georgen/Gusen (SCHLÜSSLMAYR 2011); Donautal: Schildorf bei Passau (GRIMS 1985), Kraftwerk Ottenstein (F. Grims), Schlögener Schlinge (SCHLÜSSLMAYR 2011), Linz-Urfahr (ZECHMEISTER et al. 2002); Sauwald: bei Freinberg (GRIMS 1985); AV: Traunauen bei Lambach und bei Vöcklabruck (RICEK 1977), bei Steyr (POETSCH & SCHIEDERMAYR 1872), Schwaming bei Steyr (SCHLÜSSLMAYR 2005) – **S**: um Salzburg (SAUTER 1871); Hohe Tauern: „Pinzgau" (SAUTER 1871), bei Böckstein, Rotgülden bei Muhr (CS); Niedere Tauern: bei Wagrain (CS) – **St**: z in der Grauwackenzone, im Murtal, im Grazer Raum und im südlichen Hügelland – Nord-**T**: Karwendel: Walder Alpe bei Hall (MATOUSCHEK 1903); mehrfach bei Innsbruck (DALLA TORRE & SARNTHEIN 1904); bei Kufstein (JURATZKA 1862); Samnaungruppe: Komperdellalm (HH in SZU); Ötztaler A: mehrfach (DÜLL 1991); Ost-**T**: Hohe Tauern: Prägraten im Virgental (H. Wagner in SZU), Ködnitztal (KOPPE & KOPPE 1969) – **V**: Rheintal: Pfarrkirche von Bregenz und bei der Schwedenschanze am Pfänder (BLUMRICH 1923), Ardetzenberg bei Feldkirch (LOITLESBERGER 1894); Bregenzerwald: Osterguntenbach bei Schönenbachvorsäß (CS); Walgau: bei Schnifis (GA); Gerachkamm: Dünserberg (GA); Rätikon: Gurtis (GA), Sarotlatal (HK) – **W**: Salmannsdorf (HEEG 1894), Dornbacher Park, Hermannskogel (POKORNY 1854)

- Europa (exkl. Britische Inseln und Mediterraneis), Makaronesien, Kaukasus, Türkei, Sibirien, Himalaya, China, Japan, Chile
- östlich temperat

Gefährdung: Nicht gefährdet.

Anmerkung: Gemmentragende Stressmodifikationen von *L. heterophylla* wurden vermutlich öfters für *L. minor* gehalten. Alle Angaben von Totholzstandorten sind daher zweifelhaft.

22. *Plagiochilaceae* MÜLL. FRIB.

1. *Pedinophyllum* LINDB. ex NORDST.

1. *P. interruptum* (NEES) KAAL. – Syn.: *Jungermannia interrupta* NEES, *P. interruptum* var. *pyrenaicum* (SPRUCE) KAAL., *P. pyrenaicum* (SPRUCE) LINDB., *Plagiochila interrupta* (NEES) DUMORT.

Ökologie: Hell- bis braungrüne, lockere Überzüge oder dünne Decken auf feucht-schattigem Karbonatgestein, selten basenreichem Silikatgestein (Amphibolit, Grünschiefer etc.), in Nischen, Spalten und an Vertikalflächen absonniger Felswände, manchmal auch an den Stirnseiten großer Blöcke.

Übersteigt die Waldgrenze und findet sich ausnahmsweise selbst auf Kalk-Schneeböden. Brutkörper fehlen; Sporogone sind häufig.

- subneutro- bis basiphytisch, meso- bis m. hygrophytisch, s.–m. skiophytisch
- L 3, T 4, K 4, F 5, R 7

Soziologie: Eine Ordnungskennart der Ctenidietalia mollusci, wo sie vor allem im Fissidention gracilifolii, insbesondere im Seligerietum pusillae (Syn. Pedinophylletum interrupti) hochstet vertreten ist. Sie kommt aber auch in einer Reihe von Ctenidion-Gesellschaften vor, seltener im Neckerion complanatae. Oberhalb der Waldgrenze schließt sie sich auch dem Distichion an. Bezeichnende Begleitmoose sind *Gymnostomum aeruginosum*, *G. calcareum*, *Jungermannia atrovirens*, *Seligeria pusilla*, *Mesoptychia collaris* oder *Orthothecium intricatum.*

Verbreitung: In den Nordalpen, der Flyschzone, im Grazer Bergland und den Südalpen verbreitet und oft häufig; in den Zentralalpen zerstreut bis regional fehlend. Im Klagenfurter Becken zerstreut bis verbreitet. In der Böhmischen Masse nur im Ostteil. Selten im Alpenvorland. Fehlt in W. Collin bis alpin, ca. 200 bis 2100 m.

B: Süd-B: Asbest-Bergwerk W Rechnitz (Maurer 1965) – **K**: Hohe Tauern: Gößnitzfall bei Heiligenblut, Klinzer Schlucht N Mühldorf (HK); Gurktaler A: mehrfach im Metnitztal (HK); Seetaler A: Ruine SW Reichenfels (HK); Saualpe: Löllinggraben, Honigöfen S Klippitztörl (HK & AS); Koralpe: hinterer Fraßgraben und Rassinggraben (HK); Klagenfurter Becken: z bis v; SA: v – **N**: Waldviertel, Wachau und Dunkelsteinerwald: z (Hagel 2015); NA: v – **O**: AV: s; NA und Flyschzone: v – **S**: Stadt Salzburg (Gruber 2001); NA: v; Zillertaler A: Wildgerlostal (Schröck et al. 2004); Hohe Tauern: Untersulzbachtal (CS) – **St**: NA und Grazer Bergland: v; Oberes Murtal: z; Koralpe: Deutschlandsberger Klause (C. Berg) – Nord-**T**: NA: v; Ötztaler A: bei Arzl, in der Pitzeschlucht (Düll 1991); Tuxer Alpen: S Volders (HK); Kitzbühler A: Wildseeloder (HK), Kelchsautal (Wollny 1911); Ost-**T**: Hohe Tauern: bei Hinterbichl und Matrei (Düll 1991) – **V**: NA: v; den ZA fast fehlend

- West-, Zentral- und Südeuropa, Kaukasus, Vorderasien, östliches Nordamerika, Algerien
- subozeanisch-montan (dealpin)

Gefährdung: Nicht gefährdet.

2. *Plagiochila* (DUMORT.) DUMORT.

1. *P. asplenioides* (L. emend. TAYLOR) DUMORT. – Syn.: *Jungermannia asplenioides* L., *P. asplenioides* (L. emend. TAYLOR) DUMORT. subsp. *asplenioides*, *P. asplenioides* var. *major* NEES, *P. major* (NEES) S.W. ARNELL

Foto: H. Köckinger

Ökologie: Hell- oder dunkelgrüne, bisweilen auch blass gelbbraune, sehr kräftige Rasen auf feuchten Waldböden in schattiger Lage, insbesondere in Fichtenwäldern, auf Humusdecken über Felsblöcken mit unterschiedlichem Chemismus oder als Folgeart an bereits gut bewachsenen Lehmböschungen und Totholz. Knapp oberhalb der Waldgrenze nimmt sie in absonnigen Latschen- und Grünerlenbeständen mitunter noch eine wichtige Rolle ein. Brutkörper fehlen; Sporogone finden sich gelegentlich.

- m. azidophytisch, m.–s. hygrophytisch, s.–m. skiophytisch
- L 4, T 4, K 5, F 6, R 5

Soziologie: Eine Ordnungskennart der Hylocomietalia splendentis, die man vielleicht besser als Waldbodensynusien auffassen sollte. Häufige Begleitarten sind *Plagiomnium undulatum*, *P. affine*, *Rhytidiadelphus triquetrus*, *R. loreus*, *R. subpinnatus*, *Thuidium tamariscinum*, *Hylocomium splendens*, *Polytrichum formosum* oder *P. commune*.

Verbreitung: Im Gesamtgebiet präsent. In den Alpen verbreitet und oft häufig, ebenso in der Böhmischen Masse; in den Tieflagen seltener und im Pannonischen Tiefland wohl fehlend. Planar bis subalpin; bis ca. 1800 m aufsteigend.

B – **K** – **N** – **O** – **S** – **St** – **T** – **V** – **W**: Pfaffenberg (HZ)

- Europa (exkl. Mediterraneis), Kaukasus, Türkei, westliches Nordamerika
- westlich temperat

Gefährdung: Nicht gefährdet; durch die forstliche Förderung der Fichte heute vielleicht häufiger als vor hundert Jahren.

Anmerkung: Zwergblättrige Kümmer- oder Jugendformen an Pionierstandorten sind oft zweispitzig und können für eine *Lophocolea* gehalten werden.

2. *P. britannica* PATON

Ökologie: Blassgrüne bis blassgelbliche, selten leicht gebräunte, recht kräftige Rasen auf humosen Böden in lichten, aber humiden Bergwäldern an absonnigen Hängen, in Latschen- und Hochstaudenfluren, über Kalk-Blockhalden, auf feuchtem, bewachsenem Kalkschutt und -schrofen in humiden, absonnigen *Rhododendron*- und Weidengebüschen sowie feuchten Rasen. Brutkörper fehlen; Sporogone nicht beobachtet.

Foto: C. Schröck

- m. azido- bis neutrophytisch, s. hygrophytisch, m. skio- bis m. photophytisch
- L 5, T 3, K 3, F 6, R 6

Soziologie: Vor allem im Erico-Pinion mugo, im Rhododendretum hirsuti und im Caricion ferrugineae. Als Begleiter wurden festgestellt: *Plagiochila asplenioides*, *P. porelloides*, *Sanionia uncinata*, *Brachythecium rivulare*, *B. salebrosum*, *Plagiomnium ellipticum*, *Rhytidiadelphus triquetrus*, *Barbilophozia lycopodioides*, *Ptychodium plicatum*, *Rhynchostegium murale*, *Scapania aequiloba*, *Palustriella commutata* var. *sulcata*, *Encalypta streptocarpa*, *Tortella tortuosa* etc.

Verbreitung: Ein in Österreich erst seit kurzem beachtetes Moos mit klar ozeanischer Verbreitung. In den Nordalpen Vorarlbergs zerstreut; vermutlich auch am Nordrand Tirols nicht selten. Weiter östlich sehr selten. Montan und subalpin, ca. 650 bis 2100 m.

O: NA: Plankensteinalm SE Gosau (SCHLÜSSLMAYR & SCHRÖCK 2013) – **S**: Hohe Tauern: Seidlwinkltal, Liechtensteinklamm (CS) – **V**: Allgäuer A: Baad und Schwarzwassertal; Bregenzerwald: zw. Baien und Brünneliseggalpe, Argenbach bei Au, Kellatobel am Dünserberg; Lechquellengebirge: Bodenvorsäß bei Au, Zafernhorn, Klesialpe E Hoher Fraßen, Formarinsee, Unteres Älpele im Lechtal, S und W Zug; Lechtaler A: Pazüelbach N Zürs; Davennastock: SW Alplegi und Schwarzhorn; Rätikon: Alpe Gamperdona, Rasafeibach bei Tschagguns, Gauertal und Sulzfluh (AMANN et al. 2013)

- Großbritannien, Irland, Alpen (Schweiz, Deutschland, Österreich)
- euozeanisch-subalpin

Gefährdung: Nicht gefährdet.

Anmerkung: HOTGETTS (1995) berichtete erstmals über ein Vorkommen von *P. britannica* in den Alpen (Schweiz, Uri, Klausenpass). Diese erst 1979 beschriebene Art war zuvor nur von den Britischen Inseln bekannt.

3. *P. porelloides* (TORREY ex NEES) LINDENB. – Syn.: *Jungermannia porelloides* TORR. ex NEES, *P. asplenioides* auct. non (L.) DUMORT., *P. asplenioides* subsp. *porelloides* (NEES) KAAL., *P. asplenioides* var. *humilis* (NEES) LINDENB., *P. asplenioides* var. *minor* LINDENB., *P. asplenioides* var. *riparia* BREIDL., *P. asplenioides* var. *subarctica* JØRG.

Ökologie: Dunkelgrüne bis gelbliche, selten gebräunte Rasen an sehr unterschiedlichen Standorten; auf Karbonat- und Silikatfelsen und -blöcken in meist feucht-schattiger bis relativ trocken-sonniger Lage auf Horizontal- bis Vertikalflächen, in Felsnischen auf Gesteinsdetritus oder auch in Felsspalten; weiters auf verschiedensten humusarmen bis -reichen Waldböden, vorwiegend an steileren Hängen; seltener epiphytisch und dann meist an den unteren Stammteilen älterer Laubbäume; auf Baumwurzeln und stärker vermorschtem Totholz; an Bachufern; hochmontan und subalpin auch submers (var. *riparia)* in oft kalkarmen Bergbächen mit geringer Geschiebeführung und in steinigen Quellfluren; alpin und subnival in Felsfluren, dort oft in geschützten Nischen, aber auch unter voller Bestrahlung in alpinen Rasen und Polsterpflanzenfluren (oft als var. *subarctica*). Sporophyten werden in humiden Lagen oft reichlich ausgebildet; vegetative Ausbreitung durch rhizomartig kriechende Primärsprosse, weiters wohl auch durch Blatt- und Sprossfragmente.

- m. azido- bis basiphytisch, meso- bis hydrophytisch, s. skio- bis m. photophytisch
- L 5, T 3, K 5, F 5, R x

Soziologie: In verschiedensten collin-thermophilen bis subalpinen Waldgesellschaften auf Waldböden; über Gestein in diversen Ctenidietalia- und Neckeretalia complanatae-Gesellschaften, oft mit hohem Deckungswert; in Wassermoosgesellschaften, z. B. oft massenhaft (var. bzw. mod. *riparia*) im Madothecetum cordaeanae etc.

Verbreitung: Im Gesamtgebiet vorhanden und meist häufig. Collin bis subnival; bis ca. 3000 m aufsteigend.

B – K – N – O – S – St – T – V – W

- Europa, Makaronesien, Türkei, Kaukasus, Nordamerika, Grönland
- subboreal-montan

Gefährdung: Nicht gefährdet.

Anmerkung: Die alpine var. *subarctica* JØRG., mit aufrechten Sprossen und aufrecht-anliegenden Blättern, und die hydrophile var. *riparia* BREIDL. dürften taxonomisch unbedeutend sein. Genauere Untersuchungen wären dennoch wünschenswert.

23. *Trichocoleaceae* NAKAI

1. *Trichocolea* DUMORT.

1. *T. tomentella* (EHRH.) DUMORT. – Syn.: *Jungermannia tomentella* EHRH.

Foto: H. Köckinger

Ökologie: Blass bläulich- bis gelblichgrüne, lockere, filigrane Bestände auf nassen, nur mäßig sauren Waldböden, in Wald-Quellfluren, an langsam fließenden Waldbächen, an feuchten, lehmigen Forststraßenböschungen, in nassen Erlenbrüchen, in den Kalkgebirgen zudem auch auf übererdeten Kalkblöcken oder bewachsenem Dolomitschutt an steilen Nordhängen. Brutkörper fehlen; Sporogone sind sehr selten.

- m. azido- bis subneutrophytisch, s. hygro- bis hydrophytisch, m. skiophytisch
- L 4, T 4, K 4, F 7, R 5

Soziologie: Einzige Kennart des Trichocoleeto-Sphagnetum (ZECHMEISTER 1993), vergesellschaftet mit *Sphagnum squarrosum*, *S. palustre* oder *Plagiomnium undulatum*. Unter den weiteren Begleitmoosen sind *Brachythecium rivulare*, *Plagiochila asplenioides*, *Aneura pinguis*, *Plagiomnium elatum*, *P. ellipticum* und in niederschlagsreichen Regionen auch *Hookeria lucens*.

Verbreitung: In den Nordalpen und der Flyschzone zerstreut bis verbreitet; im Westen der Zentralalpen selten (im Regenschatten der Hohen Tauern sehr selten), im Osten zerstreut bis verbreitet; in den Kärntner Südalpen zerstreut (kein sicherer Nachweis für den Osttiroler Teil). Im Klagenfurter Becken und im südöstlichen Vorland zerstreut bis verbreitet. In der Böhmischen Masse und im Alpenvorland selten. Fehlt in Ost-T und W. Collin bis montan, ca. 300 bis 1100 m.

B: Süd-B: bei Ehrenschachen (LATZEL 1941), zw. Pinkafeld und Ehrenschachen, zw. Oberwart und Markt Allhau und bei Welten (MAURER 1965) – **K**: Hohe Tauern: Kasertal S Pußtratten (HK); Klagenfurter Becken: v bis z; Lavanttal: v; SA: z – **N**: Waldviertel: bei Groß-Gerungs, Friedental W Harmanschlag (HH), Mayerhofen am Ostrong (HZ); im Dunkelsteinerwald und bei Furth (HEEG 1894, HH); AV: bei Seitenstetten und Scheibbs (HEEG 1894); Wienerwald: Schöpfl (HH); NA: bei Lunz, St. Ägyd, an der Mandling, bei Prein und Reichenau (HEEG 1894), Rothwald (HZ) und Lechnergraben (HK) am Dürrenstein, „Auf den Mösern“ bei Neuhaus, Lassingfall (HZ); Semmering (HEEG 1894); Wechsel: Trattenbachgraben und Aspanger Klause (HEEG 1894) – **O**: Mühlviertel: bei Bad Leonfelden, Königswiesen, Langenbach, Rainbach und St. Georgen im Walde (SCHLÜSSLMAYR 2011), bei Neufelden (POETSCH & SCHIEDERMAYR 1872); Donautal: Rannatal (GRIMS 2004), Linz (POETSCH & SCHIEDERMAYR 1872), Sarleinsbach (RK in SCHLÜSSLMAYR 2011); AV: Eggenberger Forst, Baumer Holz, bei Kemating, Redlthal im Hausruckwald und Holzwiesental im Kobernaußerwald (RICEK 1977), W Frankenburg im Hausruck und S Waldzell (FG), mehrfach um Kremsmünster (POETSCH & SCHIEDERMAYR 1872), Au bei Steyr (SCHLÜSSLMAYR 2005); Flyschzone und NA: v bis z – **S**: AV: um Salzburg (SAUTER 1871); NA: z bis v; Hohe Tauern: Mühlbachtal S Niedernsill (CS); Niedere Tauern: bei Wagrein (GSb), Lessachtal (KRISAI 1985) – **St**: in den westlichen ZA selten bis fehlend, sonst v – Nord-**T**: NA: wohl z bis v (kaum erfasst); Inntal: bei Arzl und Tulfes (DÜLL 1991); mehrfach um Innsbruck (DALLA TORRE & SARNTHEIN 1904); Schloss bei Innsbruck und Volderer Wald (JACK 1898), bei Völs und Jenbach (MATOUSCHEK 1907), Mariastein und Sparchen bei Kufstein (RD), um Kufstein (JURATZKA 1862); Zillertal: mehrfach (LOESKE 1909); Kitzbühler A: bei Kitzbühel (MATOUSCHEK 1907), im Kelchsautal, bei Kitzbühel und Jochberg (WOLLNY 1911) – **V**: NA: z bis v (Schwerpunkte: Walgau und Rheintalhang); Montafon: im unteren Silbertal und bei Gortipohl (HK)

- West-, Zentral-, Ost- und südliches Nordeuropa, Kaukasus, Himalaya, China, Japan, Neuguinea, östliches Nordamerika
- subozeanisch-montan

Gefährdung: Durch Entwässerungsmaßnahmen (auch in Wäldern) und das Fassen von Quellen mit Sicherheit seit langem rückläufig, aber bislang nur außeralpin gefährdet.

24. *Myliaceae* SCHLJAKOV

1. *Mylia* GRAY

1. *M. anomala* (HOOK.) GRAY – Syn.: *Jungermannia anomala* HOOK., *Leptoscyphus anomalus* (HOOK.) LINDB.

Foto: M. Lüth

Ökologie: Gelb- oder grasgrüne bis hellbraune, mitunter rötlich überlaufene Rasen auf offenem Torf, auf abgestorbenen oder unter lebenden Torfmoosen auf und zwischen den Bülten oder an Schlenkenrändern in Hochmooren, außerdem in Regenerationbereichen von Torfstichen und an Entwässerungsgräben. Im Alpenvorland selten auf saurem, vernässtem Humus an Wegen in Heide-Föhrenwäldern. In den Kalkalpen auch in Kondenswassermooren über Kaltluftblockhalden; in den Hochlagen der Zentralalpen in den Bultzonen von subalpinen Komplexmooren und auch auf Humus in nordexponierten Zwergstrauchheiden, die meist mit Blockhalden verzahnt sind. Brutkörper werden regelmäßig gebildet; Sporogone sind selten.

- s. azidophytisch, s. hygrophytisch, m. skio- bis s. photophytisch
- L 7, T 3, K 6, F 7, R 1

Soziologie: Eine Klassenkennart der Oxycocco-Sphagnetea. Die Art besiedelt mit Vorliebe Störstellen von Torfmoosbülten aus *Sphagnum fuscum*, *S. capillifolium*, *S. magellanicum* und *Polytrichum strictum*, wo sie mit anderen Torfpionieren, etwa *Fuscocephaloziopsis connivens*, *F. loitlesbergeri*, *Kurzia pauciflora*, *Cephaloziella elachista*, *C. spinigera* und *Calypogeia sphagnicola* konkurriert. Auf saurem Humus über Blockhalden findet sie sich auch im Bazzanio tricrenatae-Mylietum taylori, vergesellschaftet mit *M. taylorii*, *Dicranodontium denudatum*, *Pohlia nutans*, *Bazzania tricrenata*, *Anastrepta*, *Sphagnum quinquefarium* etc.

Verbreitung: In den Zentralalpen zerstreut bis verbreitet; in den Nordalpen zerstreut; in den Südalpen selten und nur im Westen. In der Flyschzone und im westlichen Alpenvorland zerstreut; in der Böhmischen Masse selten bis zerstreut. Montan bis alpin, ca. 500 bis 2300 m.

K: ZA: z (Schwerpunkt in den Nockbergen); Karnische A: hinteres Frohntal (HK & MS) – **N**: Waldviertel: Moore bei Karlstift, Antenfeinhofen, Beinhöfen und Mitterbach (Heeg 1894), Gr. Heide bei Karlstift (J. Saukel, HZ), Durchschnittsau bei Karlstift (Ricek 1984, HZ), Muckenteich, Schwarzes Moos bei Brand, Schönfelder Überländ, Sepplau bei Karlstift und Meloner Au (HZ), Nebelstein (HH); NA: Leckermoos bei Göstling, Rotmoos bei Lunz und Moor im Erzgraben (HZ), Ofenauer Moor bei Gresten (Heeg 1894) – **O**: Mühlviertel: in den Mooren des Böhmerwalds und des Nordostens (Schlüsslmayr 2011); Sauwald: Filzmoos bei Hötzenedt (Grims 1985); AV: Polhamer Moor bei Utzweih, Kreuzbauernmoor bei Fornach, Gründberg bei Frankenburg (Ricek 1977), Ibmer Moor-Gebiet und Tarsdorfer Filzmoos (Krisai 2011); Flyschzone: Haslauer Moor bei Oberaschau, Wildmoos am Mondsee (Ricek 1977); NA: Moosalm bei Burgau (Ricek 1977), Filzmoos und Edlbacher Moor bei Windischgarsten (Schiedermayr 1894), Traunstein (Fitz 1957), Laudachmoor, Stummerreutmoor am Hengstpass und Filzmöser am Warscheneck (Schlüsslmayr 2005) – **S**: AV: bei Salzburg (Sauter 1871), Hammerauer Moor (Gruber 2001), Moore bei Elixhausen, Straßwalchen, Obertrum etc. (PP, CS, RK); NA: z; ZA: z bis v – **St**: NA: Moore des Ennstals, bei Mitterndorf und Aussee (Breidler 1894, CS), Ramsau bei Schladming (Breidler 1894), Miesbodenmoor (HZ); Hochschwab: Tragöß, Filzmoos, Siebensee, Mooslöcher (Breidler 1894, HK, CS); Rotmoos bei Weichselboden und Hechtensee bei Mariazell (Breidler 1894), Zerbenkogelmoos bei Neuberg (HZ), Naßköhr bei Mürzsteg (Breidler 1894); Niedere Tauern: z; Seetaler A (Breidler 1894, HK); Gurktaler A: Dürnberger Moor bei Neumarkt, Hansenalm bei Stadl (Breidler 1894); Koralpe: Seeebenmoor (HK & AS) – Nord-**T**: Karwendel: Wildmoos bei Seefeld (A. Kerner in Dalla Torre & Sarnthein 1904), Brünstenmoos S Leutasch, Aumoos SE Leutasch (CS), Kl. Ahornboden (Matouschek 1903); Moore des Rofan (HZ); Hinterkaiser bei Kufstein (Juratzka 1862); ZA: z; Ost-**T**: Hohe Tauern: wohl z; Karnische A: Moore am Obermahdsattel und Zwieselegg (HZ) – **V**: z bis v (im Südwesten s)

- Europa (exkl. Mediterraneis), Sibirien, nördliches Nordamerika, Grönland
- boreal

Gefährdung: Moorkultivierung, Entwässerung, Störung des Wasserhaushalts und Eutrophierung ließen die Bestände in den Tieflagenmooren massiv schrumpfen. Im Gebirge ist sie hingegen weniger bedroht.

2. *M. taylorii* (Hook.) Gray – Syn.: *Jungermannia taylorii* Hook., *Leptoscyphus taylorii* (Hook.) Mitt.

Ökologie: Grüne bis rotbraune oder selbst dunkelpurpurne, kräftige Polsterrasen auf absonnigen, feuchten Felsen und -wänden aus besonders basenarmem Silikatgestein (Granit, Gneis, Quarzit), auf humiden, *Sphagnum quinquefarium*-gekrönten Grobblockhalden in absonniger Lage, über Kalk nur bei ausreichender Isolierung durch Humusauflagen. In waldgrenznahen, nordseitigen Latschenfluren und Zwergstrauchheiden dominiert sie mitunter die Humuswülste. In Gebieten mit hohen Niederschlägen, insbesondere in den Kalkalpen, tritt sie außerdem häufig auf Totholz auf. Moore und Sümpfe besiedelt sie fast nur in hochmontanen bis alpinen Lagen, an den höchgelegenen Stellen bei sehr langer Schneebedeckung. Brutkörper und Sporogone sind selten.

Foto: M. Lüth

- s. azidophytisch, s. hygrophytisch, s. skio- bis m. photophytisch
- L 5, T 3, K 3, F 6, R 2

Soziologie: Eine Kennart des Bazzanio tricrenatae-Mylietum taylori, vor allem auf Silikatblockhalden aber auch auf Totholz. Initialen finden sich im Riccardio palmatae-Scapanietum umbrosae. Typische Begleitarten sind *Kurzia trichoclados*, *Lophozia longiflora*, *L. ventricosa*, *Schistochilopsis incisa*, *Dicranum flexicaule*, *Dicranodontium denudatum*, *D. uncinatum*, *Bazzania tricrenata*, *Sphagnum quinquefarium* etc. Im Gebirge finden wir sie mitunter in ausgedehnten Beständen in sehr basenarmen Trichophoreten zusammen mit *Warnstorfia exannulata*, *Straminergon stramineum*, *Sphagnum compactum* oder *Gymnocolea inflata*. An ihren höchstgelegenen Fundplätzen in den Zentralalpen gibt es manchmal Massenbestände in Braunseggen- und *Eriophorum scheuchzeri*-Sümpfen.

Verbreitung: In den Alpen meist zerstreut bis verbreitet (im Regenschatten der Tauern und am Alpenostrand allerdings selten, im Grazer Bergland fehlend). In der Böhmischen Masse und im Klagenfurter Becken sehr selten. Fehlt in B und W. (Submontan) montan bis alpin, (400) 600 bis 2300 m.

K: ZA: z (kein Nachweis aus den Nockbergen); Klagenfurter Becken: NW Hasendorf N Wörthersee (HK); SA: z bis v – **N**: Waldviertel: Meloner Au (HZ); NA: Voralpe bei Hollenstein (Förster 1881), Hochkar bei Lassing (Heeg 1894), Rothwald, Seebachtal, „Auf den Mösern“ bei Neuhaus (HZ), Neuwald am Lahnsattel (Ricek 1984), Lechnergraben und Plateau des Dürrenstein, hinterer Ötschergraben

(HK), bei Reichenau (HEEG 1894); Semmering: Tratenkogel SW Prein (HK); Wechsel: Gr. Klause bei Aspang und auf den Kuppen des Wechsel (HEEG 1894) – **O**: Mühlviertel: Bärenstein im Böhmerwald (SCHLÜSSLMAYR 2011); Donautal: Rannatal (H. Göding in SCHLÜSSLMAYR 2011); NA: v bis (im Osten) s – **S**: A: z bis v – **St**: A: z bis v (nur dem Grazer Bergland fehlend) – Nord-**T**: Lechtaler A: bei Stanzach (DÜLL 1991); Kaisergebirge (H. Smettan u. a. in DÜLL 1991); ZA: z bis v; Ost-**T**: Hohe Tauern: Messerlingwand (DÜLL 1991) – **V**: z bis v (im Norden und im Rätikon s bis fehlend)

- Europa (exkl. Mediterraneis), Himalaya, China, Japan, nördliches Nordamerika, Grönland, Spitzbergen
- subozeanisch-montan

Gefährdung: In der Böhmischen Masse wegen Seltenheit gefährdet.

25. *Frullaniaceae* LORCH

1. *Frullania* RADDI

1. *F. dilatata* (L.) DUMORT. – Syn.: *Jungermannia dilatata* L.

Ökologie: Grüne bis dunkel rotbraune, manchmal fast schwarze, flache Überzüge oder Decken auf Borke (meist an Laubbäumen) und Silikatgestein, vor allem an halbschattigen, S-seitigen Felswänden, selten auch auf Karbonaten, insbesondere auf Dolomit. Brutkörperbildung an Perianthien, bei gestressten Pflanzen auch an Blättern; Sporogone sind häufig.

Foto: M. Lüth

- m. azido- bis basiphytisch, m. xero- bis mesophytisch, m. skio- bis s. photophytisch
- L 7, T 5, K 5, F 4, R x

Soziologie: Einzige Klassenkennart der Frullanio dilatatae-Leucodontetea sciuroidis. In den meisten Gesellschaften der Orthotrichetalia in oft hoher Stetigkeit präsent, abgesehen von jenen, die stark nitrifizierte Borke anzeigen. Im Neckerion complanatae findet sie sich nur mehr mit untergeordneter Rolle, gewissermaßen als Restposten der Vorläufergesellschaften.

Verbreitung: Im Gesamtgebiet verbreitet und meist häufig (nur in den Hochgebirgen selten bis fehlend). Planar bis montan; bis ca. 1700 m aufsteigend.

B – K – N – O – S – St – T – V – W: um Wien (Pokorny 1854), Wienerwald (Humer-Hochwimmer & Zechmeister 2001), Lobau (HZ)

- Europa, Makaronesien, Kaukasus, Türkei, Vorderasien, Sibirien, China, Nordafrika
- temperat-boreal

Gefährdung: Nicht gefährdet.

Anmerkung: Die var. *anomala* Corb. trifft man gelegentlich an wärmebegünstigten Felsstandorten, gerne zusammen mit *F. inflata*. Nachweise liegen insbesondere aus dem Murtal der St vor. Der taxonomische Wert dieser Sippe ist bislang ungeklärt. – Die meisten österreichischen Belege von var. *microphylla* (Wallr.) Nees stellen lediglich zarte Ausprägungen der Art dar. Allerdings erwies sich einer als zu *F. parvistipula* Steph. gehörig (siehe dort). Eine Überprüfung von Typusmaterial wäre wünschenswert.

2. *F. fragilifolia* (Taylor) Gottsche, Lindenb. & Nees – Syn.: *Jungermannia fragilifolia* Taylor

Foto: H. Köckinger

Ökologie: Braungrüne bis rotbraune, glänzende, dünne Überzüge auf Borke in niederschlagsreichen Gebieten, heute meist auf Buche oder jungen Fichten, früher primär auf Tanne; seltener auch auf mäßig feuchten Vertikalflächen von Silikatfelswänden und so auch in kontinental getönten Gebieten, wo sie als Epiphyt fehlt. Vegetative Ausbreitung über Bruchblätter; Sporogone sind sehr selten.

- m. azidophytisch, meso- bis m. hygrophytisch, m. skiophytisch
- L 5, T 4, K 4, F 5, R 4

Soziologie: Als Epiphyt in verschiedenen Gesellschaften präsent, u. a. im Antitrichietum curtipendulae, Lobarietum pulmonariae, Orthotrichetum lyellii oder im Isothecietum myuri, wo sie zusammen mit *F. dilatata*, *F. tamarisci*, *Radula complanata*, *Orthotrichum lyellii*, *Ulota bruchii*, *Neckera pumila*, *Metzgeria violacea*, *M. furcata*, *Zygodon dentatus*, *Pterigynandrum filiforme*, *Hypnum andoi*, *H. cupressiforme* oder *Isothecium alopecuroides* vorkommt. Charakteristische aber seltene Begleiter sind *Microlejeunea ulicina* und *Metzgeria consanguinea*. Auf Silikatgestein wächst sie primär im Grimmio hartmanii-Hypnetum cupressiformis; hier kommen u. a. *Paraleucobryum longifolium*, *Zygodon rupestris* und *Cephaloziella divaricata* hinzu.

Verbreitung: In den Nordalpen und in der Flyschzone verbreitet; in den Zentralalpen (insbesondere im Regenschatten der Tauern) selten; in den Südalpen zerstreut. Im Alpenvorland und in der Böhmischen Masse sehr selten und überwiegend verschollen. Fehlt in B und W. Submontan und montan, ca. 400 bis 1600 m.

K: Hohe Tauern: Radlgraben bei Gmünd (HK & HvM); Gurktaler A: Trefflinger Graben bei Seeboden, Zanitzberg N Metnitztal (HK); Seetaler A: Sommeraugraben SW Reichenfels (HK); Saualpe: Grafenbachgraben (Głowacki 1910); SA: z – **N**: Waldviertel: Hölltal bei Würnsdorf (Heeg 1894); Wachau: Mühldorfer Tal bei Spitz (Heeg 1894); NA: unterer Ötschergraben (HK), Seebachtal bei Lunz (HZ) – **O**: AV: Einwald bei Vöcklabruck (Ricek 1977); Flyschzone: bei Attersee, Dexelbach, Stockwinkel, Riedschwandt und am Spranzlbach (Ricek 1977), Lohen S St. Georgen (FG); NA: Nordaufstieg zum Hochlecken und Weißenbachtal (S. Biedermann), Höllbachtal im Höllengebirge, Sulzbachtal bei Mitterweißenbach, Echerntal bei Hallstatt (FG), im Toten Gebirge v, Traunstein, Steyrschlucht bei Molln, im Hintergebirge z (Fitz 1957, Schlüsslmayr 2005) – **S**: AV: Leopoldskronwäldchen in Salzburg (Sauter 1871), Hellbrunner Berg (CS), Angerbachtal am Obertrumer See (PP); NA: v; Hohe Tauern: Krimmler Fälle (Gruber et al. 2001), Untersulzbachtal (GSb, FG & HK), Schödertal bei Hüttschlag (CS) – **St**: NA: v in den Nordstaulagen zw. Dachstein und Hochschwab (Breidler 1894, HK); Ennstal: bei Öblarn und Alt-Irdning (Maurer 1970); Niedere Tauern: Untertal bei Schladming (Breidler 1894); Fischbacher A: Hühnerkogel bei Spital am Semmering (Maurer 1970); Murtal: Gamsgraben bei Frohnleiten und Bürgerwald bei Leoben (Breidler 1894); W-St: bei Ligist (Breidler 1894); Ost-St: Langwald bei Vorau (Breidler 1894) – Nord-**T**: Karwendel: unteres Gleirschtal, bei Hochzirl (HK), Halltal (RD & HK); Rofan: Kaiserklamm (A. Schäfer-Verwimp); Kaisergebirge (H. Smettan u. a. in Düll 1991), Hintersteinersee (RD); Ötztaler A: Sagebachschlucht, bei Neudorf, Fischbachtal (Düll 1991); Kitzbühler A: Ehrenbachfälle, unter dem „Horn“ und am Grünsteig gegen Obholz (Wollny 1911); Ost-**T**: Lienzer Dolomiten: Kerschbaumeralm (Sauter 1894), Tristacher See (Düll 1991) – **V**: im nördlichen Bregenzerwald und in den Allgäuer A z; Walgau: bei Röns (Amann 2006), Satteins und bei Nenzing (GA), Bürser Schlucht (HK); Gr. Walsertal: Tiefenseealpe und SE Marul (HK); Rätikon: Schattenlagantalpe und bei Galaverda im Brandnertal (HK); Montafon: bei St. Gallenkirch (HK)

- West-, Süd- und Zentraleuropa, Makaronesien, südliches Nordeuropa, SW-Russland
- subozeanisch-montan

Gefährdung: Gesamtösterreichisch nicht gefährdet. In klimatisch kontinental getönten Gebieten (vor allem in N und Teilen der St) allerdings empfindlicher gegen Luftverunreinigungen und forstliche Eingriffe und dort deshalb auch gefährdet.

3. *F. inflata* GOTTSCHE – Syn.: *F. cleistostoma* SCHIFFN. & WOLLNY, *F. illyrica* GROLLE

Ökologie: Olivgrüne bis kastanienbraune, zarte Überzüge an warmen, halbschattigen, nicht zu sauren, basenreichen Silikatfelsen (Amphibolit, Schwarzglimmerschiefer, Gneis) in Südlage in lichten, winters hellen Gebüschen und Laub- bis Mischwäldern; meist an Neigungs-, seltener Vertikalflächen an Felswandbasen, aber auch an Blöcken. Brutkörper fehlen; Sporogone sind häufig.

- m. azido- bis subneutrophytisch, m. xero- bis mesophytisch, m. skio- bis m. photophytisch
- L 5, T 8, K 7, F 4, R 5

Soziologie: An den meisten der Fundstellen findet sich *Fabronia ciliaris* und selten wohl auch die schwer unterscheidbare *F. pusilla*. Eine Einordnung der Bestände in das Fabronion pusillae sowie das Fabronietum pusillae, dem das später beschriebene und bei MARSTALLER (2006) als problematisch bezeichnete Fabronietum octoblepharis wohl unterzuordnen ist, erscheint gerechtfertigt. Typische Begleitarten sind *F. dilatata*, *F. parvistipula* (selten), *Fabronia ciliaris*, *F. pusilla*, *Radula complanata*, *Syntrichia sinensis*, *Sciuro-hypnum populeum*, *Homomallium incurvatum*, *Oxystegus tenuirostris* und *Porella platyphylla*. An den hellsten und trockensten Stellen kommt *Hedwigia ciliata* hinzu, an den feuchtesten und schattigsten *Anomodon attenuatus* und *Metzgeria furcata*.

Verbreitung: Eine wärmebedürftige und kontinental verbreitete Art; im Oberen Murtal (und Seitentälern), im erweiterten Klagenfurter Becken und im Lavanttal zerstreut; isoliert und extrem selten im Oberen Donautal Oberösterreichs. Submontan und montan, ca. 300 bis 1000 m.

K: Klagenfurter Becken: zw. Engelsdorf und St. Salvator und W St. Stefan bei Friesach, Pesenthein am Millstätter See, Rogggraben N Feldkirchen, Steinerkofel E Gradenegg, Veitsberg NE Zwattendorf, E Klein St. Veit, Frauentumpfgraben E Schönweg, Julienhöhe bei Annenheim, Kreuzer Gegend W Kreuth; Lavanttal: E Twimberg und Twimberger Graben (KÖCKINGER et al. 2008) – **O**: Donautal: Steinerfelsen in der Schlögener Schlinge (SCHLÜSSLMAYR & SCHRÖCK 2013) – **St**: Seetaler A: zw. Mühlen und Jakobsberg (HK); Klamm S Neumarkt (HK); Oberes Murtal: Pranker Ofen bei

Stadl an der Mur, zw. Nußdorf und Scheiben, Wegschaidjäger S Eppenstein, Kohlplatz W Kleinfeistritz, bei Kaisersberg, Aichberg E St. Michael (HK); Mittleres Murtal: N Pernegg (HK); Gleinalpe: SE Kleinlobming, Rachaugraben (HK)

- Österreich, Norditalien, Tschechien, Ungarn, China, Ostsibirien, östliches Nordamerika
- submediterran-subkontinental

Gefährdung: Mögliche Bedrohungen sind einerseits die Volllichtstellung durch Kahlschlag der Gebüsche und Mischwälder, andererseits die Ausdunkelung durch Umwandlung in Fichtenforste. Ein periodisches Abholzen (ohne Bestandesumwandlung) könnte dieser Pionierart eventuell längerfristig sogar Konkurrenzvorteile gegenüber anderen Arten bringen. Entsprechende Beobachtungen liegen allerdings nicht vor. Die besiedelten Gesteine scheinen vorerst für die Mineralabbauwirtschaft (Steinbrüche) nicht von Interesse zu sein.

4. *F. jackii* GOTTSCHE – Syn.: *F. davurica* subsp. *jackii* (GOTTSCHE) S. HATT.

Ökologie: Grüne bis rotbraune, mitunter fast schwarze, lockere Decken an Steilflächen von feuchtschattigen, nicht zu sauren Silikatfelsen, meist unter dem Einfluss basenreichen Sickerwassers; außerdem über kalkhaltigen Schiefern bei oberflächlicher Entkalkung oder epibryisch über anderen Felsmoosen; einmal unmittelbar auf Dolomitfels. In der Alpinstufe an Nordhängen manchmal in Felsspalten und als Polstergast, bisweilen auch auf Humus in Alpinrasen. In sehr niederschlagsreichen Tälern der Nordalpen gelegentlich auch als Epiphyt auf Bergahorn und Rotbuche. Brutkörper fehlen; Sporogone sind unbekannt.

- m. azido- bis neutrophytisch, m. hygrophytisch, m. skiophytisch
- L 6, T 3, K 7, F 5, R 6

Soziologie: Zumeist im oder auf Felsflächen im Kontakt zum Amphidietum mougeotii zusammen mit *Amphidium mougeotii*, *A. lapponicum*, *Anoectangium aestivum*, *Blindia acuta*, *Eremonotus* oder *Lejeunea cavifolia*. Epibryisch, etwa an Wasserfällen, auch über deutlich basiphileren Felsmoosen, u. a. über *Metzgeria pubescens*, *Didymodon giganteus*, *Tortella tortuosa*, *Hypnum cupressiforme* var. *subjulaceum*, *Myurella julacea* oder *Ditrichum gracile*, die dem Ctenidion mollusci zugeordnet werden können. Bemerkenswert ist der Fall eines hohen *Oreas martiana*-Polsters aus einer alpinen Polsterpflanzenflur, in dem sich einzelne eingewebte Sprosse von *Sphenolobus minutus*, *Bazzania tricrenata*, *Tritomaria exsecta* und dieser Art fanden. Als Epiphyt wurde sie u. a. im Anomodonto viticulosi-Leucodontetum sciuroidis festgestellt.

Verbreitung: In den Zentralalpen zerstreut bis selten; in den Nord- und Südalpen selten. Im Donautal der Böhmischen Masse sehr selten und meist verschollen. Einzelnachweise aus dem Alpenvorland und dem Klagenfurter Becken. Fehlt in B und W. Submontan bis alpin, ca. 300 bis 2600 m.

K: Hohe Tauern: zw. Margaritzenstausee und Stockerscharte (JK), Gößnitzfall bei Heiligenblut (BREIDLER 1894), Großfragant, Tauerntal und Auernig bei Mallnitz (HK), Pfaffenberger Tal bei Obervellach (BREIDLER 1894), zw. Loib- und Winklspitze bei Malta, Gößgraben (GSb), Oberdraßnitzer Alm in der Kreuzeckgruppe (HK & HvM); Gurktaler A: zw. Rinsen- und Kornock (HK), Saureggental (HK & AS); Lienzer Dolomiten: Wildensender Tal (KERN 1908); Karnische A: Aßnitzbachgraben S Weidenburg (RD), SE Kirchbach (HK & HvM); Klagenfurter Becken: Jungfernsprung NE Villach (HK) – **N**: Wachau: Seitentäler der Donau bei Spitz (HEEG 1894); Wechsel: Steinerne Stiege am Niederwechsel (HZ) – **O**: Mühlviertel: Aistschlucht bei Wartberg (SCHIEDERMAYR 1894); Donautal: Schlögener Schlinge (GRIMS 1985); AV: Innenge oberhalb Wernstein (GRIMS 1985); Totes Gebirge: Wolfsau und Hintere Hetzau (FITZ 1957, SCHLÜSSLMAYR 2005) – **S**: Zillertaler A: Wildgerlostal (SCHRÖCK et al. 2004); Hohe Tauern: Krimmler Fälle (KERN 1915, GRUBER et al. 2001); Grieskogel bei Kaprun (BREIDLER 1894), Kaprunertal (H. Wittmann), Seidlwinkltal, Hüttwinkltal, Schödertal (CS); Niedere Tauern: Speiereck und Weißpriachtal (KRISAI 1985), Scharnock und Landwierseen (JK) – **St**: Eisenerzer A: Blaseneck (HK); Niedere Tauern: Preuneggtal und Dürrenbachtal gegen den Höchstein bei Schladming (BREIDLER 1894), Riesachfall, Obere Moarhofalm im Preuneggtal (HK), Höchstein (JK), Schimpelspitze, Regenkarspitze (HK); Gurktaler A: Eisenhut (BREIDLER 1894), Frauenalpe (HK); Murtal: Ufer der Mur bei St. Michael und Schladnitzgraben bei Leoben (BREIDLER 1894); Stubalpe: Stüblergraben E Kleinfeistritz (HK); Gleinalpe: Gamsgraben bei Frohnleiten (BREIDLER 1894, HK & GS) – Nord-**T**: Oberinntal: bei Nauders (BREIDLER 1894); Ötztaler A: bei Stillebach und Wiese im Pitztal, bei Ambach im Ötztal (DÜLL 1991); Stubaier A: Gschnitztal (DALLA TORRE & SARNTHEIN 1904), Kirchdachspitze (HK), Lisenser Alpe (JACK 1898); Zillertaler A (DÜLL 1991); Kitzbühler A: Rossgrubkogel (BREIDLER 1894), Kl. Rettenstein (WOLLNY 1911); Ost-**T**: Hohe Tauern: bei der Johannishütte, Hinterbichl, Matrei, am Putzkögerle (DÜLL 1991), Prosseggklamm (V. Schiffner, Hep. Eur. Exsicc.), Dorfertal bei Kals (CS & HK), Umbaltal (P. Geissler, HK); Lienzer Dolomiten: am Tristacher See (DÜLL 1991), Goggstein SW Lienz (HK) – **V**: Allgäuer A: Gemsteltal (AMANN et al. 2013); Rätikon: Saminaschlucht, Sarotlatal (AMANN et al. 2013); Walgau: Amerlügen bei Frastanz (F. Gradl in BREG); Montafon: Gauenstein (BREIDLER 1894; F. Gradl in BREG); Rätikon: Rellstal (LOITLESBERGER 1894), Gweilkopf (BREIDLER 1894)

- Zentraleuropa, S-Norwegen, Balkanhalbinsel, SW-Russland, Türkei, Kaukasus, Ural
- nördlich subozeanisch-dealpin

Gefährdung: In den Alpen scheint die Art nicht gefährdet zu sein; in der Böhmischen Masse ist die Mehrzahl der ehemaligen Vorkommen allerdings erloschen. Eine durch sauren Regen bedingte stärkere Versauerung der Felsstandorte könnte als Ursache infrage kommen, aber ebenso die Klimaerwärmung in den letzten 150 Jahren.

5. *F. oakesiana* Austin

Ökologie: Grüne bis rotbraune, dünne, zarte Überzüge auf saurer Borke von Stämmen und Zweigen im Inneren eines dichten, gebüschartigen Jungbestandes von Lärchen, Fichten, Latschen, Buchen und Vogelbeeren, in dessen Schatten es an der nötigen hohen und recht konstanten Luftfeuchtigkeit nicht mangelt. Brutkörper fehlen; Sporogone sind regelmäßig ausgebildet.

- s. azidophytisch, m. hygrophytisch, s.–m. skiophytisch
- L 4, T 5, K 2, F 6, R 2

Soziologie: Im Ulotion crispae in Begleitung von *Sanionia uncinata*, *Pseudoleskeella nervosa*, *Ptilidium pulcherrimum*, *Radula complanata*, *Orthotrichum pallens* und *Ulota crispa*.

Verbreitung: Ein sehr isoliertes Vorkommen dieser reliktär amphiatlantischen Art in den Südalpen. Einziger Nachweis für Zentraleuropa. Montan.

K: Karawanken: Johannsenruhe im hintersten Bärental, ca. 1250 m (Köckinger et al. 2008)

- Skandinavien, NW-Russland, Österreich, NW-liche Iberische Halbinsel (jeweils selten), Ostsibirien, östliches Nordamerika
- nördlich subozeanisch

Gefährdung: Wegen extremer Seltenheit gefährdet. Eine gezielte Nachsuche in der näheren Umgebung erbrachte keine weiteren Nachweise.

6. *F. parvistipula* Steph. – Syn.: *F. caucasica* Steph., *F. eboracensis* subsp. *caucasica* (Steph.) R.M. Schust., *F. eboracensis* subsp. *parvistipula* (Steph.) R.M. Schust.

Ökologie: Grüne bis hellbraune, dünne Überzüge auf der Borke von Laubbäumen (vor allem Obstbäumen) und basenreichem Silikatgestein (z. B. Amphibolit) in relativ warmer Lage. Auf Gestein primär an mäßig trockenen Neigungsflächen an vorwiegend S-exponierten Felsen oder auch an Blockflächen in halbschattiger Lage unter Gebüsch oder in lichtem Mischwald. Ausbreitung über Bruchblätter; Sporogone in Europa unbekannt.

Foto: H. Hofmann

- m. azido- bis subneutrophytisch, m. xero- bis m. hygrophytisch, m. skiophytisch
- L 5, T 7, K 7, F 4, R 5

Soziologie: Die Art wurde in Österreich noch nie soziologisch erfasst. Am besten scheint sie ins Neckerion complanatae zu passen, außerdem partiell grob in die Frullanio dilatatae-Leucodontetea sciuroidis. Als Begleitarten wurden *F. dilatata*, *F. inflata*, *Radula complanata*, *Porella platyphylla*, *Homalothecium sericeum*, *Leucodon sciuroides*, *Zygodon rupestris*, *Pylaisia polyantha*, *Pseudoleskeella nervosa* und *Hypnum cupressiforme* festgestellt. Die Begleitflora ist dabei trotz unterschiedlicher Substrate nicht sehr verschieden. In der Schweiz (RÜEGSEGGER 1986) wächst sie im Ctenidion mollusci, wenngleich nicht auf Kalk, unter ganz anderen, deutlich basiphileren Begleitmoosen.

Verbreitung: Bislang erst fünf Nachweise aus kontinental getönten Regionen Österreichs; aus Randlagen der Zentralalpen, dem Klagenfurter Becken und dem östlichen Alpenvorland. Submontan und montan; ca. 300 bis 800 m.

K: Klagenfurter Becken: zw. Engelsdorf und St. Salvator NW Friesach (an Fels), Ortsgebiet von Globasnitz (an *Pyrus*); Lavanttal: äußerer Klieninggraben bei Wiesenau, an junger *Tilia* und Obstbäumen (KÖCKINGER et al. 2008) – **N**: Seitenstetten, an Obstbäumen (leg. F. Matouschek, 1904, in Migula: Krypt. Germ., Austr. & Helv. exsicc. Nr. 215, als *F. dilatata* var. *microphylla* (WALLR.) NEES, KL, rev. HK) – **St**: Oberes Murtal: bei Kohlplatz W Kleinfeistritz, an Amphibolitfels (HK)

- Schweiz, Österreich, Norditalien (Südtirol), Rumänien und Ukraine (jeweils sehr selten), Kaukasus, Ostsibirien, Japan, China, Thailand
- subkontinental-dealpin

Gefährdung: Die Mehrzahl der bekannten Vorkommen befindet sich im ländlichen Kulturland. Dort ist sie durch die kontinuierliche Abnahme der Obstbaumbestände bedroht. Die Vorkommen auf Gestein liegen unter Gebüsch bzw. in lichtem Mischwald. Kahlschlag und Ausdunkelung durch Fichtenkultur könnten die Populationen zum Erlöschen bringen. Wegen der Unauffälligkeit der Art ist aber mit weiteren, bislang noch unbekannten Vorkommen zu rechnen.

7. *F. riparia* HAMPE ex LEHM. – Syn.: *F. cesatiana* DE NOT.

Ökologie: Braungrüne, dünne Decken an (vermutlich) halbschattigen, warmen, S-seitigen Dolomitfelsen im Flaumeichenwald. Brutkörper fehlen; Sporogone sind unbekannt. Die Ausbreitung erfolgt wohl über Blattbruchstücke.

- m. azido- bis basiphytisch, m. xerophytisch, m. skio- bis m. photophytisch
- L 6, T 8, K 7, F 3, R 6

Soziologie: Am einzigen Fundort im Quercetum pubescentis. Hinsichtlich der Zugehörigkeit zu bestimmten Moosgesellschaften und etwaiger Begleitmoose ist nichts bekannt.

Verbreitung: Ein sehr isoliertes Vorkommen einer submediterranen Art am südlichen Rand des Grazer Berglands in wärmebegünstigter Lage.

St: Grazer Umland: Gösting NW Graz, oberhalb des Gh. Hinterbrühl an der Thalstraße, 500 m (Maurer 1970, GZU, t. HK)

- Pyrenäen, randliche Süd- und Ostalpen, Istrien, östliches Nordamerika
- submediterran-montan

Gefährdung: Felsdurchsetzte Flaumeichenwälder finden sich im Norden von Graz räumlich sehr begrenzt und nur an wenigen Stellen. Ein großer Teil wurde durch Materialabbau (Steinbruch) bereits zerstört. Kleine Teile östlich der Mur wurden kürzlich als Natura 2000-Gebiet ausgewiesen. Der Flaumeichenwald an der Fundstelle unterliegt aber keinem Schutz. Die Population dürfte immer schon sehr klein gewesen sein. Eine oberflächliche Nachsuche durch den Autor in den 1980er-Jahren verlief erfolglos.

8. *F. tamarisci* (L.) Dumort. – Syn.: *Jungermannia tamarisci* L.

Foto: H. Köckinger

Ökologie: Dunkelgrüne bis rotbraune, glänzende, lockere, oft ausgedehnte Decken auf Borke oder epibryisch auf den Stämmen und Ästen von Laubbäumen, seltener Nadelbäumen, bei sehr hoher Luftfeuchtigkeit mitunter aber selbst auf dünnen Zweigen von Fichten. Außerdem auf nicht zu saurem Silikatgestein (gerne Amphibolit, im Burgenland Serpentinit) an feuchten Vertikal- und Neigungsflächen; über Karbonaten in der Regel nur epibryisch, insbesondere an Moosgehängen über leicht überhängenden Wänden. Ausnahmsweise auf

Totholz oder an Erdrainen. Oberhalb der Waldgrenze nicht selten auch auf Humus und eingewebt in nordseitigen Zwergstrauchheiden und Alpinrasen. Brutkörper fehlen; Sporogone sind selten.

- m. azido- bis subneutrophytisch, m. hygrophytisch, m. skio- bis m. photophytisch
- L 6, T 3, K 4, F 6, R 5

Soziologie: Als Epiphyt mit höherer Stetigkeit im Isothecietum myuri, im Anomodonto viticulosi-Leucodontetum sciuroidis und im Antitrichietum curtipendulae, seltener in Orthotrichetalia-Gesellschaften. Auf Silikatgestein u. a. im Grimmio hartmanii-Hypnetum cupressiformis und im Amphidietum mougeotii. Als epibryisches Element über Karbonaten im Ctenidion mollusci und im Neckerion complanatae.

Verbreitung: Ehemals im Gesamtgebiet verbreitet; heute mit einem deutlich geschrumpften und fragmentierten Areal. In den Staulagen der Nordalpen immer noch verbreitet (zerstreut im östlichsten Teil); in den Zentralalpen zerstreut bis verbreitet, ebenso zerstreut in den Südalpen. In der westlichen Flyschzone zerstreut; im Alpenvorland sehr selten. In der Böhmischen Masse heute nur noch zerstreut in Teilen des Donautals. In Wien seit langer Zeit verschollen. Submontan bis alpin, ca. 300 bis 2600 m.

B: Süd-B: Bernstein (Latzel 1941), Redlschlag, Steinstückl und Kleine Plischa (Zechmeister 2005), Pinkaklause bei Burg, bei Rechnitz, Rumpersdorf, Bernstein, Markt Neuhodis und auf dem Geschriebenstein (Maurer 1965) – **K**: z (aus dem Klagenfurter Becken fast nur historische Angaben) – **N**: Waldviertel: bei Groß-Gerungs und Rapottenstein (Heeg 1894), Zwettlerleiten E Albrechtsberg (HH); Wachau und Seitentäler: z; Wienerwald: Hagental bei St. Andrä (Heeg 1894); NA: z; Wechsel: Aspanger Klause (Heeg 1894) – **O**: Mühlviertel: nur historische Angaben aus dem Ostteil: Klamer Schlucht, Bad Kreuzen, St. Georgen am Walde (Poetsch & Schiedermayr 1872); Donautal: im Westteil noch z (Grims 2004, Schlüsslmayr 2011), bei Linz und Grein (Poetsch & Schiedermayr 1872), Dimbachgraben bei St. Nikola (Schlüsslmayr 2011); AV: unteres Pramtal und Inndurchbruch (FG), bei Kremsmünster, Schlierbach und Wolfsegg (Poetsch & Schiedermayr 1872); Flyschzone: z; NA: z bis v – **S**: A: v bis z – **St**: A: z bis v; in tieferen Lagen heute weitgehend fehlend – **T** – **V**: im Norden und Westen (Schwerpunkt Walgau) v, sonst z – **W**: Neuwaldegg (Pokorny 1854)

- Europa, Makaronesien, Kaukasus, Türkei
- westlich temperat-montan

Gefährdung: Die Bestände sind vor allem seit dem Beginn der Hochindustrialisierung und wegen des auf Kohleverbrennung basierenden Hausbrands durch starken SO_2-Ausstoß massiv geschrumpft. Pokorny (1854) gab die Art noch für Wien an, Sauter (1871) bezeichnete sie als „sehr gemein“ in Salzburg, Breidler (1894) als „allgemein verbreitet“ in der Steiermark. Der starke Einbruch erfolgte wohl vor etwas mehr als 100 Jahren und setzte sich in der Wirtschaftswunderzeit nach dem Zweiten Weltkrieg fort. Heute sind die Bestände in ihren Rückzugsgebieten einigermaßen stabil. Möglicherweise kam es lokal (etwa im Walgau) auch zu einer Wiederausbreitung. Für den Großteil Österrreichs trifft das aber nicht zu. Ehemals dominierten epiphytische Vorkommen; heute gilt das nur mehr für die niederschlagsreichsten Teile der Kalkgebirge und im Großteil Österreichs gibt es nur noch Bestände über Gesteinsuntergrund, wo die Art deutlich weniger empfindlich auf Luftverunreinigungen reagiert. Die forstwirtschaftliche Förderung der Fichte, das Ausmerzen alter Laubbäume und die generell kurzen Umtriebszeiten trugen ebenfalls zu diesem Rückgang bei und verhindern eine Bestandeserholung.

26. *Lejeuneaceae* Casares-Gil

1. *Cololejeunea* (Spruce) Schiffn.

1. *C. calcarea* (Lib.) Schiffn. – Syn.: *Lejeunea calcarea* Lib., *L. echinata* (Hook.) Tayl.

Ökologie: Blass- bis gelbgrüne, sehr zarte und wenig ausgedehnte Überzüge, mitunter kleine Pölsterchen, auf feucht-schattigem Karbonat-, seltener kalkhaltigem Silikatgestein oder über anderen Moosen, meist an Felswänden oder den Stirnseiten großer Blöcke; auf lediglich basenreichen Schiefern (Amphibolit, Grünschiefer etc.) nur in sickerfeuchten Nischen und Spalten. Bei ausreichender Basenversorgung (z. B. im Sprühnebel von Wasserfällen) tritt sie sehr selten auch als Epiphyt in Erscheinung. Oberhalb der Waldgrenze finden wir sie vorwiegend als Moospolstergast in geschützten Felsnischen. Brutkörper sind häufig; Sporogone finden sich allenthalben.

- neutro- bis basiphytisch, meso- bis s. hygrophytisch, m. skiophytisch
- L 4, T 4, K 4, F 6, R 8

Soziologie: Eine Ordnungskennart der Ctenidietalia mollusci; primär in verschiedenen Gesellschaften des Ctenidion mollusci, seltener im Neckerion complanatae. Häufige Begleiter sind *Mesoptychia collaris*, *Pedinophyllum interruptum*, *Gymnostomum aeruginosum*, *Hymenostylium recurvirostrum*, *Fissidens dubius*, *Orthothecium rufescens*, *O. intricatum*, *Ditrichum gracile*, *Ctenidium molluscum* etc.

Verbreitung: In den Nord- und Südalpen sowie im Grazer Bergland verbreitet; in den Zentralalpen zerstreut bis selten (regional fehlend). In der Flyschzone und im Alpenvorland selten. In der östlichen Böhmischen Masse sehr selten. Fehlt in B und W. Submontan bis alpin, ca. 300 bis 2250 m.

K: ZA: z; SA: v – **N**: Waldviertel: Teufelsrast im Kremstal (Hagel 2015); Wachau: Nussberg NW Willendorf (Hagel 2015); NA: v – **O**: AV: Innenge oberhalb

Wernstein (GRIMS 1985); Flyschzone: bei Alexenau und Powang (RICEK 1977); NA: v – **S**: AV: Stadt Salzburg (GRUBER 2001); NA: v; Zillertaler A: Wildgerlostal (SCHRÖCK et al. 2004); Hohe Tauern: Untersulzbachfall (CS), Mühlbachtal bei Mittersill (CS), Kapruner Tal (SAUTER 1871, H. Wittmann), Liechtensteinklamm (GSb) – **St**: NA: v; Niedere Tauern: Riesachfall und Preuneggtal bei Schladming, Mittereggergraben bei Irdning, Sunk bei Trieben (BREIDLER 1894), Lämmerkar am Placken S Schladming, Lachkogel N Krakaudorf, Mittlere Gstemmerspitze auf der Planneralm (HK); Oberes Murtal: bei Eppenstein (HK), bei Leoben (BREIDLER 1894); Grazer Bergland: v – Nord-**T**: NA: v (aber kaum erfasst); Sillschlucht bei Innsbruck (DALLA TORRE & SARNTHEIN 1904); Ötztaler A: bei Arzl, bei Stillebach im Pitztal und Ambach im Ötztal (DÜLL 1991); Stubaier A: Padastertal (HK); Zillertaler A: Wildlahnertal bei Schmirn (HK); Ost-**T**: Hohe Tauern: Prosseggklamm bei Matrei (DÜLL 1991), Dorfer Klamm bei Kals (CS & HK); Lienzer Dolomiten (SAUTER 1894) – **V**: NA: v

- West- und Zentraleuropa, nördliches Süd- und westliches Nordeuropa, Makaronesien, Kaukasus, Türkei
- subozeanisch-montan

Gefährdung: Nicht gefährdet.

2. *C. rossettiana* (C. MASSAL.) SCHIFFN. – Syn.: *Lejeunea rossettiana* C. MASSAL.

Foto: S. Koval

Ökologie: Blass- bis gelbgrüne, trocken graugrüne, sehr zarte Überzüge oder versprengte Einzelsprosse auf feucht-schattigem Karbonatfels (Kalk, Dolomit), wo sie an vertikalen Wänden oder den Stirnseiten großer Blöcken, oft über anderen Moosen, siedelt. Diese Art benötigt humide, aber nicht zu schattige und gleichzeitig frostarme Wuchsorte. Brutkörper sind regelmäßig vorhanden; Sporogone aus Österreich nicht bekannt.

- neutro- bis basiphytisch, m.–s. hygrophytisch, m. skiophytisch
- L 4, T 6, K 5, F 6, R 8

Soziologie: Eine Art des Neckerion complanatae und insbesondere im Homalothecio sericei-Neckeretum besseri präsent. Zur Begleitflora gehören u. a. *Plasteurhynchium striatulum*, *Neckera besseri*, *N. crispa*, *Thamnobryum alopecurum*, *Pedinophyllum interruptum*, *Lejeunea cavifolia*, *Mnium stellare* und *Plagiomnium rostratum*.

Verbreitung: Sehr selten in den östlichen Nordalpen und isoliert an einem Sonderstandort im Grazer Bergland. Montan, ca. 800 bis 1000 m.

O: NA: Schoberstein bei Ternberg und Schieferstein bei Reichraming (Schlüsslmayr 1997, 2005) – **St**: Ennstaler A: Teufelskirche bei St. Gallen (Breidler 1894); Grazer Bergland: Bärenschützklamm bei Mixnitz (HK)

- West-, Süd- und Zentraleuropa, Makaronesien, Marokko
- westlich submediterran-montan

Gefährdung: Primär wegen extremer Seltenheit gefährdet. Allerdings könnten forstliche Eingriffe an der Mehrzahl der Fundorte das spezielle Mikroklima so sehr beeinträchtigen, dass dies ein Verschwinden der empfindlichen Art nach sich zieht.

2. *Lejeunea* Lib.

1. *L. cavifolia* (Ehrh.) Lindb. – Syn.: *Jungermannia cavifolia* Ehrh., *L. serpyllifolia* auct.

Foto: H. Köckinger

Ökologie: Hell- bis gelbgrüne, zarte Überzüge auf feuchten, schattigen Silikatfelsen oder -blöcken, insbesondere an Neigungs- und Vertikalflächen, in tieferen Lagen vorwiegend in Schluchten und dort auch an Bachblöcken. Über Karbonatfels fast nur epibryisch oder über dünnen Humuslagen; lediglich auf reinem Dolomitgestein mitunter unmittelbar auf Fels. Außerdem an der Borke von Laubbäumen (selten Nadelbäumen) oder über epiphytischen Moosen. Ausnahmsweise auch auf Totholz oder Erde zu finden. Oberhalb der Waldgrenze oft auf Humus in Felsfluren und Alpinrasen oder als Polstergast auftretend. Brutkörper fehlen; Sporogone nicht nicht selten.

- m. azido- bis neutrophytisch, m.–s. hygrophytisch, s.–m. skiophytisch
- L 4, T 4, K 4, F 6, R 5

Soziologie: In einer Vielzahl von Moosgesellschaften präsent. Höhere Stetigkeiten zeigt sie im Anomodontetum attenuati, Isothecietum myuri, Plagiomnio cuspidati-Homalietum trichomanoidis, Anomodonto viticulosi-Leucodontetum sciuroidis, Brachythecietum plumosi und im Amphidietum mougeotii. Häufige Begleitarten sind u. a. *Metzgeria furcata*, *M. conjugata*, *Cololejeunea calcarea*, *Homalia trichomanoides*, *Neckera crispa* und *Thamnobryum alopecurum*; die drei letzteren dienen ihr oft als Substrat.

Verbreitung: Aus dem Gesamtgebiet nachgewiesen. In den Alpen verbreitet; außeralpin zerstreut bis selten. Collin bis alpin, ca. 200 bis 2300 m.

B: Leithagebirge: Lebzelterberg bei Wimpassing (SCHLÜSSLMAYR 2001); Mittel-B: bei Hammer und Glashütten-Langeck (LATZEL 1941); Süd-B: bei Bernstein (LATZEL 1941), Pinkaklause bei Burg, bei Pinkafeld, Drumling und Bernstein (MAURER 1965) – **K** – **N**: z bis v – **O**: z bis v – **S** – **St** – **T** – **V** – **W**: Neuwaldegg (HEEG 1894)

- Europa, Makaronesien, Kaukasus, Türkei, Sibirien, östliches Nordamerika, Nordafrika
- subozeanisch-montan

Gefährdung: Nicht gefährdet.

3. *Microlejeunea* STEPH.

1. *M. ulicina* (TAYLOR) A. EVANS – Syn.: *Jungermannia ulicina* TAYLOR, *Lejeunea ulicina* (TAYLOR) GOTTSCHE, LINDENB. & NEES

Foto: M. Lüth

Ökologie: Grüne, lockere Überzüge winziger Kriechsprosse auf der sauren Borke von Laub- und Nadelbäumen oder über epiphytischen Moosen in sehr luftfeuchten Wäldern, oft in Gewässernähe. Trägerbäume sind Buchen, Tannen, Eschen, Birken, aber auch junge Fichten in luftfeuchten Dickichten. Brutkörper fehlen; Sporogone sind aus Österreich nicht bekannt. Die Ausbreitung erfolgt vermutlich über losgelöste Sprossteile.

- s.–m. azidophytisch, m. hygrophytisch, s.–m. skiophytisch
- L 4, T 5, K 3, F 5, R 4

Soziologie: Vorwiegend im Microlejeuneo ulicinae-Ulotetum bruchii präsent, gelegentlich auch im floristisch armen Dicrano scoparii-Hypnetum filiformis. Typische Begleitarten sind *Metzgeria furcata*, *M. consanguinea*,

M. violacea, *Dicranum viride*, *D. montanum*, *Frullania fragilifolia*, *F. tamarisci*, *Neckera pumila*, *Hypnum andoi* und *H. cupressiforme*.

Verbreitung: Selten in niederschlagsreichen, ozeanisch getönten, vergleichsweise warmen Lagen, fast ausschließlich nördlich des Alpenhauptkamms; vor allem in der Flyschzone, selten bis sehr selten in den Nordalpen, im Inntal den Nordrand der Zentralalpen erreichend; ein Nachweis aus dem oberen Donautal. Historische Angaben aus der gewitterreichen Oststeiermark. Submontan und montan, ca. 300 bis 1000 m.

O: Donautal: Schlögener Schlinge (H. Göding in Schröck et al. 2014); Flyschzone: Reindlmühl bei Altmünster (S. Biedermann in Schröck et al. 2014) – **S**: Moorwald bei Kasern und Ursprungmoor bei Salzburg (als *L. minutissima*, Sauter 1871), Glasenbachklamm bei Salzburg (Heiselmayer & Türk 1979) – **St**: Totes Gebirge: Toplitzsee (S. Biedermann, t. HK); Ost-St: Forstwald bei Anger und Langwald bei Vorau (Breidler 1894) – Nord-**T**: Karwendel: Scharnitz (RK); Tuxer A: Volderwald bei Hall (Leithe 1885); Kitzbühler A: Alpbachtal E Reith (RD) – **V**: Pfänderstock: Maria Stern bei Hohenweiler, Berger Tobel bei Hörbranz, Wirtatobel (Amann et al. 2013); Walgau: W Röns und Düns (Amann 2006), Gais bei Bludesch (Amann et al. 2013)

- Westeuropa, westliches Zentraleuropa, nördliches Südeuropa, südwestliches Norwegen, Türkei, Japan, östliches Nordamerika
- subozeanisch

Gefährdung: Dieses subozeanische Florenelement befindet sich hier an seinem Arealrand. Arealvorstöße und -rückzüge im Laufe der Jahrhunderte sind natürlich. Die derzeitige Klimaentwicklung deutet auf einen Arealvorstoß nach Osten hin und somit ist prinzipiell mit einer weiteren Bestandeszunahme zu rechnen. Gegenwärtig scheint dieses fast unsichtbare Lebermoos aber noch selten zu sein.

27. *Porellaceae* Cavers

1. *Porella* L.

1. *P. arboris-vitae* (With.) Grolle – Syn.: *Jungermannia arboris-vitae* With., *J. laevigata* Schrad., *Madotheca laevigata* (Schrad.) Dumort., *M. thuja* (Hook.) Dumort., *P. laevigata* (Schrad.) Pfeiff.

Ökologie: Dunkelgrüne bis braune, mitunter fast schwarze, auffallend metallisch glänzende, kräftige, oft hängende Decken an stark geneigten bis vertikalen Karbonat- und basenreichen Silikatfelswänden (auch Basalt und Serpentin) oder an den Stirnseiten von Blöcken in schattiger, luftfeuchter, relativ warmer Lage. Selten auch an den stark bemoosten Stämmen alter Laubbäume, insbesondere an Bergahorn. Brutkörper fehlen; Sporogone sind in Österreich unbekannt.

Foto: H. Köckinger

- m. azido- bis basiphytisch, meso- bis m. hygrophytisch, m. skiophytisch
- L 5, T 4, K 5, F 5, R 7

Soziologie: Eine Ordnungskennart der Neckeretalia complanatae; vor allem in den reifen Gesellschaften des Neckerion complanatae, selten im Ctenidion mollusci. Häufige Begleitarten sind *P. platyphylla*, *Frullania tamarisci*, *Neckera crispa*, *N. complanata*, *N. besseri*, *Anomodon attenuatus*, *Plagiochila porelloides*, *Metzgeria pubescens*, *M. conjugata*, *Isothecium alopecuroides*, *Plasteurhynchium striatulum*, *Homalothecium philippeanum* oder *Lejeunea cavifolia*.

Verbreitung: Aus allen Bundesländern nachgewiesen, aber nirgends häufig. In den Nord- und Südalpen zerstreut; in den Zentralalpen nur in den Randlagen im Osten und Süden selten bis zerstreut; im Grazer Bergland und im Hügelland des Südostens zerstreut; im Alpenvorland und in der Flyschzone selten. In der Böhmischen Masse selten bis zerstreut (nur in der Wachau ziemlich verbreitet). Submontan und montan, ca. 300 bis 1200 m.

B: Süd-B: Faluditai bei Rechnitz (Latzel 1941), bei Rumpersdorf und E Rechnitz (Maurer 1965) – **K**: Hohe Tauern: Trebesinger Hütten im Radlgraben bei Gmünd (HK & HvM); Gurktaler A: Laufenberger Bach W Radenthein, Presinger Bach bei Weißenstein (HK & AS); Saualpe: Weißenbach NW Wolfsberg (Latzel 1926); Koralpe: Rassinggraben bei Wolfsberg (HK) und Rainzgraben E St. Georgen (HK & AS); im Klagenfurter Becken zw. Villach, Friesach und Lavamünd z; Gailtaler A: Fellbachgraben bei Steinfeld (HK & AS); Karnische A: Wolayertal (HK & MS), Valentintal (HK & AS), Grießbach S Würmlach, Stranigbachschlucht und Döbernitzgraben S Kirchbach (HK & HvM), Feistritzgraben W Achomitz (HK); Karawanken: Kokra- und Korpitschgraben S Arnoldstein, Suchabachgraben S Finkenstein (HK & AS); Steiner A: Seeberg (Głowacki 1910) – **N**: Waldviertel: Krumau, Kremstal, Reisling W Rastbach und Hardegg im Thayatal (Hagel 2015); Wachau: v (Heeg 1894, Ricek 1984, HH); NA: Vordere Tormäuer (HZ), Rabenstein, Gießhübel bei Mödling (Heeg 1894); Wienerwald: bei Purkersdorf und St. Andrä (Heeg 1894); Weinviertel: Erdberg (Förster 1881) – **O**: Mühlviertel: Gr. Mühl bei

Altenfelden (Poetsch & Schiedermayr 1872), Mühltal unterhalb Neufelden (Fitz 1957), N Reichenstein an der Waldaist (G. Pils & F. Berger in Schlüsslmayr 2011); Donautal: Rannatal (Grims 2004, Schlüsslmayr 2011), Mühllacken und Grein (Poetsch & Schiedermayr 1872); AV: bei Vöcklabruck (Poetsch & Schiedermayr 1872); Flyschzone: Pechgraben bei Großraming (Schlüsslmayr 2005); NA: bei Ternberg, Losenstein, Leonstein, Großraming und Molln (Schlüsslmayr 2005), bei Leonstein, Molln, Roßleiten und Micheldorf (Poetsch & Schiedermayr 1872), bei Molln, an der Kremsmauer und im Steyrlingtal (Fitz 1957) – **S**: Stadt Salzburg: Imberg (Sauter 1871), Rauchenbühel bei Aigen (CS); NA: Untersberg (Schwarz 1858), Rußbachtal E Schafberg und Kienbachtal SW Leonsberg (PP), Zinkenbachgraben (CS); „im Pinzgau" (Sauter 1871) – **St**: NA: bei Tragöß, Vordernberg, Eisenerz, im Radmertal, im Gesäuse, bei St. Gallen und bei Wald am Schoberpass (Breidler 1894), Hartelsgraben, Kaisertal des Reiting (HK); Oberes Murtal: bei Leoben und St. Michael (Breidler 1894); Grazer Bergland: Bärenschützklamm (HK), Bärental und Raabklamm bei Weiz (Breidler 1894); Grazer Umland: Mariatrost, Gaisberg, Judendorfer Berg, Rein (Breidler 1894); W-St: bei Schwanberg und Deutschlandsberg (Breidler 1894), Wildbachgraben NW Deutschlandsberg, Teigitschgraben SW Voitsberg (HK); Ost-St: Kulm bei Stubenberg (Breidler 1894); Süd-St: Riegersburg, Klöch, Gleichenberg und im Sausal (Breidler 1894) – Nord-**T**: Ötztaler A: bei Ambach (Düll 1991), bei Arzl (Leithe 1885); Ost-**T**: Hohe Tauern: bei Matrei (Sauter 1894); Lienzer Dolomiten: Tristacher See bei Lienz (Düll 1991) – **V**: Pfänderstock bei Bregenz mehrfach (Blumrich 1913); Wirtatobel bei Bregenz (Loitlesberger 1894); Rheintalhang: Alplochschlucht (CS), Stadtschrofen bei Feldkirch (Loitlesberger 1894); Bregenzerwald: Bezegg bei Andelsbuch (J. Blumrich in BREG), E Haselstauden, SE Müselbach, zw. Baien und Brünneliseggalpe (CS); Allgäuer A: Leckenholzalpe (CS); Walgau: Göfiser Wald (F. Gradl in BREG), zw. Düns und Flana (GA); Gr. Walsertal: Lutz- und Ladritschschlucht (HK), Rottobel (GA); Rätikon: Meng- und Saminaschlucht (GA), Saminatal (Loitlesberger 1894); Montafon: Gamplaschg bei Schruns (GA) – **W**: Dornbach und Thiergarten (Pokorny 1854)

- West-, Süd- und Zentraleuropa, Makaronesien, Kaukasus, Türkei, Algerien
- westlich submediterran-montan

Gefährdung: Gesamtösterreichisch nicht gefährdet; vielerorts aber selten. Diese leicht kenntliche Art ist insofern naturschutzfachlich interessant, als sie als Zeigerart für Orte mit besonders artenreicher und üppiger Moosvegetation gelten kann.

2. *P. cordaeana* (Huebener) Moore – Syn.: *Jungermannia cordaeana* Huebener, *Madotheca cordaeana* (Huebener) Dumort., *M. rivularis* Nees, *P. rivularis* (Nees) Pfeiff.

Ökologie: Olivgrüne bis hellbraune, kräftige Decken auf feuchtschattigem, nicht zu saurem Silikat- und Karbonatgestein, an Blöcken wie auch Felswänden; zudem auf Blöcken in Silikat- und Kalk-Quellfluren und kleinen Bächen; in den Kalkgebirgen auch auf Waldböden, auf humosem Boden unter subalpinen Gebüschen und in Hochstaudenfluren. Brutkörper fehlen; Sporogone sind selten.

- m. azido- bis basiphytisch, m. hygro- bis hydrophytisch, m. skio- bis m. photophytisch
- L 5, T 3, K 5, F 6, R 6

Soziologie: Die einzige Kennart des Madothecetum cordaeanae, welches in Silikat-Quellfluren, aber in abweichenden Subassoziationen auch außerhalb des Wassers an feuchten Silikatfelsen vorkommt. Typische Begleitarten in dieser Moosgesellschaften sind u. a. *Scapania undulata*, *Chiloscyphus polyanthos*, *Plagiothecium platyphyllum* oder *Schistidium rivulare*, an trockeneren Stellen u. a. *Lejeunea cavifolia*, *Homalia trichomanoides*, *Metzgeria conjugata*, *Anomodon attenuatus* oder *A. rugelii*. In den Kalkgebirgen findet man sie aber auch nicht selten im Ctenidion mollusci, speziell im Pseudoleskeetum incurvatae in Begleitung von *Pseudoleskea incurvata*, *Ptychodium plicatum*, *Syntrichia norvegica*, *Bryum elegans* var. *ferchelii* oder *Scapania aequiloba*. Subalpin auch im Erico-Pinion mugo und im Alnion viridis. Bemerkenswert ist weiters eine Population im Quellwasser eines typischen Cratoneuretum falcati.

Verbreitung: In den Zentralalpen zerstreut; in den Nordalpen selten bis zerstreut; in den Südalpen zerstreut. Isolierte Einzelangaben aus der östlichen Böhmischen Masse und dem südöstlichen Hügelland. Fehlt in Ost-T und W. Montan bis alpin, ca. (500) 1000 bis 2300 m.

B: Günser Gebirge: Gößbachtal bei Hammer (zweifelhaft, LATZEL 1941) – **K**: Hohe Tauern: Gößnitztal (HK), Wastlbaueralm und Rabenwand bei Malta (BREIDLER 1894), Lodronsteig im Maltatal (HK), Pöllatal (HK & HvM); Gurktaler A: Laußnitzsee (HK & CS), Kar SW Zunderwand (HK), Saureggental (HK & AS); Stubalpe: Petererkogel (HK); Saualpe: Gletschachgraben (GŁOWACKI 1910); Karnische A: Frohntal und Weidenkopf (HK & MS), Valentintal (HK & AS); Karawanken: oberstes Bärental, Heiligengeistsattel (HK), Petzen Gipfelregion (HK & MS) – **N**: Waldviertel: Komau am Kamp (HZ); NA: bei der Legsteinhütte am Dürrenstein (HK) – **O**: NA: am Gr. Pyhrgas in den Haller Mauern (SCHLÜSSLMAYR 2005), Brunnsteinersee am Warscheneck (Ricek in SPETA 1976), Steinriesenkogl im Gosaukamm (GS) – **S**: Zillertaler A: Wildgerlostal (SCHRÖCK et al. 2004); Radstädter Tauern: Aufstieg zur Franz-Fischer-Hütte (HK & PP); Schladminger Tauern: Landwierseehütte (JK), Lessachtal (KRISAI 1985); Nockberge: Aineck (BREIDLER 1894) – **St**: Eisenerzer A: Reiting, Krumpen und Rötzgraben bei Vordernberg (BREIDLER 1894), Reichenstein (HK); Hochschwab: nahe Leobner Hütte, Lamingeck (HK); Hinteralpe bei Mürzsteg (BREIDLER 1894), Wildalpe S Terz (HH in SZU); Niedere Tauern: Hasenkar bei Schladming, Knallstein, Lerchgraben bei St. Johann (BREIDLER 1894), Aufstieg von der Wödlhütte zum Höchstein (JK), Zinkenbachgraben bei Seckau (HK); Gurktaler A: Dieslingsee bei Turrach (BREIDLER 1894); Seetaler A: Seetal (HK); Gleinalpe: Preggraben bei Preg (HK), Gößgraben bei Leoben (BREIDLER 1894); Stubalpe: Speikkogel, Kickerloch, Hirscheggersattel (HK); Fischbacher A: Stuhleck (HK) – Nord-**T**: Ötztaler A: bei Neurur im Pitztal, bei Zwieselstein und in der Kühtraienschlucht im Ötztal (DÜLL 1991) – **V**: Allgäuer A: Hälekopf; Lechquellengebirge: Annalperaualpe bei Au; Rätikon: Alpe Gamp am Mattlerjoch, Alpe Gamperdona; Verwall: Silbertal; Silvretta: Untervermunt (AMANN et al. 2013)

- Europa, Kaukasus, Nordafrika, Klein- und Vorderasien, Himalaya, westliches Nordamerika
- westlich temperat-montan

Gefährdung: Nicht gefährdet.

Anmerkung: Die ungewöhnlich weite Standortsamplitude deutet möglicherweise auf die Existenz zweier verschiedener Genotypen, einer Kalk- und einer Silikatsippe, hin.

3. *P. platyphylla* (L.) PFEIFF. – Syn.: *Jungermannia platyphylla* L., *J. platyphylloidea* auct. eur., *Madotheca jackii* SCHIFFN., *M. navicularis* NEES, *M. baueri* SCHIFFN., *M. platyphylla* (L.) DUMORT., *M. platyphylloidea* auct. eur., *P. baueri* (SCHIFFN.) C.E.O. JENSEN, *P. platyphylla* var. *platyphylloidea* auct. eur., *P. platyphylloidea* auct. eur.

Foto: H. Köckinger

Ökologie: Hell- oder olivgrüne bis hellbraune, glanzlose, kräftige Decken an Neigungs-, Vertikal- oder Überhangflächen von schattigen bis hellen, feuchten bis relativ trocken Karbonat- oder basenreichen Silikatfelsen; außerdem auf basenreicher Borke von Laubbäumen an Stämmen, dicken Ästen und freiliegenden Wurzeln. In subalpinen Lagen nur an trockenen Standorten. Ausnahmsweise auch als Erdmoos. Brutkörper fehlen; Sporogone sind häufig.

- m. azido- bis basiphytisch, m. xero- bis mesophytisch, m. skio- bis s. photophytisch
- L 6, T 4, K 5, F 4, R x

Soziologie: Eine Ordnungskennart der Neckeretalia complanatae und dort in einer Reihe von Gesellschaften vertreten. In den Orthotrichetalia zumeist nur in Initialen vorhanden. An Kalkfelsen mitunter im Ctenidion mollusci, an trocken-sonnigen Stellen auch im Grimmion tergestinae und auf trockener Erde in Halbtrockenrasen sogar im Abietinelletum abietinae.

Verbreitung: Im Gesamtgebiet verbreitet und oft häufig; lediglich im Mühlviertel fast nur im Südteil präsent. Planar bis subalpin; bis ca. 2000 m aufsteigend.

B – K – N – O – S – St – T – V – W

- Europa, Nordafrika, Kaukasus, Sibirien, Himalaya, China, Nordamerika
- westlich temperat

Gefährdung: Nicht gefährdet; auch nicht sehr empfindlich gegenüber Luftverunreinigungen; beispielsweise nennt sie GRUBER (2001) den häufigsten Epiphyten an alten Laubbäumen in der Stadt Salzburg.

Anmerkungen: *P. baueri* ist wegen mangelnder Unterscheidbarkeit inkludiert. Diese allopolyploide, eventuell paraphyletische Sippe, einst entstanden aus einer Hybride von *P. platyphylla* und *P. cordaeana* (oder auch mehrfach), ist vermutlich häufig und tritt primär auf Silikatgestein und als Epiphyt auf. Von V. Schiffner bestimmte Proben in W stammen aus N, O und T. – Einige Aufsammlungen von *P. platyphylla* kommen *P. platyphylloidea* (SCHWEINF.) LINDB. sehr nahe, insbesondere ein sehr alter Beleg vom Gaisberg E Stadt Salzburg (leg. F. Bartsch, 1858, W). Solche Formen wurden als *Madotheca jackii* beschrieben; zuvor hatte man sie als *M. navicularis* geführt. Das Vorkommen der primär nordamerikanischen *P. platyphylloidea* in Europa ist umstritten. Von V. Schiffner als *M. jackii* bestimmte Proben liegen in W aus B, N und S vor.

28. *Radulaceae* MÜLL. FRIB.

1. *Radula* DUMORT.

1. *R. complanata* (L.) DUMORT. – Syn.: *Jungermannia complanata* L.

Ökologie: Hellgrüne bis hell gelbliche, flache, lockere Überzüge auf Borke an Laub- und Nadelbäumen sowie Gebüschen an Stämmen, Ästen, dünnen Zweigen oder freiliegenden Wurzeln; zudem auf Karbonat- und nicht zu saurem Silikatgestein an Blöcken und Felsen, in tiefen Lagen zumeist an feuchtschattigen, im Gebirge aber eher an sonnig-trockenen Standorten. Selten auf Totholz und an Erdstandorten. Brutkörper sind stets vorhanden, Sporogone meist ebenso.

- m. azido- bis basiphytisch, m. xero- bis m. hygrophytisch, m. skio- bis m. photophytisch
- L 6, T 4, K 5, F 4, R x

Foto: H. Köckinger

Soziologie: Eine Klassenkennart der Frullanio dilatatae-Leucodontetea sciuroidis und in einer Vielzahl von epiphytischen Gesellschaften präsent. Auf Gestein vor allem im Neckerion complanatae; außerdem montan auf Silikatgestein im Grimmio hartmanii-Hypnetum cupressiformis, oberhalb der Waldgrenze hingegen primär in den Spaltenfluren des Amphidietum mougeotii; auf Kalk im Gebirge vor allem im Ctenidietum mollusci.

Verbreitung: Im Gesamtgebiet verbreitet und meist häufig; nur in industriellen Ballungszentren selten. Planar bis alpin; bis ca. 2400 m aufsteigend.

B – K – N – O – S – St – T – V – W

- Europa, Nordafrika, Asien, Nordamerika, Grönland, Mexiko
- westlich temperat

Gefährdung: Nicht gefährdet.

2. *R. lindenbergiana* GOTTSCHE ex C. HARTM. – Syn.: *R. commutata* GOTTSCHE ex JACK, *R. complanata* subsp. *lindbergiana* (GOTTSCHE ex C. HARTM.) R.M. SCHUST., *R. germana* JACK, *R. lindbergiana* GOTTSCHE ex J.B. JACK, nom. illeg.

Ökologie: Hellgrüne bis hell gelbliche, flache Überzüge auf der Borke von Laubbäumen (meist Buche), subalpin auch von Latschen und Grünerlen oder dünnen *Rhododendron*-Stämmchen; außerdem auf subalpinen Karbonatschrofen und -blöcken, unter Latschen mitunter sogar in recht kräftigen Decken, seltener auf Silikatgestein. Die Art ist ökologisch *R. complanata* durchaus vergleichbar, aber insgesamt deutlich kryophiler. Brutkörper sind meist vorhanden; Sporogone finden sich gelegentlich.

- m. azido- bis basiphytisch, meso- bis m. hygrophytisch, m. skio- bis m. photophytisch
- L 6, T x, K 4, F 5, R x

Soziologie: Als Epiphyt in verschiedenen Gesellschaften der Frullanio dilatatae-Leucodontetea sciuroidis, aber auch im Neckerion complanatae und im Dicrano-Hypnion filiformis, z. B. im Lescuraeetum mutabilis. Oberhalb der Waldgrenze über Karbonatgestein vor allem im Ctenidietum mollusci in Begleitung von *Ctenidium molluscum*, *Scapania aequiloba*, *Campylium halleri*, *Plagiochila porelloides* oder *Pseudoleskea incurvata*; über Silikatgestein vorwiegend im Amphidietum mougeotii, gerne zusammen mit *Frullania jackii*.

Verbreitung: In den Alpen zerstreut bis verbreitet; vielerorts auch übersehen. Außeralpin sehr selten und Angaben partiell revisionsbedürftig. Fehlt in W. Submontan bis alpin, ca. 300 bis 2600 m.

B: Süd-B: Wenzelangersattel nahe Bernstein (LATZEL 1930) – **K**: A: z – **N**: Waldviertel: Gipfel des Nebelsteins (HEEG 1894), Mayerhofen am Ostrong (HZ); Wachau: Schwallenbachgraben bei Spitz (HEEG 1894), Windstalgraben bei Rossatz (J. Saukel); NA: Hundsaubachgraben und Rothwald (HZ), Schneeberg und Dürrenstein (HK) – **O**: NA: z – **S**: A: v bis z – **St**: NA: z; Niedere Tauern: v bis z; Gurktaler A: Dieslingsee und Eisenhut (BREIDLER 1894); Gleinalpe: Schladnitzgraben (BREIDLER 1894); Ost-St: Keppeldorfer Graben bei Anger (BREIDLER 1894) – **T**: wohl z (viele Angaben zweifelhaft) – **V**: z

- Europa, Makaronesien, Nordafrika, Kaukasus, Indien, Himalaya, China, Japan, Tennessee
- westlich submediterran-montan

Gefährdung: Nicht gefährdet.

3. *R. visianica* C. MASSAL.

Ökologie: In zarten, gelbgrünen, *Lejeunea cavifolia*-artigen Decken über Moosen auf feuchtem, absonnigem Dolomitfels, meist an Vertikalflächen. Im Gebiet fehlen Gametangien und Brutkörper sind sehr selten. Die Ausbreitung erfolgt daher wohl über Blatt- und Sprossbruchstücke.

- neutro- bis basiphytisch, s. hygrophytisch, m. skiophytisch
- L 6, T 3, K 7, F 7, R 8

Foto: H. Köckinger

Soziologie: In lockeren montanen Ausprägungen des Caricetum firmae, wie sie auf Dolomit in Nordlage häufig angetroffen werden können. Die häufigste Begleitart ist *Barbula crocea*, was eine Eingliederung in das Barbuletum paludosae (Schlüsslmayr 2005) rechtfertigt. Beziehungen bestehen ferner zum Plagiopodo oederi-Orthothecietum rufescentis. Weitere wichtige Begleitpflanzen sind *Orthothecium rufescens, Tortella tortuosa, Cololejeunea calcarea, Hymenostylium revurvirostrum, Palustriella commutata* var. *sulcata, Brachythecium funkii*, die Alge *Trentepohlia aurea* sowie als Beispiele unter den Gefäßpflanzen *Carex firma, Primula clusiana, P. wulfeniana, Valeriana saxatilis* oder *Rhodothamnus chamaecistus*.

Verbreitung: Reliktär und sehr selten in den Süd- und Nordostalpen. Montan und subalpin, ca. 1200 bis 1800 m.

K: Gailtaler A: Padiaursteig am Reißkofel; Karawanken: Nordseite der Uschowa SE Eisenkappel (Köckinger 2016) – **St**: Eisenerzer A: Höchstein am Wildfeld; Hochschwab: Dullwitz bei Seewiesen, Höchstein N Aflenzer Bürgeralm (Köckinger 2016)

- Süd- und Nordostalpen
- reliktisch alpisch

Gefährdung: Diese Art galt bereits als weltweit ausgestorben, nachdem an den beiden historischen Fundorten in Italien erfolglos intensiv nach ihr gesucht wurde. Diese putativ epiphytischen Populationen dürften der Klimaerwärmung (Originalfund von 1878) und der Luftverschmutzung zum Opfer gefallen sein. Die österreichischen Felspopulationen in deutlich höheren Lagen scheinen gegenwärtig hingegen ungefährdet.

Anmerkung: Köckinger (2016) berichtet über die Wiederentdeckung dieser zuvor nur vom Südalpenrand bekannten Art und bringt eine verbesserte Beschreibung.

29. *Ptilidiaceae* H. Klinggr.

1. *Ptilidium* Nees

1. *P. ciliare* (L.) Hampe – Syn.: *Blepharozia ciliaris* (L.) Dumort., *Jungermannia ciliaris* L.

Ökologie: Gelb- oder grasgrüne bis tief rotbraune, oft hohe, aufrechte oder aufsteigende Rasen auf sauren Böden in Wäldern (gerne in trockenen, hellen Föhrenwäldern) oder Zwergstrauchheiden, vor allem im Waldgrenzbereich. Häufig auch auf Silikat-Blockhalden; über Kalkgestein nur bei Anwesenheit dicker Humusschichten, aber mitunter reichlich im Unterwuchs von Latschenbeständen. Ziemlich konstant weiters in Hochmooren und Moorwäldern zwischen Torfmoosen unter Latschen und Moorbirken oder auf kahlem Torf, mitunter sogar submers in Moortümpeln. Als Folgeart auf ausgehagerten, eher trockenen Lehmböschungen ebenfalls präsent. In der Alpinstufe in kalkfreien, absonnigen Felsfluren; gelegentlich aber auch auf Humus in Alpinrasen und als Irrgast auf Schneeböden. Brutkörper fehlen; Sporogone sollen nicht selten sein.

Foto: H. Köckinger

- s. azidophytisch, m. xero- bis hydrophytisch, m. skio- bis s. photophytisch
- L 7, T 3, K 6, F x, R 2

Soziologie: Eine Verbandskennart des Dicrano-Pinion, der bodensauren Rotföhrenwälder; im Gebirge vor allem über Silikatgrund im Rhododendro-Vaccinion, aber auch über Kalk im Erico-Pinion mugo. Innerhalb der Moosgesellschaften mit höherer Stetigkeit auf saurem Humus im Calypogeietum neesianae, auf lehmiger Erde im Pogonato urnigeri-Atrichetum undulati und in silikatischen Fels- und Blockfluren, montan bis hochalpin, recht konstant im Racomitrietum lanuginosi.

Verbreitung: In den Zentralalpen verbreitet bis zerstreut; in den Nordalpen zerstreut bis verbreitet (selten unterhalb von 1500 m); in den Südalpen selten. In der Böhmischen Masse und im Klagenfurter Becken zerstreut. Im westlichen Alpenvorland selten. Fehlt in B und W. Submontan bis subnival, ca. 400 bis 2800 m.

K: ZA: v bis z; Klagenfurter Becken: z; Gailtaler A: Weißensee (van Dort et al. 1996, HK & HvM); Karawanken: Matzener Boden bei Gotschuchen (HK & AS), Untere Krischa der Petzen (HK) – **N**: Waldviertel, Wachau und A: z – **O**: Mühlviertel und Donautal: z; AV: Gründberg bei Frankenburg im Hausruck (Ricek 1977); NA: z bis v – **S**: A: v bis z – **St**: A: v bis z; mehrfach um Graz (Breidler 1894) – **T** – **V**: z (fehlt im Norden)

- Europa (exkl. Mediterraneis), Kaukasus, Sibirien, Japan, nördliches Nordamerika, südliches Südamerika, Neuseeland
- boreal

Gefährdung: Nicht gefährdet.

2. *P. pulcherrimum* (WEBER) VAIN. – Syn.: *Blepharozia pulcherrima* (WEBER) LINDB., *Jungermannia pulcherrima* WEBER

Ökologie: Gelb- oder grasgrüne bis gelb- oder rotbraune, flache Überzüge oder Decken auf meist relativ trockenem Totholz in nur mäßig feuchten Wäldern. Als Epiphyt auf saurer Borke von Buchen, Lärchen oder Fichten vor allem die Stammbasen und freiliegenden Wurzelbasen besiedelnd. Außerdem auf sehr nährstoffarmem, saurem Silikatgestein auf Blöcken und Felsen. In Mooren gerne an den Basen der Latschenstämme oder auf trockenem Torf wachsend. Brutkörper fehlen; Sporogone sollen nicht selten sein.

- s. azidophytisch, mesophytisch, m. skio- bis m. photophytisch
- L 5, T 4, K 6, F 5, R 2

Soziologie: Ein Verbandskennart des Dicrano scoparii-Hypnion filiformis; hier vor allem im Ptilidio pulcherrimi-Hypnetum pallescentis und im Orthodicrano montani-Hypnetum filiformis mit höheren Deckungswerten. In den Zentralalpen häufig auf Totholz im Lophocoleo heterophyllae-Dolichothecetum seligeri. Auf Silikatgestein gelegentlich im Andreaeetum petrophilae oder im Hedwigietum albicantis präsent.

Verbreitung: In den Alpen meist verbreitet und oft häufig; außeralpin zerstreut bis selten. Fehlt in W. Submontan bis subalpin, ca. 300 bis 1600 m.

B: Leithagebirge: Schweingraben bei Loretto (SCHLÜSSLMAYR 2001); Mittel-B: im Ödenburger Gebirge bei Neckenmarkt (SZÜCS & ZECHMEISTER 2016); Süd-B: bei Grafschachen (MAURER 1965) – **K** – **N**: z bis v – **O**: z bis v – **S** – **St** – **T** – **V**: z bis v (im Nordwesten s)

- Europa (exkl. Mediterraneis), Kaukasus, Sibirien, China, Japan, Nordamerika
- boreal

Gefährdung: Nicht gefährdet.

30. *Aneuraceae* H. KLINGGR.

1. *Aneura* DUMORT.

1. *A. maxima* (SCHIFFN.) STEPH. – Syn.: *Riccardia maxima* SCHIFFN.

Ökologie: Breite, saftiggrüne Thallusbänder in lockeren Beständen in sumpfigen Wäldern, Erlenbrüchen, Röhrichten, einer nassen Pionierflur an einer Forststraße und am höchsten Fundort in einer nassen Silikatfelsspalte. Gelegentlich mit Sporogonen.

- m. azidophytisch, s. hygro- bis hydrophytisch, s.–m. skiophytisch
- L 5, T x, K ?, F 8, R 5

Soziologie: Wächst gerne in Gesellschaft von *Trichocolea tomentella*, *Marchantia polymorpha* s. str., *Conocephalum conicum* oder *Plagiomnium*-Arten.

Verbreitung: Bislang nur aus Kärnten und der Steiermark bekannt, aber zweifellos in tieferen Lagen viel weiter verbreitet und lediglich übersehen bzw. von *A. pinguis* nicht unterschieden. Submontan und montan, 430 bis 1350 m.

K: Hohe Tauern: Maltatal, 1350 m; Seetaler Alpen: SW Reichenfels; Lavanttal: Mosinger Wald; Klagenfurter Becken: Kantnig W Velden, Falkenberg N Klagenfurt, Wurlabach N Völkermarkt, Graben bei Einersdorf NE Bleiburg (Köckinger et al. 2008) – **St**: Oberes Murtal: Maxlanwald E Weißkirchen (HK)

- ungeklärt
- ungeklärt

Gefährdung: Angesichts der besiedelten Habitate kann man von einer mäßigen Gefährdung ausgehen.

Anmerkung: Andriessen et al. (1995) geben diese Sippe erstmals für Europa an. Aus der Gegend um Innsbruck (Dalla Torre & Sarnthein 1904) wird eine var. *lobulata crassior* Nees angegeben, die mit dem europäischen Konzept von *A. maxima* übereinstimmen könnte. An der Zugehörigkeit der temperaten Pflanzen zu dieser primär tropischen Art gibt es neuerdings Zweifel.

2. *A. mirabilis* (Malmb.) Wickett & Goffinet – Syn.: *Cryptothallus mirabilis* Malmb.

Ökologie: Wächst in unregelmäßigen, weißlichen Thalli „subterran" unter Moosdecken auf bzw. in nassen und sauren Moor- oder Waldböden. Der dubiose Wiener Fund stammt aus einer „Waldkultur". Im Frühjahr zu entdecken, da zu dieser Zeit ihre Kapseln auf langen Seten ans Licht kommen.

- s. azidophytisch, s. hygrophytisch, s. skiophytisch
- L 1, T 3, K 5, F 7, R 2

Soziologie: In Nordeuropa insbesondere in Moorwäldern, etwa in Moorbirken-Brüchen, gerne unter *Sphagnum palustre*-Decken, selten auch in Nadelwäldern unter *Hylocomium splendens.*

Verbreitung: Eine alte Angabe vom Westrand Wiens (s. Anm.).

W: Wienerwald: bei Mariabrunn nächst Wien, leg. Dr. E. Zederbauer, det. V. Schiffner (Schiffner 1934)

- Westeuropa, Skandinavien, W-Grönland (nächstgelegener Fundort in Brandenburg)
- nördlich ozeanisch

Gefährdung: Verschollen. Von ausgedehnten „Raubgrabungen“ ist abzuraten. Die Fundchancen sind ohnehin als sehr gering einzuschätzen.

Anmerkung: SCHIFFNER (1934) schreibt in Reaktion auf die Originalbeschreibung Malmborgs: *„Ich habe diese Pflanze schon vor mehr als 20 Jahren gesehen. Sie wurde gefunden in einer Waldkultur bei Mariabrunn nächst Wien von Dr. E. Zederbauer, der wohl glaubte Prothallien eines Lycopodium oder etwas anderes gefunden zu haben. Sie wurde mir von Prof. Wettstein zur Begutachtung vorgelegt und trotzdem das Material steril war, erkannte ich es als ein Lebermoos und war der Ansicht, dass es eine saprophytische Form von Riccardia pinguis sein dürfte. Ich war also der Sache ganz nahe. Leider durfte ich das Material zur genaueren Untersuchung nicht behalten, weil Dr. Zederbauer darüber publizieren wollte, was aber nicht geschah. – Vielleicht ist diese Angabe deshalb interessant, da daraus hervorgeht, dass Cryptothallus auch in Nieder-Österreich (bei Wien) vorkommt.*“ Nach der Fundortsangabe scheint die Lokalität aber innerhalb der Stadtgrenzen gewesen zu sein.

3. *A. pinguis* (L.) DUMORT. – Syn.: *Jungermannia pinguis* L., *Riccardia pinguis* (L.) GRAY

Ökologie: Erbsengrüne, schmale bis mittelbreite, gelappte Lagerbänder an nassen Karbonat- oder basenreichen Schieferfelsen, in basenreichen Quellfluren, Niedermooren, auf bewachsenen Bachblöcken, in Alpinrasen, nassen Pionierfluren über Erde, Sand und Niedermoortorf. Sporogone sind häufig.

Foto: H. Köckinger

- subneutro- bis basiphytisch, m. hygro- bis hydrophytisch, m. skio- bis s. photophytisch
- L 7, T x, K 5, F 8, R 7

Soziologie: In Mooren primär im Caricion davallianae, in Quellfluren meist im Cratoneurion und Adianthion, an Felsen im Cystopteridion; in reinen Moosgesellschaften häufig im Fissidention gracilifolii (gerne mit *Seligeria trifaria* und *S. irrigata*), in diversen Ctenidion-Gesellschaften, an Bächen im Brachythecion rivularis oder als Pionier im Dicranelletum rubrae mit *Dicra-*

nella varia, *Mesoptychia badensis*, *Pellia endiviifolia* und *Jungermannia atrovirens*.

Verbreitung: In den Nord- und Südalpen verbreitet, ebenso in weiten Teilen der Zentralalpen (abgesehen von kalkarmen Anteilen). Außeralpin zerstreut bis selten, in Abhängigkeit vom Substratangebot. Planar bis alpin; bis ca. 2300 m aufsteigend.

B – **K** – **N** – **O**: im Donautal und östlichen Mühlviertel z, punktuell im Böhmerwald (Schlüsslmayr 2011); Innviertel: z (Krisai 2011); NA: v – **S** – **St** – **T** – **V** – **W**: Dornbach (Pokorny 1854), Erdberg, Kagran (Heeg 1894), Johannserkogel (HZ)

- kosmopolitisch
- nördlich temperat

Gefährdung: Nicht gefährdet.

2. *Riccardia* Gray

1. *R. chamedryfolia* (With.) Grolle – Syn.: *Aneura pinnatifida* (Huebener) Dumort., *Aneura sinuata* (Hook.) dumort., *Jungermannia chamedryfolia* With., *Riccardia major* (Nees) Lindb., *R. sinuata* (Hook.) Trevis.

Ökologie: Hell- bis dunkelgrüne, lockere Bestände in Waldsümpfen oder in Quellfluren und an Waldbächen, oft submers, aber auch an Hochmoorrändern und in Niedermooren an betont nassen Stellen. Sporogone sollen trotz Autözie ziemlich selten sein.

- m. azido- bis neutrophytisch, s. hygro- bis hydrophytisch, s. skio- bis s. photophytisch
- L 5, T 4, K 4, F 8, R 5

Soziologie: In recht unterschiedlichen Vergesellschaftungen; in Quellfluren zusammen mit *Scapania undulata* und *Chiloscyphus polyanthos*, in Mooren mit *R. multitida*, *Calypogeia sphagnicola*, *Aneura pinguis* oder *Moerckia flotoviana*.

Verbreitung: Nur zwei gesicherte Nachweise aus Hochlagen-Niedermooren von Steiermark und Kärnten, die an den beiden Enden desselben Gebirgszuges liegen (Seetaler Alpen-Saualpe). Daneben werden hier noch wenige Funde aufgezählt, die nicht revidiert werden konnten, aber auch nicht a priori auszuschließen sind. (Planar?) montan und subalpin.

K: Saualpe: Moor bei Obergreutschach N Griffen, ca. 1200 m (MS in Köckinger et al. 2008) – **N**: Wiener Becken: Moosbrunn, ca. 170 m, in einem seichten, nassen Graben eines Flachmoors (zweifelhaft, Ricek 1984) – **S**: NA: Hangsümpfe bei Lasdehnen nahe Filzmoos, 1250 m (zweifelhaft, Koppe & Koppe 1969) – **St**: Seetaler A: Oberes Winterleitental, ca. 1950 m (HK) – **T**: Inntal: feuchte Waldstellen am

Wege von Schwaz nach Georgenburg (zweifelhaft, LEITHE 1885)

- westliches Europa, Skandinavien, Makaronesien, Asien, Grönland, Nordamerika
- nördlich subozeanisch-montan

Gefährdung: Zumindest wegen Seltenheit gefährdet.

Anmerkung: Die beiden Proben aus Kärnten und der Steiermark entsprechen dieser Art im Fehlen eines einzellschichtigen Saumes und im Auftreten von Ölkörpern in fast allen Zellen. Nach MÜLLER (1951–1958) ist die Art im Alpenzug selten; für Österreich werden keine Nachweise angeführt. Angaben in GRIMS (1985) und RICEK (1977) für das westliche Oberösterreich sind nach SCHRÖCK et al. (2014) als irrig zu betrachten, wohl auch „bei Salzburg“ in SAUTER (1871b). Alle gesehenen Belege aus Niederösterreich (z. B. Scheiblingkirchen an der Aspangbahn, H. Huber in W, det. A. Latzel, rev. HK) sind falsch. Auch die Angaben für das Burgenland in LATZEL (1930, 1941) sind aufgrund der Standortsangaben sicher irrig. Ebenso unrichtig, und zu *R. multifida* gehörend, ist ein Beleg in W aus Gargellen (V).

2. *R. incurvata* LINDB. – Syn.: *Aneura incurvata* (LINDB.) STEPH.

Ökologie: Durchscheinend gelbliche, zarte, schmale Thalli in lockeren Beständen auf sandigen Bergbach- und Gletscher-Alluvionen, an meist gestörten Stellen von basenreichen Niedermooren, in anmoorigen Quellfluren oder auf basenreicher, nasser Erde an Straßen und Wegen im Gebirge; einmal in einer Kaolingrube im Tiefland. Eine konkurrenzschwache Pionierart, die an ihren Fundstellen selten lange zu finden ist. Sporogone sind sehr selten.

- subneutro- bis basiphytisch, s. hygrophytisch, s. photophytisch
- L 8, T 2, K 4, F 7, R 7

Soziologie: Als Kennart des Haplomitrietum hookeri auf Alluvionen mit *Pohlia filum*, *Blasia*, diversen Brya, selten *Haplomitrium* und *Fossombronia incurva*; in Quellfluren (Cardamino-Montion und Cratoneurion) und Mooren mit *Palustriella commutata* var. *falcata*, *Aneura*, *Pellia endiviifolia*, *Campylium stellatum*, *Bryum pseudotriquetrum* oder *Dichodontium palustre*.

Verbreitung: In den Zentralalpen selten bis zerstreut; trotz der Basiphilie bisher erst ein Nachweis aus den Nordalpen und noch keiner aus den Südalpen. Sehr selten im Alpenvorland und im Donautal. Keine Nachweise aus B, N und W. Planar bis alpin (vorwiegend subalpin), ca. 300 bis 2100 m.

K: Hohe Tauern: N Jamnighütte (HK); Nockberge: Bärengrubenalm (HK & HvM), SW-Hang Karlnock (K. Dullnig in GZU), oberhalb Erlacherhütte (HAFELLNER et al. 1995), E-Hang Mirnock, Wöllaner Nock um die Davidhütte (HK & AS), W Flattnitz (HK); Seetaler Alpen: Zöhrerkogel (HK); Saualpe: SW Ladingerspitze (HK

& AS); Klagenfurter Becken: St. Peter am Wallersberg (Głowacki 1910, KL, t. HK) – **O**: Attergau: Gföhrat bei Gerlham (Ricek 1977); unteres Donautal: Kaolingrube SE Schwertberg (Schlüsslmayr 2011) – **S**: AV: Grabensee NE-Ufer (Krisai 1975); Hohe Tauern: Astenmoos und NW der Söllnalm im Krimmler Achental (CS), Reitalpenbach bei Hüttschlag (Koppe & Koppe 1969) – **St**: Dachsteinmassiv: beim Ahornsee (HK); Seetaler A: bei der Köhlerhütte und nahe Wildsee (HK) – **T**: Ötztaler A: Radurschltal (HK), SW Piller im Pillerbachtal und bei Mandarfen (Düll 1991) – **V**: Walgau: Maria Grün bei Frastanz (F. Gradl in BREG); Allgäuer A: zw. Starzeljoch und Ochsenhofer Scharte (MR)

- Europa (nördliche Teile), Island, Sibirien, westliches Nordamerika.
- nördlich subozeanisch

Gefährdung: Im Gebirge nicht gefährdet und durch Wegebau lokal begünstigt. In tiefen Lagen hingegen durch Flussregulierung und Entwässerungsmaßnahmen massiv bedroht. Dort heute auf Sekundärstandorte (Sandgruben etc.) angewiesen.

3. *R. latifrons* (Lindb.) Lindb. – Syn.: *Aneura latifrons* Lindb., *A. palmata* var. *major* Nees

Ökologie: Dunkelgrüne, speckig glänzende Thalli in lockeren oder dichten Rasen auf feuchtem Totholz in schattigen Wäldern, auf liegenden Stämmen oder auch gerne auf den Schnittflächen von Baumstrünken, mitunter auf feuchtem, saurem Humus, außerdem in Mooren und Moorwäldern auf nassem Torf an zumeist gestörten Stellen. Häufig mit Sporogonen.

- s.–m. azidophytisch, s. hygrophytisch, s.–m. skiophytisch
- L 4, T 4, K 6, F 6, R 3

Soziologie: Eine Verbandskennart des Nowellion curvifoliae; oft zusammen mit *R. palmata*, *Nowellia*, *Calypogeia suecica*, *Fuscocephaloziopsis catenulata*, *F. lunulifolia*, *Scapania umbrosa* etc. In Mooren assoziiert mit *R. multifida*, *Calypogeia neesiana*, *C. sphagnicola* oder *Dicranella cerviculata*.

Verbreitung: In den Alpen verbreitet, wenn auch meist nicht häufig; in kontinentalen Gebirgsteilen (S-Seite Hohe Tauern) selten oder stellenweise fehlend; in der Böhmischen Masse und im Alpenvorland sehr zerstreut; dem eigentlichen Pannonikum fehlend. Collin bis subalpin; bis ca. 1700 m aufsteigend.

B: Günser Gebirge: Gr. Steingraben bei Glashütten-Langeck (Latzel 1941); Süd-B: z (Maurer 1965) – **K**: in Unterkärnten v, in Oberkärnten z – **N**: Waldviertel: Nebelstein, N Krumau (HH); Dunkelsteinerwald: Ammering (HH); NA: z – **O**: Mühlviertel: Bayrische Au im Böhmerwald, Grünbach bei Freistadt (Schlüsslmayr 2011); Innviertel: in den Mooren z (Krisai 2011); W des Attersees nur wenige Fundorte (Ricek 1977); NA: v – **S** – **St**: A: ziemlich v (aber seltener als *R. palmata*) – **T** – **V**: im Norden und Nordwesten v, sonst s

- Europa, Nordasien bis Japan, Nordamerika
- subboreal-montan

Gefährdung: Nicht gefährdet.

Anmerkung: Auf die subsp. *arctica* R.M. Schust. & Damsh. wäre in den Alpen zu achten. Diese aus Skandinavien nachgewiesene, durchscheinend gelbgrüne Sippe ähnelt habituell *R. multifida*, besitzt aber keine Ölkörper. Sie wächst zwischen Torfmoosen in Mooren.

4. *R. multifida* (L.) Gray – Syn.: *Aneura multifida* (L.) Dumort., *Jungermannia multifida* L.

Ökologie: Bleich- bis dunkelgrüne, lockere Decken auf feuchtem, saurem Lehm und Erde, auf Humus und Rohhumus in schattigen Wäldern, häufig an Rutschhängen in Bacheinschnitten, seltener auf nassen Silikatfelsen, im Sprühregen von Wasserfällen, an Bachblöcken, in Mooren und Bruchwäldern (Birken- und Erlenbrüchen); oberhalb der Waldgrenze primär in kalkfreien Quellfluren. Sporogone sind selten.

Foto: H. Köckinger

- m. azidophytisch, s. hygro- bis hydrophytisch, m. skiophytisch
- L 5, T 4, K 5, F 7, R 5

Soziologie: An Erdstandorten in Wäldern häufig mit *Pellia epiphylla, Calypogeia azurea, Trichocolea* und *Hookeria lucens*. In Quellfluren im Cardamino-Montion u. a. mit *Harpanthus flotovianus*, *Scapania undulata* und *Solenostoma obovatum*. Moorvorkommen sind soziologisch schwer einzuordnen.

Verbreitung: In niederschlagsreicheren Teilen der Alpen zerstreut bis verbreitet, in der Flyschone zumindest lokal häufig, in kontinentalen Klimalagen hingegen selten bis fehlend (u. a. in den südlichen Hohen Tauern); außeralpin ziemlich selten, dem Pannonikum fehlend. Collin bis subalpin; bis ca. 1900 m aufsteigend.

B: Süd-B: zw. Wenzelangersattel und Stuben (LATZEL 1930, MAURER 1965) – **K**: im Süden und Osten v bis z, kaum in den kontinentalen Nordwesten vordringend – **N**: Dunkelsteinerwald: Ammering (HH); v in der Flyschzone, s im Donautal (HEEG 1894); Bucklige Welt: Scheiblingkirchen an der Aspangbahn (als *R. sinuata*, H. Huber in W, det. A. Latzel, rev. HK) – **O**: Mühlviertel: s bis z (SCHLÜSSLMAYR 2011); Sauwald (FG); in der westlichen Flyschzone nach RICEK (1977) selten, in der östlichen v; NA: z – **S**: NA und AV: z; Hohe Tauern: in tieferen Lagen der Tauerntäler (CS, PP); Lungau: Seetaler See (BREIDLER 1894) – **St**: A: ziemlich v, in den NA vorwiegend in Moorhabitaten (BREIDLER 1894, HK) – **T** – **V** – **W**: Stadlau (FÖRSTER 1881)

- Europa, Kaukasus, Türkei, Himalaya, China, Japan, Nordamerika, S-Grönland, Südamerika, Afrika, Makaronesien, Hawaii
- westlich temperat-montan

Gefährdung: Außeralpin durch Entwässerungen von Mooren und Wäldern gefährdet.

5. *R. palmata* (HEDW.) CARRUTH. – Syn.: *Jungermannia palmata* HEDW.

Ökologie: Sattgrüne, aufrechte, handförmig gelappte Thalli in dichten Rasen auf Totholz in feucht-schattiger Lage in Wäldern; selten auf humusbedecktem Silikatfels. Verträgt trockenere Lagen als *R. latifrons*. Häufig mit Sporogonen.

Foto: H. Köckinger

- s. azidophytisch, meso- bis m. hygrophytisch, s.–m. skiophytisch
- L 4, T 4, K 4, F 5, R 2

Soziologie: Eine Verbandskennart des Nowellion curvifoliae; insbesondere im Riccardio palmatae-Scapanietum umbrosae zusammen mit *R. latifrons*, *Cephalozia bicuspidata*, *Fuscocephaloziopsis catenulata*, *Calypogeia suecica*, *Blepharostoma trichophyllum*, *Lepidozia reptans* und *Lophocolea heterophylla*.

Verbreitung: Im Alpenraum verbreitet und die häufigste Art der Gattung. In der Böhmischen Masse und im Alpenvorland selten. Fehlt in W. Collin bis subalpin; bis 1900 m aufsteigend.

B: Mittel-B: im Ödenburger Gebirge bei Ritzing (Szücs & Zechmeister 2016), Gößbach bei Hammer (Latzel 1941); Süd-B: z (Maurer 1965) – **K** – **N**: Waldviertel: um Gmünd (Ricek 1982); A: v – **O**: Mühlviertel: bei Wullowitz und im Tannermoor (Schlüsslmayr 2011); Donautal: Grein (Poetsch & Schiedermayr 1872); Innviertel: in Krisai (2011) nur zwei Fundstellen, hingegen nennt Ricek (1977) zahlreiche Fundorte für Attergau und Hausruck; NA und Flyschzone: v – **S** – **St** – **T** – **V**

- Europa, Makaronesien, Asien, Nord- und Mittelamerika
- subozeanisch-montan

Gefährdung: Nur außeralpin gefährdet.

31. *Metzgeriaceae* H. Klinggr.

1. *Metzgeria* Raddi

1. *M. conjugata* Lindb. – Syn.: *M. simplex* Lorb. ex Müll. Frib.

Ökologie: Saftiggrüne Decken an Baumstämmen und Wurzeln, an Silikatfelsen und -blöcken, über Kalk nur epibryisch oder bei dünnen Humusauflagerungen; mitunter an erdigen Böschungen; vorwiegend in luftfeuchter Lage in Schluchten und Gräben. Keine speziellen vegetativen Ausbreitungsorgane; vermutlich öfters Sporogone bildend.

Foto: H. Köckinger

- m. azido- bis subneutrophytisch, m.–s. hygrophytisch, s.–m. skiophytisch
- L 3, T 4, K 4, F 6, R 5

Soziologie: In Gesellschaften der Neckeretalia complanatae und Ctenidietalia mollusci; aber auch noch in Silikat-Wassermoosgesellschaften, etwa dem Brachythecietum plumosi.

Verbreitung: Ziemlich verbreitet, insbesondere in niederschlagsreichen Lagen der Alpen, nur in den kontinentalen Teilen der Zentralalpen weitgehend fehlend (südliche Hohe Tauern, Lungau). Außeralpin zerstreut bis regional fehlend. Collin bis hochmontan; nur bis ca. 1700 m.

B: Leithagebirge: nur bei Müllendorf (SCHLÜSSLMAYR 2001); Süd- und Mittel-B: v – **K**: im Osten und Süden v, in den zentralen Hohen Tauern und Nockbergen fehlend – **N** – **O**: Mühlviertel: fehlt im Nordwesten, z im Osten (SCHLÜSSLMAYR 2011); Donautal: z; Innviertel: z; NA: v – **S** – **St** – **T** – **V**: im Nordwesten v, dringt s in das hintere Montafon vor, meidet große Teile der NA – **W**: Wienerwald, Neuwaldegg, Pötzleinsdorf (HEEG 1894), Sievering Pfaffenberg (HZ)

- fast kosmopolitisch, meidet Subarktis und Arktis
- subozeanisch-montan

Gefährdung: Nicht gefährdet.

Anmerkung: DÜLL (1991) gibt *M. simplex* aus dem Pitztal an. Aufgrund mangelnder Unterscheidbarkeit wird diese hier nicht unterschieden.

2. *M. consanguinea* SCHIFFN. – Syn.: *M. temperata* auct. eur.

Ökologie: Gelbgrüne, zarte Flecken auf Baumrinde in betont ozeanisch getönten Lagen, selten auf Silikatgestein. Besiedelt im Vergleich zur ähnlichen *M. violacea* saurer reagierende Borken; deshalb vor allem an jungen Fichten, gerne auch an kahlen Zweigen, anzutreffen. Ausbreitung nur vegetativ mittels Brutkörpern. Sporogone aus Österreich nicht nachgewiesen.

- s.–m. azidophytisch, m.–s. hygrophytisch, s. skiophytisch
- L 4, T 5, K 2, F 5, R 4

Soziologie: Eine Verbandskennart des Ulotion bruchii; hier insbesondere im Microlejeuneo ulicinae-Ulotetum bruchii zusammen mit *Microlejeunea ulicina*, *Neckera pumila*, *Frullania fragilifolia*, *Hypnum andoi* und *H. cupressiforme*.

Verbreitung: Diese ozeanisch verbreitete Art erreicht Österreich gerade noch. In Vorarlberg ist sie auf den äußersten Norden beschränkt, in Oberösterreich fand sie sich lokal im oberen Donautal. Die Proben zu Angaben aus dem Inneren der Nordalpen bedürfen einer Revision, sind aber nicht einfach als Fehlbestimmungen abzutun. Submontan und montan, ca. 350 bis 1000 m.

O: Donautal: Schlögener Schlinge, 350 m (SCHLÜSSLMAYR 2011), die Fundangaben in ZECHMEISTER et al. (2002) aus dem Raum Linz sind zu streichen (rev. GS, SCHLÜSSLMAYR 2011); NA: Bad Goisern (zu prüfen, FG in SPETA 1987) – **T**: Lechtaler Alpen: bei Vorderhornbach, 970 m (GSb in DÜLL 1991) – **V**: Pfänderstock: Naturwaldreservat Rohrach (RITTER 1999), Möggers, Hörbranz und Wirtatobel; Vorderer Bregenzer Wald: Fischanger bei Langen und Bozenau W Doren (AMANN et al. 2013)

- ungeklärt
- subozeanisch

Gefährdung: Die Seltenheit in Österreich hat chorologische Gründe. Sie ist lediglich als „rar" und weniger als unmittelbar gefährdet einzustufen. Aufgrund der Klimaerwärmung ist sogar eine Ostausdehnung des Areals und somit ein verstärktes Auftreten in unserem Land zu vermuten.

Anmerkung: Schwierig und nur in der Kombination aller Merkmale einigermaßen sicher von *M. violacea* abzugrenzen. Manche Angabe ist daher auch problematisch. Nach vorläufigen molekulartaxonomischen Untersuchungen steht europäische *M. consanguinea* (bisher als *M. „temperata"* geführt) unserer *M. violacea* auch näher als der aus Japan beschriebenen *M. temperata* Kuwah. Dass der hier verwendete Name *M. consanguinea*, eine primär pantropische Art, zur Dauerbezeichnung wird, darf bezweifelt werden.

3. *M. furcata* (L.) Dumort. – Syn.: *Jungermannia furcata* L.

Ökologie: Hellgrüne, lockere bis dichte Decken an Stämmen und Wurzeln von Bäumen, aber auch an Silikatfelswänden und -blöcken; über Karbonatgestein nur epibryisch oder über dünnen Humuslagen; seltener auf Totholz; meist in schattiger Lage. Mit breiterer Standortsamplitude als die anderen Arten. Ausbreitung primär durch zahlreich gebildete Brutthalli bzw. Gemmen. Sporogone sind selten.

- m. azido- bis subneutrophytisch, meso- bis s. hygrophytisch, s.–m. skiophytisch
- L 5, T 4, K 5, F 5, R 5

Soziologie: Eine Ordnungskennart der Neckeretalia complanatae und dort in vielen Gesellschaften präsent; seltener im Brachythecietum plumosi oder im Grimmio hartmanii-Hypnetum cupressiformis.

Verbreitung: Verbreitet im Gesamtgebiet und in montanen Lagen oft häufig. Planar bis subalpin (alpin); steigt in den Zentralalpen bis 2100 m auf.

B – K – N – O – S – St – T – V – W: Dornbach (Pokorny 1854), Neuwaldegg (Heeg 1894)

- kosmopolitisch
- westlich temperat

Gefährdung: Nicht gefährdet; epiphytische Populationen in den meisten Ballungszentren wegen starker Luftverschmutzung fehlend.

Anmerkung: Neben der var. *ulvula* Nees, die die in Mitteleuropa kommune Sippe darstellt, soll es auch noch eine gemmenarme Form (var. *furcata*) geben (siehe u. a. Damsholt 2002), die *M. conjugata* ähnelt und sich von dieser autözischen Art primär durch Zweihäusigkeit unterscheidet. Ob diese überhaupt in Österreich vorkommt, ist ungeklärt.

4. *M. pubescens* (SCHRANK) RADDI – Syn.: *Jungermannia pubescens* (SCHRANK) RADDI, *Apometzgeria pubescens* (SCHRANK) KUWAH.

Foto: G. Amann

Ökologie: Bläulich-grüne bis gelbgrüne Polster und Decken aus verzweigten, charakteristisch filzhaarigen Thalli an feuchten bis mäßig trockenen, meist beschatteten Karbonat- und basenreichen Silikatfelsen, selten auch an Baumbasen, auf Wurzeln und epiphytisch auf Borke, insbesondere auf Bergahorn. Toleriert auch Humusdecken über Fels, soweit diese ausreichend basenhältig sind. In der Alpinstufe nur an Stellen mit geringer Schneebeckung, etwa in den Mooswülsten an den Unterrändern von Rasen über Steilabbrüchen. Bevorzugt reife Moosbestände, die sich lange Zeit ungestört entwickeln konnten. Ausbreitung überwiegend vegetativ durch bloßes Abbrechen von Thallusteilen. Sporogone sind sehr selten.

- subneutro- bis basiphytisch, meso- bis m. hygrophytisch, m. skio- bis m. photophytisch
- L 5, T 4, K 6, F 4, R 7

Soziologie: In diversen Gesellschaften des Neckerion complanatae (z. B. in *Neckera crispa*-Beständen) und des Ctenidion mollusci; oberhalb der Waldgrenze auch in felsigen Blaugras-Horstseggenhalden (gerne eingewebt in *Didymodon giganteus*-Wülsten) oder moosreichen Firmeten; subnival noch selten im Elynetum oreadosum.

Verbreitung: In den Nord-, Süd- und Zentralalpen meist verbreitet; lediglich in sehr kalkarmen Gebirgsteilen selten bis fehlend. In V und O nur zerstreut, was mit einer gewissen Abneigung gegen betont ozeanisches Klima begründbar ist. Außeralpin selten. Dem Mühlviertel fehlend. Collin bis subnival; am Gipfel des Hochgolling noch in 2860 m.

B: Süd-B: Pinkaklause bei Burg (MAURER 1965) – **K** – **N**: Waldviertel: z (HAGEL 2015); Donautal: bei Spitz (HEEG 1894); NA: z; Bucklige Welt: Aspanger Klause (HEEG 1894) – **O**: Donautal: Wilheringer Wand bei Linz (Weishaupt in

Poetsch & Schiedermayr 1872); NA: z bis v – **S**: NA: z; Hohe Tauern: in den tieferen Teilen praktisch aller Tauerntäler (CS) – **St**: A: v; Ost-St: Herbersteinklamm (Breidler 1894) – **T** – **V**: im Norden und Südwesten z (Schröck et al. 2013)

- Europa, Asien, Nordamerika, fehlt der Arktis, Chile
- boreal-montan

Gefährdung: In den Alpen nicht gefährdet; außerhalb vermutlich aufgrund des wärmer werdenden Klimas.

5. *M. violacea* (Ach.) Dumort. – Syn.: *M. furcata* var. *fruticulosa* (Dicks.) Lindb., *M. fruticulosa* (Dicks.) A. Evans, *Riccia fruticulosa* Dicks.

Ökologie: Gelbgrüne Flecken an Stämmen, seltener Ästen von Laub- und Nadelbäumen (mit Bevorzugung von Rotbuche und Bergahorn) in meist luftfeuchter Lage niederschlagsreicher Gebiete; sehr selten auch auf Silikatfels. Vegetative Vermehrung und Ausbreitung durch reiche Brutkörperbildung. Sporogone aus Österreich nicht nachgewiesen.

- m. azidophytisch, meso- bis m. hygrophytisch, m. skiophytisch
- L 5, T 4, K 5, F 5, R 5

Soziologie: Eine Verbandskennart des Ulotion bruchii; oft vergesellschaftet mit *Frullania fragilifolia*, *F. dilatata*, *Radula complanata*, *R. lindenbergiana*, *M. furcata*, *Ulota crispa* und *U. bruchii.*

Verbreitung: Die Art weist ein typisches Nordalpenareal auf; hier verbreitet von V bis O, in N bereits selten. Dringt auch in die nordseitigen Zentralalpentäler ein, findet sich beispielsweise praktisch an allen Talausgängen der Salzburger Tauerntäler. In Kärnten bemerkenswerterweise auf die östlichen Norischen Alpen beschränkt und fehlt offenbar in den gesamten Südalpen. Sehr selten in der Böhmischen Masse. Keine Nachweise aus B, Ost-T und W. Collin und montan; bis ca. 1100 m (im Montafon bis 1400 m) aufsteigend.

K: Ostfuß der Gurktaler Alpen: Zweinitzgraben (HK); Saualpe: Arlinggraben (Latzel 1926; HK & AS), W Aichberg (HK & AS), Wölfnitzbach bei Griffen und nahe Diex (MS); Stubalpe: Waldensteiner Graben (HK & AS); Koralpe: Fraßgraben (HK) – **N**: Waldviertel: Umgebung von Krumau im Kamptal (HH); Semmering: Kalte Rinne W Breitenstein (HK); NA: Lunzer Untersee (J. Baumgartner), Rothwald am Dürrenstein (HZ) – **O**: Donautal: Rannatal (Grims 2004), Linz (wohl irrig, Zechmeister et al. 2002); NA: v – **S**: NA: Zinkenbachtal (Koppe & Koppe 1969; CS), Dietelbach am Schafberg (Koppe & Koppe 1969), Schöffaubachtal am Rettenkogel W Ischl (CS, PP), E Strubau (CS); Hohe Tauern: Krimmler Fälle (Gruber et al. 2001), Taleingänge von Untersulzbachtal, Mühlbachtal und Stubachtal (CS); Radstädter Tauern: Jägersee im Kleinarltal, S Untertauern (CS) – **St**: NA: Bad Aussee, Spitzenbachklamm bei St. Gallen, Schwabeltal bei Hieflau, Großreifling, Hinterseeaugraben bei Eisenerz, in der Radmer, Haringgraben bei Tragöß, Mitterbachgraben bei Aflenz (HK) – Nord-**T**: Rofan: Brandenberger Ache (A. Schäfer-Verwimp); Karwendel: Achensee (leg. O. Sendtner) und Hinterautal (leg. V. Vareschi in DÜLL 1981, 1991), Großkristental (HK); Tuxer Alpen: Volderwildbad (RD & HK); Kitzbühler Alpen: Krotengraben bei Fieberbrunn (HK) – **V**: Rheintal: Weißenreute bei Bregenz, als *M. furcata* fo. *violacea* (BLUMRICH 1913) und Gebhartsberg (BLUMRICH 1923); im Bregenzerwald, den Allgäuer A, im Walgau und Montafon z bis v (AMANN 2006, SCHRÖCK et al. 2013)

- West- und Mitteleuropa, südwestl. Nordeuropa, Rumänien, Makaronesien, Chile
- nördlich ozeanisch

Gefährdung: Mäßig empfindlich gegenüber Luftverschmutzung und nur am Arealrand und in Industriegebieten gefährdet.

32. *Fossombroniaceae* HAZSL.

1. *Fossombronia* RADDI

1. *F. foveolata* LINDB. – Syn.: *F. dumortieri* HUEBENER & GENTH ex LINDB.

Ökologie: Bleichgrüne, lockere Bestände auf nassem Sand, Torf und humoser Erde an Seeufern, in gestörten Mooren oder an nassen Rutschhängen. Kalkmeidend, aber etwas basenliebend. Kurzlebig. Sporogone bei ausreichender Entwicklung regelmäßig vorhanden.

- m. azido- bis subneutrophytisch, s. hygrophytisch, m.–s. photophytisch
- L 8, T 3, K 3, F 7, R 5

Soziologie: In Zwergbinsen-Gesellschaften (Nano-Cyperion) oder Strandlings-Gesellschaften (Littorelletalia) in Begleitung von *Aneura pinguis*, *Scapania irrigua*, *Riccardia incurvata*, *Atrichum tenellum*, *Pohlia bulbifera* oder *Juncus bufonius*.

Verbreitung: Für Österreich liegen nur die folgenden drei Angaben aus dem 19. Jahrhundert vor. Montan.

K: Karnische A: Naßfeld bei Hermagor (BREIDLER 1894) – **N**: Waldviertel: Torfböden bei Gmünd und Beinhöfen (HEEG 1894) – **St**: Niedere Tauern: Rohrmoosberg bei Schladming, 800–1000 m (BREIDLER 1894)

- nördliches Europa, Türkei, Nordamerika
- nördlich subozeanisch

Gefährdung: Verschollen.

2. *F. incurva* LINDB. – Syn.: *Simodon incurva* (LINDB.) LINDB., *F. fleischeri* OSTERWALD ex LOESKE

Ökologie: Kleine Gruppen oder Einzelexemplare von mikroskopisch kleinen „Salatköpfen“ auf feuchtem bis nassem, silikatischem Sand. Der einzige Nachweis stammt aus einem sandigen Gletschervorfeld, gesammelt in den ersten Oktobertagen. Einjährig und daher meist ephemer auftretend. Gelegentlich mit Sporogonen.

- m. azido- bis subneutrophytisch, m.–s. hygrophytisch, s. photophytisch
- L 8, T 3, K 3, F 7, R 6

Soziologie: An der einzigen Fundstelle in einem Pohlietum gracilis (FREY 1922), der typischen Pionier-Moosgesellschaft silikatischer Gletscher-Alluvionen. Als Begleitmoose fanden sich u. a. *Pohlia filum*, *Cephaloziella integerrima*, *Cephalozia ambigua*, *Haplomitrium hookeri* und *Riccardia incurvata.* Diese Vergesellschaftung könnte wegen des Auftretens von vier Kennarten des Haplomitrietum hookeri auch zu diesem gezogen werden. Diese Arten sind aber an der Fundstelle nur jeweils in geringer Menge vertreten.

Verbreitung: Nur aus den nordwestlichen Hohen Tauern nachgewiesen. Eines von lediglich zwei bekannten Vorkommen in den Alpen; das andere liegt in den Walliser Alpen der Schweiz. Subalpin.

S: Hohe Tauern: Obersulzbachtal, Gletschervorfeld des Obersulzbachkeeses, ca. 2000 m (HK & FG, 1995)

- NW-Europa, nördliches Mitteleuropa, Alpen (in Europa endemisch)
- nördlich ozeanisch

Gefährdung: Aufgrund der isolierten Lage und extremen Seltenheit gefährdet.

Anmerkung: *F. fleischeri* besiedelt den gleichen Standortstyp, besitzt ein vergleichbares Areal und ist morphologisch nur geringfügig verschieden. Diese primär auf Basis von Sporenmerkmalen neuerdings wieder als eigenständige Art geführte Sippe (SÖDERSTRÖM et al. 2016), wurde seit ihrer Beschreibung in der Regel als Synonym betrachtet.

3. *F. pusilla* (L.) NEES – Syn.: *Jungermannia pusilla* L.

Ökologie: Hellgrüne, lockere Bestände auf feuchter, saurer bis subneutraler Erde und Lehm an und auf Waldwegen, in Wiesenlücken und an offenerdigen Stellen in lichten Wäldern. Wärmeliebend. Herbstannuell. Bei voller Entwicklung mit Sporogonen.

- m. azido- bis subneutrophytisch, m. hygrophytisch, m. photophytisch
- L 7, T 7, K 4, F 6, R 5

Soziologie: In Gesellschaft von *F. wondraczekii*, *Atrichum undulatum*, *Dicranella schreberiana*, *D. rufescens*, *Ephemerum serratum* und *Calypogeia fissa*.

Foto: M. Lüth

Verbreitung: Nur aus wärmebegünstigten Gebieten Österreichs nachgewiesen. Nur dubiose Angaben aus O und S, für T ebenfalls fraglich. Planar bis untermontan; im Lavanttal noch bei 750 m.

B: Leithagebirge: Weingraben bei Loretto (Schlüsslmayr 2001); Sieben Brünnl (ob in Österreich?) als var. *decipiens* Corb. (Latzel 1930, 1941) – **K**: Lavanttal: Reisberg SW Wolfsberg (Köckinger et al. 2008) – **N**: Weinviertel: Wetzelsdorf bei Poysdorf (J. Baumgartner); Wienerwald: Oberweidlingbach und Purkersdorf (Heeg 1894) – **St**: Stiftingtal bei Graz (J. Breidler in Schefczik 1960, fehlt in Breidler 1894) – Nord-**T**: Innsbruck: am Villerweg und am Angerberge (Leithe 1885, eher zu *F. wondraczekii*); Ost-**T**: Schlossberg bei Lienz an Waldwegen (Sauter 1894, viel eher *F. wondraczekii*, die dort nicht erwähnt wird) – **V**: Rheintal: Weißenreute und Am Haggen bei Bregenz (Blumrich 1913, BREG, t. HK), Reute bei Bregenz (Blumrich 1923, BREG, t. HK), Schellenberg NE Dornbirn, Göfiser Wald bei Feldkirch (Loitlesberger 1894), Steinwald bei Feldkirch (Jack 1898); Walgau: zw. Amerlügen und Frastanz (Loitlesberger 1894, zu *F. wondraczekii*?) – **W**: Neuwaldegg (Heeg 1894)

- Europa, SW-Asien, N- und S-Afrika, Südamerika
- subozeanisch-submediterran

Gefährdung: Rezentnachweise liegen nur aus dem Burgenland und Kärnten vor. Auch wenn geeignete Habitate noch vorhanden sind, muss man von einem Rückgang ausgehen.

Anmerkung: Alte Angaben aus Oberösterreich (Sauter 1846, Poetsch & Schiedermayr 1872) und Salzburg (Sauter 1871) beziehen sich wahrscheinlich auf die nachfolgende Art, die zu dieser Zeit noch nicht unterschieden wurde. Andererseits haben sich alle alten *F. pusilla*-Proben in BREG aus Vorarlberg als korrekt bestimmt erwiesen. Die Tiroler *F. pusilla*-Angaben in LEITHE (1885) und SAUTER (1894) wurden bei DALLA TORRE & SARNTHEIN (1904) irrtümlich mit *F. foveolata* vereint.

4. *F. wondraczekii* (CORDA) LINDB. – Syn.: *F. cristata* LINDB.

Ökologie: Hellgrüne, lockere Bestände auf feuchter Erde auf Äckern, in Wiesenlücken, auf dem Aushub von Entwässerungsgräben, an Lehmböschungen, auf Wegen, an Erosionsstellen in Wäldern etc. Kurzlebig und herbstannuell; die Kapselreife vor Winterbeginn nicht immer erreichend.

- m. azido- bis subneutrophytisch, m. hygrophytisch, m.–s. photophytisch
- L 7, T 5, K 5, F 6, R 5

Soziologie: Eine Verbandskennart des Phascion cuspidati; auf Äckern gerne mit *Anthoceros agrestis*, *Phaeoceros carolinianus*, *Riccia glauca*, *R. sorocarpa*, *Ephemerum minutissimum* oder *Bryum klinggraeffii*.

Verbreitung: Zerstreut in den Tieflagen, selten in Tallagen der Zentralalpen, fehlt in den Kalkgebirgen. Planar bis montan; bis ca. 1000 m aufsteigend.

B: Leithagebirge: Schweingraben bei Loretto (SCHLÜSSLMAYR 2001); Ödenburger Gebirge: Sieggraben (SZÜCS & ZECHMEISTER 2016); Süd-B: offenbar v (LATZEL 1941; MAURER 1965) – **K**: Hohe Tauern: Maltatal bei 900 m (HK); Klagenfurter Becken: W Brugga, SW Tiffnerwinkl N Ossiacher See und W Gösselsdorf (HK), bei Brückl (E. Volk, det. RD); Lavanttal: E Wolfsberg (HK) – **N**: Waldviertel: Harmanschlag, Geyersberg, S Senftenberg (HH), Karlstift (HZ); Thayatal: W Heufurth (HH); Weinviertel: Poisdorf (FÖRSTER 1881, als *F. pusilla*), Schiedaau bei Stoitzendorf (HZ); Wiener Becken: Stopfenreuther Au E Wien, an der Schwechat (HZ); NA: Reichenau/Rax (HEEG 1894) – **O**: Mühlviertel: Mayrhof bei Sarleinsbach (H. Göding) und E Peilstein (FG in SCHLÜSSLMAYR 2011); Donautal: Linz-Urfahr (ZECHMEISTER et al. 2002); nach RICEK (1977) in der Flyschone, im AV und Hausruck z; im Raum Steyr bei St. Ulrich, Grünburg, Ternberg, Steinbach und Garsten (SCHLÜSSLMAYR 2005) – **S**: AV: Leopoldskronmoos bei Salzburg (C. Schwarz in KL als *F. pusilla*, rev. HK); Koppel und Gaisberg bei Salzburg (als *F. pusilla*, wohl zu dieser Art, SAUTER 1871); „Pinzgau“ (ebenfalls als *F. pusilla*, SAUTER 1871) – **St**: Ennstal: bei Irdning (HZ); Niedere Tauern: um Schöder (BREIDLER 1894); Paltental: Wald (BREIDLER 1894); Liesingtal: bei Mautern (J. Breidler in SCHEFCZIK 1960); Murtal: bei Weißkirchen, Paisberg, Rattenberg, St. Wolfgang bei Obdach (HK), um Obdach, Schönberg und Gaalertal bei Knittelfeld, Prettach bei Leoben, bei Judendorf und Gratwein (BREIDLER 1894); Grazer Bergland: Rinnegg am Schöckl (MAURER et al. 1983); Grazer Umland: Ragnitztal bei Graz (MS) – **T**: Inntal: Innsbruck am Villerweg und am Angerberge (die Angaben für *F. pusilla* in LEITHE 1885 eher zu dieser Art) – **V**: Rheintal: Talbachberg bei Bregenz (BLUMRICH 1923), Rheindelta (A. Steininger in BREG); Walgau: Göfner Wald bei Feldkirch (F. Gradl in BREG, GA);

Bregenzer Wald: Schönenbachvorsäß und Leckenholzalpe, 900–1040 m (CS) – **W**: Lainzer Tiergarten (HZ, t. HK), Fasslwiese (HZ)

- Europa, Asien, östliches Nordamerika, Afrika, Australien
- temperat

Gefährdung: Als Ackermoos sicher rückläufig, an anderen Standorten kaum.

33. *Moerckiaceae* K.I. Goebel ex Stotler & Crand.-Stotl.

1. *Moerckia* Gottsche

1. *M. blyttii* (Moerch) Brockm. – Syn.: *Diplolaena blyttii* (Moerch) Nees, *Jungermannia blyttii* Moerch

Foto: H. Köckinger

Ökologie: Grasgrüne, rüschenbesetzte Thalli in meist kleinen Beständen auf humosem bis sandigem, kalkfreiem Boden in subalpinen Zwergstrauchheiden, auf Schneeböden und in länger schneebeckten Alpinrasen, zumeist gut versteckt zwischen Gefäßpflanzen; seltener in Grünerlen- und Krummholzbeständen (bei reichlicher Humusentwicklung auch über Kalk) und ephemer als Erdpionier in Bergwäldern. Trotz Zweihäusigkeit werden Sporogone häufig ausgebildet.

- s. azidophytisch, m. hygrophytisch, m. skio- bis m. photophytisch
- L 7, T 2, K 4, F 6, R 3

Soziologie: Eine Klassenkennart der Salicetea herbacea, aber auch reichlich in den Loiseleurio-Vaccinietea und den Mulgedio-Aconitetea vertreten. Charakteristische Begleiter sind *Polytrichum sexangulare*, *Fuscocephaloziopsis albescens*, *Nardia scalaris*, *Schistochilopsis opacifolia*, *Neoorthocaulis floerkei*, *Oligotrichum hercynicum* oder *Pogonatum urnigerum*.

Verbreitung: Verbreitet in den kalkarmen Teilen des Hauptkamms der Zentralalpen, seltener in den Randketten; sehr zerstreut in den Nordalpen;

noch keine Nachweise aus den Südalpen. Fehlt in B, N und W. Hochmontan bis alpin, (800) 1600 bis 2500 m.

K: Hohe Tauern: z bis v; Nockberge: Laußnitzsee (CS & HK), zw. Zechneralm und Friesenhalssee (HK & HvM); Saualpe: Forstalpe (HK & AS); Koralpe: Hühnerstütze (HK & AS) – **O**: NA: Dachstein: Krippenstein (van Dort & Smulders 2010), unterhalb der Adamekhütte (GS); Höllengebirge: zw. Feuerkogel und Riederhütte (S. Biedermann in Schröck et al. 2014), N-Hänge des Totengrabengupfes (Ricek 1977); Totes Gebirge: Rinnerboden, Röllsattel und Weitgrube (Schlüsslmayr 2005) – **S**: NA: Dientener Sattel (GSb, Heiselmayer & Türk 1979); ZA: v – **St**: Eisenerzer A: Leobner bei Wald (Breidler 1894); ZA: v – Nord-**T**: Allgäuer A: Schochenalpsee und Gr. Krottenkopf (MR); ZA: v – **V**: Allgäuer A: Ifenmulde, Diedamskopf und Kanzelwand (MR); ZA: v

- Gebirge Europas, Kaukasus, N-Asien, nördliches Nordamerika
- nördlich subozeanisch-montan

Gefährdung: Nicht gefährdet.

2. *M. flotoviana* (Nees) Schiffn. – Syn.: *Cordaea flotoviana* Nees, *Moerckia hibernica* auct., *M. norvegica* Gottsche

Ökologie: Blass hellgrüne, randlich mitunter purpurne Thalli in meist kleinen Beständen an überrieselten Karbonat- und kalkhaltigen Silikatfelsen, in Felsbalmen, Kalk-Quellfluren, basenreichen Niedermooren, auf sandigen Alluvionen oder kalkhaltigen, feuchten Erdstandorten. Sporogone sind nicht selten.

Foto: C. Schröck

- neutro- bis basiphytisch, m. hygro- bis hydrophytisch, m. skio- bis m. photophytisch
- L 6, T 4, K 6, F 7, R 8

Soziologie: Am häufigsten im Dicranelletum rubrae in Begleitung von *Dicranella varia*, *Mesoptychia badensis*, *Pellia endiviifolia*, *Aneura pinguis*. Ferner in Caricetalia davallianae-Gesellschaften und im Adianthion, insbesondere im Cratoneuretum commutati mit *Palustriella commutata*, *Orthothecium rufescens* und *Hymenostylium recurvirostrum*.

Verbreitung: Zerstreut in weiten Teilen der Nord-, Süd- und Zentralalpen; zumeist mit geringer Abundanz. Keine Nachweise aus der Böhmischen Masse. Fehlt in B und W. Submontan bis subalpin; bis ca. 2000 m aufsteigend.

K: Hohe Tauern: Margaritzenstausee (HK & HvM), Nigglai- und Gnoppnitzgraben (HK & HvM); Nockberge: Innerkrems gegen Bärengrubenalm (HK & HvM), Arriachklamm (KL); Saualpe: Gletschachgraben (Głowacki 1910), Löllinggraben (HK & AS), Gutschenkogel (HK); Sattnitz: Gurnitzschlucht (Breidler 1894); Gailtaler A: Kirchbach (Kern 1908), Fellbach E Steinfeld (HK & HvM), E Weißensee, Weißenbach E Bleiberg (HK & AS); Karnische A: Garnitzenklamm (HK) und Kesselwaldgraben (HK & HvM); Karawanken: Bärental bei Feistritz (Walther 1942), Huda jama, Trögerngraben, Globasnitzgraben (HK), Oistra (MS); Steiner A: Seeberg (Głowacki 1912) – **N**: Wienerwald: Hals bei Pottenstein und Schindergraben bei Purkersdorf (Heeg 1894); NA: Gutenstein (J. Baumgartner), Rettenbachgraben bei Prein (Heeg 1894) – **O**: Flyschzone: Limmoos bei Zell am Attersee, bei Lichtenbuch und Innerlohen (Ricek 1977); NA: Schafberg: S Burgau, Loidlbach, Lasseralmgraben, S Mühlleiten bei Unterach (Ricek 1977), Burggrabenklamm (HH); Höllengebirge: zw. Taferlklause und Hochlecken (S. Biedermann in Schröck et al. 2014); Haller Mauern: Kotgraben S Pyhrnpass (Schlüsslmayr 2005); Hintergebirge: Schallhirtboden (Schlüsslmayr 2005) – **S**: NA: Gollinger Wasserfall (H. Wagner in SZU; HH, GSb, Heiselmayer & Türk 1979), Hintersee S Faistenau (PP), Zinkenbachtal (PP, HK) – **St**: NA: Rettenbachgraben N Altaussee (HK), bei Hieflau, Siegelalm bei Admont und Radmertal (Breidler 1894), Grüner See bei Tragößß (HK); Niedere Tauern: Rainweg bei Schladming, Rinneggerberg bei Schöder, bei Oberwölz, Hagenbach- und Pischinggraben bei Kalwang (Breidler 1894); Murtal: Kienberg S Judenburg (HK), Bürgerwald bei Leoben (Breidler 1894) – Nord-**T**: Allgäuer A: Höhenbachtal bei Holzgau (MR); Lechtaler A: bei Stanzach (RD), am Tschirgant (M. Koperski in Düll 1991); Karwendel: Hörbstenboden bei Hochzirl (HK), Schlucht des unteren Vompertales (RD & HK); um Innsbruck: Sillschlucht, im Letten, Geroldsschlucht, Villerweg (Leithe 1885), Stefanobrücke bei Innsbruck (Riehmer in Düll 1991); Wipptal: von Schönberg nach Matrei (Leithe 1885); Stubaier A: Padastertal bei Trins (Dalla Torre & Sarnthein 1904); Tuxer A: Wattental (Handel-Mazzetti 1904); Zillertaler A: Wildlahnertal (HK); Ost-**T**: Hohe Tauern: Daberklamm bei Kals (CS & HK); Lienzer Dolomiten: unter der Kerschbaumer Alm (Kern 1908) – **V**: Vorderer Bregenzer Wald: Abhänge des Pfänder gegen Bregenz (Blumrich 1913), Naturwaldreservat Rohrach (Ritter 1999), Wirtatobel (Amann et al. 2013); Rheintalhang: Laternser Tal (Amann et al. 2013); Allgäuer A: Krähenberg und Schmiedebachtal (Amann et al. 2013), Bärgunttal, Musberg, Breitachschlucht, Wildental, Starzeltal (MR); Klostertal: Winklertobel (Loitlesberger 1894); Lechtaler A: E Warth (Amann et al. 2013); Rätikon: Saminatal, Nenzing und Mengschlucht (Amann et al. 2013)

- Gebirge Europas, Alaska bis Washington, Ellesmere Island bis New York
- boreal-dealpin

Gefährdung: In den Randlagen der Alpen stellenweise durch Entwässerungen und die Fassung von Quellen gefährdet.

34. *Pallaviciniaceae* MIG.

1. *Pallavicinia* GRAY

1. *P. lyellii* (HOOK.) CARRUTH. – Syn.: *Blyttia lyellii* (HOOK.) GOTTSCHE, *Jungermannia lyellii* HOOK.

Foto: M. Lüth

Ökologie: Hell- oder gelbgrüne Lagerbänder, vereinzelt oder in lockeren Decken, in Mooren, Moorwäldern und Bruchwäldern. Laut Schiffners Etikettentext „*in Löchern welche Pferde in den Torfboden getreten haben*".

- s.–m. azidophytisch, s. hygrophytisch, m. skiophytisch
- L 6, T 5, K 3, F 7, R 3

Soziologie: Das Belegmaterial in W enthält als reichliche Beimengung *Sphagnum magellanicum*, *S. angustifolium*, *Dicranella cerviculata* und *Pohlia nutans*.

Verbreitung: Ein einziger Nachweis aus dem nördlichen Waldviertel. Die nächstgelegenen Fundstellen liegen in Tschechien und Sachsen.

N: Waldviertel: „Im sumpfigen Walde östlich des Torfstiches bei Schrems", 550 m, 1905, leg. & det. V. Schiffner, W, t. HK

- West- und nördliches Mitteleuropa, Kaukasus, China, Japan, N- und S-Amerika, Afrika, Indonesien
- subozeanisch

Gefährdung: Verschollen; möglicherweise in Österreich ausgestorben.

35. *Pelliaceae* H. KLINGGR.

1. *Pellia* RADDI

1. *P. endiviifolia* (DICKS.) DUMORT. – Syn.: *Jungermannia endiviifolia* DICKS., *Pellia calycina* (TAYL.) NEES, *P. fabbroniana* RADDI

Ökologie: Blassgrüne, durchscheinende, unregelmäßig verzweigte Thalli, im Herbst mit geweihartigen Auswüchsen, auf feuchter, kalkhaltiger, sandiger bis steiniger Erde an Wegen und Erdabbrüchen, feucht-schattigen Felsbasen, auf Schwemmsand und Blöcken an Flussufern, in Kalk-Quellfluren, selten auch noch auf Kalk-Schneeböden. Vegetative Ausbreitung durch Brutthalli; Sporogone im Frühjahr häufig.

- neutro- bis basiphytisch, s. hygro- bis hydrophytisch, s. skio- bis s. photophytisch
- L x, T 4, K 5, F 8, R 8

Soziologie: Als Erdpionier häufig im Dicranelletum rubrae mit *Dicranella varia*, *Mesoptychia badensis*, *Aneura pinguis* oder *Didymodon fallax*; in Quellfluren im Cratoneurion mit *Palustriella commutata*, *Eucladium* oder *Bryum pseudotriquetrum*; an Fließgewässern im Brachythecion rivularis mit *Conocephalum conicum*, *Brachythecium rivulare*, *Didymodon spadiceus* etc.

Verbreitung: In den Alpen, insbesondere in den Nord- und Südalpen, weit verbreitet, allerdings kalkarme Anteile meidend; außeralpin seltener, aber doch nirgends fehlend. Planar bis alpin; bis 2150 m aufsteigend.

B – **K** – **N** – **O**: m Mühlviertel und Donautal lediglich z (SCHLÜSSLMAYR 2011); NA: v – **S** – **St** – **T** – **V** – **W**: Eckbach bei Dornbach auf Kalksinter (als *P. epiphylla*, POKORNY 1854), Neulengbach (FÖRSTER 1881, HOHENWALLNER 2000)

- Europa, Asien, Nordamerika (zweifelhaft)
- südlich temperat

Gefährdung: Nicht gefährdet; durch menschliche Eingriffe begünstigt.

2. *P. epiphylla* (L.) CORDA – Syn.: *Jungermannia epiphylla* L., *Pellia borealis* LORB.

Ökologie: Blass- oder graugrüne, selten rötlich angehauchte Thallusdecken an feucht-schattigen Lehm- und anderen Erdböschungen an Waldwegen, Rutschflächen in Bachschluchten, feuchten Sandsteinfelsen, selten auf Torf in Mooren. Sporogone werden im Frühjahr oft in Massen entwickelt.

- m. azidophytisch, s. hygrophytisch, s.–m. skiophytisch
- L 3, T 5, K 3, F 6, R 5

Soziologie: Eine Verbandskennart des Pellion epiphyllae; im Pellietum epiphyllae zusammen mit *Scapania undulata*, was allerdings primär auf die unten besprochene zweifelhafte fo. *undulata* NEES zutrifft; häufig auf lehmiger Erde im Calypogeietum trichomanis in Gesellschaft von *Calypogeia azurea*, *C. muelleriana*, *Riccardia multifida*, *Atrichum undulatum*, *Mnium hornum* und *Hookeria lucens*.

Verbreitung: Verbreitet in den Nordalpen von Vorarlberg bis zum Wienerwald, ebenso in den Nordtälern der Zentralalpen und am Alpenostrand. Kennzeichnet Gebiete mit relativ hohen Niederschlagswerten, in Gebirgsregionen mit kontinentalem Klima weitgehend fehlend (südliche Hohe Tauern, Nockberge, Lungau). Verbreitet auch noch in der Böhmischen Masse. Collin bis hochmontan (subalpin); bis ca. 1400 (1850?) m aufsteigend.

B: Leithagebirge: bei Müllendorf und Hornstein (SCHLÜSSLMAYR 2001); Süd-B: zw. Pinkafeld und Ehrenschachen (MAURER 1965) – **K**: z bis v auf der Sau- und Koralpe sowie am Kömmelberg und in den Randzonen des Klagenfurter Beckens; in den SA überall dort, wo kalkarmer Untergrund zur Verfügung steht; fehlt jedoch in den Hohen Tauern und Nockbergen – **N**: vom Waldviertel bis zum Wienerwald v, sonst s – **O**: im Mühlviertel und im Donautal v; Innviertel: in den Moorgebieten und im Kobernaußer Wald (KRISAI 2011); Flyschzone: v; NA: Raum Windischgarsten (SCHLÜSSLMAYR 2005) – **S**: v, mit Ausnahme der NA – **St**: z, primär im Nordstau der ZA und in der W-St – **T** – **V**: den Großteil der NA aussparend, sonst v – **W**: Neuwaldegg (HEEG 1894), Ottakringer Wald und Sieveringer Bach (HZ)

- Europa, Asien, Nordamerika, N-Afrika
- subozeanisch

Gefährdung: Nicht gefährdet; in den Wäldern durch Wegebau gefördert.

Anmerkungen: An Quellbächen, überrieselten Silikatfelsen in Wäldern oder nassen Pionierfluren an Forststraßen trifft man in der Montanstufe über Silikatuntergrund häufig großflächige, glänzende, saftig dunkelgrüne Bestände einer *Pellia*, die sich durch einen endiviensalatähnlichen Wuchs mit aufrechten, speckig-glänzenden, wellrandi-

Foto: W. Franz

gen Lagern auszeichnet. Solche Pflanzen werden meist zu *P. epiphylla* gezogen („fo. *undulata*" NEES). BREIDLER (1894) reiht diese hingegen bei *P. endiviifolia* ein. Als kalkmeidende Sippe scheint sie mit letzterer aber nichts zu tun zu haben. Die Bestände sind im Gebiet durchwegs gametangienfrei und gehen randlich bei zunehmender Trockenheit auch nirgends in normale *P. epiphylla* über (auch vice versa nicht). Zudem kommt sie auch in kontinental getönten Regionen (etwa in Teilen Kärntens) vor, wo die subozeanische *P. epiphylla* fehlt und steigt auch höher als diese empor (nach BREIDLER 1894 bis 2000 m). Möglicherweise liegt eine eigenständige Sippe vor. – Die diploide *P. borealis* LORB., eine kryptische Art, soll nach PATON (1999) morphologisch nicht sicher von *P. epiphylla* unterscheidbar sein. DAMSHOLT (2002) führt hingegen quantitative Merkmalsunterschiede an. Für Österreich liegen noch keine Nachweise vor. Aufgrund ihres bisher bekannten Areals ist mit einem Vorkommen aber zu rechnen.

3. *P. neesiana* (GOTTSCHE) LIMPR. – Syn.: *P. epiphylla* fo. *neesiana* GOTTSCHE

Ökologie: Mattgrüne, meist rötlich überlaufene Thallusdecken auf saurer, feuchter Erde an Böschungen und auf Fahrbahnen von Forststraßen, an natürlichen Rutschflächen in Wäldern, an Störstellen in Mooren, im Gebirge in Grünerlenfluren und Zwergstrauchheiden; bei reicher Humusentwicklung auch über Kalkgrund und dort mitunter sogar in Dolinenhängen wachsend. Zweihäusig; daher selten Sporogone hervorbringend.

- m. azidophytisch, m. hygrophytisch, m. skiophytisch
- L 4, T 3, K 6, F 6, R 5

Soziologie: Eine Verbandskennart des Dicranellion heteromallae; insbesondere im Pogonato urnigeri-Atrichetum undulati mit *Atrichum undulatum*, *Pogonatum urnigerum*, *Nardia scalaris*, *Cephalozia bicuspidata*, u. a.

Verbreitung: In den Zentralalpen verbreitet und oft häufig; in den Nord- und Südalpen substratbedingt nur zerstreut vorhanden. Im Mühlviertel und oberen Donautal noch ziemlich verbreitet, hingegen aus dem Waldviertel nur wenige Angaben. Im Alpenvorland selten. Collin bis alpin; bis ca. 2500 m aufsteigend.

B: Mittel-B: im Ödenburger Gebirge bei Ritzing (SZÜCS & ZECHMEISTER 2016); Günsufer bei Lockenhaus (LATZEL 1930) – **K**: in den SA z, sonst v – **N**: s im Thaya- und Donautal (HH); NA: z; ZA: zw. Semmering und Wechsel (HEEG 1894) – **O**: im Mühlviertel und im oberen Donautal z bis v; Innviertel: Huckinger See (KRISAI 2011); NA: z – **S** – **St**: A: v, im Tiefland s – **T** – **V**: v, nur im Rheintal fehlend

- nördliches Eurasien, Nordamerika
- boreal-montan

Gefährdung: Nicht gefährdet; durch Forst- und Almstraßenbau gefördert.

36. *Blasiaceae* H. KLINGGR.

1. *Blasia* L.

1. *B. pusilla* L.

Ökologie: Frischgrüne, oft ausgedehnte Decken über kalkfreier, basenarmer bis -reicher Erde und auf Sandboden an Forststraßen, Waldwegen, in Sandgruben, auf frischem Aushubmaterial von Entwässerungsgräben, selten auf Äckern, im Gebirge primär auf Alluvionen und Gletschervorfeldern. Im Frühjahr oft mit Myriaden von Sporogonen; zudem vegetative Ausbreitung über stets gebildete Brutkörper.

Foto: H. Köckinger

- m. azido- bis subneutrophytisch, m.–s. hygrophytisch, m.–s. photophytisch
- L 7, T 4, K 5, F 7, R 5

Soziologie: Mit höherer Stetigkeit im Dicranelletum rufescentis und Catharineetum tenellae zusammen mit *Dicranella rufescens*, *Atrichum undulatum*, *A. tenellum*, *Pellia epiphylla*, *Calypogeia azurea*, seltener *Fossombronia wondraczekii* oder *Phaeoceros carolinianus*. Auf hochgelegenen Alluvionen der Zentralalpen im klassischen Pohlietum gracilis (= Pohlio gracilis-Blasietum pusillae) mit *Pohlia filum*, *Aongstroemia* etc.

Verbreitung: Verbreitet in den Zentralalpen, aber nur sehr selten in den Nord- und Südalpen, zerstreut im Alpenvorland, Donautal sowie in der Böhmischen Masse. Planar bis alpin; am Hintereisferner in den Ötztaler Alpen noch in 2350 m beobachtet.

B: Nord-B: Sieggraben im Ödenburger Gebirge (Szücs & Zechmeister 2016); Süd-B: bei Kalch, Rudersdorf, Pinkafeld und Hochart (Mauer 1965) – **K** – **N**: z im Waldviertel, Donautal, am Semmering und im Rosaliengebirge, v am Wechsel – **O**: Donautal und Mühlviertel: z; AV und Flyschzone: z; NA: Pechgraben bei Großraming (Schlüsslmayr 2005) – **S** – **St**: v, den NA aber weitgehend fehlend – **T** – **V**: im Verwall und Rätikon z, sonst s – **W**: Brigittenau (A. Putterlick in Pokorny 1854)

- Europa, Asien, Nordamerika
- boreal

Gefährdung: Nicht gefährdet.

37. *Lunulariaceae* H. Klinggr.

1. *Lunularia* Adans.

1. *L. cruciata* (L.) Dumort. ex Lindb. – Syn.: *Marchantia cruciata* L.

Foto: H. Köckinger

Ökologie: Hellgrüne, flache, breite, mit charakteristisch mondförmigen Brutkörperbechern besetzte Thalli, kleine Gruppen bildend oder ganze Flächen überziehend. Ein Neophyt, der im 19. Jahrhundert fast nur aus Gewächshäusern bekannt war, allmählich aber auch frostarme Stellen der Städte eroberte und seit kurzer Zeit auch in natürliche Lebensräume eindringt. In Siedlungsbereichen vor allem als trittharter, partiell herbizidresistenter Pionier auf feuchter, nährstoffreicher Erde auf Gehwegen von Parkanlagen und Friedhöfen, in Pflasterritzen oder auf offenen Boden unter Zierhecken auftretend. In tiefen Lagen an Flüssen und Bächen über Schwemmlehm oder auf flachen Blöcken, insbesondere unterhalb von Abwässer- oder Kühlwassereinleitungen von Kläranlagen oder Fabriken. Ausbreitung mittels reichlich gebildeter Brutkörper; Carpocephala und Sporenbildung trotz Anwesenheit beider Geschlechter in Mitteleuropa unbekannt.

- m. azido- bis basiphytisch, m.–s. hygrophytisch, m. skio- bis m. photophytisch
- L 6, T 8, K 4, F 6, R 7

Soziologie: Als Erdpionier im Barbuletum convolutae in Begleitung von *Funaria hygrometrica*, *Calliergonella cuspidata*, *Cratoneuron filicinum*, *Barbula unguiculata*, *B. convoluta* und *Marchantia polymorpha* subsp. *ruderalis*. In der Hochwasserzone von Fließgewässern insbesondere im Brachythecion rivularis.

Verbreitung: Vor allem in den Großstädten und an tief gelegenen Fließgewässern, insbesondere an der Donau. Bislang kein Nachweis aus dem Burgenland. Nicht berücksichtigt ist die vermutlich weite Verbreitung der Art in Gärtnereien und Blumentöpfen (insbesondere in Gebäuden). Planar bis submontan (derzeit bis ca. 600 m).

K: Lavanttal: Wolfsberg (F. Pehr, t. HK); Klagenfurter Becken: St. Veit an der Glan (L. Schratt-Ehrendorfer, 2012). – **N**: Donauufer W Stein (HH); Stiftsgarten Klosterneuburg (Sales in WU) – **O**: Innviertel: Braunau (Krisai 2011); Donautal: Linz-Urfahr (Zechmeister et al. 2002), Wilhering (Poetsch & Schiedermayr 1872); Hofgarten Kremsmünster (Stippel in GZU); AV: Traunfall (CS & HK), Traunkirchen am Traunsee (S. Biedermann); Stadt Steyr (Speta 1988; Schlüsslmayr 2005). – **S**: Stadt Salzburg: mehrfach (Düll 1991, Gruber 2001) – **St**: Graz: Joanneum-Garten (Breidler 1894), „In Gärten in Graz“ (Matouschek 1900), Botanischer Garten Graz (HK, W. Obermayer), Andritz (HK) – **T**: Innsbruck (L. Schratt-Ehrendorfer) – **V**: Naturwaldreservat Rohrach (Ritter 1999); Kaimauer von Bregenz, Rotach S Eschau im Bregenzerwald (Amann et al. 2013), Botanischer Garten der Stella Matutina in Feldkirch (Loitlesberger 1894) – **W**: Garten des Theresianeums (Heeg 1894), Schönbrunn (Hohenwallner 2000)

- als Kulturfolger kosmopolitisch; in Europa ursprünglich nur im Süden und äußersten Westen
- ozeanisch-mediterran

Gefährdung: Ein Neophyt mit Ausbreitungstendenz; bislang aber noch mit geringem Schadpotential für die ursprüngliche Vegetation.

Anmerkung: Die zunehmende Ausbreitung in jüngerer Vergangenheit kann als einer der vielen Beweise für die Erderwärmung angesehen werden.

38. *Aytoniaceae* Cavers

1. *Asterella* P. Beauv.

1. *A. lindenbergiana* (Corda ex Nees) Arnell – Syn.: *Fimbriaria lindenbergiana* Corda ex Nees, *Hypenantron lindenbergianum* (Corda) O. Kuntze

Ökologie: Hellgrüne, nach Fisch riechende Lagerbänder in lockeren Decken fast ausschließlich auf Karbonat-Schneeböden zu finden, primär über Kalk, Marmor und Kalkschiefer in Dolinen, mitunter aber auch über basenreichen Amphiboliten. Wächst meist auf dünnen Erd- und Grusauflagerungen, manchmal aber auch direkt auf Felsflächen. Seltener begegnet man ihr an lang schneebedeckten Felswandbasen und in feuchten, nährstoffreichen Balmenfluren in Nordlage; in den Zentralalpen ferner auf basenreichen Sandböden im Uferbereich lang vereister Bergseen. Carpocephala werden nicht selten ausgebildet.

- neutro- bis basiphytisch, m.–s. hygrophytisch, m. skio- bis m. photophytisch
- L 7, T 1, K 7, F 5, R 7

Soziologie: Namensgebende Kennart des Asterelletum lindenbergianae, das in Schlüsslmayr (2005: 653) ausführlich beschrieben wurde; ferner etwa im Pseudoleskeetum incurvatae. Typisch für erstere Gesellschaft ist die Dominanz von Marchantialen, insbesondere von *Preissia quadrata*, *Peltolepis quadrata*, *Sauteria alpina* und *Marchantia polymorpha* subsp. *montivagans*. Häufige Begleiter unter den Laubmoosen sind *Pseudoleskea incurvata*, *Syntrichia norvegica*, *Dichodontium pellucidum* und *Palustriella commutata* var. *sulcata*. An Zentralalpenlacken wächst sie nicht selten auch im Riccietum breidleri.

Fotos: M. Lüth

Verbreitung: Zerstreut bis verbreitet in den Hochlagen der Nordalpen, seltener in den Südalpen, da dort die Zahl der ausreichend hohen Berge begrenzt ist. Ebenso zerstreut in den kalkreichen Ketten der Zentralalpen. Bislang keine Nachweise aus den Tiroler Kalkalpen, was aber lediglich an der mangelnden Durchforschung der Gipfellagen liegt. Subalpin und alpin, ca. 1600 bis 2600 m.

K: Hohe Tauern: Salmshöhe (HERZOG 1944), N Stockerscharte (HK, JK & MS), Hochtor und Tauernkopf bei Heiligenblut (HK & HvM), Butzentörl in der Sadniggruppe, Gesselkopf und unterhalb Hagener Hütte NW Mallnitz (HK); Nockberge: Zechneralm (RD, t. J. Vana), Wöllaner Nock (HK & AS); Gailtaler A: Dobratsch (HK); Karnische A: am Wolayer See (KERN 1908) und Valentintörl (HK & AS); Karawanken: Wackendorfer Spitze der Petzen (HK & MS); Steiner Alpen: Sanntaler Sattel (HK & MS) – **N**: NA: Ochsenboden am Schneeberg (HEEG 1894, HZ, HK), Rax NE Trinksteinsattel (HK), Dürrenstein Gipfelregion (J. Baumgartner, HK) – **O**: Dachstein: Sarstein (FG); in den Hochlagen des Toten Gebirges und der Haller Mauern recht v; Vorposten im Reichraminger Hintergebirge, am Kasberg und am Traunstein (SCHLÜSSLMAYR 2005) – **S**: „Salzburger Alpen" (Funk in SAUTER 1871), Untersberg (SAUTER 1871); Hagengebirge: Hohes Brett (PP); Kitzbühler A: Kl. Rettenstein (SAUTER 1871); Hohe Tauern: N Hochtor (J. Baumgartner); Radstädter Tauern: Ennskraxen (GSb), Kl. Kesselspitze (H. Wittmann, det. PP), zw. Gamsleiten und Zehnerkarspitze (GSb), Speiereck (KRISAI 1985), Radstädter Tauernpass (KRISAI 1985); Schladminger Tauern: Knappenkarsee (HK) – **St**: NA: Eselstein am Dachstein (HK), Lopernstein bei Mitterndorf, Reiting bei Mautern (BREIDLER 1894), Eisenerzer Reichenstein (HK); Niedere Tauern: Patzenkar am Schiedeck, zw. Kampspitze und Giglachseeen, Rettelkirchspitze (HK) – Nord-**T**: Stubaier A: Blaser und Kugelwand im Gschnitztal (DALLA TORRE & SARNTHEIN 1904), Martartal unter dem Muttenjoch (HANDEL-MAZZETTI 1904); Kitzbühler A: Kl. Rettenstein (SAUTER 1871); Kitzbühler Horn (WOLLNY 1911); Ost-**T**: Hohe Tauern: zw. Pfortscharte und Salmshöhe (HERZOG 1944) – **V**: z bis v in den Hochlagen der Kalkgebirge zw. dem Rätikon und den Allgäuer A.

- Pyrenäen, Alpen, Karpaten, Gebirge der Balkanhalbinsel, Skanden, westliches Nordamerika, Mexiko, Anden
- arktisch-alpin

Gefährdung: Das milder werdende Klima bedroht die kleinen Vorposten auf Voralpengipfeln; im Großteil des Verbreitungsgebietes ist die Art aber nicht gefährdet.

2. *A. saccata* (WAHLENB.) A. EVANS – Syn.: *A. fragrans* (SCHLEICH.) TREVIS., *Fimbriaria fragrans* (SCHLEICH.) NEES, *F. saccata* (WAHLENB.) NEES, *Marchantia saccata* WAHLENB.

Ökologie: Recht kräftige Thalli mit dem Habitus einer *Mannia fragrans*, aber geruchlos, in lückigen Felstrockenrasen und Felsfluren (über Kalk und Silikat), primär sonn- und südexponiert. Seltener auch an xerothermen Sekundärstandorten, in der Wachau etwa auf Feingrus über einer Weingartenmauer. Bevorzugt werden offenbar etwas gestörte Standorte. Gelangt nach Baumgartner nur sehr selten zur Fruchtreife.

- m. azido- bis basiphytisch, s. xerophytisch, s. photophytisch
- L 9, T 9, K 8, F 1, R 7

Soziologie: Oft in Gesellschaft anderer Marchantialen, vor allem in lückigen Festuceten im Grimaldion fragrantis, am Braunsberg in Gellschaft von *Mannia fragrans* und *Clevea hyalina*. In der Wachau u. a. mit *Funaria pulchella*, *Pleurochaete squarrosa* und *Pottia lanceolata*; am Gaisberg über Kalk auf Erdblößen im Trockenrasen mit *Pleurochaete squarrosa*, *Ditrichum flexicaule* und *Bryum* sp.

Verbreitung: Nur im Pannonikum Österreichs in N und W und auf die extremsten Xerothermstandorte beschränkt. Sehr wenige Nachweise aus neuerer Zeit. Collin.

N: Wachau: bei Krems, Groisbach und Dürnstein (Heeg 1894), Steiner Goldberg bei Krems SE über dem Philosophensteig, 220 m (HH, 1980 und 2015, t. HK); Hainburger Berge: Braunsberg bei Hainburg (Schiffner 1902; K.F. Günther, 2011, JE); Thermenlinie: Gießhübel bei Mödling (F. Welwitsch in Pokorny 1854), Gaisberg bei Perchtoldsdorf (Schiffner 1902; auch leg. J. Baumgartner, 1919, W, t. HK) – **W**: Thermenlinie: Eichkogel in Kaltenleutgeben, in einem aufgelassenen Kalksteinbruch (HZ, 2010), Zugberg bei Rodaun (v. Wettstein in Schiffner 1902)

- Alpentäler mit kontinentalem Klima, östliches Mitteleuropa bis Ostsibirien, Nordamerika
- subkontinental

Gefährdung: Hochgradig vom Aussterben bedroht durch zunehmende Verwachsung und Verbuschung von Trockenrasen und Felsschrofenfluren, durch Anlage und Sanierung von Weingärten, lokal wohl auch durch Steinbruchserweiterungen, Wegebauten und andere Baumaßnahmen.

2. *Mannia* Corda

1. *M. californica* (Gottsche) L.C. Wheeler – Syn.: *Grimaldia californica* Gottsche

Ökologie: Einer *M. fragrans* sehr ähnlich, aber geruchlos. Am bislang einzigen Fundort an einem Gneisfelsen an einem Südhang in einem engen Tal in mäßig warmer, montaner Lage. Die Art wächst dort auf teilweise detritusbedeckten Neigungsflächen einer Felsbank unter einem Felsüberhang, teilweise auch in Felsnischen; spärlich zudem an Schrofenfels in einem Gebüsch nahebei. Das Substrat ist relativ nährstoffreich, aber basenarm; Sickerwasser aus dem Spaltensystem des Felsens sorgt primär für eine gelegentliche Wasserversorgung. Carpocephala und Sporophyten werden nur in niederschlagsreicheren Jahren gebildet. Sporenreife im Sommer.

- m. azidophytisch, m. xerophytisch, m. photophytisch
- L 7, T 6, K ?, F 3, R 4

Soziologie: Als Begleitmoose wurden an besser wasserversorgten Stellen *Amphidium mougeotii* in recht xeromorphen Ausprägungen, an trockeneren u. a. *Weissia brachycarpa*, *Bryum argenteum* und *Hypnum cupressiforme* festgestellt. Im Schutz des Überhangs wachsen zudem die im Steirischen Randgebirge endemische *Moehringia diversifolia* und *Asplenium trichomanes*. An vergleichbaren Habitaten findet sich übrigens anderenorts im Gebiet der Gleinalpe *M. gracilis*.

Verbreitung: Nur aus dem Steirischen Randgebirge am Ostrand der Zentralalpen von einer einzigen Fundstelle nachgewiesen. Montan.

St: Gleinalpe: Rachaugraben bei Knittelfeld, ca. 700 bis 900 m (eine bewusst ungenaue Höhenangabe), HK

- Österreich, Frankreich (ebenfalls nur 1 Fundort), Kaukasus, Gebirge Südostasiens, westliches Nordamerika
- subkontinental

Gefährdung: Die lokale Population ist durch übermäßiges Sammeln und Beschattung durch hochwachsende Bäume gefährdet.

Anmerkung: Die Zugehörigkeit der einzigen österreichischen Population zu dieser Art ist nicht endgültig geklärt. Molekularanalysen zeigen eine intermediäre Position zwischen einer variablen *M. californica* und der mediterranen *M. androgyna* (Schill et al. 2010). Nach Borovichev et al. (2015) erwies sich eine *Mannia*-Probe aus der nordkaukasischen Republik Adygeia als molekular mit der steirischen Pflanze identisch, was auf eine eigenständige Sippe hindeuten könnte. Gametophytisch ähnelt unsere Pflanze *M. controversa* (beide sind geruchlos und autözisch), besitzt aber den Sporentyp von *M. californica* und *M. androgyna*. Unter den *M. fragrans*-Aufsammlungen Breidlers in GJO weist eine (vermutlich sterile) Probe von „Wald am Schoberpass“ keinen deutlichen Geruch auf. Es könnte sich dabei um dieselbe Sippe handeln; auch die Standortsbedingungen (auf Tonschiefer in montaner Lage) sollten vergleichbar gewesen sein.

2. *M. controversa* (Meyl.) Schill subsp. ***controversa*** – Syn.: *Grimaldia controversa* Meyl.

Ökologie: Schmale, dunkelgrüne, rotrandige Lagerbänder über Kalkschiefer, seltener Kalk, in schrofendurchsetzten, hochalpinen Rasen in erdigen Rasenlücken oder kleinen Felsbalmen, seltener unmittelbar auf offenem Fels, wohl meist in Südlage und periodischer Austrocknung ausgesetzt. Außerdem auch an Felsschrofen auf Schneeböden, die während der kurzen Vegetationszeit aber vergleichsweise trockene Standortsbedingungen aufweisen. Carpocephala werden meist ausgebildet; Sporenreife von Frühsommer bis Herbst (je nach Schneebedeckungsdauer).

- neutro- bis basiphytisch, m. xerophytisch, s. photophytisch
- L8, T 1, K 7, F 4, R 7

Soziologie: In Alpinrasen, die vermutlich dem Seslerion caeruleae und dem Oxytropido-Elynion angehören. Weiters auf schrofigen Kalkschneeböden, insbes. im Asterelletum lindenbergianae. Zu den Begleitern gehören u. a. *Clevea hyalina*, *Asterella lindenbergiana*, *Preissia quadrata*, *Didymodon fallax*, *Syntrichia norvegica* und *Pseudoleskea incurvata*.

Verbreitung: Selten am Hauptkamm der Zentralalpen, einmal auch in den Nordalpen; primär in kontinental getönten Gebirgsteilen. Bislang nur aus Kärnten, Tirol und der Steiermark nachgewiesen. Alpin und subnival, ca. 2100 bis 2650 m.

K: Hohe Tauern: unterhalb des Glocknerhauses E Großglockner, ca. 2100 m (RD in Schill et al. 2008), S Butzentörl am Stellkopf, 2650 m (HK in Schill et al. 2008) – **St**: Schladminger Tauern: Südgrat der Steirischen Kalkspitze, ca. 2370 m (JK) – Nord-**T**: Karwendel: Hafelekarspitze, 2243 m (als *G. dichotoma*, F. Stolz in Jack 1898; Schill et al. 2008); Stubaier A: Blaser bei Matrei am Brenner, 6500 Fuß (als *G. dichotoma*, F. Arnold in Jack 1898, Schill et al. 2008)

- Alpen (Österreich, Schweiz, Frankreich)
- alpisch (endemisch)

Gefährdung: Wegen Seltenheit potentiell gefährdet.

Anmerkungen: Schill et al. (2008) bestätigen den Artwert des lang vergessenen Taxons und beschreiben auch eine subsp. *asiatica* Schill & D.G. Long, die die Nominatunterart in Zentralasien vertritt. Man kann davon ausgehen, dass die Art in den Gebirgen Asiens entstanden ist und während der Hochzeiten des Pleistozäns, wie viele andere Alpenpflanzen auch, die Alpen erreicht hat. Auch die engere ökologische Amplitude bzw. die stärker kryoxerophilen Ansprüche der europäischen Unterart sprechen für diese Annahme. – Der Nachweis durch J. Kučera von der Steirischen Kalkspitze basiert auf sterilem, aus morphologischer Sicht unklarem Material. Mittels einer Molekularanalyse konnte Kučera die Zugehörigkeit zu dieser Art beweisen. Die ermittelte Chloroplastensequenz ist identisch mit jener vom Stellkopf in Kärnten (Schill et al. 2010). – Eine Angabe vom Speiereck in den Radstädter Tauern, bestimmt als *M. fragrans* (GSb in Krisai 1985), könnte eventuell ebenfalls zu dieser Art gehören.

3. *M. fragrans* (BALBIS) FRYE & CLARK – Syn.: *Grimaldia fragrans* (BALBIS) CORDA ex NEES, *G. barbifrons* BISCH., *Marchantia fragrans* BALBIS

Foto: H. Köckinger

Ökologie: Dunkelgrüne, rotrandige, aromatisch duftende Thallusbänder in lockeren bis dichten Decken über Karbonat- und Silikatgestein (auch Serpentinit) in flachgründigen, lückigen Trockenrasen, insbesondere Felstrockenrasen. Auf humusreicher oder -armer Erde in Rasenlücken oder an Rasenrändern im Kontakt zum anstehenden Fels, auf erdbedeckten Felsbänken und in Felsnischen. Selten auch in steinigen, trocken-warmen Ruderalfluren (Weingärten, Weg- und Eisenbahnböschungen). Benötigt häufig austrocknende und voll besonnte Standorte und wächst meist in S-Exposition. Carpocephala mit Sporophyten werden selten ausgebildet; vegetative Ausbreitung durch starkes Thalluswachstum.

- m. azido- bis basiphytisch, s. xerophytisch, s. photophytisch
- L 8, T 6, K 7, F 1, R x

Soziologie: Eine Charakterart des Verbandes Grimaldion fragrantis innerhalb diverser Rasengesellschaften der Klasse Festuco-Brometea. Als Begleitarten finden sich im pannonischen Raum besonders xerothermophile Elemente, wie z. B. *Riccia ciliifera*, *R. subbifurca*, *Didymodon vinealis* oder *Pleurochaete squarrosa*; ansonsten auch mit weniger anspruchsvollen Begleitern, über Karbonatunterlage u. a. mit *Encalypta vulgaris*, *Tortella tortuosa*, *Weissia* spp. und *Riccia sorocarpa*, über Silikatunterlage mit ubiquitären Arten, wie *Bryum argenteum*, *B. caespiticium*, *Syntrichia ruralis* oder *Cephaloziella divaricata*.

Verbreitung: Im pannonischen Osten Niederösterreichs und im steirischen Murtal zerstreut, am nördlichen Alpenrand und in den inneralpinen Tälern und Becken selten. Nur in der Wachau relativ häufig, überall sonst meist in sehr kleinen Populationen. Bislang noch keine Nachweise aus B und V. Collin bis montan; bis ca. 1300 m aufsteigend. Alle Angaben aus subalpinen und alpinen Lagen sollten zu anderen Arten gehören.

K: Hohe Tauern: unteres Pöllatal (HK), Kreuzeckgruppe (Simmer 1900); Gurktaler A: Grades im Metnitztal; Klagenfurter Becken: Schneehitzer NW Althaus NE Friesach, Grafendorf bei Friesach (HK), Kalkkögerl bei Oschenitzen nahe Völkermarkt (Franz 1988), bei Stein im Jauntal (Maurer 1988, GZU) – **N**: Wachau: bei Krems, Stein, Göttweig, Dürnstein, Weißenkirchen, St. Michael, Aggsbach, Melk, Schönberg am Kamp (Baumgartner 1893, Heeg 1894, Ricek 1984, HH); Waldviertel: Senftenberg und Hartenstein im Kremstal (Baumgartner 1893, HH); Thayatal: Drosendorf und Raabs (Baumgartner 1893), Tabor N Fronsburg (HH); Thermenlinie: Kalenderberg bei Mödling und Parapluiberg bei Perchtoldsdorf (Heeg 1894), Heberlberg bei Baden (HZ); Hainburger Berge: Braunsberg, Spitzerberg (Schiffner 1902, Schlüsslmayr 1999a, 2002a) – **O**: Sengsengebirge: Hoher Nock (wohl irrig, Poetsch & Schiedermayr 1872); AV: bei Steyr vor der Sierninger Linie (Poetsch & Schiedermayr 1872), bei Neuzeug (Schlüsslmayr 2005); NA: Ruine Losenstein im Ennstal (als *Targionia michelii* in Poetsch & Schiedermayr 1872, rev. HK, Schlüsslmayr 2005), Schieferstein bei Reichraming (Schlüsslmayr 2005); Donautal: Doppl, St. Martin bei Linz (Becker, det. FG, LI) – **S**: Hohe Tauern: bei Embach im Fuschertal (Sauter 1871); Lungau: bei Muhr (Breidler 1894), zw. Ölschützen und Jedl (HK), bei St. Egid (Breidler 1894) – **St**: Niedere Tauern: Rohrmoosberg bei Schladming und Walcherngraben bei Öblarn (Breidler 1894), Wald am Schoberpass (s. Anm. zu *M. californica*, Breidler 1894); Oberes Murtal: Pranker Ofen bei Stadl (Breidler 1894, HK), Puxer Wand bei Teufenbach, Pölshof bei Pöls (HK), Gulsen (Maurer in GZU, HK) und Chromwerkgraben bei Kraubath (J. Poelt in GZU), Aichberg bei St. Michael (Breidler 1894, HK), Steinwandl und Galgenberg (Breidler 1894) und Häuselberg (HK) bei Leoben; Mittleres Murtal: Predigtstuhl bei Kirchdorf nächst Pernegg und Mündung des Badlgrabens (Maurer 1963); Grazer Umland: Unterandritz, Reinerkogel und Rannachgraben bei Graz (Breidler 1894); Zigöllerkogel bei Köflach (Maurer 1970) – Nord-**T**: Inntal: „Auf Sandhügeln bei Innsbruck, und zwar am Spitzbühel, beim Lusthause im Amraser Parke und am Wege von Mühlau nach Arzl am linksseitigen Raine, überall schön und reich fruchtend“ (Leithe 1885), Spitzbühel bei der Mühlauer Klamm (Matouschek 1901c), Mühlauerbach nahe Mariahilf bei Innsbruck (Matouscheck 1907), Arzl (Jack 1898); Ötztal: bei Ambach (GSb in Düll 1991); Tuxer A: Igler Alpe am Patscherkofel, 1500 m (wohl irrig, Berger-Landefeld in Düll 1991); Ost-**T**: Hohe Tauern: „Burg“ bei Obermauern (J. Poelt in GZU, HK), Kals (Dalla Torre & Sarnthein 1904); Drautal: bei Grafendorf und Lienz (Sauter 1894), Amlach (Dalla Torre & Sarnthein 1904), Sillian (Dalla Torre & Sarnthein 1904) – **W**: Thermenlinie: Rodaun (Heeg 1894); Innenstadt: Hermanngasse, Sobjeskigasse und Bot. Garten (Hohenwallner & Zechmeister 2001)

- Zentral-, Ost- und südliches Nordeuropa, Kaukasus, Himalaya, China, Grönland, Nordamerika
- subkontinental

Gefährdung: Im gesamten Bundesgebiet gefährdet durch Verbuschung und Aufforstung von Trockenrasen, durch Bautätigkeit aller Art sowie durch die Anlage und Erweiterung von Steinbrüchen.

Anmerkungen: Die einzige Angabe für *Targionia hypophylla* (unter *T. michelii*) für Österreich von Losenstein, leg. Engel und Schiedermayr (SAUTER 1857, POETSCH & SCHIEDERMAYR 1872), gehört zu *M. fragrans* (rev. HK in LI). Nach eineinhalb Jahrhunderten hat sie bemerkenswerterweise immer noch den aromatischen Geruch dieser Art. Die Angabe von *Mannia androgyna* (L.) A. EVANS (als *M. dichotoma*) für den Raum Steyr (SAUTER 1842) kann sich auch nur auf diese Art beziehen.

4. *M. gracilis* (F. WEBER) SCHILL & D.G. LONG – Syn.: *Asterella gracilis* (F. WEBER) UNDERW., *Marchantia gracilis* F. WEBER, *Asterella pilosa* (WAHLENB.) TREV., *Fimbriaria ludwigii* auct., *Fimbriaria nana* LINDB.

Ökologie: Grüne, rotrandige, schmale Lagerbänder auf humus- und erdbedeckten Silikatfelsen an südseitigen Steilhängen, meist eingebettet in Gebüschfluren. Die Standortsbedingungen in der Steiermark ähneln vermutlich jenen der steirischen *M. californica*. In den Hohen Tauern hingegen auf steinigen Karbonat-Schneeböden in Südlage, vermutlich auch an südseitigen Kalkschieferfelsen. Habitatangaben zu alten Meldungen aus den Kalkalpen sind unzureichend oder fehlend. An allen Fundstellen ist die Art periodischer Austrocknung ausgesetzt. Sporenreife in tieferen Lagen im Frühjahr, in der Alpinstufe im Sommer.

- m. azido- bis basiphytisch, m. xero- bis m. hygrophytisch, m.–s. photophytisch
- L 7, T 3, K 7, F 5, R x

Soziologie: Eine Aufsammlung von südseitigen Silikatschrofen aus dem Schladnitzgraben (GJO) enthält als Begleitarten *Oxystegus tenuirostris*, *Isopterygiopsis muelleriana* und *Bryum alpinum*, eine Artenkombination, die auf subneutrale, wechselfeuchte und halbschattige Standortsbedingungen hindeutet; eine Probe aus dem Gößgraben hingegen lediglich *Hypnum cupressiforme*, vermutlich Ausdruck trockenerer und saurerer Verhältnisse. Am Hochtor wächst sie zusammen mit *Asterella lindenbergiana* auf einem Karbonat-Schneeboden, ist hier also dem Asterelletum lindenbergianae zuzurechnen.

Verbreitung: In den Zentralalpen selten in der Glocknergruppe (alpin) sowie mehrfach im Steirischen Randgebirge (untermontan). Die Angaben aus den Nordalpen (O, S) sind alt und zweifelhaft. Untermontan bis alpin, ca. 600 bis 2500 m.

K: Hohe Tauern: Pasterze (als *F. nana*, H.C. Funck in SAUTER 1871), Heiligenbluter Freiwand (eventuell der gleiche Fund, MÜLLER 1951–1958), beim Hochtor nahe dem Südportal, ca. 2500 m, 2002 (HK & HvM) – **O**: Höllengebirge: Schoberstein, 1000 m (RICEK 1977, Probe in LI ohne Carpocephala und steril, deshalb unsicher, t. HK, SCHRÖCK et al. 2014) – **S**: NA: Untersberg und Schneibstein (sehr alte, quellenlose (?) Angaben von der Grenzregion zu Deutschland; von MEINUNGER & SCHRÖDER (2007) in Zweifel gezogen und dort nicht berücksichtigt) – **St**: Oberes Murtal: Mündung des Jassinggrabens bei St. Michael, 600 m (GJO, t. HK, BREIDLER 1894); Gleinalpe: Gößgraben und Schladnitzgraben bei Leoben und Lainsachgraben bei St. Michael, 600–750 m (GJO, t. HK, BREIDLER 1894)

- Zentraleuropa, Spanien, Balkanhalbinsel, Nordeuropa, Kaukasus, Sibirien, Grönland, Nordamerika
- subarktisch-alpin

Gefährdung: Wegen Seltenheit potentiell gefährdet.

Anmerkung: Die Art wurde erst kürzlich (SCHILL et al. 2010) von *Asterella* in die Gattung *Mannia* transferiert. Nicht nur die molekulare Nähe zu *M. pilosa* und *M. triandra*, sondern auch die Mehrzahl der morphologischen Merkmale stützen die Richtigkeit der Entscheidung. Die grundlegend unterschiedlichen Habitatbedingungen an den steirischen und restösterreichischen Fundstellen deuten auf zumindest physiologisch unterschiedliche Sippen hin.

5. *M. pilosa* (HORNEM.) FRYE & CLARK – Syn.: *Duvalia pilosa* LINDB., *Grimaldia pilosa* (HORNEM.) LINDB., *G. carnica* MASSAL., *Neesiella carnica* SCHIFFN., *N. pilosa* SCHIFFN.

Ökologie: Grüne bis rötlich überlaufene, kleine Thallusgruppen in geschützten Felsnischen oder -spalten auf erdigem, humusreichem oder -armem Substrat an Kalk- oder Kalkschieferfelshängen, vorwiegend in S-Lage, seltener nordseitig, an windexponierten, im Winter weitgehend schneefreien Standorten. Verträgt Besonnung und häufige Austrocknung. Carpocephala mit Sporophyten werden regelmäßig ausgebildet; Sporenreife im Sommer.

- subneutro- bis neutrophytisch, m. xero- bis mesophytisch, m. skio- bis s. photophytisch
- L 7, T 1, K 7, F 5, R 7

Soziologie: Meist in Vergesellschaftungen anzutreffen, die dem Solorino-Distichietum capillacei zuzuordnen sind. Häufige Begleitarten sind *Distichium capillaceum*, *Ditrichum gracile*, *Encalypta streptocarpa*, *Myurella julacea*, *Pohlia cruda*, *Timmia norvegica*, *Clevea*, *Sauteria*, *Preissia* etc.

Verbreitung: Selten in den Zentralalpen (Stubaier- und Ötztaler Alpen, Hohe Tauern, Radstädter und Schladminger Tauern), ebenso selten in den Nord- und Südalpen. Subalpin bis alpin (nival), ca. 1500 bis 2450 (3400) m.

K: Hohe Tauern: Gamsgrubenweg am Großglockner, 2400 m (GSb, HK), Nordseite Makernigspitze, 2300 m (HK); Nockberge: oberhalb Zechneralm (RD, t. J. Váňa); Karawanken: Bielschitza, 1950 m (HK), Petzen (GŁOWACKI 1913, HK & D. Schill), Hochobir, ca. 2000 m (KÖCKINGER & SUANJAK 1999); Steiner Alpen: Sannthaler Sattel der Vellacher Kotschna (HK & MS) – **N**: NA: Ötscher Gipfelregion (HK), Saugraben am Schneeberg (J. Juratzka in W, det. V. Schiffner, t. HK) – **O**: Dachstein: Krippenstein (van Dort & Smulders, 2010, t. GS) – **S**: NA: Rettenkogel W Ischl (K. Loitlesberger in Schiffner 1908); Radstädter Tauern: Mosermandl S-Hang, ca. 2400 m, Stierkarkopf S-Hang, ca. 2150 m (HK & PP), Weißeck (Breidler 1894, als *M. triandra*, aber wohl zu dieser Art gehörig) – **St**: Ennstaler A: Großer Buchstein gegen die „Eisenzieher", ca. 1500–1650 m (J. Baumgartner in W, 1909, det. V. Schiffner, t. HK, Schiffner 1908); Schladminger Tauern: Steirische Kalkspitze, 2450 m (Głowacki 1913, in Breidler 1894 als *Duvalia rupestris*, rev. V. Schiffner) – Nord-**T**: Allgäuer A: Ramstallspitze (MR); Ötztaler A: oberes Gaisbergtal bei Obergurgl, ca. 2400 m (RD, det. J. Vana, Düll 1991), Hinterer Spiegelkogel, 3400 m, und am Jöchl zw. Liebener Spitze und Heuflerkogel, 3210 m (als *M. triandra*, det. K. Müller, dennoch wohl zu dieser Art gehörig, Pitschmann & Reisigl 1954); Stubaier A: Martartal bei Gschnitz, ca. 1800 m (V. Schiffner & Patzelt, 1902, Hep. eur. exsicc. 1191; Schiffner 1902), Wasenwand über Trins (J. Poelt in GZU, 1965), Kirchdach bei Trins, ca. 2500 m (v. Wettstein in WU, 1921, det. V. Schiffner); Ost-**T**: Hohe Tauern (Müller 1951–1958, wo?) – **V**: Allgäuer A: Kanzelwand (MR); Lechquellengebirge: Obergschröf E Rote Wand (HK; in Amann et al. 2013)

- Alpen, Karpaten, Arktis und Subarktis, Nordamerika
- arktisch-alpin

Gefährdung: Wegen Seltenheit potentiell gefährdet.

Anmerkungen: Schiffner (1908) unterschied *Neesiella carnica* und *N. pilosa*. Die morphologischen und anatomischen Unterschiede zwischen den beiden Taxa sind aber durch unterschiedliche Standortsbedingungen erklärbar. Kräftige Pflanzen, die *N. carnica* entsprechen, wachsen an relativ feucht-schattigen Orten; die schmallappigen, xeromorph gebauten Pflanzen von *N. pilosa* hingegen an trocken-sonnigen Stellen. – Wegen der Abtrennung von *M. triandra* siehe dort.

6. *M. triandra* (Scop.) Grolle – Syn.: *Duvalia rupestris* Nees, *Grimaldia rupestris* (Nees) Lindenb., *Neesiella rupestris* (Nees) Schiffn., *Marchantia triandra* Scop.

Ökologie: Seegrüne, selten rotrandige, zarte Thalli in schattigen, luftfeuchten, geschützten Felsspalten und -nischen oder kleinen Balmen unter Überhängen an Karbonat-, Kalkkonglomerat- oder Kalkschieferfelsen und dort in meist individuenarmen Populationen auf kalkigem Detritus oder flachen Erdauflagerungen. Eine besondere Vorliebe zeigt sie für Nagelfluh. Seltener wächst sie in Mauerspalten oder (meist ephemer) an offenen, kalkhaltigen, grusigen Erdstandorten. Der Schatten- und Feuchtigkeitsbedarf der Art nimmt mit zunehmender Seehöhe deutlich ab. In subalpinen Lagen trifft man sie an wärmebegünstigten S-Hängen. Carpocephala mit Sporophyten werden

Foto: C. Schröck

regelmäßig ausgebildet; Sporenreife von Frühjahr bis Sommer.

- neutro- bis basiphytisch, mesophytisch, s. skio- bis m. photophytisch
- L 4, T 4, K 7, F 5, R 8

Soziologie: Vorwiegend in Gesellschaften des Cystopteridion, des Ctenidion mollusci und in den höchsten Lagen im Distichion capillacei zu finden, häufig zusammen mit *Mesoptychia badensis*, *M. collaris*, *Jungermannia atrovirens*, *Preissia*, *Encalypta streptocarpa*, *Gymnostomum calcareum* oder *G. aeruginosum*; in Balmen u. a. mit *Conardia compacta* und *Platydictya jungermannioides*; an exponierten Standorten auch mit *Didymodon fallax* und *Tortella tortuosa*.

Verbreitung: Im Osten der Nordalpen zerstreut, hingegen ziemlich selten im Westen; selten in den Zentralalpen, im Grazer Bergland, in den Südalpen und im Alpenvorland. Angaben aus der Alpinstufe (nach Pitschmann & Reisigl 1954 auch noch nival) gehören wohl zu *M. pilosa*. Collin bis subalpin, ca. 300 bis 2000 m.

K: Hohe Tauern: S des Glocknerhauses, ca. 2200 m (zweifelhaft, Kern 1907); Nockberge: bei der Erlacher Hütte (HK); Gailtaler A: Höllgraben, E Weißensee und Klausengraben (HK & HvM); Görtschitztal: Gutschenkogel (HK); Karawanken: bei der Deutschen Brücke im Loibltal (J. Głowacki in GJO), Tscheppaschlucht im Loibltal (HK) – **N**: NA: zw. Lunz und Gaming (Förster 1881), Wiesenbachtal N Reisalpe, 550 m (J. Baumgartner, GZU), Wieselhof bei St. Aegyd am Neuwalde, ca. 700 m (J. Baumgartner, det. M. Heeg, W), bei Reichenau und Baden (Heeg 1894), Falkenstein N Semmering, Erlaufstausee NW Mitterbach (HK), Hundsau- und Klausgraben SW Dürrenstein (HZ) – **O**: AV: bei und in Steyr (Poetsch & Schiedermayr 1872), Neuzeug, Garsten und Dürnbach (Schlüsslmayr 2005); NA: bei Losenstein, Burg Scharnstein bei Gmunden, Tödtenhengst bei Kremsmünster, Weg zum Heindlboden bei Dürnbach (Poetsch & Schiedermayr 1872), Hoher Nock (Poetsch & Schiedermayr 1872, eventuell *M. pilosa*), Klaus (Schiedermayr 1894), Steyrschlucht bei Molln (Schlüsslmayr 2005, CS), St. Pankraz an der Teichl (Schlüsslmayr 2005) – **S**: AV: Stadt Salzburg (Sauter 1871), NE-Fuß des Rainberges (GS): NA: zw. Salzburg und Hallein mehrfach (Schröck 2013); Lungau: S-Seite des Radstädter Tauern-Passes, 1500 m (Breidler 1894), Twenger Au und oberhalb Tweng NW Mauterndorf, ca. 1180 m (HK & CS) – **St**: Salzatal: Siebensee S Wildalpen, zw. Hopfgartental und Klecklucken, zw. Großreifling und Wildalpen (Breidler 1894); Hochschwab: Frauenmauer, Hintere Seeau, Haringgraben E Tragöß-Oberort (HK), Thalerkogel (Breidler 1894); Eisenerzer A: Hirnalm bei Vordernberg, Kaisertal am Reiting (HK); Triebener Tauern: Lattenberg, 1800–1900 m (HK); Oberes Murtal: Tanzmeistergraben (Breidler 1894); Grazer Bergland: Gamskogel SW Kleinstübing (GS & HK), N-Hang des Schöckl (Maurer et al. 1983) – Nord-**T**: Allgäuer A: Höhenbachtal am Simms-Wasserfall (MR); Karwendel: zw. Kasbach und Achensee (Leithe 1885); Kaisergebirge (Schinnerl, t. K. Müller, in Müller 1906-1916); Stubaier A: Blaser bei Matrei (Dalla Torre & Sarnthein 1904), Martartal bei Gschnitz (Schiffner 1902), Padastertal bei Trins, 2000 m (HK & JK); Ost-**T**: Hohe Tauern: bei Kals (F. Koppe in Düll 1991), Tauerntal N Matrei (Breidler 1894) – **V**: Allgäuer A: Gottesacker (MR); Davennagruppe: Itonskopf bei Schruns, ca. 2000 m (HK in Amann et al. 2013)

- Zentraleuropa, östliches Nordamerika
- subkontinental-subalpin

Gefährdung: Nach Anhang II der FFH-Richtlinie der Europäischen Union in einem Schutzgebietsnetz zu erhalten. An den meisten ihrer Fundorte im Alpengebiet ist *M. triandra* nicht akut bedroht, lokal aber durch Steinbrüche und Überstauung. Im Alpenvorland ist sie wesentlich stärker gefährdet. Diese Art besitzt ihren europäischen Verbreitungsschwerpunkt in den österreichischen Alpen.

Anmerkung: Die Angaben aus dem Attergau und Hausruck in Ricek (1977) von Mineralbodenstandorten sind durchwegs als irrig zu betrachten (Schröck et al. 2014). Vermutlich ließ sich Ricek von juvenilen *Conocephalum*-Thalli täuschen, die sehr ähnlich sein können.

3. *Reboulia* Raddi

1. *R. hemisphaerica* (L.) Raddi – Syn.: *Asterella hemisphaerica* (L.) Beauverie, *Marchantia hemisphaerica* L.

Ökologie: Flache, hellgrüne, oft rotrandige Thallusgruppen, sich mitunter zu Decken formierend. In den Kalkgebirgen oberhalb der Waldgrenze meist in blockigen Dolinen mit nicht allzu langer Schneebedeckung, gerne im Schutz überstehender Blöcke in oft heller Lage auf nicht zu feuchter, basenreicher Erde oder auch direkt auf Fels. In montanen Lagen eher häufiger auf Silikatfels anzutreffen, oft am Fuß von Felswänden in nährstoffreichen Nischen bei Bevorzugung von Südexposition und mäßiger Beschattung. Mitunter auch als Pionier an steinigen Wegböschungen anzutreffen. Carpocephala werden allenthalben ausgebildet.

Foto: M. Lüth

- m. azido- bis basiphytisch, mesophytisch, m. skio- bis m. photophytisch
- L 6, T 3, K 4, F 5, R x

Soziologie: Über Kalk u. a. im Solorino-Distichietum capillacei oder in den Schneebodengesellschaften Pseudoleskeetum incurvatae und Asterelletum lindenbergianae. Über Silikat in der Montanstufe u. a. im Amphidietum mougeotii.

Verbreitung: In den Nordalpen ziemlich verbreitet, wenn auch vielerorts noch unzureichend erfasst; in den westlichen Zentralalpen vergleichsweise selten, aus dem Ostteil (Steiermark und Unterkärnten) hingegen vielfach angegeben; in den Südalpen offenbar selten. Daneben noch vereinzelte Nachweise aus dem Alpenvorland, der Wachau und dem Waldviertel. Fehlt in B und W. Submontan bis alpin; bis ca. 2500 m aufsteigend.

K: Hohe Tauern: ein Rezentnachweis im Kleinfleißtal (HK); Gurktaler A: im Osten und Süden z; Saualpe: Gletschachgraben (Głowacki 1910); Gailtaler A: Mussen (HK & MS); Karawanken: Loibltal (HK & AS) und Petzen (HK & MS) – **N**: Waldviertel: W Hohenstein im Kremstal (HH); Thayatal: Fugnitztal NW Heufurth (HH); Wachau: Rothenhof W Stein (HH); Thermenlinie/Voralpen: zw. Pottenstein und Gutenstein, Perchtoldsdorf, St. Aegyd am Neuwalde (Heeg 1894), Klause bei Mödling (J. Baumgartner); NA: Ötscher und Schneeberg (Heeg 1894), Rax (HK), Dürrenstein (J. Baumgartner), bei St. Aegyd am Neuwalde (Fehlner 1882a), Länd bei Lunz (J. Baumgartner), Ahorngraben W Kernhof (HZ) – **O**: AV: bei Steyr, Kremsmünster und Kirchberg (Poetsch & Schiedermayr 1872), Keltenweg bei Neuzeug (Schlüsslmayr 2005); NA: v bis z – **S**: Stadt Salzburg: Mönchs- und Rainberg (Sauter 1871); NA: Lofer (Sauter 1871), Ramseider Scharte im Steinernen Meer (Kern 1915); Kitzbühler A: Maurerkogel (Kern 1915); Radstädter Tauern: Tauernpass (Krisai 1985) – **St**: A: z bis v – Nord-**T**: Allgäuer A: Muttekopf (MR); Lechtaler A: Almajurjoch (Loeske 1908), über der Leutkircher Hütte (K. Koppe in Düll 1991); Karwendel: Frau Hitt (Leithe 1885); Inntal: Innsbruck beim Wurmbachursprung (Matouschek 1902b), Mauern und Inndamm bei Hall (Matouschek 1901c); Ötztaler A: Stuibenfall (Düll 1991); Ost-**T**: Hohe Tauern: Hinterbichl (F. Koppe in Düll 1991), Kals (H.C. Funck in Dalla Torre & Sarnthein 1904); Drautal: bei Lienz (Sauter 1894) –

V: Allgäuer A: Ifenmauer, Ifenplatte, Quellgebiet Subersach, Hälekopf (MR); Lechquellengebirge: Johannesköpfe, Obergschröf (HK), zw. Schadona und Glattjöchl (HZ); Lechtaler A: Arlberg (MURR 1915), zw. Valfagehralpe und Ulmer Hütte (HK); Rätikon: SW Lünersee, Zwölferjoch und Sulzfluh (HK)

- kosmopolitisch
- submediterran-subozeanisch-montan

Gefährdung: Im Alpengebiet nicht gefährdet, außeralpin vermutlich schon.

Anmerkung: Es wurden mehrere infraspezifische Sippen (u. a. in SCHUSTER 1992) beschrieben, von denen aber bisher nur die Nominatsippe aus Österreich bekannt ist. Hierzulande deutet vieles auf zwei Ökotypen hin, eine kryophile Kalksippe und eine moderat thermophile Silikatsippe.

39. *Cleveaceae* CAVERS

1. *Clevea* LINDB.

1. *C. hyalina* (SOMMERF.) LINDB. – Syn.: *Athalamia hyalina* (SOMMERF.) S. HATT., *Marchantia hyalina* SOMMERF.

Ökologie: Mit großen, weißen bis rosaroten Bauchschuppen besetzte, liegende Thalli, mitunter geschlossene Decken, auf mäßig feuchten Karbonat-Schneeböden, auf nährstoffreichem Detritus auf Balmenflächen von Felsnischen und Halbhöhlen und in Felsspalten, sowohl unter voller Besonnung als auch im Schatten der Nordwände, über Karbonat- als auch basenreichem Silikatgestein. Seltener offen auf neutraler Erde in Lücken von Alpinrasen und Polsterpflanzenfluren. Bemerkenswert sind außeralpine Reliktpopulationen in Felstrockenrasen. Die Art ist viel stärker xero- und nitrophil als die beiden anderen Arten der Familie. Carpocephala finden sich gelegentlich.

- subneutro- bis basiphytisch, m. xero- bis m. hygrophytisch, s. skio- bis s. photophytisch
- L x, T x, K 7, F 4, R 7

Soziologie: In den Alpen vor allem im Distichion capillacei, selten auch im Weissietum crispatae, vergesellschaftet mit *Distichium capillaceum*, *D. inclinatum*, *Sauteria alpina*, *Preissia quadrata*, *Timmia norvegica*, *T. bavarica* etc. In den Hainburger Bergen nach SCHLÜSSLMAYR (2002a) im Grimaldion fragrantis in einem Barbuletum convolutae athalamietosum hyalinae, zusammen mit *Mannia fragrans*, *Didymodon vinealis*, *Syntrichia ruralis* und *Pseudocrossidium obtusulum*. Bemerkenswert ist eine besonders mastige Ausprägung in einer stark nitifizierten, alpinen Felsspalte an einer Felswand (vermutlich unterhalb eines Greifvogelhorstes) in Begleitung von *Leptobryum pyriforme* und *Tortula obtusifolia*.

Verbreitung: In den Alpen zerstreut, regional auch verbreitet. Reliktäre, isolierte Tieflagenvorkommen in den Hainburger Bergen Niederösterreichs, auf Serpentinit im Steirischen Murtal und im Klagenfurter Becken bei Friesach. Collin bis nival, ca. 200 bis 3200 m.

K: Hohe Tauern: in den Kalkschieferzügen recht v; in den Nockbergen z, ebenso in den SA; Klagenfurter Becken: Engelsdorf NW Friesach, 660 m (HK) – **N**: Hainburger Berge: Braunsberg (Schiffner 1902), Spitzerberg (Schlüsslmayr 1999a, 2002a, J. Froehlich in S), Hexenberg und Rücken zw. Hundsheimer Berg und Pfaffenberg (J. Froehlich in S, 1941, 1957); NA: Kaiserstein am Schneeberg (Heeg 1894, HK) – **O**: NA: Dachstein: Sarstein (FG, in einer Probe von *Asterella lindenbergiana*, det. HK), Hoher Rumpler (FG in Speta 1988, t. HK), Krippenstein (van Dort & Smulders 2010); Totes Gebirge: Spitzmauer und Warscheneck (Schlüsslmayr 2005); Haller Mauern: Gr. Pyhrgas, Laglkar und Bosruck (Schlüsslmayr 2005) – **S**: NA: Schafberg N-Seite (F. Koppe), Breithorn im Steinernen Meer (Kern 1915); Hohe Tauern: Schwarzkopf (Kern 1915), Seidlwinkltal (JK), Oblitzen (Breidler 1894); Radstädter Tauern: Mosermandl-Gipfel (HK & PP), Brettsteinalpe, Speiereck, Weißeck, Großeck (Breidler 1894), Ennskraxen (GSb), Trogalm am Speiereck (FG, t. HK, Krisai 1985); Schladminger Tauern: Hochgolling (P. Schönswetter, det. HK) – **St**: NA: Lopernstein (Breidler 1894), Klamm bei Tragöß bei 1000 m, Aflenzer Staritzen (HK); Niedere Tauern: Steir. Kalkspitze und Gumpeneck (Breidler 1894), Schiedeck, zw. Kampspitze und Giglachseen, Mittl. Gstemmerspitze, Hochrettelstein, Plättentaljoch (HK); Seetaler A: Kreiskogel und Wenzelalpe (HK); Oberes Murtal: Tanzmeistergraben (Breidler 1894) – Nord-**T**: Kaisergebirge: Fleischbank (Wollny 1911); Ötztaler A: Hohe Mut bei Obergurgl (GSb), zw. Liebener Spitze und Heuflerkogel, 3210 m, und am Rotmoosferner, 3000 m (Pitschmann & Reisigl 1954); Stubaier A: Martartal bei Gschnitz (Handel-Mazzetti 1904), Blaser (F. Arnold in Dalla Torre & Sarnthein 1904), Kirchdachspitze (HK & JK); Zillertaler A: Wolfendorn am Brenner (Handel-Mazzetti 1904), zw. Steinernem Lamm und Kahlwandspitze (HK); Kitzbühler A: Kitzbühler Horn (Wollny 1911), Wildseeloder (HK); Ost-**T**: Hohe Tauern: zw. Johannis- und Sajathütte (GSb), Umbalkees (F. & K. Koppe in Düll 1991), Ködnitztal bei Kals (RK, t. HK), Muntanitzscharte bei Kals (H. Handel-Mazzetti in W, t. HK) – **V**: in den Allgäuer A, Lechtaler A, im Lechquellengebirge und im Rätikon ziemlich v (Amann et al. 2013)

- Gebirge Europas von der Mediterraneis bis Skandinavien, Zentralasien, N-Amerika, Arktis.
- subarktisch-subalpin

Gefährdung: In den Alpen nicht gefährdet; die Tieflagenpopulationen in den Hainburger Bergen und in Kärnten sind hingegen hochgradig bedroht.

Anmerkung: Angaben für die taxonomisch unklare var. *suecica* (LINDB.) HATT. (mit kleinen purpurnen Ventralschuppen) liegen aus den Radstädter Tauern (Ostabhang des Kessels und Nordabhang der Brettsteinalpe, 2000–2200 m, BREIDLER 1894; Stierkarkopf, HK & PP) und den Steiner Alpen (Vellacher Kotschna, HK & MS) vor. SCHLÜSSLMAYR (2005) vermutet die Anwesenheit dieser Sippe in Pflanzen von feuchteren Standorten der oberösterreichischen Kalkalpen. Belanglos dürfte var. *kernii* MÜLL. FRIB. sein, beschrieben nach einer Aufsammlung vom Wolayer See in den Karnischen Alpen (KERN 1908).

2. *Peltolepis* LINDB.

1. *P. quadrata* (SAUT.) MÜLL. FRIB. – Syn.: *Peltolepis grandis* (LINDB.) LINDB., *Sauteria grandis* Lindb., *Sauteria quadrata* SAUT.

Foto: H. Köckinger

Ökologie: Glänzende, oft purpurn überlaufene, vorwiegend unverzweigte Thalli in lockeren Beständen bis dichten Decken in Karbonat-Schneeböden, insbesondere zwischen groben Blöcken in Dolinen, wo sie basenreiche Feinerde, seltener Felsflächen überwächst; weiters an lang schneebedeckten Basalflächen und in feuchten Nischen von vorwiegend N-exponierten Felswänden aus Karbonatgestein, seltener basenreichen Schiefern, u. a. Amphibolit. Carpocephala werden allenthalben ausgebildet.

- neutro- bis basiphytisch, m.–s. hygrophytisch, s.–m. skiophytisch
- L 4, T 1, K 7, F 6, R 8

Soziologie: Eine Kennart des Distichion capillacei; vor allem im Asterelletum lindenbergianae mit höherer Präsenz. Wichtige Begleitarten sind *Asterella lindenbergiana*, *Sauteria*, *Clevea*, *Marchantia polymorpha* subsp. *montivagans*, *Timmia norvegica*, *Tayloria froelichiana*, *Saccobasis polita*, *Dichodontium pellucidum* etc.

Verbreitung: Zerstreut in den Nord- und Südalpen sowie in den Kalk- und Kalkschieferenklaven der Zentralalpen, selten in basenarmen Anteilen. Subalpin und alpin, ca. 1600 bis 2500 m.

K: Hohe Tauern: N Stockerscharte E Großglockner (JK, MS & HK), E Hochtor (HK & HvM), unterhalb Hagener Hütte NW Mallnitz (R. Lübenau), Glockwand am Faschaunereck bei Malta (HK & HvM); Nockberge: N-Seite Rodresnock und Wöllaner Nock (HK & AS); Karnische A: Luggauer Törl (MS & HK), Valentintörl (HK & AS), beim Wolayer See (Kern 1908), Kl. Pal E Plöckenpass (HK & HvM); Karawanken: Bielschitza (HK), Petzen (MS & HK) – **N**: NA: Ochsenboden am Schneeberg (HK), SE Taubenstein am Ötscher (HK & AS), Dürrenstein (Müller 1951–1958, J. Baumgartner), Gipfelregion Dürrenstein und um die Legsteinhütte (HK) – **O**: Dachstein: Sarstein (FG, in einer Probe von *Asterella lindenbergiana*, det. HK), Krippenstein (van Dort & Smulders, 2010), Topfwand am Weg zur Simonyhütte (Müller 1906–1916, Bergdolt 1926); Totes Gebirge: Zwölferkogel, Gr. Priel, Röllsattel, Warscheneck (Fitz 1957, Schlüsslmayr 2005); Voralpen: Traunstein, Kasberg und Größtenberg im Hintergebirge (Schlüsslmayr 2005) – **S**: NA: Untersberg (Sauter 1871); Hohe Tauern: Storz bei Muhr (Breidler 1894); Radstädter Tauern: N Zaunersee (HK & PP) – **St**: Totes Gebirge: Lopernstein bei Mitterndorf (Breidler 1894); Hochschwab: Aflenzer Staritzen und Pfaffenstein (HK); Niedere Tauern: Znachsattel, Schiedeck und Hasenohren N Bauleiteck (HK) – Nord-**T**: Allgäuer A: Schochenalptal (MR); Karwendel: NE Solsteinhaus (HK); Stubaier A: Götzenser Alpe (Handel-Mazzetti 1904); Kitzbühler A: Kitzbühler Horn (Wollny 1911), Wildseeloder (HK); Ost-**T**: Hohe Tauern: Hoher Bühl S Großglockner (Herzog 1944) – **V**: Allgäuer A: Ifenplatte und Koblat NW Warth (Amann et al. 2013); Lechquellengebirge: Breithorn (Amann et al. 2013), zw. Freiburger Hütte und Gehrengrat (Müller 1951–1958); Rätikon: Sulzfluh (Berdolt 1926); Verwall: Herzsee im Hochjochmassiv (Amann et al. 2013)

- Alpen, Karpaten, Skanden, Sibirien, Japan, British Columbia, Alaska, Ellesmere Island, Grönland, Island, Spitzbergen
- arktisch-alpin

Gefährdung: Die kleinen Vorkommen auf randalpinen Gipfeln sind durch die zunehmende Klimaerwärmung bedroht.

Anmerkung: Der Untersberg bei Salzburg ist die Typuslokalität dieser Art (Sauter 1858).

3. *Sauteria* Nees

1. *S. alpina* (Nees) Nees – Syn.: *Lunularia alpina* Nees

Ökologie: Bläulich- oder weißlich-grüne, glänzende, nicht pigmentierte Thalli in lockeren Decken auf Feinerde und basenreichem Humus an geschützten Stellen auf blockigen Karbonat-Schneeböden, aber auch gerne auf Detritus in feucht-schattigen Felsnischen und in kalt-feuchten Balmenfluren an Nordwänden, hier auch basenreiche Silikate, etwa Amphibolite, tolerierend. Mitunter auch in erdigen Löchern in Alpinrasen auftretend. Kann in

Schluchten recht tief herabsteigen. Carpocephala sind vergleichsweise häufig ausgebildet.

Foto: M. Lüth

- neutro- bis basiphytisch, m.–s. hygrophytisch, s.–m. skiophytisch
- L 3, T 2, K 7, F 6, R 7

Soziologie: Im Distichion capillacei, vor allem im Solorino saccatae-Distichietum capillacei und im Asterelletum lindenbergianae, aber auch im Ctenidion mollusci im Plagiopodo oederi-Orthothecietum rufescentis. Charakteristische Begleiter sind *Preissia quadrata*, *Clevea hyalina*, *Asterella lindenbergiana*, *Scapania cuspiduligera*, *Blepharostoma trichophyllum* subsp. *brevirete*, *Dichodontium pellucidum* und *Saccobasis polita*, unter den Gefäßpflanzen *Cystopteris alpina* oder *Heliosperma pusillum*.

Verbreitung: Verbreitet bis zerstreut in den östlichen und mittleren Nordalpen (relativ selten in V; in S und T wohl lediglich schlecht erfasst) und in den Kalk- und Kalkschieferenklaven der Zentralalpen, selten in anderen Teilen, zerstreut in den Südalpen. Montan bis subnival, (800) 1400 bis 2800 m.

K: Hohe Tauern: z bis v in der Glockner- und Goldbergruppe sowie im Faschaunerkamm; Nockberge: z; SA: z – **N**: NA: Rax und Schneeberg (Heeg 1894, HK), Dürrenstein und Ötscher (HK), Klamm bei St. Egyd am Neuwalde bei nur 800 m (Fehlner 1882a), Ahorngraben W Kernhof (HZ) – **O**: NA: v in der Hauptkette, z in den Voralpen – **S**: NA: Brunntal am Untersberg (Sauter 1871); Kitzbühler A: Geißstein und Gr. Rettenstein (Sauter 1871, vielleicht nur in Tirol); bei Saalfelden (Sauter 1871); Hohe Tauern: Seidlwinkltal (JK), Kulmklamm im Großarltal, Storz und Altenbergtal bei Muhr (Breidler 1894); Radstädter Tauern: um den Tauernpass (Sauter 1871, Breidler 1894, Krisai 1985), Kitzstein (GSb), Lanschützalpe bei St. Michael (Breidler 1894) – **St**: NA: z bis v; Niedere Tauern: Kalkspitz, Schiedeck, Bischofwand am Preber, Schober bei Wald (Breidler 1894), Steinkarhöhe, Placken, Hasenohren N Bauleiteck, Mittl. Gstemmerspitze (HK); Seetaler A: oberhalb Frauenlacke und Lindertal (HK) – Nord-**T**: Allgäuer A: Schochenalptal (R. Lübenau); Karwendel: Hafelekarspitze (Jack 1898); Kaisergebirge: Hinterkaiser (Juratzka 1862); Ötztaler A: Platztal (HK); Stubaier A: Waldraster Alpe (F. Arnold in Jack 1898), Blaser (F. Arnold in Dalla Torre & Sarnthein 1904), Kirchdachspitze, bis 2800 m (HK

& JK), Götzenser Alpe, unterhalb des Fotscherferners in Sellrain und Martartal bei Gschnitz (HANDEL-MAZZETTI 1904); Tuxer A: Voldertal und Hintertux (LEITHE 1885); Kitzbühler A: Kitzbühler Horn (WOLLNY 1911), Wildseeloder (HK), Geißstein und Gr. Rettenstein (SAUTER 1871); Ost-**T**: Hohe Tauern: Ködnitztal bei Kals (RK, t. HK); Lienzer Dolomiten: Kerschbaumer Alpe (SAUTER 1894) – **V**: Allgäuer A: Kanzelwand (MR); Lechquellengebirge: Hoher Fraßen, NW Stierlochjoch (HK), Hochtannbergpass (CS); Rätikon: SW Lünersee (HK), Obere Sporeralpe im Gauertal (MURR 1915); Silvretta: SW Versettla (HK)

- Alpen, Jura, Karpaten, Skanden, Sibirien, Himalaya, China, Japan, Nordamerika, Arktis
- arktisch-alpin

Gefährdung: Nicht gefährdet.

40. *Conocephalaceae* MÜLL. FRIB. ex GROLLE

1. *Conocephalum* HILL

1. *C. conicum* (L.) DUMORT. – Syn.: *Fegatella conica* (L.) CORDA, *Marchantia conica* L.

Foto: C. Schröck

Ökologie: Dunkelgrüne, speckig glänzende Thallusdecken an Fließgewässern auf gut durchfeuchteten, mäßig basenhaltigen bis kalkigen Böden oder auch direkt auf feuchem bis nassem Gestein oder anderen Hartsubstraten wachsend, großflächig an schattigen Waldbächen, aber auch in der Hochwasserzone von Flüssen. Daneben werden auch nasse Waldböden, Quellfluren, feuchte Felsnischen, die Sprühzone von Wasserfällen, offene Böschungen oder nasse Waldwege besiedelt. Carpocephala bilden sich im Frühjahr recht häufig.

- m. azido- bis basiphytisch, s. hygrophytisch, s.–m. skiophytisch
- L 4, T 5, K 5, F 7, R 6

Soziologie: Vor allem in Brachythecion rivularis-Gesellschaften, insbesondere im Brachythecio rivularis-Hygrohypnetum luridi, in Begleitung von *Brachythecium rivulare*, *Cratoneuron filicinum*, *Plagiomnium undulatum*, *Trichocolea tomentella*, *Pellia endiviifolia*, *Chiloscyphus polyanthos* etc.

Verbreitung: Seit der Abtrennung von *C. salebrosum* ist das Verbreitungsgebiet der typischen Sippe, gerade im Gebirgsland Österreich, unklar geworden. Man kann wohl davon ausgehen, dass im Silikatgebiet nördlich der Donau fast nur diese Sippe vorkommt, ebenso am Alpenostrand. In den Alpen tritt sie klar hinter *C. salebrosum* zurück und dürfte nur die mittelmontane Höhenstufe erreichen.

B – **K** – **N** – **O** – **S** – **St** – **T** – **V**– **W**: Wienerwald, Schönbrunn (Zechmeister et al. 1998)

- Temperate und boreale Zone der gesamten Holarktis
- subboreal-montan?

Gefährdung: Nicht gefährdet; toleriert auch Gewässerverschmutzung.

Anmerkung: Zur Unterscheidungsproblematik von *C. salebrosum* siehe dort.

2. *C. salebrosum* Szweykowski, Buczkovska & Odrzykoski

Ökologie: Matte odere schwach glänzende Lagerbänder, ähnliche Habitate wie *C. conicum* besiedelnd. Diese Sippe bevorzugt aber höhere Lagen, toleriert trockenere und meidet basenärmere Standorte. Auch in alpinen Felsfluren und auf Kalk-Schneeböden vorkommend. Carpocephala wegen der härteren Standortsbedingungen wohl seltener als bei der Schwestersippe.

- subneutro- bis basiphytisch, m.–s. hygrophytisch, s.–m. skiophytisch
- L 5, T 3, K 5, F 6, R 7

Soziologie: Mit vergleichbarer Einnischung wie die vorige Sippe, aber beispielsweise auch noch häufig im Asterelletum lindenbergianae oder im Plagiopodo oederi-Orthothecietum rufescentis.

Verbreitung: Im Alpengebiet, speziell in den Kalkgebieten, wesentlich häufiger als *C. conicum* und regional dieses vielleicht gänzlich ersetzend. Hochmontan bis alpin kommt vermutlich ausschließlich diese Sippe vor. Außerhalb der Alpen wohl selten; Schlüsslmayr (2011) nennt ein isoliertes Vorkommen, als putativen Alpenschwemmling, von einer Donau-Au im östlichen Oberösterreich. Er kann hingegen kein Vorkommen aus dem Mühlviertel anführen; sie scheint dort zu fehlen. Die Verbreitung ist insgesamt noch unzureichend dokumentiert. Keine Nachweise aus B und W. Submontan bis alpin; bis ca. 2300 m aufsteigend.

K – **N**: Zechmeister et al. (2013) – **O**: Luftenberg an der Donau (Schlüsslmayr 2011) – **S** – **St** – **T** – **V**

- ungeklärt
- subboreal-montan?

Gefährdung: Nicht gefährdet.

Anmerkung: Alle zur Abgrenzung von *C. conicum* bei SZWEYKOWSKI et al. (2005) genannten Merkmale sind als Abänderungen des Thallus in Anpassung an einen kälteren und trockeneren Lebensraum zu deuten, gewissermaßen als „Kryoxeromorphisierung“. Entsprechend findet man *C. conicum* auch in feuchteren und wärmeren Habitaten bzw. *C. salebrosum* in trockeneren und kälteren. Mitunter wurde über Mischrasen beider Sippen berichtet, was für die genetische Fixierung dieser Unterschiede spricht. Allerdings dürften sich xeromorphe Ausprägungen von *C. conicum* und hydromorphe von *C. salebrosum* morphologisch nicht unbedeutend überlappen, was eine Bestimmung massiv erschweren kann. Auch wenn typische Ausprägungen beider Sippen im Gelände gut zu trennen sind, so trifft man gerade im Alpenraum doch immer wieder problematische Pflanzen. Wegen der Bedeutung der Art *C. conicum* (s. l.) würde sich deshalb eine Rangreduzierung auf das Niveau zweier Unterarten in Analogie zu *Marchantia polymorpha* empfehlen.

41. *Marchantiaceae* LINDL.

1. *Marchantia* L.

1. *M. polymorpha* L.

1a. subsp. ***montivagans*** BISCHL. & BOISSELIER – Syn.: *Marchantia alpestris* (NEES) BURGEFF, *Marchantia polymorpha* var. *alpestris* NEES

Ökologie: Hellgrüne, kräftige Thalli an feuchten bis nassen, relativ nährstoff- und basenreichen (selten -armen) Standorten im Gebirge; insbesondere auf Karbonat-Schneeböden, in Felsbalmen, basenreichen Niedermooren, Quellfluren und an Bergbächen; steigt an den Flüssen mitunter bis in tiefe Lagen herab. Häufig auch an Sekundärstandorten, etwa an Bergstraßen oder neben Schutzhütten. An gut gedüngten Stellen werden Carpocephala auch am häufigsten ausgebildet. Brutkörper spielen bei der Ausbreitung eine geringere Rolle als bei den anderen Unterarten.

- subneutro- bis basiphytisch, m. hygro- bis hydrophytisch, m. skio- bis s. photophytisch
- L 6, T 3, K 6, F 7, R 7

Soziologie: Als Pionier im Dicranelletum rubrae mit *Dicranella varia*, *Mesoptychia badensis*, *Pellia endiviifolia*, *Pohlia wahlenbergii*, *Aneura pinguis* etc. Im Asterelletum lindenbergiane zusammen mit der namensgebenden Art, *Sauteria alpina*, *Peltolepis* oder *Dichodontium pellucidum*. An Bachufern im Brachythecion rivularis mit *Conocephalum* oder auch der subsp. *polymor-*

pha. In Quellfluren sowohl im Cardamino-Montion mit *Dichodontium palustre*, *Bryum schleicheri* und *B. pseudotriquetrum*, als auch im Cratoneurion mit *Palustriella commutata* s. l. und *Philonotis calcarea*.

Verbreitung: In den Nord-, Zentral- und Südalpen verbreitet, wenn auch selten häufig; lediglich in Gebirgen mit betont basenarmen Gesteinen selten bis fehlend. Außeralpin selten und in der Regel nur an den Flüssen. (Submontan) montan bis alpin, ca. 500 bis 2500 m.

K: A: v, sonst s – **N**: Schneeberg (Pokorny 1854); Zechmeister et al. (2013, Angaben aus dem pannonischen Raum erscheinen zweifelhaft) – **O**: NA: v – **S**: A: v – **St**: A: v; an der Mur bei Zeltweg (HK) – **T** – **V**

- Gebirge der Holarktis, boreale Zone, Subarktis und Arktis, Hochgebirge Zentralafrikas
- nördlich subozeanisch-dealpin

Gefährdung: Nicht gefährdet.

1b. subsp. ***polymorpha*** – Syn.: *Marchantia aquatica* (Nees) Burgeff, *Marchantia polymorpha* var. *aquatica* Nees

Ökologie: Breite, dunkel- bis graugrüne Lagerbänder mit schwärzlichem Mittelstrich, liegend oder aufsteigend in lockeren Beständen an Bächen und Flüssen auf sandbedeckten Blöcken oder Ufermauern, an überrieselten Felsflächen, in Quellfluren, Röhrichten und Niedermooren oder auf nassen Waldwegen. Brutkörperbecher meist wenig reichlich entwickelt. Carpocephala bilden sich vergleichsweise selten. Nicht kulturfolgend, trotzdem nährstoffreicheren Bedingungen nicht abhold.

- subneutro- bis basiphytisch, s. hygro- bis hydrophytisch, m. skio- bis m. photophytisch
- L 7, T 4, K 5, F 8, R 6

Soziologie: An Fließgewässern vor allem im Brachythecion rivularis (auch mit der subsp. *montivagans*), seltener im Fontinalion antipyreticae; außerdem in diversen Quellflurgesellschaften, Phragmiteten oder Großseggenriedern, am höchstgelegenen Fundort in einem Caricetum rostratae.

Verbreitung: Wohl zerstreut, regional auch verbreitet im Gesamtgebiet, aber in vielen Gebieten nur unzureichend erfasst bzw. nicht unterschieden. Bislang keine Nachweise aus Ost-T und W. Planar bis subalpin; bis 1830 m aufsteigend.

B: Nord-B: bei Eisenstadt (Latzel 1941); Mittel-B: bei Lockenhaus (Latzel 1941) – **K**: z an der Basis der Gurktaler A; Lavanttal: zw. Twimberg und Waldenstein (HK), Gumitsch bei Wolfsberg (Latzel 1926); Klagenfurter Becken: Haimburger Graben (MS), Griffner See (Köckinger & Schriebl 2005); Karnische A: S Würmlach

(HK & HvM); Gailtal: PROHASKA (1914); Drautal: Laaser Moos (PEHR 1936) – **N** – **O**: Mühlviertel: v; NA: z – **S**: AV: Bürmoos; Hohe Tauern: Krimmler Fälle (GRUBER et al. 2001), Astenmoos und beim Schönangerl im Krimmler Achental, Schneiderau im Stubachtal, Anlauftal im Gasteinertal (CS) – **St**: Niedere Tauern: Ingeringsee (HK); Seetaler Alpen: Schmelz (HK); Murtal: Mur bei Zeltweg, Paisberg bei Weißkirchen (HK) – Nord-**T**: NA: nahe Leutasch (CS), Seefeld (HANDEL-MAZZETTI 1904); Inntal: Mutters bei Innsbruck (MATOUSCHEK 1903); Oberinntal: bei Landeck und Nauders (CS) – **V**: um Bregenz (BLUMRICH 1913); im nördlichen Bregenzerwald ziemlich v, seltener im Rheintal; Verwall: am Zeinisjoch, 1830 m (CS)

- Europa, Nordamerika
- nördlich temperat

Gefährdung: Nicht gefährdet.

1c. subsp. ***ruderalis*** BISCHL. & BOISSELIER – Syn.: *M. latifolia* GRAY

Foto: B. Ocepek

Ökologie: Grasgrüne, oft kräftige Thalli, mitunter in ausgedehnten Decken, im menschlichen Umfeld auf feuchter, nährstoffreicher Erde auf Wegen, in Zierrasen, Gärten und Ruderalfluren. Auf Äckern nur in juvenilen Ausprägungen. Als herbizidresistente Pflanze oft in Reinbeständen in Baumschulen und Gärtnereien. Außerdem nicht selten an oft abwasserbelasteten Bächen und an Brandstellen mitunter noch oberhalb von 1000 m anzutreffen. Darüberhinaus in Millionen von Blumentöpfen in Gebäuden „höhenvag“ auftretend. Brutkörperbecher werden meist reichlich ausgebildet. Männliche und weibliche Rezeptakeln sind deutlich häufiger als bei den anderen beiden Unterarten.

- m. azido- bis neutrophytisch, meso- bis hydrophytisch, m. skio- bis s. photophytisch
- L 7, T 5, K x, F 6, R 5

Soziologie: Eine Ordnungskennart der Funarietalia hygrometricae. Häufig assoziiert mit *Funaria hygrometrica*, *Ceratodon purpureus*, *Bryum argenteum* oder *Calliergonella cuspidata*.

Verbreitung: Überall im Umfeld menschlicher Dauersiedlungen, primär in den Städten; in der oberen Montanstufe vermutlich nur ephemer. Planar bis montan; bis ca. 1400 m aufsteigend.

B – **K** – **N** – **O**: nach SCHLÜSSLMAYR (2011) dem Mühlviertel fehlend; NA: Pyhrnpass, 1035 m (SCHLÜSSLMAYR 2005) – **S** – **St** – **T** – **V** – **W**: HOHENWALLNER (2000)

- kosmopolitisch (die kalten und tropischen Gebiete aussparend)
- temperat

Gefährdung: Nicht gefährdet; als Kulturfolger in Ausbreitung.

Anmerkung: Nach BURGEFF (1943) vielleicht hybridogen aus den beiden anderen Unterarten entstanden. Diese Hypothese konnte noch nicht widerlegt werden.

2. *Preissia* CORDA

1. *P. quadrata* (SCOP.) NEES – Syn.: *Comocarpon commutatus* (LINDENB.) LINDB., *Marchantia commutata* LINDENB., *Marchantia quadrata* SCOP., *Preissia commutata* (LINDENB.) NEES

Foto: M. Lüth

Ökologie: Mattgrüne, rotrandige, breite Thallusbänder auf meist feucht-schattigem bis mäßig trockenem Karbonat- und basenreichem Schieferfels, auf basenreicher Erde in Pionierfluren, auf Gestein an Fließgewässern oder auf Karbonat-Schneeböden. In den Tieflagen fast nur an Sekundärstandorten vorkommend, vor allem an feuchten Mauern oder in Steinbrüchen. Männliche und weibliche Rezeptakeln sind häufig; Sporen werden reichlich produziert. Keine vegetativen Ausbreitungsorgane.

- subneutro- bis basiphytisch,
  meso- bis m. hygrophytisch, m. skio- bis m. photophytisch
- L 5, T 3, K 6, F 6, R 7

Soziologie: Eine Ordnungskennart der Ctenidietalia mollusci. In zahlreichen Gesellschaften präsent.

Verbreitung: Eine der häufigsten Lebermoosarten über Karbonatgrund und in den Nord- und Südalpen weit verbreitet; weniger häufig aber ebenfalls verbreitet in den Zentralalpen soweit basenreiche Substrate zur Verfügung stehen. Außerhalb der Alpen selten, regional z. Noch kein Nachweis aus W. Collin bis nival; in den Ötztaler Alpen bis 3080 m (Pitschmann & Reisigl 1954) aufsteigend.

B: Leithagebirge: bei Kaisersteinbruch, Loretto, Jois und Großhöflein (Schlüsslmayr 2001); Süd-B: bei Rechnitz und Neuhodis (Maurer 1965), Pinkaklause nächst Burg (Latzel 1941) – **K** – **N**: Waldviertel: bei Heufurth, Krumau, Pöbring und Grub (Hagel 2015); Donautal: z (Heeg 1894), bei Krems und Spitz (Hagel 2015); NA: v – **O**: Mühlviertel: Klammühle bei Kefermarkt (Schlüsslmayr 2011); Donautal: Schildorf bei Passau (Grims 1985), Schlögener Schlinge (FG), Linz (Poetsch & Schiedermayr 1872); AV: z; NA: v – **S** – **St** – **T** – **V**

- Holarktis, Gebirge Nordafrikas
- boreal-dealpin

Gefährdung: Nicht gefährdet; auch kaum außerhalb der Alpen, da dort in der Regel nur Sekundärstandorte besiedelt werden.

42. *Oxymitraceae* Müll. Frib. ex Grolle

1. *Oxymitra* Bisch. ex Lindenb.

1. *O. incrassata* (Brot.) Sérgio & Sim-Sim – Syn.: *Oxymitra paleacea* Bisch. ex Lindenb., *O. pyramidata* Bisch., *Tesselina pyramidata* (Bisch.) Dumort.

Foto: S. Koval

Ökologie: Dunkelgrüne, trocken mit blassen, großen Bauchschuppen bedeckte Thalli in Halbrosetten auf trockener, besonnter Erde in lückigen Trockenrasen, primär über Silikatuntergrund. Nur an den extremsten Xerothermstandorten! In trockenen Jahren wohl meist ohne Sporenproduktion.

- m. azidophytisch, s. xerophytisch, s. photophytisch
- L 9, T 8, K 8, F 1, R 5

Soziologie: Im Grimaldion fragrantis mit *Riccia ciliifera*, *R. subbifurca* und *Mannia fragrans* innerhalb von Trockenrasengesellschaften (Festuco-Brometea).

Verbreitung: Nur im Pannonikum; in der Wachau und in den Hainburger Bergen an zwei isolierten Fundstellen.

N: Wachau: Rothenhof oberhalb Stein bei Krems, 350 m (J. Baumgartner in HEEG 1894); Hainburger Berge: Spitzerberg W-Hang, 280 m (GSb, 1978, t. HK)

- Trockengebiete im östlichen Mitteleuropa, Mediterrangebiet, Kanaren, Nordafrika, Amerika
- submediterran

Gefährdung: Die Art ist an der Fundstelle in der Wachau seit 100 Jahren nicht mehr gefunden worden. Der vergleichsweise junge Nachweis vom Spitzerberg aus dem Jahr 1978 konnte im Rahmen vegetationskundlicher Studien (SCHLÜSSLMAYR 1999a, 2002a) ebenfalls nicht bestätigt werden.

43. *Ricciaceae* RCHB.

1. *Riccia* L.

1. *R. bifurca* HOFFM. – Syn.: *Riccia arvensis* AUST.

Ökologie: Seegrüne Rosetten auf feuchter, schwach saurer bis neutraler Erde auf abgeernteten Äckern und in Wiesenlücken, auf Lehm, Schlamm, Sand oder Niedermoortorf in Pionierfluren an Gewässern oder auf frischem Aushub von Entwässerungsgräben. Selten auch an trockeneren Standorten. Ephemer; meist im Herbst erscheinend und den Winter nicht überlebend. Wie alle Riccien bei ausreichend langer Entwicklung regelmäßig Sporen produzierend.

- m. azido- bis neutrophytisch, meso- bis m. hygrophytisch, m.–s. photophytisch
- L 7, T 5, K 6, F 6, R 6

Soziologie: Eine Verbandskennart des Phascion cuspidati; auf Äckern vergesellschaftet mit *R. glauca*, *R. sorocarpa*, *Fossombronia wondraczekii*, *Anthoceros agrestis*, *Phascum cuspidatum*, *Bryum klinggraeffii*, *B. rubens* oder *Pottia truncata*. Auf Schlammböden an Gewässern u. a. mit *Physcomitrium eurystomum* und *Pottia davalliana*.

Verbreitung: Obwohl man eigentlich von einer weiten Verbreitung in den Tieflagen Österreichs ausgehen kann (vgl. MEINUNGER & SCHRÖDER 2007), müssen vorläufig, wegen erheblicher Umgrenzungsunklarheiten in der Literatur und in Ermangelung einer österreichweiten Revision, alle Angaben als zweifelhaft angesehen werden. Bislang keine Angaben für Kärnten. Planar bis montan.

B: Süd-B: als var. *inermis* HEEG nächst Unterschützen N Oberwart (det. V. Schiffner (mit ?) in LATZEL 1941), Grieselstein nächst Jennersdorf (MAURER 1965) –

N: Wachau: Uferschlamm der Donau bei Mautern (Heeg 1894) – **O**: AV: Dürnbach an der Enns (Schlüsslmayr 2005), bei Steyr (A.E. Sauter in Poetsch & Schiedermayr 1872), nach Ricek (1977) auch bei Dexelbach und nahe Frankenmarkt (in Schröck et al. 2014 als höchst unsicher eingestuft) – **S**: AV: Lieferingau bei Salzburg (Sauter 1871, event. *R. sorocarpa*, da diese nicht genannt wird); NA: Bluntautal (zweifelhaft, Heiselmayer & Türk 1979) – **St**: Ennstal: bei Schladming (Breidler 1894, HvM); Murtal: bei Weißkirchen (HK), Moos bei Glarsdorf, Murufer bei Graz (Breidler 1894) – Nord-**T**: Inntal: Igls bei Innsbruck (Dalla Torre & Sarnthein 1904); Ost-**T**: Lienz (Sauter 1894, an Mauern, wohl die dort fehlende *R. sorocarpa*) – **V**: Talbachberg und Weißenreute bei Bregenz (Blumrich 1923, zu prüfen) – **W**: Heustadelwasser im Prater (Heeg 1894), Lobau (J. Baumgartner in W, det. V. Schiffner, HZ)

- Europa (bis ins südliche Skandinavien), SW-Asien, Makaronesien, Nordafrika, östliches Nordamerika, Australien, Neuseeland
- submediterran

Gefährdung: Wegen der Bestimmungsproblematik (s. oben) kann die Gefährdung lediglich anhand der Habitatgefährdung abgeschätzt werden. Als Ackermoos zweifellos bedroht, ebenso als Pioniermoos an Fließgewässern durch massive Regulierungsmaßnahmen.

Anmerkung: Vor allem xeromorphere Ausprägungen von *R. glauca* (insbes. ihre var. *subinermis*) mit schmaleren Thalli werden häufig für *R. bifurca* gehalten. Verwechslungsgefahr besteht auch mit *R. warnstorfii*.

2. *R. breidleri* Jur. ex Steph.

Ökologie: Hell- bis graugrüne, unvollständige Rosetten oder dichte Decken auf feuchtem, silikatischem, aber oft basenreichem, offenem Sand und Grus in der Uferzone alpiner Lacken und Seen. Ein amphibisches Lebermoos, dessen Bestände nach der Schneeschmelze lange Zeit unter Wasser liegen und erst ab Mitte Sommer trockenfallen. Voraussetzung für die Existenz sind also ein nicht zu großes, stehendes Gewässer in der Alpinstufe mit variablem Wasserstand und ein feinsandig verwitterndes Grundgestein, am besten basenreiche bis kalkhaltige Schiefer. Da diese sehr speziellen Bedingungen nur auf vergleichsweise wenige, kleine Bergseen und -lacken zutreffen, erklärt sich die Seltenheit der Art. Im Gegensatz zu den meisten Riccien ist diese Art überwiegend ausdauernd oder zumindest mehrjährig. Nur so können sich flächige Decken aufbauen. In günstigen Jahren erreichen trockener stehende Thalli die Sporenreife.

- m. azido- bis neutrophytisch, m. hygro- bis hydrophytisch, s. photophytisch
- L 9, T 1, K 5, F 7, R 6

Soziologie: Einzige Kennart des Riccietum breidleri (GAMS 1951). Begleitmoose an basenärmeren Stellen sind u. a. *Pohlia drummondii*, *Sanionia uncinata* oder *Sciuro-hypnum glaciale*, an basenreichen Stellen *Asterella lindenbergiana*, *Preissia quadrata* oder *Dichodontium pellucidum*. Die häufigste Gefäßpflanze ist in der Regel *Poa supina*; daneben finden sich u. a. *Deschampsia caespitosa*, *Cerastium cerastioides* oder *Veronica alpina*. Es sind also primär Trittrasen- und Schneebodenarten.

Fotos: C. Schröck

Verbreitung: Eine der wenigen endemischen Moosarten der Alpen! Bislang in den österreichischen Zentralalpen erst fünf Fundstellen. Alpin, ca. 2000 bis 2530 m.

K: Hohe Tauern: „Hoher Sattel" auf der Franz-Josefs-Höhe am Großglockner (H. Friedel in GAMS 1951) – **S**: Radstädter Tauern: Riedingsee W Weißeck, 2170 m (CS & HK) – **St**: Schladminger Tauern: Patzenalm bzw. -kar am Ostabhang des Schiedeck, 2000–2100 m (BREIDLER 1894, später J. Baumgartner in SCHIFFNER 1938, HK & MS) – **T**: Ötztaler A: Soomseen, ca. 2530 m (von H. Gams entdeckt, später RD, E. Wallace, GSb, P. Geissler, J.-P. Frahm, HK u. a.); Stubaier A: Unterer Plenderlesee S Kühtai (A. Schäfer-Verwimp, HK u. a.)

- Alpen (Österreich, Schweiz, Frankreich)
- alpisch (endemisch)

Gefährdung: Die Mehrzahl der Vorkommen erscheint gegenwärtig nicht bedroht. Allerdings konnte das Kärntner Vorkommen auf der Franz-Josefs-Höhe nicht mehr bestätigt werden. Die Fundstelle war wohl genau dort, wo sich heute der untere Besucherparkplatz befindet.

Anmerkung: Das Patzenkar, der Locus classicus der Art, wurde wegen des Vorkommens des Europa-Schutzgutes *R. breidleri* von der Steiermärkischen Landesregierung als Natura 2000-Gebiet bzw. Europa-Schutzgebiet ausgewiesen.

3. *R. canaliculata* Hoffm. – Syn.: *R. duplex* Lorb., *R. gamsiana* Lorb.

Ökologie: Hell- oder gelbgrüne, schmale, kriechende, wenig verzweigte Thalli in wirren Beständen auf offenem, feuchtem, oft basenreichem Sand, Schlamm, Niedermoortorf oder auf Erde an trocken gefallenen Flussaltarmen, Teichufern oder auf dem frischen Aushub von Entwässerungsgräben. Nur sehr selten auf nassen Äckern. Eine sehr ephemere Pionierart, die auf Standorte angewiesen ist, die während des Jahres zeitweilig überschwemmt werden. Schwimmformen sind nicht bekannt.

- m. azido- bis neutrophytisch, s. hygro- bis hydrophytisch, m. bis s. photophytisch
- L 8, T 6, K 5, F 7, R 6

Soziologie: In Flutrasen (Potentillo-Polygonetalia), in Ufersäumen (Bidentetea tripartiti) und Zwergbinsengesellschaften (Isoeto-Nanojuncetea), außerhalb Österreichs assoziiert mit *R. cavernosa*, *R. huebeneriana*, *R. fluitans*, *Drepanocladus aduncus*, *Juncucs bufonius*, *Agrostis stolonifera* oder *Gnaphalium uliginosum*. Für heimische Vorkommen liegen keine soziologischen Beobachtungen vor.

Verbreitung: Sehr selten in den Tieflagen. Alle bisherigen Angaben benötigen eine kritische Überprüfung. Planar bis untermontan.

K: zwei Angaben aus dem mittleren Gailtal und vom Ossiachersee (det. J. Breidler, Prohaska 1914) – **N**: Donauufer bei Mannsdorf (Zechmeister et al. 2013) – **St**: Oberes Murtal: „*Mit der gewöhnlichen Form* (*R. fluitans*, Anm.) bei......Leoben" (Breidler 1894)

- Europa (vor allem im Westen), SW-Asien, westl. Nordamerika, Nordafrika, Kanaren
- temperat

Gefährdung: Aufgrund der generellen Gefährdung und vielerorts bereits erfolgten Zerstörung der besiedelbaren Habitate sowie der Seltenheit der Art wohl hochgradig bedroht.

Anmerkung: Müller (1951–1958) führt keine Nachweise für Österreich an. Alle Angaben müssen als zweifelhaft gelten, auch wenn ein Vorkommen nicht auszuschließen ist. Die Fundmeldung aus dem Oberen Donautal in

GRIMS (1977) ist definitiv irrig (rev. HK, event. zu *R. bifurca* gehörend). Die nicht überprüfbaren Kärntner Angaben basieren zwar auf Bestimmungen Breidlers, sind aber dennoch zweifelhaft. In Schiffners Exsikkatenwerk unter *R. canaliculata* fo. *fluitans* verteilte Pflanzen aus T und W gehören nach MÜLLER (1951–1958) zu *R. fluitans*. Schiffner hielt *R. canaliculata* schlichtweg für die Landform und *R. fluitans* für die Schwimmform derselben Art.

4. *R. cavernosa* HOFFM. – Syn.: *R. crystallina* auct.

Foto: S. Koval

Ökologie: Graugrüne, löchrige, schwammartige Rosetten auf den schlammigen bis sandigen, trocken gefallenen Ufern von Flussaltarmen oder Teichen. Selten an Wiesengräben, auf überschwemmten Äckern und nassen Wegen.

- m. azido- bis neutrophytisch, s. hygrophytisch, m. bis s. photophytisch
- L 8, T 6, K 5, F 7, R 6

Soziologie: Eine Kennart des Riccio cavernosae-Physcomitrelletum patentis innerhalb der Zwergbinsengesellschaften (Nano-Cyperion) und der Ufersäume (Bidentetea tripartiti). Häufig begleitet von *Physcomitrella patens*, *Physomitrium pyriforme*, *P. eurystomum*, *Pseudephemerum nitidum* oder Landformen von *Ricciocarpos natans*, selten mit *R. glauca*.

Verbreitung: Zerstreut im Norden und Nordosten Niederösterreichs, insbesondere in den Donau- und Marchauen östlich von Wien; im restlichen Österreich selten bis sehr selten, in Tirol verschollen. Bislang keine Nachweise aus B und S. Planar bis untermontan, bis ca. 700 m aufsteigend.

K: Klagenfurter Becken: Schleppeteich im Norden Klagenfurts (1986, G. Leute, KL, det. HK) – **N**: Waldviertel: Rudmannser Teich (HZ), Etzmannsdorf bei Gars am Kamp (J. Baumgartner in GJO); Donautal: Uferflächen der Donau bei Mautern, Kierlingbach (HEEG 1894); an der March bei Hohenau (HZ) und bei Schlosshof (L. Schratt-Ehrendorfer) – **O**: Linz (ZECHMEISTER et al. 2002), NA: Schwarzensee N Strobl (VAN DORT & SMULDERS 2010) – **St**: Ennstal: Moor an der Straße von Alt-Irdning nach Öblarn (MAURER 1970), bei Irdning (HZ); Murtal: Moos bei Glarsdorf SW Trofaiach und St. Erhard nächst Leoben (BREIDLER 1894), Peggau-Deutschfeistritz Stillgewässer im Autobahnkleeblatt (H. Wittmann, det. CS); Grazer Umland: Thal bei Graz (Breidler 1894) – **T**: Inntal: Stallental hinter Georgenberg bei Schwaz (Leithe 1885) – **V**: Rheintal: Weißenreute bei Bregenz (J. Blumrich in BREG), bei Giesingen (Loitlesberger 1894), Paspels S Meiningen (GA in Amann et al. 2013) – **W**: Donau bei Brigittenau und Tandelmarktbrücke (Pokorny 1854), an der Donau bei Floridsdorf und Kagran, am Heustadelwasser im Prater (Heeg 1894), Schwarze Lacke bei Jedlesee und Hauptallee im Prater (J. Breidler in GJO), Lobau (HZ)

- Europa, Nordafrika, Nord- und Südamerika, Island, S-Grönland
- südlich temperat

Gefährdung: Durch weitgehende Unterdrückung der natürlichen Flussdynamik in ganz Österreich, abgesehen von Teilen der Donau und March östlich von Wien, heute primär auf Sekundärstandorte, etwa Fischteiche oder gelegentlich überschwemmte Ackerflächen angewiesen. Aber auch das früher übliche, allherbstliche Ablassen der Fischteiche wird nur noch selten praktiziert. Entsprechung groß ist die Gefährung im Großteil Österreichs.

5. *R. ciliata* Hoffm. – Syn.: *R. dalslandica* S.W. Arnell

Ökologie: Frisch glänzende, randlich haartragende Rosetten auf kalkfreier Erde auf wenig gedüngten Äckern, in der Regel auf herbstlichen Stoppelfeldern. Nur selten an anderen Erdstandorten.

- m. azidophytisch, m. xero- bis m. hygrophytisch, m.–s. photophytisch
- L 8, T 5, K 7, F 4, R 5

Soziologie: Eine Kennart des Phascion cuspidati; hier vor allem im Pottietum truncatae mit *R. sorocarpa*, *R. glauca*, *Fossombronia wondraczekii*, *Anthoceros agrestis*, *A. neesii*, *Notothylas orbicularis*, *Ephemerum minutissimum*, *Pottia truncata* oder *Phascum cuspidatum*.

Verbreitung: Selten bis sehr selten in Gebieten mit kalkarmen Ackerböden. Aktuelle Funde nur aus Niederösterreich, der Steiermark und Vorarlberg. Keine Nachweise aus B, K, O, S und N-Tirol. Planar bis montan; bis maximal ca. 900 m.

N: Waldviertel: im Kremstal bei Hartenstein und Weinzierl, Schönberg am Kamp (Heeg 1894); Weinviertel: Laa an der Thaya (J. Baumgartner); Donautal: Höhereck bei Loiben (HH), bei Kritzendorf (Höfer 1887); AV: bei St. Pölten (leg. J. Juratzka und E. Berroyer, W, t. HK); Bucklige Welt: Kirchberg am Wechsel (Heeg 1894); Wiener Becken: bei Wiener Neustadt (F. Welwitsch in Pokorny 1854, J. Baumgartner) – **St**: Murtal: Weißkirchen (HK), Äcker bei Judenburg (genauer: Obdacherstraße bei Mühldorf nach Schefczik 1960) und Judendorf bei Graz (Breidler 1894); Grazer Bergland: Rinnegg am Schöckl (Maurer et al. 1983) – Ost-**T**: Iselufer bei Lienz (Sauter 1894) – **V**: Montafon: bei Schruns S Gauenstein (GA in Amann et al. 2013) – **W**: bei Laa (F. Welwitsch in Pokorny 1854)

- Europa, Makaronesien, Nordafrika, Asien, Nordamerika, Neuseeland
- submediterran

Gefährdung: Als azidophiles Ackermoos primär durch Bodenkalkungen, aber natürlich auch durch Herbizideinsatz, übermäßige Düngung und rasches Umbrechen der Felder nach der Ernte bedroht.

6. *R. ciliifera* Link ex Lindenb. – Syn.: *R. bischoffii* Huebener, *R. latzelii* Schiffn.

Ökologie: Weißlich-grüne Decken oder versprengte Einzelthalli in lückigen, felsdurchsetzten Trockenrasen, meist über Silikatgestein, auf trockener, saurer bis basenhaltiger Erde, Humus oder Gesteinsdetritus. Eine der wenigen ausdauernden Arten der Gattung, die deshalb unter günstigen Bedingungen größere, oft dichte Bestände aufbauen kann. Sporogone sind vergleichsweise selten.

Foto: M. Lüth

- s. azido- bis subneutrophytisch, s. xerophytisch, s. photophytisch
- L 9, T 6, K 8, F 1, R 5

Soziologie: Im Grimaldion fragrantis in verschiedenen Festuceten mit *R. subbifurca*, *R. crinita*, *R. sorocarpa*, *Mannia fragrans*, *Clevea hyalina*, *Pleurochaete squarrosa*, *Pottia lanceolata* oder *Encalypta vulgaris*; an stärker versauerten Stellen auch mit *Polytrichum piliferum*, *Cephaloziella divaricata* oder *Ceratodon purpureus*. Selten im Barbuletum convolutae.

Verbreitung: Als typisches Steppenelement auf das Pannonikum beschränkt; aktuelle Nachweise nur aus der Wachau, dem Spitzerberg und dem Hackelsberg. Collin.

B: Leithagebirge: Hackelsberg bei Winden, 150–180 m (J. Froehlich in W; Schlüsslmayr 2001), auch unter „Haglersberg" (J. Baumgartner in W) – **N**: Waldviertel: Hartenstein im Kremstal (Heeg 1894); Wachau: Rothenhof bei Stein (Heeg 1894), um Krems und Kellerberg E Dürnstein (HH, t. HK); Hainburger Berge (Heeg

1894), u. a. am Braunsberg (SCHIFFNER 1902) und Spitzerberg (SCHLÜSSLMAYR 1999a, 2002a)

- Mediterrangebiet, östliches Mitteleuropa, Südschweden (Öland, Gotland), SW-Asien
- submediterran-subozeanisch

Gefährdung: Durch Einstellung der Bewirtschaftung der Trockenrasen (Beweidung, Mahd) sind selbst in Schutzgebieten vor allem die Lückenbesiedler durch Verwachsung und Verfilzung der Rasen hochgradig bedroht. Andere generelle Gefahren sind Verbuschung, Aufforstung, Baumaßnahmen und Materialabbau.

Anmerkung: In den Hainburger Bergen, etwa am Spitzerberg (MÜLLER 1951–1958), partiell in der fo. *pedemontana* STEPH. (Syn. *R. latzelii* SCHIFFN.). Auch die Proben aus dem Burgenland entsprechen dieser Sippe (W, t. HK).

7. *R. crinita* TAYL. – Syn.: *R. canescens* STEPH., *R. ciliata* var. *intumescens* BISCH., *R. trichocarpa* M. HOWE, *R. intumescens* (BISCH.) UNDERW., *R. intumescens* var. *incana* HEEG

Foto: M. Lüth

Ökologie: Die langhaarige Schwesterart von *R. ciliata*, die im Gegensatz zu dieser Xerothermstandorte bevorzugt. In humosen oder erdigen Lücken von Trocken- bzw. Felstrockenrasen, selten auch in trockenwarmen Ruderalfluren, meist über Silikatgestein. Am steirischen Fundort in einer xerothermen Pionierflur neben der Eisenbahn am Fuß eines trockenen Südhanges über Silikatuntergrund. Sehr selten auf basenarmen Äckern.

- m. azido- bis subneutrophytisch, s. xerophytisch, s. photophytisch
- L 9, T 7, K 5, F 2, R 5

Soziologie: Vorwiegend im Grimaldion fragrantis mit *R. ciliifera*, *R. sorocarpa*, *Mannia fragrans*, *Asterella fragrans*, *Oxymitra*, *Pleurochaete*, *Ceratodon* und *Rhytidium rugosum*.

Verbreitung: Im Pannonikum Niederösterreichs früher von einer ganzen Reihe von Fundstellen bekannt. Bestätigungen liegen aber nur aus der Wachau vor. Ansonsten nur aus kontinental getönten Teilen des oberen und obersten Murtales nachgewiesen. Collin bis montan; bis knapp über 1000 m aufsteigend.

N: Wachau: bei Weißenkirchen, Spitz, Egelsee, Kremsthal bei Krems, Hartenstein, Schönberg am Kamp (HEEG 1894), Aggsbach (J. Baumgartner in W, t. HK), Mauternberg (J. Baumgartner in W, t. HK), Rothenhof bei Krems (V. Schiffner & J. Baumgartner in W), Kellerberg bei Oberloiben, Pfaffenberg und Scherbenberg (HH); Hainburger Berge: Spitzer Berg (SCHIFFNER 1904) – **S**: Lungau: am Fuß des Lasaberges bei Tamsweg, 1050 m (J. Breidler, 1895, GJO, t. HK) – **St**: Oberes Murtal: an der Eisenbahn am Fuß des Aichberges E St. Michael (HK)

- Zentraleuropa, Mediterraneis, Afrika, Madagaskar, südl. Nordamerika, Australien
- submediterran

Gefährdung: Gefährdet durch Zuwachsen der Vegetationslücken in Trockenrasen nach Einstellung der Bewirtschaftung. Gelegentlich bieten Sekundärstandorte Ersatzlebensräume.

8. *R. fluitans* L. – Syn.: *Ricciella fluitans* (L.) A. Br., *R. canaliculata* fo. *fluitans* (L.) SCHIFFN.

Ökologie: Gelbgrüne, halb submerse Watten in stehenden und langsam fließenden Gewässern, meist in Teichen und Tümpeln in Kontakt zur Ufervegetation; weiters in Flussaltarmen, Wassergräben in Mooren und alten Torfstichen. Bei Trockenfallen der Ufer auch Landformen ausbildend und nur diese gelegentlich fruchtend. Wärmeliebend und mäßig schattentolerant. Ausbreitung durch Wasservögel, an deren Füßen die Thalli kleben bleiben.

- m. azido- bis neutrophytisch, s. hygro- bis hydrophytisch, m. skio- bis s. photophytisch
- L 6, T 6, K 5, F 9, R 5

Soziologie: Ein typisches Element der Wasserschwebergesellschaften (Lemnetea); eine Kennart des Riccietum fluitantis, begleitet von *R. rhenana*, *Ricciocarpos natans*, *Lemna minor* und *L. trisulca*.

Verbreitung: In den Tieflagen zerstreut, regional im Osten auch recht verbreitet; in den Alpen sehr selten. Fehlt in Ost-T. Planar bis montan; bis ca. 900 m aufsteigend.

B: Süd-B: Straße von Güssing nach Heiligenkreuz (MAURER 1965) – **K**: Oberes Drautal: Laaser Moos (PEHR 1936); Klagenfurter Becken: Warmbad Villach im Abfluss des Thermalbaches (MAURER 1973), im Osten Klagenfurts (LEUTE 1986), Spintikteiche auf der Sattnitz (CS) – **N**: Waldviertel: nach RICEK (1982) in der Umgebung von Gmünd sehr häufig; Weinviertel: bei Mistelbach, Velm und Marchegg (FÖRSTER 1881, HEEG 1894); Donautal: bei Göttweig (HEEG 1894), um Krems (HH) – **O**: Mühlviertel: Stiftsteiche von Schlägl (CS), Feldaist bei Kefermarkt (SCHIEDERMAYR 1894); Donautal: an der Eisenbahn in Linz-Urfahr (POETSCH & SCHIEDERMAYR 1872), Teich des Biologiezentrums in Linz (H. Göding in SCHRÖCK et al. 2014); Innviertel: mehrfach, insbes. am Inn (KRISAI 2011), Eckldorf N Ostermiething (CS), Natternbach N Peuerbach (GRIMS 1985) – **S**: AV: um Salzburg (SAUTER 1871, GRUBER 2001), Leopoldskroner Moor (PP, CS), Wallersee, Bürmoos (CS); Pinzgau: bei Mittersill (SAUTER 1871) – **St**: Ennstal: zw. Alt-Irdning und Öblarn (MAURER 1970); Murtal: W Rattenberg bei Zeltweg (HK), St. Erhard nächst Leoben, Mariatroster Berg bei Graz (BREIDLER 1894); Grazer Umland: Wundschuher Teich, Seitenarm der Mur bei Puntigam (MAURER 1963), Lieboch und Lannach und Gabersdorferwald bei Leibnitz (SCHEFCZIK 1960), Kalsdorfer Au bei Graz (HK); Ost-St: Raabtal bei Feldbach (BREIDLER 1894), bei Paldau, Kirchberg an der Raab und Schieleiten (MAURER 1985), Neudauer Teich (GOSCH & BERG 2011); Süd-St: Rotlahnteich bei Halbenrain (BREIDLER 1894), Maierhof an der Sulm und bei Zwaring (MAURER 1970), bei Premstätten und Radkersburg (MAURER 1961a) – **T**: Inntal: Höttinger Giessen bei Innsbruck (F. Stolz in JACK 1898), Innau bei Afling (H. Handel-Mazzetti in DALLA TORRE & SARNTHEIN (904), bei Jenbach (HOFBAUER & GÄRNTER 2000) – **V**: Bregenz (BLUMRICH 1913), Mehrerau bei Bregenz (HK) und Rheindelta (GA) – **W**: an der Donau bei Kagran, Heustadelwasser im Prater, Hirschstetten (HEEG 1894), Lobau (L. Schratt-Ehrendorfer, HZ)

- kosmopolitisch (nicht in der Arktis und Subarktis)
- südlich temperat

Gefährdung: Eutrophierung von Gewässern führt zur Verdrängung durch *Lemna minor*. Generell gefährdet durch die Zerstörung, insbesondere das Zuschütten von Kleingewässern. Unklar ist die Bedeutung der vielen Gartentümpel für den Erhalt der Art. Sie liegen außerhalb der Zugänglichkeit für Bryofloristen.

9. *R. frostii* AUSTIN

Ökologie: Graugrüne, leicht rosa überlaufene, flache und ziemlich große Rosetten auf Uferschlamm nicht regulierter Flüsse. Ephemer; mit sehr variablen Bestandesgrößen.

- m. azido- bis neutrophytisch, s. hygrophytisch, m.–s. photophytisch
- L 8, T 7, K 8, F 7, R 6

Soziologie: Vermutlich primär in Gesellschaften der Zweizahn-Ufersäume (Bidentetea tripartiti) auftretend. Als typische Begleitmoose gelten *Physcomitrella patens* und *Riccia cavernosa*.

Verbreitung: Einst nach einer Überschwemmung am Unterlauf der Wien kurz vor der Einmündung in die Donau. Bei gezielter Suche in den Donau- und Marchauen vielleicht wieder nachzuweisen.

W: an der Wien beim Tandelmarkt (heute auf dem Gelände des Wiener Eislaufvereins oder des Hauptzollamts) (Juli 1851, leg. A. Pokorny, t. V. Schiffner in Müller 1906–1916)

- Osteuropa, Italien, SW-Asien, N-Afrika, Indien, China, Sibirien, Nordamerika
- kontinental

Gefährdung: In Österreich verschollen; die Fundstelle wurde bereits im 19. Jahrhundert verbaut (s. Anm.).

Anmerkung: Erzberger et al. (2015) berichten von reichen Vorkommen entlang der ungarischen Donau. Offenbar tendiert sie in günstigen Jahren zu Massenvorkommen, kann aber dann wieder jahrelang ausbleiben. Nötig ist dazu ein tiefer Wasserstand während des Sommerhalbjahrs.

10. *R. glauca* L.

10a. var. ***glauca***

Ökologie: Seegrüne, flache Rosetten auf feuchter Ackererde, primär auf den herbstlichen Stoppelfeldern, seltener an anderen Erdstandorten, etwa in Gärten, an Wegen, in Ruderalfluren und in Wiesenlücken, gelegentlich auf Uferschlamm. Verträgt im Vergleich zu anderen Arten der Gattung stärkere Düngung und kommt bisweilen auch in Maisäckern vor. Konkurrenzstark; kann andere Ackermoose überwachsen.

- m. azido- bis neutrophytisch, meso- bis m. hygrophytisch, m.-s. photophytisch
- L 7, T 5, K 5, F 6, R 5

Soziologie: Eine Verbandskennart des Phascion cuspidati. Häufig mit *R. sorocarpa, Pottia truncata, Ephemerum minutissimum, Bryum rubens, B. klingraeffii, Phascum cuspidatum* und *Dicranella staphylina* auftretend.

Verbreitung: Die häufigste Art der Gattung im Kulturland. In den Ackerbaugebieten immer noch recht verbreitet, allerdings zunehmend seltener werdend. Bleibt in trockenen Jahren mitunter ganz aus und täuscht dadurch Seltenheit vor. Planar bis montan; bis 1100 m aufsteigend.

B: Mittel-B: Liebing gegen Hammer E Lockenhaus (Latzel 1941); im Süd-B. nicht selten (Maurer 1965) – **K**: Klagenfurter Becken: z bis v – **N**: v außerhalb der A – **O**: Mühlviertel und Donautal: z; AV und Flyschzone: z – **S**: AV: um Stadt Salzburg (Sauter 1871, Gruber 2001); Pinzgau (Sauter 1871) – **St** – Nord-**T**: Inntal: vielfach zw. Innsbruck und Schwaz (Dalla Torre & Sarnthein 1904); Kleinsöll (Leithe 1885); bei Kitzbühel (Wollny 1911); Ost-**T**: um Lienz (Sauter 1894) – **V**: Bregenz (Blumrich 1913); um Feldkirch (Loitlesberger 1894); Rheintal, Walgau und unteres Montafon (Schröck et al. 2013) – **W**: an der Donau (Heeg 1894; Zechmeister et al. 1998)

- Europa, SW-Asien, Japan, westl. Nordamerika, Nordafrika, Neuseeland
- submediterran

Gefährdung: Wie alle Ackermoose zunehmend bedroht durch die allmähliche Annäherung an eine unkrautfreie Feldflur.

10b. var. ***subinermis*** (Lindb.) Warnst. – Syn.: *R. subinermis* Lindb., *R. glauca* var. *ciliaris* Warnst.

Ökologie: Schmälere, oft rotrandige Thalli. Über die ökologischen Ansprüche der Sippe ist aus Österreich wenig bekannt geworden. Wächst nach Meinunger & Schröder (2007) eher an basenreicheren Standorten als die Nominatvarietät, partiell an trockeneren Orten, partiell auch an nasseren Standorten. Schlüsslmayr (2011) fand sie nur in den Donauauen auf lehmigem oder sandigem, zeitweilig überschwemmtem Boden.

- m. azido- bis neutrophytisch, m. xero- bis m. hygrophytisch, m.-s. photophytisch
- L 7, T 6, K ?, F 5, R 6

Soziologie: Vor allem im Phascion cuspidati; aber auch im Physcomitrietum pyriformis (Schlüsslmayr 2011). Nach Heeg (1894) hingegen vergesellschaftet mit *R. sorocarpa* und *R. crinita*, also unter trockeneren Bedingungen. Auch am steirischen Fundort in einer trockenen Pionierflur mit *R. crinita* und *Mannia fragrans*. Sie kann also am „trockenen Ende“ ihrer offenbar breiten Standortsamplitude auch dem Grimaldion fragrantis zugerechnet werden.

Verbreitung: Bisher noch wenig bekannt; vermutlich in wärmeren Lagen zerstreut. Planar bis untermontan.

N: Wachau: bei Rothenhof und im Kremstal nächst Hartenstein (Heeg 1894) – **O:** Unteres Donautal: bei Eizendorf, Saxen und Dornach, ca. 230 m (Schlüsslmayr 2011) – **St**: Oberes Murtal: an der Eisenbahn am Fuß des Aichberges E St. Michael (HK)

- ungeklärt
- ungeklärt

Gefährdung: Zweifellos seltener und daher stärker gefährdet als die Nominatvarietät.

Anmerkung: Vielleicht gehört ein Teil der österreichischen *R. bifurca*-Angaben zu dieser Varietät?

11. *R. huebeneriana* LINDENB. – Syn.: *R. pseudo-frostii* (SCHIFFN.) MÜLL. FRIB.

Ökologie: Violett überlaufene, hellgrüne, unvollständige Rosetten oder geschlossene Decken auf kalkfreiem Schlammboden an periodisch trockenfallenden, flachen Ufern von Teichen oder Altarmen in tiefgelegenen Augebieten oder an Teichen. Die Art bildet bisweilen Massenbestände, kann aber auch jahrelang ausbleiben.

- m. azido- bis subneutrophytisch, s. hygrophytisch, m.-s. photophytisch
- L 8, T 6, K 5, F 7, R 5

Soziologie: In Zwergbinsengesellschaften (Isoeto-Nanojuncetea) mit *R. cavernosa*, Landformen von *R. fluitans* und *Riccicarpos natans*, *Pseudephemerum nitidum*, *Physcomitrella patens* etc.

Verbreitung: Nur von zwei Fundorten aus der Steiermark und Oberösterreich bekannt. Der steirische Fund stammt noch aus dem 19. Jahrhundert, der oberösterreichische ist neu. Planar bis submontan.

O: Donautal östlich Linz: Entenlacke bei Steyregg, 250 m, 7.5.2011 (H. Wittmann in SCHLÜSSLMAYR & SCHRÖCK 2013) – **St**: Oberes Murtal: in einem abgelassenen Teiche bei St. Erhard nächst Leoben, 550 m (BREIDLER 1894)

- Europa, Indien, Japan, N-Afrika
- südlich temperat

Gefährdung: Das Ablassen von Fischteichen und somit das Trockenfallen von Teichböden findet heute kaum noch statt. Somit fällt dieser Part der besiedelbaren Habitate weitgehend weg. Die verbliebenen Auengewässer sind heute meist stark verbuscht und verwaldet und für die Besiedlung durch lichtliebende Pioniermoose zu dunkel.

Anmerkung: Die violette bzw. purpurne Färbung der Thalli wird oft als ein klares Merkmal für diese Art angesehen, aber auch Landformen von *R. fluitans* können diese Pigmentierung hervorbringen.

12. *R. papillosa* MORIS – Syn.: *R. pseudopapillosa* LEVIER ex STEPH.

Ökologie: Graugrüne, sehr schmale Thalli in lockeren Beständen an den extremsten Xerothermstandorten. In der Wachau auf humusbedecktem Gneis (angeblich auch auf Marmor) an heißen, schrofigen Trockenrasenhängen. Im Burgenland auf Erde „in einer Hutweide“, de facto wohl auch in einem Trockenrasen. Die aus Österreich bekannt gewordenen Aufsammlungen sind steril.

- s. azido- bis subneutrophytisch, s. xerophytisch, s. photophytisch
- L 9, T 8, K 5, F 1, R 5

Soziologie: Im Grimaldion fragrantis in diversen Festuceten mit *Oxymitra*, *Mannia fragrans*, *Reboulia*, *R. ciliifera*, *R. crinita*, *R. sorocarpa* und *Phascum cuspidatum* var. *piliferum*.

Verbreitung: Nur im Pannonikum. Am Fundort bei Krems seinerzeit nur an einer sehr beschränkten Stelle, dort aber reichlich. Collin.

B: Nord-B: W-Hang des Hackelsberges bei Winden am Neusiedler See, 150 m, 1955 (J. Froehlich in W, t. HK) – **N**: Wachau: Rothenhof oberhalb Stein bei Krems, 250 m, und auf „Urkalk" nächst Spitz (Heeg 1894)

- östliches Mitteleuropa, Mittelmeergebiet
- mediterran

Gefährdung: In Österreich seit 60 Jahren nicht mehr nachgewiesen.

Anmerkung: Die umstrittene, hier mit *R. papillosa* synonymisierte *R. pseudopapillosa* hat ihren Locus classicus oberhalb von Rothenhof bei Krems (Schiffner 1913). Erkennt man sie an, so gehören wohl alle österreichischen Funde dazu.

13. *R. rhenana* Lorb. ex Müll. Frib.

Ökologie: Thalli ähnlich, aber meist kräftiger als jene von *R. fluitans*. Hinsichtlich der generellen Ansprüche aber nicht verschieden (s. d.). Die Sippe soll allerdings stärker wärmeliebend und auf die Tieflagen beschränkt sein. An der einzigen Fundstelle auf einer frischen Anlandung nach dem August-Hochwasser 2002 über zwei Jahre vorhanden. Danach wurde sie mit Schilf überwachsen und ward nicht mehr gesehen.

- m. azido- bis neutrophytisch, s. hygro- bis hydrophytisch, m. skio- bis s. photophytisch
- L 6, T 6, K 5, F 8, R 5

Soziologie: Eine Kennart des Riccietum fluitantis.

Verbreitung: Bislang nur ein gesicherter Nachweis und zwar jener für Oberösterreich. Aber auch die weiteren Angaben könnten korrekt sein. Eine sichere Unterscheidung anhand morphologischer Merkmale soll nicht möglich sein. Planar.

O: Innviertel: Hagenauer Bucht am Inn, 2002–2004, leg. RK (Greilhuber et al. 2004, Krisai 2011); Linz (Zechmeister et al. 2002) – **W**: Lobau (HZ)

- Europa, SW-Asien, Nordamerika
- temperat

Gefährdung: Der Bestand in der Hagenauer Buch ist mittlerweile erloschen. Im Allgemeinen gilt dasselbe Gefährdungsszenario wie für *R. fluitans*.

Anmerkung: Das Fundmaterial von R. Krisai ist diploid (Greilhuber et al. 2004), die weiteren Aufsammlungen wurden hingegen nicht zytologisch untersucht. Aufgrund der Unterscheidungsproblematik erscheint es sinnvoll, diese Sippe lediglich als diploiden Zytotyp von *R. fluitans* anzusehen, in Analogie zu *R. canaliculata* und *R. duplex*.

14. *R. sorocarpa* Bisch. – Syn.: *R. minima* L.

14a. subsp. ***sorocarpa***

Foto: M. Lüth

Ökologie: In bläulich-grünen Rosetten auf feuchter bis trockener, lehmiger bis sandiger oder humoser Erde, sowohl über Silikat- als auch Karbonatuntergrund. Vor allem auf Stoppelfeldern, aber auch an verschiedensten anderen Pionierstandorten, etwa in Wiesenlücken, an Wegrändern, in Gärten, auf Teichschlamm, Flusssand oder in lückigen Trockenrasen. Mit breiterer Standortsamplitude als die anderen Arten der Gattung.

- m. azido- bis neutrophytisch, s. xero- bis mesophytisch, m.–s. photophytisch
- L 7, T 5, K 5, F 4, R 5

Soziologie: Eine Klassenkennart der Psoretea decipientis; häufig im Phascion cuspidati mit *R. glauca*, *Bryum klinggraeffii*, *B. rubens*, *B. argenteum*, *Fossombronia wondraczekii*, *Dicranella staphylina* oder *Phascum cuspidatum*. Seltener auch im Grimaldion fragrantis.

Verbreitung: Die verbreitetste Art der Gattung in Österreich, auch wenn in intensiv landwirtschaftlich genutzten Gebieten *R. glauca* häufiger ist.

In Westösterreich, insbesondere in Vorarlberg, aber offenbar selten. In S nur vernachlässigt. Planar bis montan; bis etwa 1200 m aufsteigend.

B: Mittel-B: Güns bei Liebing E Lockenhaus (LATZEL 1941) – **K**: z – **N**: Waldviertel: Umgebung von Gmünd (RICEK 1982), Hartenstein im Kremstal (HEEG 1894); Wachau: z (HEEG 1894); Wienerwald: SE Königstetten (HZ); Hainburger Berge: Spitzerberg (SCHLÜSSLMAYR 1999a, 2002a); Bucklige Welt: Kirchberg am Wechsel (HEEG 1894) – **O**: Mühlviertel: Tal der Gr. Mühl oberhalb Neufelden (FG in SCHLÜSSLMAYR 2011); Aschenberg im Sauwald (FG); Donautal: Schlögener Schlinge (GS, H. Göding in SCHLÜSSLMAYR 2011); Innviertel: häufig (KRISAI 2011); AV und Flyschzone: z; NA: Schieferstein bei Reichraming, 1090–1205 m (POETSCH & SCHIEDERMAYR 1872, SCHLÜSSLMAYR 2005) – **S**: Salzachtal: Kuchl (CS) – **St**: z (regional v) – Nord-**T**: Ötztal: bei Ambach (GSb in DÜLL 1991); Ost-**T**: bei Debant (H. Simmer in DALLA TORRE & SARNTHEIN 1904) – **V**: Bregenz (BLUMRICH 1913); Montafon: S Gauenstein bei Schruns (GA in AMANN et al. 2013) – **W**: Lobau (J. Baumgartner, HZ)

- Europa, SW-Asien, Sibirien, China, Nordamerika
- temperat

Gefährdung: Aufgrund der breiten Standortspalette im Großteil des Verbreitungsgebietes weniger bedroht als die anderen Arten der Gattung; als Ackermoos aber definitiv rückläufig.

Anmerkung: Der taxonomische Wert der var. *heegii* (SCHIFFNER 1913) ist unklar (N: Spitz und Rothenhof bei Krems).

14b. subsp. ***arctica*** SCHUST. – Syn.: *R. lindenbergiana* SAUT.

Ökologie: Über trockener, mäßig saurer bis subneutraler Erde und Detritus in Lücken südseitiger Alpinrasen oder in sonnigen Felsfluren. Einmal in Trittlöchern einer Almweide, ein anderes Mal auf dem Boden einer periodisch austrocknenden Lacke in der Alpinstufe.

- m. azido- bis neutrophytisch, m. xerophytisch, s. photophytisch
- L 8, T 2, K 7, F 3, R 6

Soziologie: In trockenen Alpinrasen in Südlage, insbesondere in Buntschwingel- und Blaugrasrasen, vergesellschaftet mit *Clevea hyalina, Pohlia elongata* var. *greenii*, *Bartramia ithyphylla* oder *Bryoerythrophyllum recurvirostrum*. Außerdem gelegentlich im Alchemillo-Poion supinae.

Verbreitung: In den Zentralalpen zerstreut, selten in den Nordalpen; noch kein Nachweis aus den Südalpen. Montan bis alpin.

K: Hohe Tauern: S des Glocknerhauses bei 2200 m (KERN 1907, wegen der Seehöhe höchstwahrscheinlich hierher); Nockberge: Falkert SW-Grat, 2250 m (HK & AS), SW Davidhütte am Wöllaner Nock (HK & AS) – **O**: Haller Mauern**:** Gr. Pyhrgas, 2000 m (A.E. Sauter, Typuslokalität von *R. lindenbergiana*); Totes Gebirge:

Mitteralm auf der Hohen Schrott, 1520 m (FG, det. HK) – **S**: Schladminger Tauern: Lacke SW Seekarspitze, 2050 m (HK) – **St**: Wölzer Tauern: Mittlere Gstemmerspitze, 2100 m (HK) – **T**: Ötztaler A: Granatenwand bei Obergurgl, 2450 m (GSb in DÜLL 1991, wohl zu dieser Sippe)

- Arktis, Nordskandinavien, Alpen
- arktisch-alpin

Gefährdung: Nicht gefährdet.

Anmerkung: Die Mehrzahl der Proben ist durch den weitgehend fehlenden Sporensaum und kleinere Areolen gut zuordenbar.

15. *R. subbifurca* WARNST. ex CROZ. – Syn.: *R. baumgartneri* SCHIFFN., *R. oelandica* C.E.O. JENSEN, *R. subalpina* LIMPR. ex STEPH.

Ökologie: Graugrüne, oft rotrandige, schmale, wenig geteilte Thalli, die sich nicht zu Rosetten anordnen, in sonnig-trockenen Habitaten. Collin in Kalk-Trockenrasenlücken, montan an sonnigen, trockenen Kalkschieferschrofen und subalpin in Alpinrasenlücken. Eine betont xerophile, aber nicht ausdrücklich xerothermophile Art. Sporenbildung vergleichsweise selten.

- subneutro- bis basiphytisch, s. xerophytisch, s. photophytisch
- L 9, T 3, K 7, F 2, R 7

Soziologie: Dem Grimaldion fragrantis zuzuordnen. Zu den charakteristischen Begleitern gehören *Clevea hyalina*, *Ditrichum flexicaule*, *Pseudocrossidium obtusulum*, *Mannia fragrans* und in Skandinavien auch *M. pilosa*. SCHLÜSSLMAYR (2002a) beschreibt ein Barbuletum convolutae athalamietosum hyalinae aus den Hainburger Bergen, in dem diese Art vertreten ist.

Verbreitung: Bisher nur aus dem Pannonikum und kontinental getönten Teilen der Kärntner und Osttiroler Hohen Tauern und des Lungaues bekannt. In extremen, schwer zugänglichen Südlagen in den Hohen Tauern vielleicht noch öfters nachzuweisen. Collin bis subalpin (alpin), 280 bis 2100 m.

K: Hohe Tauern: Pöllatal NW Veithütte, 1400 m (HK & HvM in KÖCKINGER et al. 2008) – **N**: Hainburger Berge: Spitzerberg, 280 m (J. Baumgartner, 1903, in SCHIFFNER 1904), ebendort: W-Hang, in einer Probe von *Oxymitra*, 280 m (GSb, 1978, t. HK), ebendort: SCHLÜSSLMAYR (1999a, 2002a) – **S**: Lungau: Rothschopfleiten bei Muhr, 1200 m (BREIDLER 1894, GJO, t. HK) – Ost-**T**: Hohe Tauern: Nussingkogel bei Matrei, E-seitige Hänge und dessen Westrücken, 2100 m, 1988 (J. Poelt, det. P. Geissler als *R. crozalsii*, GZU, rev. HK)

- Zentral-, Süd- und Osteuropa, Gotland, Öland, SW-Asien
- submediterran-kontinental

Gefährdung: In den Alpen nicht, in den Hainburger Bergen hingegen hochgradig gefährdet.

Anmerkung: SCHIFFNER (1904) beschrieb *R. baumgartneri* vom Spitzerberg bei Hainburg als zweihäusige Art. Dieses Merkmal blieb auch in Glashauskultur erhalten. Es bestehen daher Unklarheiten hinsichtlich ihrer Identität mit *R. subbifurca*, die als einhäusig beschrieben wurde und in der neueren Literatur auch durchwegs als einhäusige Art betrachtet wird. Allerdings stellte SCHIFFNER (1904) an *R. subbifurca*-Material von der Typuslokalität ebenfalls Zweihäusigkeit fest. MÜLLER (1951–1958) schreibt daher „gemischtgeschlechtig (?)“, vermutet aber, dass beide Typen monözisch sind. Zweihäusig soll auch *R. subalpina* LIMPR. ex STEPH. sein, die leider lediglich invalid beschrieben wurde. Dem Typus-Beleg von der „Rothschopfleiten bei Muhr“ im Breidler-Herbar in GJO liegt eine Abschrift einer Beschreibung Limprichts bei, die dieser im Rahmen einer Briefsendung an Jack geschickt hatte und später vermutlich auch Stephani und K. MÜLLER (1906–1916) zur Verfügung stand. Beide führen *R. subalpina* als Synonym der mediterranen *R. michelii* RADDI, MÜLLER (1951–1958) hingegen später als Synonym von *R. ciliata* var. *intumescens*. Das Typusmaterial stimmt morphologisch weitgehend mit den Proben aus den Hohen Tauern und vom Spitzerberg überein. *R. subalpina* wird hier also, entgegen bisherigen Auffassungen, als Synonym von *R. subbifurca* betrachet. Pflanzengeographisch ist *R. subbifurca*, wenn wir die Identität mit *R. baumgartneri* voraussetzen, in Europa als reliktäres Steppenelement anzusehen, vergleichbar etwa mit *Syntrichia caninervis* und *Pseudocrossidium obtusulum*, die mit ihr auch den Lebensraum teilen. Diese Arten sind deutlich stärker xero- als thermophil; wir finden sie deshalb auch an trockenen Standorten im Hochgebirge. Bezeichnend ist außerdem, dass an der Typuslokalität von *R. baumgartneri* auch *Clevea hyalina* reliktär in sehr tiefer Lage gedeiht.

16. *R. warnstorfii* LIMPR. ex WARNST. – Syn.: *R. bavarica* WARNST., *R. commutata* J.B. JACK ex LEVIER., *R. glauca* var. *minima* LINDENB.

Ökologie: Hellgrüne, recht zarte Rosetten an diversen feuchten Pionierstandorten, gerne auf Äckern, in Wiesenlücken, auf Aushubmaterial an Wassergräben, an Wegrändern oder auch an Offenstandorten in Flussauen. Kalk- und schattentolerant, hingegen austrocknungsempfindlich. Meist in sehr kleinen Populationen und betont kurzlebig.

- m. azido- bis neutrophytisch, m.–s. hygrophytisch, m. photophytisch
- L 6, T 5, K 3, F 6, R 5

Soziologie: Vorwiegend im Phascion cuspidati, mit *R. glauca*, *R. sorocarpa* etc.

Verbreitung: Die gesamtösterreichische Verbreitung ist bislang unzureichend bekannt; aus bestimmungstechnischen Gründen, aber auch wegen des sehr ephemeren Auftretens der Art. Real dürfte sie in den Tieflagen als zerstreut auftretend zu betrachten sein. In den Alpen ist sie sicher selten. Noch kein Nachweis aus T. Planar bis montan; bis 1150 m aufsteigend.

Foto: M. Lüth

K: Klagenfurter Becken: Dobritsch SE Friesach, 1150 m (HK in Köckinger et al.. 2008); Lavanttal: Reisberg SW Wolfsberg, 750 m (HK & AS in Köckinger et al. 2008) – **N**: Hofwiesteich NW Neuhaus in den Kalkalpen (?) und Donauufer bei Mannsdorf (Zechmeister et al. 2013) – **O**: Donautal: unterhalb Schlögen (FG, det. Jovet-Ast in Schröck et al. 2014) – **S**: Salzachtal: Modermühl SE Hallein (A. Tribsch in SZU, t. HK) – **St**: Grazer Bergland: Rinnegg am Schöckl (Maurer et al. 1983) – **V**: Weißenreute bei Bregenz (Blumrich 1913); Rheintal: Obere Mähder bei Lustenau (A. Steininger in Amann et al. 2013); Montafon: S Gauenstein bei Schruns (GA in Amann et al. 2013) – **W**: Uferschlamm der Donau (als *R. glauca* var. *minima* in Heeg 1894)

- Europa bis S-Skandinavien, N-Afrika, Makaronesien
- subozeanisch

Gefährdung: Als ephemere und bestimmungsproblematische Art schlecht erfasst; daher ist eine Einschätzung der Bestandesentwicklung schwierig.

Anmerkungen: Kann leicht mit schmalthalligen Formen von *R. glauca* oder mit *R. bifurca* verwechselt werden. – Ebenfalls ähnlich ist die wenig bekannte, vor nicht allzu langer Zeit erst beschriebene *Riccia gothica* Damsh. & Hallingbäck. Sie wird von Meinunger & Schröder (2007) für zwei Fundorte in den Bayrischen Alpen angeben, die nur knapp nördlich der Tiroler Grenze liegen, wo sie kalkhaltige Pionierstandorte besiedelt. Soziologisch steht sie vor allem dem Dicranelletum rubrae nahe. Mit dieser Art ist also auch in Österreich zu rechnen.

2. *Ricciocarpos* CORDA

1. *R. natans* (L.) CORDA – Syn.: *Riccia natans* L.

Ökologie: Herzförmige Thalli, die mit schmalen, schwarzen Bauchschuppen-Auslegern auf der Wasseroberfläche von Teichen oder Au-Altarmen treiben und so unverkennbar sind. Meist findet man sie in der Uferzone im Kontakt zur Ufervegetation. Die Thalli sinken im Winter auf den Grund des Gewässers und sterben bis auf den vordersten meristematischen Bereich ab, aus dem sich im Frühjahr neue Pflanzen entwickeln, die wieder zur Wasseroberfläche aufsteigen. Bei Trockenfallen des Ufers bilden sich Landformen aus; nur diese bringen auch Sporen hervor.

- m. azido- bis basiphytisch, s. hygro- bis hydrophytisch, m.–s. photophytisch
- L 8, T 7, K 5, F 9, R 6

Soziologie: Die Kennart des Ricciocarpetum natantis innerhalb der Klasse der Pleustophytengesellschaften (Lemnetea); oft mit *Riccia fluitans*, *Lemna minor* und *L. trisulca* auftretend. Man findet sie in der Uferzone in lockeren Schilfbeständen oder zwischen *Carex elata*-Horsten; nach RICEK (1982) im Waldviertel auch im Kontakt zu *Calamagrostis canescens*-Beständen auf feuchtem Uferschlamm.

Verbreitung: Eine reine Tieflagenart, die in den Donau- und Marchauen bei und östlich von Wien und an den Waldviertler Teichen zerstreut vorkommt, sonst aber extrem selten ist. GOSCH & BERG (2011) nennen die Art erstmals für die Steiermark, hingegen konnten sie das Vorkommen im Burgenland nicht mehr bestätigen. An der oberösterreichischen Donau ist sie verschollen, ebenso am Bodensee in Vorarlberg. Fehlt in K, S und T. Planar und collin.

B: Süd-B: Fischteich W Burg Güssing (1988, HK, 2010 und 2011 durch Gosch und Berg nicht bestätigt) – **N**: Waldviertel: Gmünd (F. Welwitsch in POKORNY 1854), Karfreitag- und Asangteich bei Gmünd (RICEK 1982), Hofteich E Pfaffenschlag (L. Schratt-Ehrendorfer), Allentsteig, Edlauteich N Ullrichs und Neuteich SE Gmünd (HZ); Donautal: Droß N Krems und S von Krems (HH), Stockerau, Donausümpfe bei Mautern (HEEG 1894); Wiener Becken: bei Moosbrunn (POKORNY 1854, HEEG 1894), Bruck an der Leitha (POKORNY 1854); Weinviertel: Marchauen E Drösing, E Hohenau, SE Zwerndorf und zw. Baumgarten und Marchegg (RICHTER 1997), bei Hohenau (HZ) – **O**: Donautal: Steyregg bei Linz in Lachen der Donau (SCHIEDERMAYR 1894), Donauauen NE von Alkoven (1951, H. Becker in LI, t. CS, SCHRÖCK et al. 2014) – **St**: Neudauer Teiche im Lafnitztal (GOSCH & BERG 2011) – **V**: „in Lachen bei Bregenz“ (A.E. Sauter in DALLA TORRE & SARNTHEIN 1904) – **W**: Heustadelwasser im Prater (HEEG 1894), Eberschüttwasser in der Lobau (L. Schratt-Ehrendorfer, HZ, SCHRATT-EHRENDORFER 1999)

- fast kosmopolitisch (fehlt in den betont kalten Zonen)
- südlich temperat

Gefährdung: Durch Eutrophierung, Eliminierung durch Zuschütten oder die Umwandlung vieler Teiche in naturferne Fischteiche ohne natürliche Ufervegetation massiv bedroht. Viele vom Fluß abgeschnittene Auengewässer sind wohl auch zu schattig für diese lichtliebende Art.

44. *Sphaerocarpaceae* HEEG

1. *Sphaerocarpos* BOEHM.

1. *S. michelii* BELLARDI – Syn.: *S. terrestris* SM.

Ökologie: Hellgrüne Thalli mit aufrechten Pseudoperianthien in meist kleinen Gruppen auf offener, feuchter, vorwiegend basenreicher Erde. Aus Österreich nur von einem Brachacker angegeben; anderswo gedeiht es gerne auf lehmigem Löss auf Wegen in Weinbergen, in Obstkulturen oder auch in Gärten. Thermophil und kurzlebig.

Foto: M. Lüth

- m. azido- bis basiphytisch, m. hygrophytisch, m.–s. photophytisch
- L 7, T 7, K 4, F 6, R 6

Soziologie: Dem Phascion cuspidati zuzuordnen; nach BREIDLER (1894) auf Ackererde mit *Riccia* spp., *Anthoceros agrestis* (als *A. punctatus*) und *Fossombronia wondraczekii* (als *F. cristata*); in Deutschland nach MEINUNGER & SCHRÖDER (2007) mit *Barbula unguiculata*, *Phascum cuspidatum*, *Riccia sorocarpa* oder *Pottia intermedia* assoziiert.

Verbreitung: Nur eine alte Angabe aus dem mittleren Murtal der Steiermark.

St: Murtal: zw. der Mur und der Eisenbahn bei Judendorf nächst Graz, 390 m (BREIDLER 1894)

- westliches Mitteleuropa, Süd- und Westeuropa, N-Afrika, Kanaren, Amerika
- subatlantisch-mediterran

Gefährdung: In Österreich verschollen.

Anmerkung: Die bei RESCHENHOFER & KRISAI (1999) publizierte Angabe für das Innviertel beruht auf einer Verwechslung mit *S. texanus* (RESCHENHOFER & KRISAI 2001).

2. *S. texanus* AUSTIN – Syn.: *S. californicus* AUSTIN, *S. europaeus* LORB.

Ökologie: Wächst an ähnlichen Standorten wie *S. michelii*, aber bevorzugt auf Brachäckern, mitunter sogar auf Maisfeldern. Wie die vorige ephemer.

- m. azido- bis neutrophytisch, m. hygrophytisch, m.–s. photophytisch
- L 7, T 7, K 4, F 6, R 5

Soziologie: Ebenfalls ein Element des Phascion cuspidati mit ähnlicher Begleitflora wie die vorige.

Verbreitung: Bislang nur aus dem westlichen Oberösterreich und eventuell auch aus der Steiermark nachgewiesen.

O: Innviertel: Schwand im Innkreis bei Braunau (H. Reschenhofer, CS, 1998), später an weiteren Orten im Umkreis festgestellt (RESCHENHOFER & KRISAI, 1999, 2001) – **St**: „bei Graz" (MÜLLER 1951–1958)

- Mittel-, West- und Südeuropa, Kanaren, Nordamerika, neophytisch in Australien
- subatlantisch-mediterran

Gefährdung: Wie bei allen ephemeren Arten ist eine Einschätzung schwierig. Als Ackermoos aber generell als gefährdet anzusehen.

Anmerkungen: Die Aufsammlungen aus dem Innviertel wurden zuerst als *S. michelii* bestimmt und als solche publiziert (RESCHENHOFER & KRISAI 1999), später in *S. texanus* revidiert (RESCHENHOFER & KRISAI 2001). – Die Herkunft der Angabe in MÜLLER (1951–1958) für den Grazer Raum ist unklar. In einer Karte zur Europa-Verbreitung der beiden *Sphaerocarpos*-Arten sind auf p. 312 Fundpunkte für beide Arten nebeneinander zu sehen. Es ist nicht ausgeschlossen, dass in Breidlers Aufsammlung (K. Müller hat sie gesehen) beide Arten entdeckt wurden. Ebenso ist es natürlich möglich, dass die Probe später in *S. texanus* revidiert, die alte Angabe aber nicht eliminiert wurde. Die bei BREIDLER (1894) genannte Begleitflora würde diese These stützen. Schließlich kannte man zu Breidlers Zeiten nur eine Art in Zentraleuropa. MÜLLER (1906–1916) unterschied *S. terrestris* (Syn. *S. michelii*) und *S. californicus*

AUSTIN; letztere gab er nur aus Frankreich an. Nach SCHEFCZIK (1960) fehlt die Aufsammlung im Breidler-Originalherbar in GJO. Offenbar eine Entlehnung, die nicht retourniert wurde. – Nach neuen Untersuchungen im Rahmen eines Barcoding-Projekts in Edinburgh sind amerikanischer und europäischer (zumindest britischer) *S. texanus* molekular markant verschieden. Die europäische Sippe benötigt daher einen anderen Namen; in Frage kommt wohl nur *S. europaeus* LORB.

IV. Literatur

AMANN, G. 2006: Epiphytische Moose im Walgau. — Forschen und Entdecken **19**: 9–64.

AMANN, G., KÖCKINGER, H., REIMANN, M., SCHRÖCK, C., ZECHMEISTER, H. 2013: Bryofloristische Ergebnisse der Mooskartierung in Vorarlberg. — Stapfia **99**: 87–140.

ANDRIESSEN, L., SOTIAUX, A., NAGELS, C., SOTIAUX, O. 1995: *Aneura maxima* (SCHIFFN.) STEPH. in Belgium, new for the European liverwort flora. — J. Bryol. **18**: 803–806.

BACZKIEWICZ, A., SZWEYKOWSKI, J. 2001: Geographic distribution of *Haplomitrium hookeri* (*Hepaticae*, *Calobryales*) in Poland. — Polish Bot. J. **46** (1): 83–88.

BAKALIN, V. 2016: Notes on *Lophozia* VIII. The lectotypification of *Lophozia longiflora* (NEES) SCHIFFN. (*Lophoziaceae*, *Hepaticae*). — Herzogia **29** (2): 635–642.

BAUMGARTNER, J. 1893: Pflanzengeographische Notizen zur Flora des oberen Donauthales und des Waldviertels in Niederösterreich. — Verh. Zool.-bot. Ges. Wien **43**: 548–551.

BERGDOLT, E.F. 1926: Die geographische Verbreitung der Marchantiaceen-Gruppe der Cleveiden in den Alpen. — Ber. Schweizer Bot. Ges. **35**: 1–13.

BISANG, I. 1990: On the systematic position of *Lophozia excisa* (DICKS.) DUM. var. *jurensis* (MEYL. ex K. MÜLL.) K. MÜLL. — Lindbergia **16**: 109–112.

BISANG, I. 1991: Biosystematische Studien an *Lophozia* subgen. *Schistochilopsis* (*Hepaticae*). — Bryophytorum Bibliotheca **43**.

BLUMRICH, J. 1913: Die Moosflora von Bregenz und Umgebung. — Jahresber. Landesmuseumsver. Vorarlberg **49**: 1–64.

BLUMRICH, J. 1923: Nachtrag zur Moosflora von Bregenz und Umgebung. — Vierteljahrsschr. Gesch. Naturk. Vorarlbergs **7**: 8–17.

BOROVICHEV, E.A., BAKALIN, V.A., VILNET, A.A. 2015: Revision of Russian *Marchantiales* II. A revision of the genus *Asterella* P. BEAUV. (*Aytoniaceae*, *Hepaticae*). — Arctoa **24**: 294–313.

BREIDLER, J. 1894: Die Lebermoose Steiermarks. — Mitt. Naturwiss. Ver. Steiermark **30**: 256–357.

BUCH, H. 1933: Experimentell-systematische Untersuchungen über die *Lophozia ventricosa*-Gruppe. — Ann. Bryol. **6**: 7–14.

BUCHNER, A., HOFBAUER, W., GÄRNTNER, G. 1993: Beitrag zur Moosflora von Seefeld und Umgebung und des Leutascher Beckens (Nordtirol). — Ber. naturwiss.-med. Ver. Innsbruck **80**: 53–67.

BURGEFF, H. 1943: Genetische Studien an *Marchantia.* Einführung einer neuen Pflanzenfamilie in die genetische Wissenschaft. — Jena: G. Fischer.

DALLA TORRE, K.W. v., SARNTHEIN, L. v. 1904: Flora der gefürsteten Grafschaft Tirol, des Landes Vorarlberg und des Fürstentums Liechtenstein. Bd. 5: Die Moose (Bryophyta) von Tirol, Vorarlberg und Liechtenstein. — Innsbruck: Wagner.

DAMSHOLT, K. 2002: Illustrated Flora of Nordic Liverworts and Hornworts. — Lund: Nordic Bryolog. Soc., Lund.

DÜLL, R. 1981: Zur Verbreitung und Ökologie von *Metzgeria fruticulosa* (DICKS.) EVANS und *M. temperata* KUWAH. in Mitteleuropa. — Herzogia **5**: 535–546.

DÜLL, R. 1991: Die Moose Tirols unter besonderer Berücksichtigung des Pitztales. — Bad Münstereifel: IDH-Verlag.

DÜRHAMMER, O., KÖCKINGER, H., REIMANN, M. 2005: Beiträge zur Kryptogamenflora im Gebiet der Neuen Regensburger Hütte (Stubaier Alpen, Österreich). Teil III: Moose. — Hoppea **66**: 615–627.

ELLENBERG, H., WEBER, H., DÜLL, R., WIRTH, V., WERNER, W., PAULSSEN, D. 1991: Zeigerwerte von Pflanzen in Mitteleuropa. — Scr. Geobot. **18**.

ENGLISCH, T. 1993: Salicetea herbaceae. — In GRABHERR, G., MUCINA, L. (Hrsg.): Die Pflanzengesellschaften Österreichs. Teil II. pp. 31–44. — Jena: Gustav Fischer Verlag.

ERNET, D., KÖCKINGER, H. 1998: Die floristische Erforschung der Steiermark und der Schutz wildlebender Pflanzenarten in der Europäischen Union. — Jahresber. Landesmus. Joanneum Graz, Neue Folge **27**: 149–162.

ERZBERGER, P., NEMETH, C., PAPP, B., MESTERHÁZY, A., CSIKY, J., BARATH, K., 2015: Revision of the Red List status of Hungarian bryophytes. New occurrencies of species previously thought to be regionally extinct or without recent data. — Studia Bot. Hung. **46**: 15–53.

FEHLNER, C. 1882a: Beitrag zur Moosflora von Niederösterreich. — Österr. Bot. Z. **32**: 45–50.

FEHLNER, C. 1882b: Nachträge und Berichtigungen. — Österr. Bot. Z. **32**: 363–364.

FISCHER, M.A., OSWALD, K., ADLER, W. 2008: Exkursionsflora für Österreich, Liechtenstein und Südtirol. (3. Aufl.) — Linz: Land Oberösterreich, OÖ. Landesmuseen.

FITZ, K. 1957: Moose aus Oberösterreich. Gesammelt von Julius Baumgartner in den Jahren von 1921–1923. —Jahrb. OÖ. Musealver. **102**: 217–244.

FÖRSTER, J.P. 1881: Beiträge zur Moosflora von Niederösterreich und Westungarn. — Verh. Zool.-Bot. Ges. Wien **30**: 233–250.

FRANZ, W. 1988: Zur Soziologie der xerothermen Vegetation Kärntens und des oberen Murtales (Steiermark). — Atti del Simposio della Societa Estalpino-dinarica di Fitosociologia Feltre 29 giugno–3 luglio 1988: 63–88.

FREY, E. 1922: Die Vegetationsverhältnisse der Grimselgegend im Gebiete der zukünftigen Stauseen. — Mitt. Naturforsch. Ges. Bern 1921: 1–197.

GAMS, H. 1930: *Schisma sendtneri*, *Breutelia arcuata* und das Racomitrietum lanuginosi als ozeanische Elemente in den Nordalpen. — Rev. Bryol., N. S. **3**: 12–29.

GAMS, H. 1944: Beiträge zur Kenntnis der nivalen Lebermoose der Alpen. — Rev. Bryol. Lichenolog. **13**: 34–42.

GAMS, H. 1951: *Riccia breidleri* JURATZKA come de Hepatique amphibique des Hautes Alpes. — Rev. Bryol. Lichenol. **20**: 255–257.

Geissler, P. 1976: Zur Vegetation alpiner Fließgewässer. Pflanzensoziologisch-ökologische Untersuchungen hygrophiler Moosgesellschaften in den östlichen Schweizer Alpen. — Beitr. Kryptogamenflora Schweiz **14** (2).

Geissler, P. 1989 : Excursion de la Societe botanique de Geneve dans les Alpes autrichiennes (10–19 juillett 1988): coup d'œil sur la flora bryophytique. — Saussurea **20**: 39–44.

Głowacki, J. 1910: Beitrag zur Kenntnis der Moosflora von Kärnten. — Carinthia II **100**: 147–163.

Głowacki, J. 1912: Moosflora der Steiner Alpen. — Carinthia II **102**: 14–47, 130–156.

Głowacki, J. 1914: Ein Beitrag zur Kenntnis der Moosflora von Steiermark. — Mitt. Naturwiss. Ver. Steiermark **50**: 179–183.

Głowacki, J. 1915: Ein Beitrag zur Kenntnis der Bryophyten von Tirol. — Veröff. Mus. Ferdinandeum Innsbruck **59**: 216–238.

Gosch, R., Berg, C. 2011: *Ricciocarpos natans* (*Bryophyta*, *Ricciaceae*) neu für die Steiermark mit Anmerkungen zum Riccietum fluitantis. — Mitt. Naturwiss. Ver. Steiermark **141**: 81–92.

Gottsche, C.M., Lindenberg, J.B., Nees von Esenbeck, C.G. 1844: Synopsis hepaticarum. — Hamburg: Meißner.

Grabherr, G., Mucina, L. (Hrsg.) 1993: Die Pflanzengesellschaften Österreichs. Teil II. — Jena: Gustav Fischer Verlag.

Greilhuber, J., Temsch, E.M., Krisai, R. 2004: *Riccia fluitans* – eine Sammelart: Sippenunterscheidung durch Genomgrößenmessungen. — In: 11. Österreichisches Botanikertreffen, Wien, 3.–5. September 2004, Kurzfassungen der Beiträge, pp. 57–58.

Grims, F. 1977: Das Donautal zwischen Aschach und Passau, ein Refugium bemerkenswerter Pflanzen in Oberösterreich. — Linzer Biol. Beitr. **9** (1): 225–226.

Grims, F. 1985: Beitrag zur Moosflora von Oberösterreich. — Herzogia **7**: 247–257.

Grims, F. 1999: Die Laubmoose Österreichs. Catalogus Florae Austriae, II. Teil, Bryophyten (Moose), Heft 1, Musci (Laubmoose). — Biosyst. Ecol. Ser. **15**. — Wien: Verlag der ÖAW.

Grims, F. 2004. Die Moosflora des unteren Rannatales. — Beitr. Naturkunde Oberösterreichs **13**: 217–245.

Grolle, R. 1972: *Bazzania* in Europa und Makaronesien. Zur Taxonomie und Verbreitung. — Lindbergia **1**: 193–204.

Gruber, J.P. 2001: Die Moosflora der Stadt Salzburg und ihr Wandel im Zeitraum von 130 Jahren. — Stapfia **79**: 1–155.

Gruber, J.P., Krisai, R., Pilsl P., Schröck, C. 2001: Die Moosflora und -vegetation des Naturdenkmales Krimmler Wasserfälle (Nationalpark Hohe Tauern, Salzburg, Österreich). — Wiss. Mitt. Nationalpark Hohe Tauern **6**: 9–49.

HAFELLNER, J., KÖCKINGER, H., SCHRIEBL, A. 1995: Erste Ergebnisse der Exkursion der Bryologisch-Lichenologischen Arbeitsgemeinschaft für Mitteleuropa in Oberkärnten. — In: 8. Österreichisches Botanikertreffen. Carinthia II **53**, Sonderheft: 43–45.

HAGEL, H. 1966: Gesteinsmoosgesellschaften im westlichen Wienerwald. — Verh. Zool.-Bot. Ges. Wien **105**: 137–167.

HAGEL, H. 1970: Zur Moosflora der Komperdellalm in Tirol. — Herzogia **1**: 385–396.

HAGEL, H. 2015: Die Moosflora der Marmorvorkommen in der Böhmischen Masse Niederösterreichs. — Neilreichia **7**: 45–82.

HANDEL-MAZZETTI, H. v. 1904: Beitrag zur Kenntnis der Moosflora von Tirol. — Verh. Zool.-Bot. Ges. Wien **54**: 58–77.

HEEG, M. 1891: Niederösterreichische Lebermoose — Verhl. Zool.-Bot. Ges. Wien **41**: 567–573.

HEEG, M. 1894: Die Lebermoose Niederösterreichs. — Verh. Zool.-Bot. Ges. Wien **43**: 63–148.

HEISELMAYER, P., TÜRK, R. 1979: Die Tagung der Bryologisch-Lichenologischen Arbeitsgemeinschaft für Mitteleuropa vom 24.–27. August 1978 in Salzburg. — Florist. Mitt. Salzburg **6**: 3–23.

HERZOG, T. 1944: Die Mooswelt des Ködnitztales in den Hohen Tauern. — Österr. (Wiener) Bot. Z. **93**: 1–65.

HERZOG, T., HÖFLER, K. 1944: Kalkmoosgesellschaften um Golling. — Hedwigia **82**: 1–92.

HOFBAUER, W., GÄRTNER, G. 2000: Ein rezenter Nachweis von *Riccia fluitans* L. emend. LORBEER in Nordtirol. — Ber. naturwiss.-med. Ver. Innsbruck **87**: 87–92.

HÖFER, F. 1887: Beitrag zur Kryptogamenflora von Niederösterreich. — Verh. Zool.-Bot. Ges. Wien **37**: 379–380.

HOHENWALLNER, D. 2000: Bioindikation mittels Moosen im dicht bebauten Stadtgebiet Wiens. — Limprichtia **15**: 1–88.

HOHENWALLNER, D., ZECHMEISTER, H. 2001: Bemerkenswerte Moosfunde in der Wiener Innenstadt. — Linzer Biol. Beitr. **33** (1): 295–298.

HOTGETTS, N.G. 1995: *Plagiochila britannica* PATON (*Hepaticae*) new to Switzerland and continental Europe. — Cryptogamie, Bryol. Lichenol. **16**: 305–307.

HUMER-HOCHWIMMER, K., ZECHMEISTER, H. 2001: Die epiphytischen Moose im Wienerwald auf Wiener Stadtgebiet und ihre Bedeutung für die Bioindikation von Luftschadstoffen. — Limprichtia **18**: 1–99.

JACK, J.B. 1898: Lebermoose Tirols. — Verh. Zool.-Bot. Ges. Wien **48**: 173–191.

JANCHEN, E. 1956: Catalogus Florae Austriae, Teil I: Pteridophyten und Anthophyten (Farne und Blütenplfanzen), Heft 1: Apetalae. — Catalogus Florae Austriae, Bd. 1/1. — Wien: Verlag der ÖAW.

JANCHEN, E. 1957: Catalogus Florae Austriae, Teil I: Pteridophyten und Anthophyten (Farne und Blütenplfanzen), Heft 2: Dialypetalae. — Catalogus Florae Austriae, Bd. 1/2. — Wien: Verlag der ÖAW.

JANCHEN, E. 1958: Catalogus Florae Austriae, Teil I: Pteridophyten und Anthophyten (Farne und Blütenpflanzen), Heft 3: Sympetalae. — Catalogus Florae Austriae, Bd. 1/3. — Wien: Verlag der ÖAW.

JANCHEN, E. 1959: Catalogus Florae Austriae, Teil I: Pteridophyten und Anthophyten (Farne und Blütenpflanzen), Heft 4: Monocotyledones. — Catalogus Florae Austriae, Bd. 1/4. — Wien: Verlag der ÖAW.

JANCHEN, E. 1963: Catalogus Florae Austriae, Teil I: Pteridophyten und Anthophyten (Farne und Blütenpflanzen), 1. Ergänzungsheft. — Catalogus Florae Austriae, Bd. EH 1/1. — Wien: Verlag der ÖAW.

JANCHEN, E. 1964: Catalogus Florae Austriae, Teil I: Pteridophyten und Anthophyten (Farne und Blütenpflanzen), 2. Ergänzungsheft. — Catalogus Florae Austriae, Bd. EH 1/2. — Wien: Verlag der ÖAW.

JANCHEN, E. 1966: Catalogus Florae Austriae, Teil I: Pteridophyten und Anthophyten (Farne und Blütenpflanzen), 3. Ergänzungsheft. — Catalogus Florae Austriae, Bd. EH 1/3. — Wien: Verlag der ÖAW.

JANCHEN, E. 1967: Catalogus Florae Austriae, Teil I: Pteridophyten und Anthophyten (Farne und Blütenpflanzen), 4. Ergänzungsheft. — Catalogus Florae Austriae, Bd. EH 1/4. — Wien: Verlag der ÖAW.

JURATZKA, J. 1862: Zur Kryptogamenflora Nordtirols. — Österr. Botan. Z. **12**: 11–23.

KELLER, G., MOSER, M.M. 2001: Die *Cortinariaceae* Österreichs. Catalogus Florae Austriae, III. Teil, Pilze, Heft 2, Agaricales: Cortinariaceae. — Biosyst. Ecol. Ser. **19**. — Wien: Verlag der ÖAW.

KERN, F. 1906: Die Moosflora der Silvretta. — Jahresber. Schles. Ges. vaterländ. Cultur **84**: 1–5.

KERN, F. 1907: Die Moosflora der Hohen Tauern. — Jahresber. Schles. Ges. vaterländ. Cultur **85**: 1–12.

KERN, F. 1908: Die Moosflora der Karnischen Alpen. — Jahresber. Schles. Ges. vaterländ. Cultur **86**: 3–17.

KERN, F. 1915: Beiträge zur Moosflora der Salzburger Alpen. — Jahresber. Schles. Ges. vaterländ. Cultur **93**: 23–35.

KÖCKINGER, H. 2016: Rediscovery and redescription of the enigmatic *Radula visianica* C. MASSAL. (*Porellales*, *Marchantiophyta*). — Herzogia **29** (2): 625–634.

KÖCKINGER, H., SCHRIEBL, A. 2005: Ein Streifzug durch die Welt der Moose. — In KOMPOSCH, C., WIESER, C. (Hrsg.): Schlossberg Griffen — Festung der Artenvielfalt, pp. 181–184. — Klagenfurt: Verlag des Naturw. Ver. für Kärnten.

KÖCKINGER, H., SUANJAK, M. 1999: Zur Moosflora des Hochobir und seiner näheren Umgebung. — In: Der Hochobir. Natur und Geschichte, pp. 263–278. — Klagenfurt: Verlag des Naturw. Ver. für Kärnten.

KÖCKINGER, H., SUANJAK, M., SCHRIEBL, A., SCHRÖCK, C. 2008: Die Moose Kärntens. — Sonderreihe Natur Kärnten, Bd. 4. — Klagenfurt: Verlag des Naturw. Ver. für Kärnten.

KOPPE, F., KOPPE, K. 1969: Bryofloristische Beobachtungen in den bayerischen und österreichischen Alpen. — Herzogia **1**: 145–158.

KRISAI, R. 1966: Pflanzensoziologische Untersuchungen in Lungauer Mooren. — Verh. Zool.-Bot. Ges. Wien **105/106**: 94–136.

KRISAI, R. 1975: Die Ufervegetation der Trumer Seen (Salzburg). — Diss. Bot. **29**.

KRISAI, R. 1985: Ein Beitrag zur Moosflora des Lungaues in Salzburg. Bryologische Ergebnisse der Lungau-Exkursion der bryologisch-lichenologischen Arbeitsgemeinschaft im September 1981. — Herzogia **7**: 191–209.

KRISAI, R. 2011: Die Moosflora des Oberen Innviertels. — Stapfia **95**: 55–75.

LATZEL, A. 1926: Beitrag zur kärntischen Moosflora, vornehmlich des Lavantgebietes. — Hedwigia **66**: 127–156.

LATZEL, A. 1930: Moose aus dem Komitate Vas und einigen anderen Komitaten. — Mag. Bot. Lapok **29**: 105–138.

LATZEL, A. 1941: Beitrag zur Kenntnis der Moose des Ostalpenrandgebietes. — Beih. Botan. Centralbl. Abt. B **61**: 211–260.

LEITHE, F. 1885: Beiträge zur Kenntnis der Kryptogamenflora von Tirol. — Österr. Bot. Z. **35**: 8–12, 41–46, 91–94, 126–129.

LEUTE, G.H. 1986: Neue und bemerkenswerte Pflanzenfunde im Bereich der Landeshauptstadt Klagenfurt in Kärnten II. — Carinthia II **176/96**: 355–396.

LOESKE, L. 1904: Bryologische Notizen aus den Salzburger und Berchtesgadener Alpen. — Hedwigia **43**: 189–194.

LOESKE, L. 1908: Die Moose des Arlberggebietes. — Hedwigia **47**: 156–199.

LOESKE, L. 1909: Zur Moosflora der Zillertaler Alpen. — Hedwigia **49**: 1–53.

LOITLESBERGER, K. 1889: Beitrag zur Kryptogamenflora Oberösterreichs. — Verh. Zool.-Bot. Ges. Wien **39**: 287–292.

LOITLESBERGER, K. 1894: Vorarlbergische Lebermoose. — Verh.Zool.-Bot. Ges. Wien **44**: 239–250.

MARSTALLER, R. 2006: Syntaxonomischer Konspekt der Moosgesellschaften Europas und angrenzender Gebiete. — Haussknechtia, Beih. **13**: 1–192.

MATOUSCHEK, F. 1900: Bryologisch-floristische Mitteilungen aus Österreich-Ungarn, der Schweiz und Bayern. I. — Verh. Zool.-Bot. Ges. Wien **50**: 219–254.

MATOUSCHEK, F. 1901a: Beiträge zur Moosflora von Kärnten, I. — Carinthia II **91**: 106–115, 124–138.

MATOUSCHEK, F. 1901b: Beiträge zur Moosflora von Tirol und Vorarlberg. I. — Ber. naturwiss.-med. Ver. Innsbruck **26**: 1–21.

MATOUSCHEK, F. 1901c: Bryologisch-floristische Mitteilungen aus Österreich-Ungarn, der Schweiz, Montenegro, Bosnien und der Herzegowina. II. — Verh. Zool.-Bot. Ges. Wien **51**: 186-198.

MATOUSCHEK, F. 1902a: Beiträge zur Moosflora von Tirol und Vorarlberg. II. — Ber. natwiss.-med. Ver. Innsbruck **27**: 1–56.

MATOUSCHEK, F. 1902b: Beiträge zur Moosflora von Tirol und Vorarlberg. III. — Ber. natwiss.-med. Ver. Innsbruck **27**: 87–110.

MATOUSCHEK, F. 1903a: Beiträge zur Moosflora von Kärnten, II. — Carinthia II **93**: 93–98.

MATOUSCHEK, F. 1903b: Das bryologische Nachlaßherbar von Friedrich Stolz. — Ber. naturwiss.-med. Ver. Innsbruck **28**: 1–184.

MATOUSCHEK, F. 1905: Bryologische Notizen aus Tirol, Vorarlberg und Liechtenstein. I. — Hedwigia **44**: 19–45.

MATOUSCHEK, F. 1907: Beiträge zur Moosflora von Tirol, Vorarlberg und Liechtenstein. IV. — Ber. naturwiss.-med. Ver. Innsbruck **30**: 93–130.

MAURER, W. 1961a: Beitrag zur Moosflora von Steiermark. — Mitt. Naturwiss. Ver. Steiermark **91**: 84–86.

MAURER, W. 1961b: Die Moosvegetation des Serpentingebietes bei Kirchdorf in Steiermark. — Mitt. Abt. Zool. Bot. Landesmus. „Joanneum“ Graz **13**: 1–30.

MAURER, W. 1963: Neue Beiträge zur Moosflora von Steiermark, II. -- Mitt. Naturwiss. Ver. Steiermark **93**: 238–241.

MAURER, W. 1965: Die Moose des Südburgenlandes. — Wiss. Arb. Burgenland **32**: 5–40.

MAURER, W. 1970: Neue Beiträge zur Moosflora von Steiermark III. — Herzogia **1**: 447–451.

MAURER, W. 1973: Flechten und Moose aus Kärnten. I. — Herzogia **3**: 23–30.

MAURER, W. 1985: Neue Beiträge zur Moosflora von Steiermark IV. — Herzogia **7**: 299–303.

MAURER, W., POELT, J., RIEDL, J. 1983: Die Flora des Schöckl-Gebietes bei Graz. — Mitt. Abt. Botanik Landesmus. Joanneum Graz **11/12**: 1–104.

MEINUNGER, L., KÖCKINGER, H. 2002: *Herbertus sendtneri* (NEES) LINDB. – neue Einzelheiten zum historischen Fund im Thüringer Wald und Bemerkungen zur Variabilität der Art. — Limprichtia **20**: 31–46.

MEINUNGER, L., SCHRÖDER, W. 2007: Verbreitungsatlas der Moose Deutschlands. Bd. 1–3. — Regensburg: Regensburgische Bot. Ges.

MEYLAN, C. 1924: Les Hepatiques de la Suisse. — Beitr. Kryptogamenflora Schweiz **6** (1).

MUCINA, L., GRABHERR, G., ELLMAUER, T. (Hrsg.) 1993a: Die Pflanzengesellschaften Österreichs. Teil I. — Jena: Gustav Fischer Verlag.

MUCINA, L., GRABHERR, G., WALLNÖFER, S. (Hrsg.) 1993b: Die Pflanzengesellschaften Österreichs. Teil III. — Jena: Gustav Fischer Verlag.

MÜLLER, K. 1906–1916: Die Lebermoose Deutschlands, Österreichs und der Schweiz. 2. Auflage. 6.1 und 6.2. — In: Rabenhorsts Kryptogamenflora von Deutschland, Österreich und der Schweiz. — Leipzig: Kummer.

MÜLLER, K. 1951–1958: Die Lebermoose Europas. Eine Gesamtdarstellung der europäischen Arten. 3. Aufl. — In: Rabenhorsts Kryptogamenflora von Deutschland, Österreich und der Schweiz, Bd. 6, Abt. 1 und 2. — Leipzig: Akad. Verlagsges.

MURR, J. 1914: Bryologische Beiträge aus Tirol und Vorarlberg. — Allg. Bot. Z. Syst. **20**: 103–109.

MURR, J. 1915: Beiträge zur Flora von Vorarlberg und Liechtenstein. X. — Allg. Bot. Z. Syst. **21**: 64–68, 118–121.

NEES VON ESENBECK, C.G. 1833–1838: Naturgeschichte der europäischen Lebermoose. 4 Bände. — Berlin: Rücker (Bd. 1 und 2), Breslau (Bd. 3 und 4).

PATON, J.A. 1999: The Liverwort Flora of the British Isles. — Colchester: Harley Books.

PATON, J.A., BLACKSTOCK, T.H., LONG, D.G. 1996: *Cephalozia macrostachya* KAAL. var. *spiniflora* (SCHIFFN.) MÜLL. FRIB. in Britain and Ireland. — J.Bryol. **19**: 333–339.

PEHR, F. 1936: Das Mirnockgebiet in Kärnten. — Carinthia II, Sonderheft **5**.

PILSL, P. 1999: Stand der bryofloristischen Kartierung Salzburgs. — In ZECHMEISTER, H.G.: Bryologische Forschung in Österreich. — Abh.. Zool.-Bot. Ges. Österr. **30**: 123–129.

PITSCHMANN, H., REISIGL, H. 1954: Zur nivalen Moosflora der Ötztaler Alpen (Tirol). — Rev. Bryol. Lichenol. **23**: 123–131.

POELT, J. 1985: Catalogus Florae Austriae, III. Teil: Thallophyten (Algen und Pilze), Heft 1: Uredinales. — Catalogus Florae Austriae, Bd. 3/1. — Wien: Verlag der ÖAW.

POELT, J., TÜRK, R. 1993: Bibliographie der Flechten und flechtenbewohnenden Pilze in Österreich. — Biosyst. Ecol. Ser. **3**. — Wien: Verlag der ÖAW.

POELT, J., ZWETKO, P. 1995: Die Rostpilze Österreichs. 2., revidierte und erweitere Auflage des Catalogus Florae Austriae, III. Teil, Heft 1, Uredinales. — Biosyst. Ecol. Ser. **12**. — Wien: Verlag der ÖAW.

POETSCH, J.S., SCHIEDERMAYR, K.B. 1872: Systematische Aufzählung der im Erzherzogthume Österreich ob der Enns bisher beobachteten samenlosen Pflanzen (Kryptogamen). — Zool.-Bot. Ges. & W. Braumüller, Wien.

POKORNY, A. 1854: Vorarbeiten zur Kryptogamenflora von Unter-Österreich. — Verh. Zool.-Bot. Ges. Wien **4**: 35–168.

POTEMKIN, A. 1999: An analysis of the practical taxonomy of some critical northern species of *Scapania* (*Scapaniaceae*, *Hepaticae*). — Bryologist **102**: 32–38.

POTEMKIN, A. 2002: Phylogenetic system and classification oft he family *Scapaniaceae* MIG. emend. POTEMKIN (*Hepaticae*) — Ann. Bot. Fenn. **39**: 309–334.

PROHASKA, K. 1914: Beitrag zur Kenntnis der Moosflora von Kärnten. — Jahresber. k.k. Staatsgymnasium Graz **14**: 3–15.

REIMANN, M. 2008: Neue Beiträge zur Moosflora des Allgäus – 2. Bericht. — Mitt. Naturw. Arbeitskreis Kempten **43** (1/2): 9–23.

RESCHENHOFER, H., KRISAI, R. 1999: Ackermoose kommen wieder! *Sphaerocarpos michelii* BELLARDI (*Sphaerocarpaceae*) wieder belegt für Österreich und einige Funde von *Anthoceros agrestis* PATON (*Anthocerotaceae*) und *Riccia sorocarpa* BISCHOFF (*Ricciaceae*) im westlichen Oberösterreich (Innviertel). — Beitr. Naturk. OÖ. **7**: 79–86.

RESCHENHOFER, H., KRISAI, R. 2001: Ackermoose – Nachtrag und Korrektur. — Beitr. Naturk. OÖ. **10**: 567–571.

RICEK, E. 1977: Die Moosflora des Attergaues, Hausruck- und Kobernausserwaldes. — Linz: Oberösterr. Musealverein.

RICEK, E. 1982: Die Flora der Umgebung von Gmünd im niederösterreichischen Waldviertel. — Abh. Zool.-Bot. Ges. Österreich **21**.

RICEK, E. 1984: Moosfunde aus Niederösterreich und einigen unmittelbar angrenzenden Teilen seiner Nachbarländer. — Verh. Zool.-Bot. Ges. Österreich **122**: 17–22.

RICHTER, M. 1997: Lemnetea in den österreichischen Marchauen. — Diplomarbeit, Univ. Wien.

RITTER, E. 1999: Die Moose des Naturwaldreservates Rohrach. — In GRABHERR, G. et al. 1999: Ein Wald im Aufbruch – Das Naturwaldreservat Rohrach. — Bristol-Schriftenreihe **7**: 210–216.

RÜEGSEGGER, F. 1986: *Frullania parvistipula* STEPH. (*Hepaticae*), neu für die Schweiz. — Bot. Helvet. **96** (1): 61–71.

SABRANSKY, H., 1913: Beiträge zur Flora der Oststeiermark III. — Verh. Zool.-Bot. Ges. Wien **63**: 265–276.

SAUKEL, J. 1985: Zum Merkmalsbestand einiger mitteleuropäischer Arten der Lebermoosgattung *Lophozia* (DUM.) DUM. (Sektion *Lophozia*) — Stapfia **14**: 149–185.

SAUKEL, J., KÖCKINGER, H. 1999: Rote Liste gefährdeter Lebermoose (*Hepaticae*) und Hornmoose (*Anthocerotae*) Österreichs. — In NIKLFELD, H. (ed.): Rote Listen gefährdeter Pflanzen Österreichs. — Wien: Austria Medien Service, Wien, pp. 172–177.

SAUTER, A.E. 1842: Correspondenz. — Flora **25** (1): 138–142.

SAUTER, A.E. 1846: Die Lebermoose der Nordseite der Alpen Salzburgs (Pinzgau) und Österreichs. — Bot. Centralbl. **23**: 469–478.

SAUTER, A.E. 1857: Nachträge zur Aufzählung der Laub- und Lebermoose des Herzogthums Salzburg mit Einschluss des Erzherzogthums Österreichs im Botanischen Centralblatte von Rabenhorst, Jg. 1846. — Flora **40**: 65–74.

SAUTER, A.E. 1858: Die Moosschätze des Untersbergs bei Salzburg. — Flora **41**: 382–386.

SAUTER, A.E. 1871: Flora des Herzogthumes Salzburg. IV. Theil. Die Lebermoose. — Mitt. Ges. Salzburger Landeskunde **11**: 3–37.

SAUTER, F. 1894: *Hepaticae* aus Tirol. — Österr. Bot. Z. **44**: 128–132, 179–181.

SCHEFCZIK, J. 1960: Die bryologische Sammlung des Steiermärkischen Landesmuseums Joanneum in Graz. 1. Teil: Die Lebermoose (Hepaticae) der Steiermark im Herbarium des Joanneums. — Mitt. der Abt. für Zoologie und Botanik am Landesmuseum „Joanneum" in Graz **12**: 17–72.

SCHIEDERMAYR, K.B. 1894: Nachträge zur systematischen Aufzählung der im Erzherzogthume Österreich ob der Enns bisher beobachteten samenlosen Pflanzen (Kryptogamen). — Zool.-Bot. Ges. Wien, 1–216.

SCHIFFNER, V. 1902: Über einige bryologische Seltenheiten der österreichischen Flora. — Verh. Zool.-Bot. Ges. Wien **52**: 709–711.

SCHIFFNER, V. 1904: Über *Riccia baumgartneri* n. sp. und die mit dieser nächstverwandten Formen. — Österr. Bot. Z. **54**: 88–94.

SCHIFFNER, V. 1908: Morphologische und biologische Untersuchungen über die Gattungen *Grimaldia* und *Neesiella*. — Hedwigia **47**: 306–320.

SCHIFFNER, V. 1913: Über eine kritische Form von *Riccia sorocarpa* und *R. pseudopapillosa*. — Hedwigia **53**: 36–40.

SCHIFFNER, V. 1932: Über *Scapania degenii* SCHIFFN. — Ann. Bryol. **5**: 115–120.

SCHIFFNER, V. 1934: Über *Cryptothallus mirabilis* MALB. — Ann. Bryol. 7: 165–166.

SCHIFFNER, V. 1938: Kritische Bemerkungen über die europäischen Lebermoose. Serie XXIII. — Horn: F. Berger.

SCHIFFNER, V. 1941: Kritische Bemerkungen über die europäischen Lebermoose. Serie XXVII. — Horn: F. Berger.

SCHILL, D., LONG, D.G., KÖCKINGER, H. 2008: Taxonomy of *Mannia controversa* (*Marchantiidae*, *Aytoniaceae*) including a new subspecies from East Asia — Edinb. J. Bot. **65** (1): 35–47.

SCHILL, D., LONG, D.G., FORREST, L. 2010: A molecular phylogenetic study of *Mannia* (*Marchantiophyta*, *Aytoniaceae*) using chlorplast and nuclear markers. — Bryologist **113** (1): 164–179.

SCHLÜSSLMAYR, G., 1996: Die Moose und Moosgesellschaften der exotischen Granitblöcke im Raum Großraming (Leopold von Buch-Denkmal). — Beitr. Naturk. Oberösterreichs **4**: 153–217.

SCHLÜSSLMAYR, G. 1997: 15 neue Moosarten in Oberösterreich. — Beitr. Naturk. Oberösterreichs **5**: 139–146.

SCHLÜSSLMAYR, G. 1998: Elf Moosarten neu für Oberösterreich. — Beitr. Naturk. Oberösterreichs **6**: 127–132.

SCHLÜSSLMAYR, G. 1999a: Die wärme- und lichtliebenden Kalkmoosgesellschaften der Hainburger Berge (Niederösterreich). — In: Bryologische Forschung in Österreich. — Abh. Zool.-Bot. Ges. Österreich **30**: 143–151.

SCHLÜSSLMAYR, G. 1999b: Die Moose und Moosgesellschaften der Haselschlucht im Reichraminger Hintergebirge (Nationalpark Kalkalpen, Oberösterreich). — Beitr. Naturk. Oberösterreichs 7: 1–39.

SCHLÜSSLMAYR, G. 2000: Mooskundliche Exkursionen auf den Großen Priel und die Spitzmauer (Totes Gebirge, Oberösterreich). — Beitr. Naturk. Oberösterreichs **9**: 49–55.

SCHLÜSSLMAYR, G. 2001: Die Moosvegetation des Leithagebirges im Burgenland. — Verh. Zool.-Bot. Ges. Österreich **138**: 65–93.

SCHLÜSSLMAYR, G. 2002a: Die xerotherme Moosvegetation der Hainburger Berge (Niederösterreich). — Herzogia **15**: 215–246.

SCHLÜSSLMAYR, G. 2002b: Zur Moosflora des Traunsteins und seiner unmittelbaren Umgebung. — Beitr. Naturk. OÖ. **11**: 167–200.

SCHLÜSSLMAYR, G. 2005: Soziologische Moosflora des südöstlichen Oberösterreich. — Stapfia **84**.

SCHLÜSSLMAYR, G. 2011: Soziologische Moosflora des Mühlviertels (Oberösterreich). — Stapfia **94**.

SCHLÜSSLMAYR, G., SCHRÖCK, C. 2013: Bemerkenswerte Neu- und Wiederfunde zur Moosflora von Oberösterreich. — Stapfia **99**: 75–86.

SCHRANK, F. v. PAULA 1792: Primitiae florae Salisburgensis, cum dissertatione praevia de discrimene plantarum ab animalibus. — Frankfurt: Varrentrapp und Wenner.

SCHRATT-EHRENDORFER, L. 1999: Geobotanisch-ökologische Untersuchungen zum Indikatorwert von Wasserpflanzen und ihren Gesellschaften in Donaualtwässern bei Wien. — Stapfia **64**: 23–161.

SCHRÖCK, C. 2006: Die Moosflora. — In: KRISAI et al. 2006 (Hrsg.): Das Gradenmoos in der Schobergruppe (NP Hohe Tauern, Kärnten). — Carinthia II **196/116**: 376–386.

SCHRÖCK, C. 2013: Das Fels-Grimaldimoos im Bundesland Salzburg. — NaturLand **20** (4): 37–39.

SCHRÖCK, C., KÖCKINGER, H., AMANN, G., ZECHMEISTER, H. 2013: Rote Liste gefährdeter Moose Vorarlbergs. — Rote Listen Vorarlbergs **8**.

SCHRÖCK, C., KÖCKINGER, H., SCHLÜSSLMAYR, G. 2014: Katalog und Rote Liste der Moose Oberösterreichs. — Stapfia **100**.

SCHRÖCK, C., PILSL, P., KRISAI, R., GRUBER, J.P. 2004: Bryofloristische Untersuchungen im Wildgerlostal (Nationalpark Hohe Tauern, Salzburg, Österreich). — Sauteria **13**: 365–428.

SCHUSTER, R.M. 1969: The *Hepaticae* and *Anthocerotae* of North America. Vol. II. — New York: Columbia University Press.

SCHUSTER, R.M. 1974: The *Hepaticae* and *Anthocerotae* of North America. Vol. III. — New York: Columbia University Press.

SCHUSTER, R.M. 1980: The *Hepaticae* and *Anthocerotae* of North America. Vol. IV. — New York: Columbia University Press.

SCHUSTER, R.M. 1988: The *Hepaticae* of South Greenland. — Beih. Nova Hedwigia **92**.

SCHUSTER, R.M. 1992: The *Hepaticae* and *Anthocerotae* of North America. Vol. VI. — Chicago: Field Museum of Natural History.

SCHWARZ, C. 1858: Der Untersberg, ein Beitrag zur Moosflora Salzburgs. — Verh. Zool.-Bot. Ges. **8**: 241–244.

SHAW, B., CRANDALL-STOTLER, B., VANA, J., STOTLER, R.E., VON KONRAT, M., ENGEL, J.J., DAVIS, E.C., LONG, D.G., SOVA, P., SHAW, A.J. 2015: Phylogenetic relationships and morphological evolution in a major clade of leafy liverworts (Phylum *Marchantiophyta*, Order *Jungermanniales*): Suborder *Jungermanniineae*. — Syst. Bot. **40**: 27–45.

SMETTAN, H. 1982: Die Moose des Kaisergebirges/Tirol. — Bryophyt. Bibl. **23**.

SÖDERSTRÖM, L., HAGBORG, A., VON KONRAT, M., BARTHOLOMEW-BEGAN, S., BELL, D., BRISCOE, L., BROWN, E., CARGILL, D.C., COSTA, D.P., CRANDALL-STOTLER, B., COOPER, E.D., DAUPHIN, G., ENGEL, J.J., FELDBERG, K., GLENNY, D., GRADSTEIN, S.R., HE, X., HEINRICHS, J., HENTSCHEL, J., ILKIU-BORGES, A.L., KATAGIRI, T., KONSTANTINOVA,

N.A., LARRAIN, J., LONG, D.G., NEBEL, M., POCS, T., PUCHE, F., REINER-DREHWALD, E., RENNER, M.A.M., SASS-GIARMATI, A., SCHÄFER-VERWIMP, A., SEGARRA MORAGUES, J.G., STOTLER, R.E., SUKKHARAK, P., THIERS, B.M., URIBE, J., VANA, J., VILLARREAL, J.C., WIGGINTON, M., ZHANG, L., ZHU, R.-L. 2016: World checklist of hornworts and liverworts. — Phytokeys **59**: 1–828.

SÖDERSTRÖM, L., DE ROO, R., HEDDERSON, T. 2010: Taxonomic novelties resulting from recent reclassification of the *Lophoziaceae / Scapaniaceae* clade. — Phytotaxa **3**: 47–53.

SPETA, F. 1976: Botanische Arbeitsgemeinschaft. — Jahrb. OÖ. Musealver. **121**: 99–106.

SPETA, F. 1987: Botanische Arbeitsgemeinschaft. — Jahrb. OÖ. Musealver. **132** (2): 60–72.

SPETA, F. 1988: Botanische Arbeitsgemeinschaft. — Jahrb. OÖ. Musealver. **133** (2): 63–65.

STEINER, G.M. 1992: Österreichischer Moorschutzkatalog. — Grüne Reihe des Bundesministeriums für Umwelt, Jugend und Familie **1**.

STROBL, P.G. 1882: Flora von Admont. Abt. Kryptogamen. — Jahresber. k.k. Obergymnasium Melk **32**: 65–96.

SUANJAK, M. 2008: Moosvegetation auf Totholz im Nationapark Gesäuse. — Studie im Auftrag des NP Gesäuse.

SZÜCS, P., ZECHMEISTER, H. 2016: Bryofloristic data from Austrian part of Sopron Hills (Ödenburger Gebirge, E-Austria). — Acta Biologica Plantarum Agriensis **4**: 107–123.

SZWEYKOWSKI, J., BUCZKOWSKA, K., ODRZYKOSKI, J. 2005: *Conocephalum salebrosum* (*Marchantiopsida*, *Conocephalaceae*) – a new Holarctic liverwort species — Plant Syst. **253**: 133–158.

TEUBER, U., GÖDING, H. 2009: Neu- und Wiederfunde einiger seltener Moosarten im östlichen Niederbayern. — Hoppea **70**: 175–180.

TÜRK, R., HAFELLNER, R. 2010: Nachtrag zur Bibliograhpie der Flechten in Österreich. — Biosyst. Ecol. Ser. **27**. — Wien: Verlag der ÖAW.

UNGER, F. 1836: Über den Einfluss des Bodens auf die Vertheilung der Gewächse, nachgewiesen in der Vegetation des nordöstlichen Tirol´s. — Wien: Rohrmann & Schweigerd.

URMI, E. 1978: Monographische Studien an *Eremonotus myriocarpus* (CARRING.) PEARS. (*Hepaticae*). — Bot. Jahrb. Syst. (Stuttgart) **99**: 498–564.

VAN DORT, K., GREVEN H.C., LOODE, W. 1996: Het zomerkamp 1994 in Karinthie, bryologisch verslag. — Buxbaumiella **39**: 19–39.

VAN DORT, K., SMULDERS, M. 2010: Het bryologisch zomerkamp 2008 in St. Wolfgang (Salzkammergut, Oostenrijk) — Buxbaumiella **86**: 27–44.

VÁŇA, J. 1973a: Studien über die *Jungermannioideae* (*Hepaticae*). 2. *Jungermannia* Subgen. *Jungermannia* — Folia Geobot. Phytotx. **8**: 255–309.

VÁŇA, J. 1973b: Studien über die *Jungermannioideae* (*Hepaticae*). 3. *Jungermannia* Subgen. *Liochlaena* — Folia Geobot. Phytotx. **8**: 397–416.

VÁŇA, J. 1999: Notes on the genus *Marsupella* s. lat. (*Gymnomitriaceae*, Hepaticae). 1 – 10. Infrageneric taxa. — Bryobrothera **5**: 221–229.

VÁŇA, J., SÖDERSTRÖM, L., HAGBORG, A., KONRAT, M.v., ENGEL, J.J. 2010: Early land plants today: Taxonomy, systematics and nomenclature of *Gymnomitriaceae*. – Phytotaxa **11**: 1–80.

VOLK M., MUHLE, H. 1994: Ökologische und soziologische Untersuchungen an den Moosen der alpinen Quellfluren des Montafon (Vorarlberg, Österreich). — Limprichtia **5**: 1–89.

WALTHER, K. 1944: Die Moosflora der *Cratoneuron commutatum*-Gesellschaft in den Karawanken. — Hedwigia **81**: 127–130.

WINKELMANN, J. 1903: Ein Beitrag zur Moosflora Oberbayerns und Tirols. — Deutsche Bot. Monatsschr. **21**: 106–110.

WOLLNY, W. 1911: Die Lebermoosflora der Kitzbüheler Alpen. — Österr. Bot. Z. **61**: 281–289, 335–339.

ZECHMEISTER, H. 1993: Montio-Cardaminetea. — In GRABHERR G., MUCINA, L. (Hrsg.): Die Pflanzengesellschaften Österreichs. Teil II. pp. 213–240. — Jena: Gustav Fischer-Verlag.

ZECHMEISTER, H. 2004: Die Moosflora im „Natura2000 Gebiet Neusiedler See" mit besonderer Berücksichtigung der Salzwiesen im Seewinkel. — Verh. Zool.-Bot. Ges. Österrreich **141**: 43–62.

ZECHMEISTER, H. 2005: Die Moosflora der Serpentinrasen im Burgenland. —Verh. Zool.-Bot. Ges. Österreich **142**: 9–15.

ZECHMEISTER, H., HAGEL, H., GENDO, A., OSVALDIK, V., PATEK, M., PRINZ, M., SCHRÖCK, C., KÖCKINGER, H. 2013: Rote Liste der Moose Niederösterreichs. — Wiss. Mitt. Niederöst. Landesmuseum **24**: 7–126.

ZECHMEISTER, H., HUMER, K., HOHENWALLNER, D. 1998: Historische Moosflora von Wien. Teil 1: Leber- und Hornmoose (*Hepaticae*, *Anthocerotae*). — Verh. Zool.-Bot. Ges. Österreich **135**: 343–351.

ZECHMEISTER, H., TRIBSCH, A., HOHENWALLNER, D. 2002: Die Moosflora von Linz und ihre Bedeutung für die Bioindikation. — Naturkundl. Jahrb. Stadt Linz **48**: 111–191.

ZWETKO, P. 2000: Die Rostpilze Österreichs. Supplement und Wirt-Parasit-Verzeichnis zur 2. Auflage des Catalogus Florae Austriae, III. Teil, Heft 1, Uredinales. Catalogus Florae Austriae, Bd. 3/1. — Biosyst. Ecol. Ser. **16**. — Wien: Verlag der ÖAW.

ZWETKO, P., BLANZ, P. 2004: Die Brandpilze Österreichs. Dossansiales, Entorrhizales, Entylomatales Georgefischeriales, Microbotryales, Tilletiales, Ureocystales, Ustilaginales. Catalogus Florae Austriae III/3. Catalogus Florae Austriae Bd. 3/3. — Biosyst. Ecol. Ser. **21**. — Wien: Verlag der ÖAW.

V. Register

Es enthält nur die wissenschaftlichen Namen der Horn- und Lebermoose aus dem Allgemeinen und Speziellen Teil. Exkludiert sind die im Soziologie-, Ökologie- und Fundortsteil angeführten Namen. Die Seite mit dem Beginn des jeweiligen Artportraits wird fett gesetzt, wenn das Taxon auch außerhalb dessen genannt wird. Synonyme sind kursiv gesetzt.